Andreas Butz, Antonio Krüger, Sarah Theres Völkel
Mensch-Maschine-Interaktion
De Gruyter Studium

Weitere empfehlenswerte Titel

Security in Autonomous Driving
Obaid Ur-Rehman, Natasa Zivic, 2020
ISBN 978-3-11-062707-7, e-ISBN (PDF) 978-3-11-062961-3,
e-ISBN (EPUB) 978-3-11-062715-2

Handbuch der Künstlichen Intelligenz
Günther Görz, Ute Schmid, Tanya Braun (Eds.)
ISBN 978-3-11-065984-9, e-ISBN (PDF) 978-3-11-065994-8,
e-ISBN (EPUB) 978-3-11-065995-5

App-Entwicklung mit Dart und Flutter 2. Eine umfassende Einführung
Dieter Meiller, 2021
ISBN 978-3-11-075298-4, e-ISBN (PDF) 978-3-11-075308-0,
e-ISBN (EPUB) 978-3-11-075317-2

Personalized Human-Computer Interaction
Mirjam Augstein, Eelco Herder, Wolfgang Wörndl, 2019
ISBN 978-3-11-055247-8, e-ISBN (PDF) 978-3-11-055248-5,
e-ISBN (EPUB) 978-3-11-055261-4

Internet of Things.
From the Foundations to the Latest Frontiers in Research
Kolla Bhanu Prakash, 2020
ISBN 978-3-11-067763-8, e-ISBN (PDF) 978-3-11-067773-7,
e-ISBN (EPUB) 978-3-11-067777-5

Andreas Butz, Antonio Krüger,
Sarah Theres Völkel

Mensch-Maschine-Interaktion

—

3. Auflage

DE GRUYTER
OLDENBOURG

Autoren
Prof. Dr. Andreas Butz
Ludwig-Maximilians-Universität
Medieninformatik
Frauenlobstr. 7a
80337 München
andreas.butz@ifi.lmu.de

Prof. Dr. Antonio Krüger
Deutsches Forschungszentrum für Künstliche Intelligenz
Cyber Physical Systems
Stuhlsatzenhausweg 3
66123 Saarbrücken
krueger@dfki.de

Sarah Theres Völkel
Ludwig-Maximilians-Universität
Medieninformatik
Frauenlobstr. 7a
80337 München
sarah.voelkel@ifi.lmu.de

ISBN 978-3-11-075321-9
e-ISBN (PDF) 978-3-11-075332-5
e-ISBN (EPUB) 978-3-11-075337-0

Library of Congress Control Number: 2022934518

Bibliografische Information der Deutschen Nationalbibliothek
Die Deutsche Nationalbibliothek verzeichnet diese Publikation in der Deutschen
Nationalbibliografie; detaillierte bibliografische Daten sind im Internet über
http://dnb.dnb.de abrufbar.

© 2022 Walter de Gruyter GmbH, Berlin/Boston
Rückseite Einband: CopyRight Foto Antonio Krüger: DFKI / Jürgen Mai
Coverabbildung Grundbild: chokja / iStock / Getty Images Plus (bearbeitet);
Darin gezeigter Bildschirminhalt: Zeichnung von Alexander Kehr
Druck und Bindung: CPI books GmbH, Leck

www.degruyter.com

Inhalt

Teil III: **Entwicklung Interaktiver Systeme**

Teil IV: Ausgewählte Interaktionsformen

Einführung

Sichtweisen und Begrifflichkeiten

Dieses Buch trägt den Titel Mensch-Maschine-Interaktion, abgekürzt MMI. Da das Buch dieses Thema aber aus Sicht eines Informatikers beleuchtet, hätte es auch genauso gut den Titel Mensch-Computer-Interaktion, abgekürzt MCI tragen können, wofür es fast genauso viele gute Gründe gegeben hätte. Insbesondere benutzt auch der einschlägige Fachbereich der Gesellschaft für Informatik den Namen MCI und grenzt sich damit klar von anderen Sichtweisen, wie z.B. der des klassischen Maschinenbaus ab. Dass wir, die Autoren, uns trotzdem für den Begriff MMI entschieden haben, liegt maßgeblich an unserer Auffassung vom Computer als Kulturtechnologie im Sinne von Mark Weisers Begriff des Ubiquitous Computing: Rechenleistung und Computertechnologie halten derzeit Einzug in ähnlich viele Bereiche unserer Alltagsumgebungen, wie es die Elektrizität im vergangenen Jahrhundert getan hat. Heute wird kaum mehr ein Gerät explizit als elektrisch bezeichnet, obwohl viele elektrisch funktionieren. Seit aber die meisten Geräte des Alltags mittels Computertechnologie funktionieren, lässt sich auch hier keine klare Grenze mehr ziehen. Computer oder Maschine, beides verschmilzt. Informatiker sind heute darin gefordert, Computersysteme zu entwerfen, die sich in unsere Alltagsumgebungen einbetten und mit dem klassischen Personal Computer (PC) nicht mehr viel gemeinsam haben. Beispiele hierfür sind die im letzten Teil des Buches beschriebenen mobilen und ubiquitären Systeme, interaktiven Oberflächen, aber auch elektronische Bücher, sowie Autos und Flugzeuge, die ohne Computertechnik nicht mehr denkbar wären. Ziel dieses Buches ist es, Informatiker so auszubilden und mit dem notwendigen Grundwissen auszustatten, dass sie (computerbasierte) Maschinen für alle Lebensbereiche konzipieren können, die dem Menschen so gerecht wie möglich werden.

Hinzu kommt natürlich auch die hübsche Alliteration in dem Begriff Mensch-Maschine-Interaktion, die in MCI fehlt, und die Tatsache, dass das Buch zu wesentlichen Teilen aus der Vorlesung *Mensch-Maschine-Interaktion I* an der Ludwig-Maximilians-Universität München hervorging.

Der von uns verwendete Begriff Benutzerschnittstelle ist eine wörtliche Übersetzung des englischen User Interface, abgekürzt UI, und spiegelt eigentlich eine sehr technokratische Sicht auf die Computertechnologie wieder: Genau wie ein Computersystem Schnittstellen zu anderen Geräten wie Drucker oder Massenspeicher hat, so hat es auch eine zum Benutzer. Diese ließe sich am besten exakt spezifizieren und das verwendete Übertragungsprotokoll möglichst einfach beschreiben. Dieser Sichtweise entkommt man auch mit dem neueren Begriff Benutzungsschnittstelle nicht, weshalb wir hier gleich bei der älteren und immer noch etablierteren Form geblieben sind. Dieses Buch versucht jedoch mit seiner Diskussion der menschlichen Fähigkeiten gleich zu Anfang, diese Gewichtung umzudrehen. Als Autoren ist es uns ein An-

https://doi.org/10.1515/9783110753325-001

liegen, dass beim Entwurf computerbasierter Geräte immer zunächst der Mensch im Mittelpunkt steht und wir die Maschine so weit wie möglich nach dessen Fähigkeiten und Bedürfnissen gestalten. Den Computer sehen wir als Werkzeug zur Erledigung von Aufgaben, zur Unterhaltung, Kommunikation oder für andere Aktivitäten. Insofern ist eine Benutzerschnittstelle (also das, was wir vom Computer mit unseren Sinnen wahrnehmen und womit wir interagieren) umso besser, je weniger sie an sich wahrgenommen wird, und stattdessen nur die geplante Aktivität ermöglicht ohne selbst in den Vordergrund zu treten. Weiser [210, 211] vergleicht dies mit der Kulturtechnik des Schreibens, bei der das Festhalten und Übertragen von Information im Vordergrund steht, nicht die Konstruktion des Stiftes oder die Zusammensetzung der Tinte. Die Benutzerschnittstelle des Schreibens ist nahezu vollständig transparent und aus unserer Wahrnehmung weitgehend verschwunden.

Zum Entwurf solcher Computersysteme werden nicht nur die Fähigkeiten der klassischen Informatik (Entwurf und Bau korrekter und effizienter Computersysteme und deren Programmierung) benötigt, sondern auch ein Grundverständnis der menschlichen Wahrnehmung und Informationsverarbeitung aus der Psychologie, ein Verständnis der Motorik aus Physiologie und Ergonomie, sowie ein Verständnis von zugehörigen Interaktionstechniken aus dem Interaktionsdesign. Alle diese Aspekte zusammen machen den Begriff der Mensch-Maschine-Interaktion, wie er in diesem Buch verwendet wird, aus.

Einige weitere Bemerkungen zu Begrifflichkeiten: Dort, wo es etablierte deutschsprachige Fachbegriffe gibt, werden diese im Buch verwendet. Manche englische Begriffe werden jedoch auch im deutschen Sprachraum englisch verwendet, meist weil die Übersetzung umständlich oder weniger treffend wäre. In diesen Fällen sind wir aus pragmatischen Gründen ebenfalls beim englischen Wort geblieben, um dem Leser das Aufarbeiten von Originalliteratur und die Unterhaltung mit anderen nicht unnötig zu erschweren. Im Zweifelsfall enthält der Index beide Sprachvarianten. Schließlich sind an jeder Stelle, an der in diesem Buch die männliche Form einer Bezeichnung für Personen verwendet wird (z.B. Programmierer, Entwickler, Nutzer, Designer, ...), ausdrücklich immer auch alle anderen Geschlechter mit gemeint. Das neu hinzugekommene letzte Kapitel verwendet bereits gendergerechte Formen, aber die Umstellung des restlichen Buches haben wir zu dieser Auflage nicht mehr geschafft.

Umfang und Anspruch des Buches

Das vorliegende Buch ist als Lehrbuch zu einer einführenden Vorlesung über Mensch-Maschine-Interaktion, typischerweise innerhalb eines Informatik-Studienganges gedacht. Das Gebiet wird also aus Sicht eines Informatikers betrachtet. Dies bedeutet, dass stellenweise Informatik-relevante Inhalte vorkommen, wie z.B. Datenstrukturen oder Software-Entwicklungsmuster. Es werden jedoch nirgends tiefergehende Informatik- oder gar Programmierkenntnisse vorausgesetzt. Der grundlegende Aufbau des Buches orientiert sich teilweise auch an dem von der Association of Computing Machinery (ACM) vorgeschlagenen Curriculum des Faches[1]. Das Buch ist als kompaktes und bezahlbares Arbeitsmaterial für Studierende gedacht und beschränkt sich auf die innerhalb eines Semesters vermittelbaren Grundlagen. Es erhebt nicht den Anspruch auf Vollständigkeit, sondern trifft eine gezielte Auswahl und versucht, die wesentlichen Sachverhalte kompakt und trotzdem korrekt darzustellen. An vielen Stellen wäre eine tiefergehende Erklärung aus wissenschaftlicher Sicht sicherlich möglich und oft wünschenswert; im Sinne der kompakten Darstellung haben wir darauf jedoch konsequent verzichtet und ggf. passende Literaturverweise gegeben. Somit sehen wir dieses Buch auch nicht als Konkurrenz zu dem wesentlich umfangreicheren Werk von Preim und Dachselt [149], sondern verweisen darauf für eine weitere Vertiefung. Durch diese Reduktion auf wesentliche Inhalte empfiehlt sich das Buch nicht nur als vorlesungsbegleitendes Lehrbuch, sondern lässt sich auch sinnvoll selbständig, z.B. als Ferienlektüre durcharbeiten. Wer den Inhalt dieses Buches verstanden hat und anwendet, sollte zumindest vor groben Fehlern bei Entwurf und Umsetzung interaktiver Systeme geschützt sein. Insofern ist das Buch auch eine nützliche Ressource für angrenzende Disziplinen, wie z.B. Produkt- und Interaktionsdesign oder Human Factors als Unterdisziplin der Psychologie.

Aufbau und Verwendung des Buches

Das Buch besteht aus vier großen Teilen von ähnlichem Umfang. Die ersten drei decken hierbei das benötigte Grundlagenwissen über Mensch (Teil 1), Maschine (Teil 2) und Entwicklungsprozess (Teil 3) ab. Teil 4 bezieht dieses Grundwissen auf eine Auswahl konkreter Anwendungsgebiete und zeigt jeweils die dort geltenden Besonderheiten auf. Insofern kann Teil 4 auch als Leitfaden für eine aufbauende Vorlesung (fortgeschrittene Themen der Mensch-Maschine-Interaktion) dienen. Während die ersten drei Teile relativ zeitloses Wissen vermitteln, unterliegt der letzte Teil stärker dem Einfluss technischer Modeerscheinungen und Weiterentwicklungen und wird daher voraussichtlich auch schneller veralten.

Als vorlesungsbegleitendes Lehrbuch wird man dieses Buch normalerweise von vorne nach hinten durcharbeiten. Zu jedem Kapitel finden sich abschließende Übungsaufgaben, die das vermittelte Wissen vertiefen oder das Verständnis prüfen. Exkurse und Beispiele präzisieren oder ergänzen die eingeführten Konzepte oder fügen Anekdoten hinzu. Nicht-Informatiker können möglicherweise bestimmte Kapitel überspringen: Für Psychologen werden die Kapitel über die menschliche Wahrnehmung und Kognition nicht viele Überraschungen bereithalten, und Interaktionsdesigner werden mit dem Abschnitt über *user-centered design* bereits vertraut sein.

---

[1] https://dl.acm.org/doi/pdf/10.1145/2594128

Steht man im weiteren Studium oder später in der Berufspraxis wieder vor einem konkreten Problem, so lassen sich die bis dahin verblassten Erinnerungen (vgl. Abschnitt 3.3) durch die kompakte Darstellung schnell wieder auffrischen. Beim Auffinden der passenden Stelle helfen die stark gegliederte Struktur, hervorgehobene Schlüsselbegriffe sowie ein umfangreicher Index.

Webseite zum Buch und QR-codes

Ergänzend zum gedruckten Buch bieten wir auf der Webseite mmibuch.de weitere Inhalte für verschiedene Zielgruppen an. Für Studierende gibt es dort zunächst einmal Korrekturen und Ergänzungen, sollten sich solche nach dem Druck ergeben. Zu den Übungsaufgaben im Buch finden sich Musterlösungen auf der Webseite, und auch jede Abbildung des Buches ist dort nochmals in Farbe und guter Auflösung vorhanden. Für Dozenten gibt es Unterrichtsmaterialien zu den einzelnen Buchkapiteln.

Um Buch und Webseite enger miteinander zu verflechten, finden sich bei jeder Abbildung und in jedem Kasten mit Übungsaufgaben QR-codes, die direkt zum entsprechenden Teil der Webseite verlinken. Sollten Sie kein Gerät zum Lesen dieser Codes besitzen, ist die zugehörige URL auch nochmals klein unter jedem Code abgedruckt und mit Absicht so kurz gehalten, dass sie einfach und fehlerfrei einzugeben ist. Diese Idee entstand zunächst aus dem technischen Problem, eine Abbildung über Farben in einem schwarz-weiss gedruckten Buch darzustellen. Für die wenigen Abbildungen, die tatsächlich Farbe benötigen, schien aber ein vollständiger Farbdruck auch wieder unnötig, da er den Produktionsaufwand und damit den Preis des Buches erhöht hätte. Zusätzlich bieten die Codes in Kombination mit der Webseite auch die Möglichkeit, umfangreichere mediale Inhalte darzustellen und auf Inhalte zu verweisen, deren Druckrechte uns nicht vorlagen. So wurde aus dem ursprünglichen Hilfskonstrukt ein Mehrwert, der natürlich auch den Informatiker als technische Spielerei erfreut.

Danke, und los gehts!

An der Entstehung dieses Buches waren neben den Autoren und dem Verlag auch viele andere Personen beteiligt, bei denen wir uns hier ganz kurz bedanken möchten. An der Konzeption wirkte Michael Rohs maßgeblich mit, und positives Feedback zum Konzept kam von Albrecht Schmidt, Patrick Baudisch und Bernhard Preim, was uns schließlich ermutigte, das Buch tatsächlich so zu schreiben. Julie Wagner gab uns zu den geschriebenen Kapiteln fundiertes inhaltliches Feedback und Ergänzungen, und Sylvia Krüger half uns bei der sprachlichen Endredaktion. Schließlich bekamen wir viele weitere Anregungen und Tips von den Kollegen und Mitarbeitern unserer Arbeitsgruppen an der LMU München und dem DFKI Saarbrücken. Würden wir hier nur Einzelne nennen, dann wären unweigerlich andere zu Unrecht vergessen.

Jedes Projekt dauert länger als ursprünglich geplant, selbst wenn man diese Regel bei der Planung schon berücksichtigt. Das lässt sich irgendwie entfernt aus Murphys Gesetz ableiten (siehe Abschnitt 5.3.3) und so war es auch mit diesem Buch. Spätestens seit Achill und der Schildkröte wissen wir aber alle, dass auch eine solche endlos rekursive Angabe gegen ein fixes Datum konvergieren kann, und so wünschen wir Ihnen heute, am 6. Mai 2014 viel Spaß beim Lesen.

Andreas Butz   Antonio Krüger

Nachtrag zur zweiten und dritten Auflage

In den acht Jahren, seit denen das Buch nun auf dem Markt ist, haben wir von verschiedensten Seiten Feedback und Korrekturen erhalten: Studierende haben beim Lernen aus dem Buch nebenbei Tippfehler gefunden und gemeldet, aber auch begriffliche Unschärfen oder logische Fehler korrigiert. Kollegen haben das bereitgestellte Unterrichtsmaterial ergänzt, Mitarbeiter weitere Übungsaufgaben formuliert. Dafür bedanken wir uns an dieser Stelle ganz herzlich! Die zweite Auflage wurde mit ihrem Erscheinen auf Mandarin übersetzt, was bedeutet, dass wir uns als Autoren nun ganz legitim damit brüsten dürfen, Fachchinesisch geschrieben zu haben.

Schließlich hat die technologische Entwicklung wie erwartet den 4. Teil des Buches eingeholt und uns zu einigen Ergänzungen und Erweiterungen gebracht: Für die zweite Auflage entstand ein eigenes Kapitel zum Thema Ubiquitous Computing, das vorher nur als Ausblick im Kapitel zur Mobilen Interaktion enthalten war, sowie ein eigenes Kapitel über Virtual Reality und Augmented Reality. Für die dritte Auflage hat schließlich die Interaktion mittels natürlicher Sprache den ihr angemessenen Raum bekommen, und für das zugehörige Kapitel zum Thema Voice User Interfaces konnten wir Dr. Sarah Völkel als Mitautorin gewinnen. Zudem haben wir die Grundlagen- und Methodenteile weiter geschärft und ausgebaut, den Index aufgeräumt und Referenzen ergänzt. Somit steht Ihnen nun, acht Jahre nach der ersten Auflage, eine umfassend überarbeitete und erweiterte dritte Auflage zur Verfügung, bei deren Lektüre wir Ihnen natürlich auch wieder viel Spaß und neue Einsichten wünschen.

Teil I: **Grundlagen auf der Seite des Menschen**

1 Grundmodell menschlicher Informationsverarbeitung

Wir Menschen verarbeiten Informationen auf vielfältige Weise. Die Kognitionspsychologie betrachtet den Menschen als informationsverarbeitendes System. Grundlage der Wahrnehmung und damit die Informationsquelle sind Reize, die wir über unsere Sinnesorgane erhalten und die zu einem Gesamteindruck zusammengeführt werden. Kognition (lat. *cognoscere* = erkennen) bezeichnet die Verarbeitung dieser Information. Die Mechanismen der Wahrnehmung und der Kognition sind daher von zentraler Bedeutung für die Mensch-Maschine-Interaktion. Computer dienen dazu, Menschen bei bestimmten Aufgaben zu unterstützen. Sie sind ein kognitives Werkzeug, ein Kommunikationswerkzeug, eine Gedächtnishilfe und vieles mehr. Damit sie diese Rolle ausfüllen können, ist für den Entwurf interaktiver Systeme Wissen über die Grundlagen menschlicher Informationsverarbeitung, deren Fähigkeiten und Grenzen, notwendig. Der kognitive Ansatz versteht Menschen als informationsverarbeitende Organismen, die wahrnehmen, denken und handeln. Da das Ziel bei der Gestaltung interaktiver Systeme zumeist darin besteht, effizient und einfach zu benutzende Systeme zu entwickeln, ist eine optimale Anpassung an die Aufgaben und Bedürfnisse menschlicher Benutzer sehr wichtig.

Abbildung 1.1 zeigt das Schema eines Mensch-Maschine-Systems. Es besteht aus Nutzungskontext, Benutzer, Aufgabe und Werkzeug. Diese Elemente stehen untereinander in Beziehung. Der Benutzer möchte mithilfe des Werkzeugs, in diesem Fall mit einem Computersystem, eine Aufgabe lösen. Die Aufgabe bestimmt das Ziel des Benutzers. Das Computersystem als Werkzeug stellt bestimmte Mittel bereit, um die Aufgabe zu lösen. Die Passgenauigkeit dieser Mittel auf die Anforderungen der Aufgabe, aber auch auf die Stärken und Schwächen des Benutzers bestimmen die Schwierigkeit der Aufgabe. Eine Änderung der Eigenschaften des Werkzeugs verändert die Aufgabe, da sich die Schritte zum Lösen der Aufgabe verändern. Schließlich stellt der Nutzungskontext bzw. die Arbeitsumgebung einen wichtigen Einflussfaktor dar, der Auswirkungen auf die Qualität der Aufgabenbearbeitung hat.

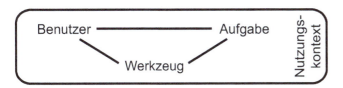

Abb. 1.1: Schema eines Mensch-Maschine Systems: Nutzungskontext, Benutzer, Aufgabe und Werkzeug (vgl. Wandmacher [203])

mmibuch.de/v3/a/1.1

https://doi.org/10.1515/9783110753325-002

Das primäre Ziel der Mensch-Maschine-Interaktion ist die Verbesserung des Mensch-Maschine-Systems. Die Optimierung des Gesamtsystems bedeutet, dass die Aufgabe möglichst effizient (geringer Aufwand) und effektiv (gutes Resultat) sowie mit möglichst großer subjektiver Zufriedenstellung erledigt werden kann. Da es sich bei Computersystemen um intellektuelle Werkzeuge handelt, die menschliche kognitive Funktionen unterstützen, und die die Externalisierung von Gedächtnisinhalten (Visualisierung), die Wahrnehmung von computergenerierten Objekten, sowie die Kommunikation mit anderen Menschen erlauben, ist die Anpassung an und Unterstützung von kognitiven Funktionen von zentraler Bedeutung. Heutige Computersysteme sind allerdings nicht ausschließlich als kognitive Werkzeuge zu verstehen. Der Zweck vieler Computersysteme ist die Generierung künstlicher Wahrnehmungsobjekte, die über verschiedene Modalitäten, z.B. visuell, auditiv oder haptisch, vermittelt werden. Hier ist nicht nur die Kognition relevant, sondern auch andere Aspekte der Wahrnehmung. Ein klares Beispiel sind immersive Anwendungen, z.B. Flugsimulatoren oder Virtual Reality CAVEs. Neben der Kognition und Wahrnehmung sind auch die motorischen Eigenschaften des Menschen wichtig, da dieser ja wieder mechanisch Eingaben tätigen muss. Damit ist die Relevanz menschlicher Wahrnehmung, Informationsverarbeitung und Motorik unmittelbar klar. Das Ziel eines optimal funktionierenden Mensch-Maschine-Systems ist nur erreichbar, wenn die grundlegenden Fähigkeiten und Einschränkungen des Menschen bekannt sind und die bestmögliche Anpassung der Maschine an diese Eigenschaften vorgenommen wird.

Menschen und Computer haben unterschiedliche Stärken und Schwächen. Als Gesamtsystem sind die Eigenschaften von Menschen und Computern oft komplementär zueinander. So sind Menschen in der Lage, unscharfe Signale in der Gegenwart von Rauschen zu entdecken und komplexe Signale (z.B. Sprache) oder komplexe Konfigurationen (z.B. räumliche Szenen) zuverlässig zu erkennen. Sie können sich an unerwartete und unbekannte Situationen anpassen, und sich große Mengen zusammengehöriger Informationen merken. Ebenso sind sie aber auch in der Lage, sich bei der ungeheuren Menge an Informationen, die sie wahrnehmen, auf das Wesentliche zu konzentrieren. Umgekehrt sind Computer uns Menschen darin überlegen, algorithmisch formulierbare Probleme schnell zu lösen, bekannte Signale schnell und zuverlässig zu detektieren, große Mengen nicht zusammenhängender Daten zu speichern und Operationen beliebig oft zu wiederholen.

1.1 Menschliche Informationsverarbeitung und Handlungssteuerung

Abbildung 1.2 zeigt die Komponenten der menschlichen Informationsverarbeitung und Handlungssteuerung [203]: Das Wahrnehmungssystem verarbeitet Reize durch die Sinnesorgane und speichert diese kurzzeitig in sensorischen Registern. Die

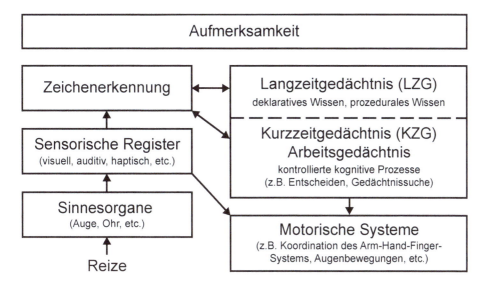

Abb. 1.2: Komponenten menschlicher Informationsverarbeitung und Handlungssteuerung (vgl. Wandmacher [203])

mmibuch.de/v3/a/1.2

Zeichenerkennung schließlich führt zu einer symbolischen bzw. begrifflichen Repräsentation des Wahrnehmungsgegenstands. Das Kurzzeitgedächtnis (KZG) ist der Ort kontrollierter kognitiver Prozesse, wie z.B. des Entscheidens und der Gedächtnissuche. Im Langzeitgedächtnis (LZG) sind deklaratives und prozedurales Wissen repräsentiert. Die motorischen Systeme umfassen beispielsweise die Bewegungen des Arm-Hand-Finger-Systems, Augen- und Kopfbewegungen, sowie das Sprechen.

Die Aufmerksamkeit stellt eine übergeordnete Komponente der menschlichen Informationsverarbeitung und Handlungssteuerung dar. Sie dient der Zuweisung kognitiver Ressourcen zu bestimmten Wahrnehmungs- und Handlungsaspekten im Rahmen einer kontrollierten Verarbeitung. Die kontrollierte Verarbeitungskapazität ist begrenzt. Die für die Steuerung einer Handlung erforderliche Kapazität kann durch Üben der Handlung verringert werden. Üben führt zu sensomotorischen Fertigkeiten, die mehr oder weniger automatisiert ablaufen. Selbst bei der körperlich relativ passiven Verwendung von Computersystemen spielen sensomotorische Fertigkeiten, z.B. bei der Nutzung der Maus und der Bedienung der Tastatur eine große Rolle. Diese Fertigkeiten sind eine Voraussetzung für die Lösung anspruchsvoller Aufgaben, weil so die kontrollierte Verarbeitungskapazität nicht maßgeblich zur Bedienung der Benutzerschnittstelle, sondern zur Lösung der eigentlichen Aufgabe verwendet wird.

1.2 Model Human Processor

Die Vorgänge der menschlichen Kognition und Handlungssteuerung sind schon seit der Antike Gegenstand wissenschaftlicher Untersuchungen. Auch wenn das Wissen über kognitive Vorgänge und die Art und Weise wie wir mit der Umwelt interagieren stetig zugenommen hat, sind wir noch weit davon entfernt das Phänomen natürlicher Kognition umfassend zu verstehen. Es stellt sich aber die Frage wie menschliche Kognition und die mit ihr verbundene Informationsverarbeitung trotzdem sinnvoll modelliert und eine systematische Verwendung dieses Modells, z.B. bei der Entwicklung oder der Verbesserung von Benutzerschnittstellen, gewährleistet werden kann.

Ein sehr vereinfachtes Modell der menschlichen Informationsverarbeitung wurde 1983 von Card, Moran und Newell mit dem Model Human Processor vorgestellt [35]. Das Hauptaugenmerk dieses Modells liegt auf der Modellierung und Vorhersage der Zeitspannen, die bei der menschlichen Informationsverarbeitung in verschiedenen Stadien entstehen. Bewusst greifen die Autoren die Analogie zu Computersystemen auf und sprechen vom *menschlichen Prozessor*, der Information in Zyklen verarbeitet. Das Modell schätzt die Zeiten der unterschiedlichen Zyklen und durch Summierung entsteht eine Abschätzung der menschlichen Informationsverarbeitungszeit.

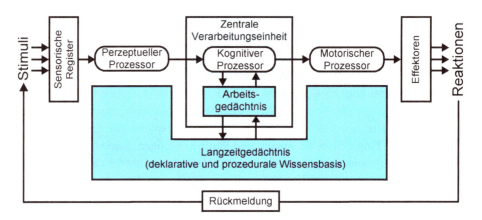

Abb. 1.3: Schematische Sicht der menschlichen Informationsverarbeitung (angelehnt an Eberleh und Streitz [54])

mmibuch.de/v3/a/1.3

Abbildung 1.3 gibt einen Überblick zu den einzelnen Komponenten, wie von Eberleh und Streitz (in Analogie zu Card [35]) beschrieben [54]. Sie identifizieren drei Prozessoren: den perzeptuellen Prozessor, den kognitiven Prozessor und den motorischen Prozessor. Wie in Abschnitt 1.1 beschrieben, verwenden diese Prozesse sowohl das Kurzzeit- als auch das Langzeitgedächtnis. Sinnesreize (Stimuli) erreichen den Menschen zunächst durch die Sinnesorgane und werden direkt im sensorischen Regis-ter gespeichert. Die Information im sensorischen Register ist eine sehr direkte Reprä-sentation, die u.a. von der Intensität des Sinnenreizes abhängt. Diese Repräsentation wird nun vom perzeptuellen Prozessor unter Verwendung des Langzeitgedächtnisses verarbeitet und das Ergebnis an die zentrale Verarbeitungseinheit und den kognitiven Prozessor weitergeleitet. Unter Berücksichtigung der Inhalte des Arbeits- und Lang-zeitgedächtnisses werden Handlungen geplant, die durch den motorischen Prozessor ausgeführt werden und dann zu Aktionen des motorischen Apparats (Effektoren) füh-ren. Zu den sensorischen und motorischen Systemen des Menschen gehören neben dem Sehsinn, dem Hörsinn und dem Tastsinn auch der Geruchs- und Geschmacks-sinn. Dazu kommen der vestibuläre Sinn (Balance und Beschleunigung), sowie die eigentlich zum Tastsinn gehörende Propriozeption (Körperbewusstsein, Kinästhetik), Thermorezeption (Temperatur) und Schmerzempfindung. Zum motorischen System zählen Arme, Hände und Finger; Kopf, Gesicht und Augen; Kiefer, Zunge; sowie Beine, Füße, Zehen. In die Mensch-Maschine-Interaktion werden immer mehr dieser senso-rischen und motorischen Systeme einbezogen, beispielsweise bei Spielekonsolen, die Körperbewegungen und Gesten des Spielers erkennen.

Die Hauptmotivation für das vorliegende Modell war die Vorhersage der Bear-beitungszeiten und des Schwierigkeitsgrads von Steuerungsaufgaben in der Mensch-Maschine-Interaktion. Dazu gibt das Modell die Zeitdauern elementarer Operationen des perzentuellen, kognitiven und motorischen Prozessors an. Mit dem Modell las-sen sich die Ausführungszeiten einfacher Reiz-Reaktions-Experimente abschätzen. Nehmen wir an, die modellierte Aufgabe bestehe darin, eine Taste zu drücken, so-bald ein beliebiges Symbol auf dem Bildschirm erscheint. Das Symbol erscheint zum Zeitpunkt t = 0s. Das Symbol wird zunächst durch den Wahrnehmungsprozessor ver-arbeitet. Hierfür kann eine Verarbeitungszeit von τ_P = 100ms veranschlagt werden. Anschließend übernimmt der kognitive Prozessor das Ergebnis und benötigt für die Weiterverarbeitung und die Bestimmung der Reaktion z.B. die Zeit τ_C = 70ms. Der motorische Prozessor schließlich sorgt für das Drücken der Taste und benötigt dafür z.B. die Zeit τ_M = 70ms. Die Gesamtreaktionszeit τ kann nun durch die Summe der einzelnen Zeiten $\tau = \tau_P + \tau_C + \tau_M$ bestimmt werden. Im vorliegenden Beispiel ist damit die Reaktionszeit τ = 240ms. Die jeweiligen Zeiten für τ_P, τ_C und τ_M können aus der Grundlagenforschung der Wahrnehmungspsychologie übernommen werden. Es handelt sich dabei aber nur um Durchschnittswerte. Konkrete Werte können von Mensch zu Mensch erhebliche Unterschiede aufweisen.

mmibuch.de/v3/I/1

Verständnisfragen und Übungsaufgaben:

1. Wahr oder Falsch? „Eine Rot-Grün-Schwäche ist primär ein Problem der Kognition."
2. Warum ist diese Aussage inkorrekt: „Demenz im Frühstadium führt primär zu Problemen mit Wahrnehmung und Motorik?" Hinweis: Um diese Frage zu beantworten, kann es sein, dass Sie etwas im Internet recherchieren müssen.
3. Abbildung 1.2 zeigt die Komponenten menschlicher Kognition. Die Leistung des Sinnesorgans Auge kann beispielsweise durch eine Brille erhöht werden. Überlegen Sie sich, wie bei jeder einzelnen Komponente Leistung bzw. Effizienz erhöht werden kann. Kennen Sie solche Techniken aus Ihrem Alltag? Erläutern Sie, wie und warum jeweils die Leistung erhöht wird.
4. Wie kann das in diesem Kapitel vorgestellte menschliche Informationsverarbeitungsmodell (Abbildung 1.3) sinnvoll bei der Gestaltung von Computerspielen eingesetzt werden? Diskutieren Sie anhand eines Computerspiels ihrer Wahl hierzu die Stimuli, die Reaktionen und die Rolle des perzeptuellen und des motorischen Prozessors, sowie der zentralen Verarbeitungseinheit für grundlegende Spielzüge. Erläutern Sie, wieso eine genaue Abschätzung der Prozessorgeschwindigkeiten wichtig für ein gutes Spielerlebnis ist.
5. Max Mustermann ist 75, sieht schlecht (vor allem Kleingedrucktes), aber reist noch gerne und viel. Die Sehschwäche kann nicht mehr korrigiert werden. Max hat in seinem Leben noch kein Smartphone genutzt. Seine Enkel möchten Bilder von seinen Reisen erhalten, kaufen ihm ein sehr modernes Smartphone und installieren eine Messenger-Software sonst nichts. Leider erhalten Sie auch in Zukunft nicht mehr Bilder von ihm als vorher. Welche Probleme könnten sich dahinter verbergen?
6. Der Model Human Processor kann zur Abschätzung von Gesamtreaktionszeiten verwendet werden, z.B. für den Fall dass eine Taste zu drücken ist, sobald ein Symbol erscheint. Nehmen wir an, in diesem Fall wurde die Gesamtreaktionszeit in drei Durchgängen gemessen. Gemäß den angenommen durchschnittlichen Zeiten für τ_P, τ_C und τ_M sollte sie bei 240ms liegen. Gemessen wurde jedoch: 200ms, 260ms und 230ms. Berechnen Sie die durchschnittliche Gesamtreaktionszeit. Wie hoch ist die Abweichung zum angenommenen Wert?

2 Wahrnehmung

2.1 Sehsinn und visuelle Wahrnehmung

Der Sehsinn ist derzeit der am meisten genutzte Sinn bei der Interaktion zwischen Mensch und Computer. Mit den Augen nehmen wir Ausgaben wie Text und grafische Darstellungen auf dem Bildschirm wahr und verfolgen unsere Eingaben mit den verschiedenen Eingabegeräten, wie Tastatur oder Maus. Um grafische Ausgaben gezielt zu gestalten, benötigen wir Einiges an Grundwissen über die Physiologie des Sehsinnes, die visuelle Wahrnehmung von Farben und Strukturen, sowie einige darauf aufbauende Phänomene.

2.1.1 Physiologie der visuellen Wahrnehmung

Sichtbares Licht ist eine elektromagnetische Schwingung mit einer Wellenlänge von etwa 380nm bis 780nm. Verschiedene Frequenzen dieser Schwingung entsprechen verschiedenen Farben des Lichts (siehe Abbildung 2.1). Weißes Licht entsteht durch die Überlagerung verschiedener Frequenzen, also die Addition verschiedener Farben. Das eintreffende Licht wird durch eine optische Linse auf die Netzhaut projiziert und trifft dort auf lichtempfindliche Zellen, die sogenannten Stäbchen und Zapfen, die für bestimmte Spektralbereiche des sichtbaren Lichtes empfindlich sind (siehe Abbil-

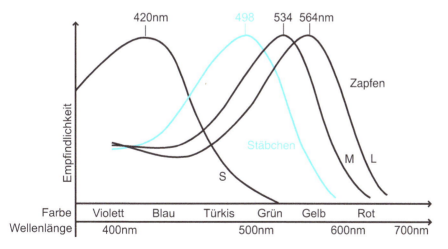

Abb. 2.1: Frequenzspektrum des sichtbaren Lichts und spektrale Empfindlichkeit der Sinneszellen im Auge (schematisch für S-,M-,L-Zapfen und Stäbchen)

mmibuch.de/v3/a/2.1

https://doi.org/10.1515/9783110753325-003

dung 2.1). Die Zapfen gibt es in drei Varianten, die jeweils ihre maximale Empfindlichkeit bei verschiedenen Wellenlängen (S = short, M = medium, L = long) haben (siehe Abbildung 2.1). Bei weißem Licht sprechen alle drei Zapfentypen gleich stark an. Wahrgenommene Farben entstehen durch verschieden starke Reize an den verschiedenen Zapfentypen. Werden beispielsweise nur L-Zapfen angesprochen, dann sehen wir Rot. Werden die L- und M-Zapfen etwa gleich stark angesprochen, S-Zapfen jedoch gar nicht, dann sehen wir die Mischfarbe Gelb. Dies kann bedeuten, dass tatsächlich gelbes Licht mit einer Frequenz zwischen Rot und Grün einfällt, oder aber eine Mischung aus rotem und grünem Licht (entsprechend einem Zweiklang in der akustischen Wahrnehmung). In beiden Fällen entsteht die gleiche Reizstärke an den verschiedenen Zapfen, so dass in der Wahrnehmung kein Unterschied besteht. Nur dieser Tatsache ist es zu verdanken, dass wir aus den drei Farben Rot, Grün und Blau, mit denen die drei Zapfenarten quasi getrennt angesprochen werden, alle anderen Farben für das menschliche Auge zusammenmischen können, ähnlich wie eine Linearkombination aus drei Basisvektoren eines Vektorraumes. Die drei Farben Rot, Grün und Blau heißen deshalb (additive) Grundfarben und spannen den dreidimensionalen RGB-Farbraum auf (für Details siehe auch Malaka et al. [120]).

Die Stäbchen sind hauptsächlich für die Helligkeitswahrnehmung verantwortlich. Sie sind absolut gesehen wesentlich empfindlicher und kommen daher vor allem bei dunkleren Lichtverhältnissen zum Einsatz. Da sie alle die gleiche spektrale Empfindlichkeit besitzen, ermöglichen sie kein Farbsehen wie die Zapfen. So ist es zu erklären, dass wir bei schlechten Lichtverhältnissen weniger Farben unterscheiden können (*Bei Nacht sind alle Katzen grau.*).

Eine Art Blende im Auge, die Iris, regelt die Öffnung der optischen Linse und damit die Menge des durchfallenden Lichtes, genau wie die Blende eines Kameraobjektivs. Ohne diese sogenannte Adaption durch die Iris kann das Auge einen Dynamikumfang von etwa 10 fotografischen Blendenstufen, also 1 zu 2^{10} oder etwa 1 zu 1.000 wahrnehmen, mit Adaption sogar 20 Stufen oder 1 zu 1.000.000. Dabei beträgt die Helligkeitsauflösung des Auges 60 Helligkeits- oder Graustufen. So ist es zu erklären, dass bei einem Monitor mit einem darstellbaren Kontrastumfang von 1 zu 1.000 die üblichen 8 Bit (= 256 Stufen) pro Farbkanal ausreichen, um stufenlose Farbverläufe darzustellen. Die Fähigkeit, konkrete Farben wiederzuerkennen, ist jedoch viel geringer und beschränkt sich in der Regel auf etwa 4 verschiedene Helligkeitsstufen je Farbkanal. Hierbei ist zu beachten, dass das menschliche Farbsehen im Spektralbereich von Rot über Gelb bis Grün wesentlich besser ausgeprägt ist als im Blaubereich, da das Auge etwa 5x mehr Sinneszellen für Rot und Grün enthält, als für Blau. Eine plausible evolutionäre Erklärung hierfür ist, dass in der Natur diese Farben sehr häufig vorkommen und insbesondere bei der Nahrungssuche (Früchte vor Blattwerk) wichtig waren. In der Kunst hat es dazu geführt, dass Gelb als weitere Primärfarbe neben Rot, Grün und Blau angesehen wird. Für grafische Darstellungen bedeutet es, dass Farben im Bereich von Rot über Gelb bis Grün mit weniger Anstrengung und detaillierter wahrgenommen werden können als im Bereich von Blau bis Violett. Dunkelblaue Schrift auf hellblauem Grund ist also beispielsweise die schlechteste Kombination bzgl. Lesbarkeit (niedriger Kontrast, wenige Sinneszellen) und wird daher sogar oft für Beschriftungen verwendet, die gar nicht gelesen werden sollen, wie z.B. die vorgeschriebenen Inhaltsangaben auf Lebensmitteln. Die Lichtsinneszellen sind auf der Netzhaut

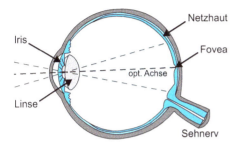 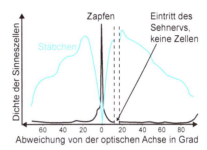

Abb. 2.2: Links: Vereinfachtes Schnittbild des menschlichen Auges, Rechts: Verteilung der Sinneszellen in der Netzhaut in Abhängigkeit vom Winkel zur optischen Achse

nicht gleichmäßig verteilt. Stattdessen befinden sich in der Mitte, der sogenannten Fovea sehr viele Zapfen und im Außenbereich zunächst viele, dann immer weniger Stäbchen (siehe Abbildung 2.2 rechts). Dies bedeutet, dass wir nur im Innenbereich wirklich scharf und farbig sehen, im Außenbereich zunehmend unschärfer und nur hell/dunkel. Trotzdem ist der Außenbereich und somit unsere periphere Wahrnehmung empfindlich für andere Dinge, wie beispielsweise Bewegungen.

Um trotzdem ein detailliertes Bild unserer gesamten Umgebung zu liefern, ist das menschliche Auge in ständiger Bewegung. In sogenannten Sakkaden von etwa 200ms Dauer springt das Auge ruckartig zu verschiedenen Punkten im Sichtfeld. Beim Lesen beispielsweise tasten wir so die Textzeilen ab und rekonstruieren ein detailliertes Bild der Buchstaben und Wörter. Umgekehrt bedeutet dies aber auch, dass unsere visuelle Aufmerksamkeit nicht in allen Bereichen des Sichtfeldes gleichzeitig sein kann. Wird sie z.B. durch Blinken oder andere Störungen zu einer bestimmten Stelle gelenkt, so nehmen wir gleichzeitige Veränderungen an einer anderen Stelle nicht wahr. Dieses als Veränderungsblindheit oder change blindness bezeichnete Phänomen gilt es bei der Gestaltung grafischer Anzeigen zu beachten. Es kann sogar ausgenutzt werden, um gezielt Information zu verstecken. Change blindness hat allerdings auch kognitive Gründe und wird in Abschnitt 2.5 nochmals aufgegriffen werden.

2.1.2 Farbwahrnehmung

Die menschliche Farbwahrnehmung wurde bereits sehr früh in den bildenden Künsten studiert und gezielt angesprochen. Eine sehr systematische Beschreibung aus dieser Perspektive liefert beispielsweise Johannes Itten in seinem Buch *Kunst der Farbe* [90]. Seine Theorie zu Farben, Kontrasten und Farbklängen wird in diesem Abschnitt für die Verwendung bei Bildschirmausgaben adaptiert. Auf Ebene der Computertechnik ist es naheliegend, eine Farbe durch ihren Rot-, Grün- und Blauanteil zu beschreiben, da aus diesen drei Grundfarben alle anderen Farben am Bildschirm additiv gemischt werden (RGB-Farbraum). Als Menschen unterscheiden wir Farben jedoch vor allem anhand ihres Farbtons (engl. hue), ihrer Sättigung (engl. saturation) und ihrer Helligkeit (engl. value, brightness bzw. lightness).

Eine mathematische Beschreibung entlang dieser drei Dimensionen ist der HSV-Farbraum (HSV = *Hue, Saturation, Value*) oder der eng verwandte HSL-Farbraum (HSL = *Hue, Saturation, Lightness*, siehe Abbildung 2.3). Die voll gesättigten Farben (S maximal) bilden dabei entlang der Farbton-Achse (H) die Farben des Regenbogens bzw. des Farbkreises. Tiefrot am unteren Ende des Spektrums und Violett am oberen Ende haben dabei als elektromagnetische Schwingung ein Frequenzverhältnis von etwa 1 zu 2, entsprechend einer Oktave in der akustischen Wahrnehmung. Dies ist eine plausible Erklärung, warum sich das Farbspektrum an dieser Stelle nahtlos zu einem Kreis schließen lässt, genau wie sich die Töne der Tonleiter nach einer Oktave wiederholen. Nimmt man die Sättigung (S) zurück, so vermischt sich die entsprechende Farbe zunehmend mit Grau und es entstehen im Übergang die gedeckten Farben. Bei maximalem Helligkeitswert (L) geht sie in Weiß über, bei minimalem in Schwarz. Im Gegensatz zu den bunten Farben des Regenbogens bezeichnet man Schwarz, Weiß und die Grauwerte dazwischen als unbunte Farben. Eine genauere Erklärung der Unterschiede zwischen HSL und HSV findet sich z.B. auf der englischen Wikipedia Seite[2].

Abb. 2.3: Die Farben im HSV Farbraum, sowie die im Text genannten Farbkontraste. Dieses Bild ist im Schwarzweiß-Druck leider nicht sinnvoll darstellbar, dafür aber im verlinkten Bild auf der Webseite zum Buch (http://mmibuch.de/v3/a/2.3/).

mmibuch.de/v3/a/2.3

Ein Farbkontrast ist ein deutlich sichtbarer Unterschied zwischen zwei (oft räumlich benachbarten) Farben. Folgende Farbkontraste sind im Zusammenhang mit der Gestaltung grafischer Präsentationen von Bedeutung (siehe Abbildung 2.3): Der Farbe-an-sich-Kontrast bezeichnet die Wirkung einer einzelnen Farbe im Zusammenspiel

---

2 https://en.wikipedia.org/wiki/HSL_and_HSV

mit anderen. Je näher diese Farbe an einer der Primärfarben liegt, umso stärker ist ihr Farbe-an-sich-Kontrast. Solche starken Farben eignen sich besonders gut, um wichtige Inhalte einer grafischen Präsentation zu unterstreichen. Sie haben eine Signalwirkung, können jedoch auch mit Symbolwirkung belegt sein (z.B. Ampelfarben Rot und Grün). Ein Hell-Dunkel-Kontrast besteht zwischen zwei Farben mit verschiedenen Helligkeiten. Verschiedene bunte Farben haben verschiedene empfundene Grundhelligkeiten, wobei Gelb die hellste Farbe und Blauviolett die dunkelste Farbe ist. Physiologisch ist das erklärbar, weil das Auge für Gelb (als Kombination aus Rot und Grün) wesentlich mehr Sinneszellen hat als für Blau (vgl. Abschnitt 2.1.1). Schwarz-Weiss ist der größtmögliche Hell-Dunkel-Kontrast. Bei der Verwendung verschiedener Farben in einer Darstellung bietet es sich oft an, reine Farbkontraste zusätzlich mit Hell-Dunkel-Kontrasten zu kombinieren, also z.B. Farben verschiedener Grundhelligkeiten auszuwählen. So ist sichergestellt, dass sie auch bei wenig Licht, in Schwarz-Weiss-Ausdrucken und von Menschen mit Farbschwäche (siehe Exkurs auf Seite 20) noch unterscheidbar sind. Ein Kalt-Warm-Kontrast besteht zwischen zwei Farben, deren Temperaturwirkung unterschiedlich ist. Farben im Bereich von Rot über Orange bis Gelb werden als warme Farben bezeichnet, während Grün, Blau und Violett als kalte Farben gelten. Diese Terminologie geht auf das menschliche Empfinden dieser Farben zurück (siehe auch Itten [90]) und ist strikt zu trennen vom technischen Messwert der Farbtemperatur (ironischerweise wird Temperatur dort genau umgekehrt verwendet: Licht mit einer hohen Farbtemperatur hat einen hohen Anteil der kalten Farbe Blau). Farben verschiedener Temperaturwirkung können beispielsweise auf subtile Art unser Verständnis einer grafischen Präsentation unterstützen, indem warme Farben für aktive oder aktuelle Objekte verwendet werden.

Ein Komplementärkontrast besteht zwischen zwei Farben, die einander im Farbkreis gegenüber liegen in der additiven Mischung zusammen weiß ergeben. Solche Farbpaare sind beispielsweise Rot und Grün, oder Blau und Orange. Sie heißen jeweils Komplementärfarben. Der Komplementärkontrast ist der stärkste Kontrast zwischen zwei Farben und sollte mit Vorsicht verwendet werden. Ein Simultankontrast entsteht durch die direkte räumliche Nachbarschaft unterschiedlicher Farben. Diese stoßen sich gegenseitig im Farbkreis ab. Das bedeutet, dass ein neutrales Grau in der Nachbarschaft eines starken Grüntones rötlich wirkt, während dasselbe Grau in der Nachbarschaft eines Rottones grünlich wirkt. Dies kann in der Praxis dazu führen, dass identische Farben an verschiedenen Stellen einer grafischen Präsentation deutlich unterschiedlich wahrgenommen werden. Ein Qualitätskontrast besteht zwischen verschieden stark gesättigten Farben, beispielsweise zwischen Rot und Rosa. Verschiedene Farbqualitäten können beispielsweise die Elemente einer grafischen Präsentation in verschiedene Kategorien unterteilen: gesättigt = aktiviert oder im Vordergrund, weniger gesättigt („ausgegraut") = inaktiv oder im Hintergrund.

Laut Johannes Itten [90] lassen sich mittels geometrischer Konstruktionen im Farbkreis bzw. in einer Farbkugel systematisch Farbakkorde konstruieren, deren Farben eine ausgewogene Verteilung besitzen und die damit beispielsweise als Farbschema in grafischen Präsentationen dienen könnten. Diese Idee wurde konsequent weiterentwickelt und umgesetzt auf paletton.com[3] sowie im Adobe Color Wheel[4]. Einen anderen populären Zugang zur Farbauswahl bietet Cynthia Brewer mit Ihrer Webseite *Colorbrewer*[5], auf der fertige Farbskalen zur Verwendung in Karten und Visualisierungen zu finden sind.

Generell ist bei der Wahl eines Farbschemas für eine grafische Darstellung auf verschiedenste Aspekte zu achten: Zunächst sollte das Farbschema so viele Farben wie nötig, aber nicht unnötig viele Farben enthalten. Unterschiede im Farbton eignen sich eher für die Unterscheidung von Kategorien. Unterschiede in Helligkeit oder Sättigung können eine begrenzte Anzahl von Werten auf einer kontinuierlichen Achse annehmen (z.B. Wichtigkeit oder Aktualität). Gruppen von gleich hellen oder gleich gesättigten Farben wiederum vermitteln logische Gleichartigkeit der so gefärbten visuellen Elemente (z.B. weniger Sättigung = ausgegraut = inaktiv). Kontraste zwischen unbunten und bunten Farben vermitteln eine Signalwirkung.

ℹ Exkurs: Farbschwäche und der Umgang damit

Die am weitesten verbreitete *Farbschwäche* (*Dyschromatopsie*) ist die *Rot-Grün-Schwäche*, bei der die Farben Rot und Grün schlechter oder gar nicht unterschieden werden können. Von ihr sind (in verschiedenen Ausprägungen) über 8% der Männer und fast 1% der Frauen betroffen. Dies bedeutet, dass eine Bildschirmdarstellung, die eine Information alleine als Unterschied zwischen Rot und Grün ausdrückt, schlimmstenfalls für jeden zwölften Nutzer unlesbar ist. Leider wird dieser einfache Sachverhalt immer noch oft missachtet, wie z.B. bei Kontrolllampen, die lediglich ihre Farbe von Rot auf Grün wechseln. Bei Ampeln ist dieser Bedeutungsunterschied hingegen redundant in der Position enthalten: Rot ist dort immer oben. Bei Fußgängerampeln kommt außerdem das dargestellte Symbol hinzu.

Um zu beurteilen, was Menschen mit einer Farbschwäche sehen, erlauben Bildbearbeitungsprogramme wie z.B. Adobe *Photoshop* – teilweise auch mittels Plugins – die Umrechnung von Bildern in eine entsprechende Darstellung. Sind alle Informationen auch danach noch klar erkennbar, so kann davon ausgegangen werden, dass die getestete grafische Darstellung auch für Rot-Grün-Schwache funktioniert. Auch das im Text genannte Tool paletton.com bietet die Möglichkeit, verschiedene Farbschwächen zu simulieren und ihre Auswirkung auf die gerade entworfene Farbpalette zu überprüfen. Eine sehr einfache Möglichkeit bietet außerdem die Smartphone-app *Chromatic Vision Simulator*.[6] Sie simuliert verschiedene Farbschwächen direkt im angezeigten Kamerabild. So können Sie jedes (Screen-) Design mit einem Blick durch das Smartphone auf *Barrierefreiheit* bzgl. Farben überprüfen.

2.1.3 Räumliches Sehen

Die uns umgebende dreidimensionale Welt nehmen wir mit den Augen räumlich wahr, obwohl das Auge an sich ja nur ein zweidimensionales Bild liefert. Das räumliche

---

3 http://paletton.com/
4 https://color.adobe.com/de/create/color-wheel/
5 http://colorbrewer2.org/
6 https://asada.website/cvsimulator/e/

Sehen nutzt verschiedene Kriterien, um die Tiefe bzw. Entfernung eines Gegenstandes einzuschätzen. Manche dieser Kriterien beziehen sich auf das wahrgenommene Bild (**piktoriale Tiefenkriterien**), beispielsweise die Perspektive, Verdeckung, Größenverhältnisse, Texturen oder Licht und Schatten. Im Gegensatz dazu beziehen sich die **physiologischen Tiefenkriterien** auf die Physiologie unseres Auges: Die **Akkommodation** ist die Fokussierung der Linse im Auge (siehe Abbildung 2.4 links) auf eine bestimmte Entfernung. Ein gesundes junges Auge fokussiert im entspannten Zustand (**Akkommodationsruhelage**) auf eine Entfernung von etwa 2 m. Durch Anspannung eines Muskelrings um die Linse im Auge verformt sich diese und verändert dadurch ihre Brennweite: Objekte näher am Auge werden nun scharf gesehen. Umgekehrt führt eine Entspannung des Muskels zu einer Verflachung der Linse und weiter entfernte Dinge werden scharf gesehen. Die Veränderung der **Akkommodation** von fern auf nahe und umgekehrt kann je nach Umgebungsbedingungen zwischen wenigen 100 ms und mehreren Sekunden dauern [142]. Im Alter lässt die Fähigkeit zur Akkommodation allmählich nach, weshalb ältere Menschen oft eine Lesebrille benötigen, auch wenn die Fernsicht noch uneingeschränkt funktioniert.

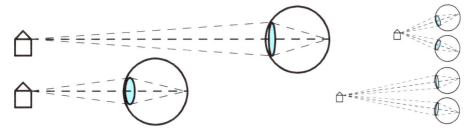

Abb. 2.4: Links: Zur Akkommodation des Auges verformt sich die Linse und verändert damit die Entfernung, in der ein Objekt scharf dargestellt wird. Rechts: Als Vergenz wird bezeichnet, wie weit sich die Augen zueinander drehen müssen, um ein Objekt zu fixieren.

mmibuch.de/v3/a/2.4

Ebenfalls mit der Entfernung ändert sich die **Vergenz** (siehe Abbildung 2.4 rechts). Sie beschreibt, wie weit sich unsere beiden Augen nach innen drehen müssen, um das selbe Objekt in der Bildmitte zu sehen: Bei weit entfernten Objekten schauen beide Augen parallel nach vorne. Je näher das betrachtete Objekt sich befindet, desto mehr müssen wir gewissermaßen schielen, damit beide Augen das Objekt fixieren. Gemeinsam helfen uns auch Akkommodation und Vergenz bei der Einschätzung der räumlichen Tiefe. Bei der Verwendung von **VR**-Brillen, so genannten **Head-Mounted Displays** (siehe Kapitel 20) werden oft die physiologischen Tiefenkriterien verletzt: Obwohl Objekte in verschiedenem Abstand vom Betrachter dargestellt werden, sind Akkommodation und Vergenz durch die optische Konstruktion der Brille fest vorgegeben und werden nicht geändert. Der wichtigste Mechanismus des räumlichen Sehens ist jedoch das **Stereo-Sehen** (**Stereopsis**): Da beide Augen von jeweils leicht unterschiedlichen Positionen aus die Welt betrachten, liefern sie auch leicht unterschiedliche Bilder: Je näher sich ein betrachtetes Objekt befindet, desto stärker unterscheiden sich seine Position und Betrachtungsrichtung in den Bildern beider Augen. Das Gehirn rekonstruiert aus dieser unterschiedlichen Bildinformation eine räumliche Struktur. Stereopsis funktioniert vor allem im Nahbereich bis zu wenigen Metern. Bei zunehmender Entfernung wird der Unterschied zwischen den Bildern beider Augen immer kleiner und reicht irgendwann nicht mehr aus, um eine genaue Tiefe daraus zu rekonstruieren. Hier übernehmen dann die piktorialen Tiefenkriterien diese Funktion. Eine Variante des Stereosehens ist die Bewegungsparallaxe: Bei einer seitlichen Bewegung des Kopfes verschieben sich nähere Objekte im Bild stärker als weiter entfernte Objekte. So kann das Gehirn auch aus einem einzelnen Bild, das sich in der Zeit verändert, eine räumliche Szene rekonstruieren. Versuchen Sie doch einmal, mit einem zugekniffenen Auge den Kopf hin und her zu bewegen und achten Sie dabei auf die Gegenstände in Ihrer Umgebung und deren relative Position.

2.1.4 Attentive und präattentive Wahrnehmung

Die Verarbeitung bestimmter visueller Informationen (z.B. Erkennung einfacher Formen, Farben oder Bewegungen) erfolgt bereits im Nervensystem des Auges, nicht erst im Gehirn. Diese Art der Wahrnehmung verläuft daher hochgradig parallel und sehr schnell. Da sie passiert, bevor das Wahrgenommene überhaupt unser Gehirn und unsere Aufmerksamkeit erreicht, heißt sie präattentive Wahrnehmung (lat. *attentio* = Aufmerksamkeit). Folgerichtig heißt die Art von Wahrnehmung, der wir unsere Aufmerksamkeit widmen müssen, attentive Wahrnehmung. Präattentive Wahrnehmungsprozesse laufen in konstanter Zeit von ca. 200-250ms ab, unabhängig von der Anzahl der präsentierten Reize. Abbildung 2.5a und b zeigen Beispiele hierfür.
Der blaue Kreis in Bild 2.5a und das Quadrat in Bild 2.5b springen uns sofort ins Auge. Ohne das Bild sequenziell absuchen zu müssen, sehen wir sofort, wo das unterschiedliche Objekt ist. Farbe und Form sind Merkmale, die präattentiv wahrgenommen werden können. Sobald wir jedoch nach einer Kombination von zwei oder mehreren solcher Merkmale suchen müssen, bricht die präattentive Wahrnehmung zusammen. In Abbildung 2.5c finden wir das helle Rechteck nicht sofort, sondern müssen nacheinander alle Formen nach der Kombination der beiden Merkmale *Helligkeit und* Quadrat absuchen. Die benötigte Zeit wächst linear mit der Anzahl der dargestellten Objekte, und obwohl in der Abbildung nur 24 Objekte in einem Bild enthalten sind, dauert es schon eine Weile, das helle Quadrat in Abbildung 2.5c zu entdecken.

Weitere Merkmale, die präattentiv wahrnehmbar sind, sind Größe, Orientierung, Krümmung, Bewegungsrichtung und räumliche Tiefe. Für die Gestaltung grafischer Präsentationen bedeutet dies, dass Objekte, die sich in genau einem präattentiv wahrnehmbaren Merkmal unterscheiden, sehr schnell in einer großen Menge von Objekten wahrgenommen werden können, während die Kombination von Merkmalen nur

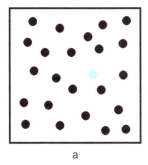 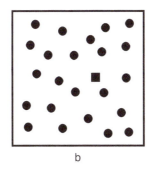 

a   b   c

Abb. 2.5: Beispiele für präattentive Wahrnehmung (a, b) und attentive Wahrnehmung (c): Im Bild c ist es deutlich schwerer, die eine Form zu finden, die nicht zu den anderen passt.

mmibuch.de/v3/a/2.5

relativ langsam zu finden ist. So kann Information in einer Darstellung gezielt hervorgehoben (Pop-out Effekt) oder aber auch gut versteckt werden.

2.1.5 Gestaltgesetze

Die Gestaltgesetze sind eine Sammlung von Regeln, die auf die Gestaltpsychologie Anfang des letzten Jahrhunderts zurückgehen. Sie beschreiben eine Reihe visueller Effekte bei der Anordnungen von Einzelteilen zu einem größeren Ganzen, der Gestalt. Abbildungen 2.6 und 2.7 zeigen Beispiele hierfür. Die Gestaltgesetze sind nirgends als eigentlicher Gesetzestext niedergeschrieben, sondern es findet sich eine Vielzahl von Quellen, die im Kern gemeinsame Gedanken enthalten, diese jedoch oft auf eine bestimmte Anwendung (Musik, Malerei, UI design, ...) beziehen. In diesem Sinne werden auch hier nur die für unseren Anwendungsfall Mensch-Maschine-Interaktion interessanten Gestaltgesetze in einen direkten Bezug dazu gesetzt.

Das Gesetz der Nähe besagt, dass Objekte als zueinander gehörig empfunden werden, die nahe beieinander platziert sind, und dass umgekehrt weit voneinander entfernte Objekte als getrennt empfunden werden. Einfachstes Beispiel für eine praktische Anwendung dieses Gesetzes ist die Beschriftung von interaktiven Elementen wie Schalter oder Textfelder in einer grafischen Benutzerschnittstelle: Die Beschriftung wird automatisch dem am nächsten dazu gelegenen Element zugeordnet. Sind die Interface-Elemente zu dicht gepackt, so kann diese Zuordnung mehrdeutig werden, da nicht mehr genügend Abstand zu den anderen Elementen vorhanden ist. Im Inhaltsverzeichnis dieses Buches werden auf diese Weise auch die Unterabschnitte eines Kapitels visuell als zusammengehörig gruppiert und die verschiedenen Kapitel voneinander getrennt.

 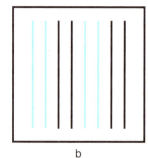 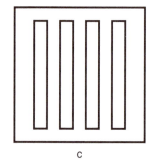

a   b   c

Abb. 2.6: Beispiele zum Gesetz der Nähe (a), Gesetz der Ähnlichkeit (b) und Gesetz der Geschlossenheit (c)

mmibuch.de/v3/a/2.6

Das Gesetz der Ähnlichkeit besagt, dass gleichartige Objekte als zueinander gehörig empfunden werden und verschiedenartige als getrennt. Dies wird beispielsweise bei der Darstellung von Tabellen ausgenutzt, in der Zeilen immer abwechselnd weiß und grau eingefärbt sind. Die durchgehenden Farbstreifen führen den Blick und bewirken, dass die Inhalte einer Zeile jeweils als zusammengehörig empfunden werden. Sind umgekehrt die Spalten abwechselnd weiß und grau eingefärbt, so nehmen wir die Einträge einer Spalte als zusammengehörig wahr. Beides funktioniert ohne etwas an den Zeilen- oder Spaltenabständen (siehe Gesetz der Nähe) zu verändern.

Das Gesetz der Geschlossenheit besagt, dass geschlossene Formen als eigenständige Objekte wahrgenommen werden und darin enthaltene Objekte als zueinander gehörig gruppieren. Dabei werden nicht vollständig geschlossene Formen oft zu solchen ergänzt. Dieses Gesetz wirkt z.B. immer dann, wenn wir UI-Elemente in einer rechteckigen Fläche organisieren, die visuell umrandet ist. Viele UI Toolkits unterstützen eine solche inhaltliche Gruppierung durch Layout-Algorithmen und grafische Mittel wie Linien oder räumliche Effekte (herausheben, absenken).

Das Gesetz der Einfachheit (oder auch Gesetz der guten Form) besagt, dass wir Formen immer so interpretieren, wie sie geometrisch am einfachsten sind. In Abbildung 2.7a sehen wir automatisch zwei sich überschneidende Quadrate und nur mit einiger Mühe können wir uns davon überzeugen, dass das auch zwei aneinander stoßende winkelförmige Figuren sein könnten, zwischen denen ein Leerraum eingeschlossen ist. Dieses Gesetz müssen wir vor allem beachten, um zu vermeiden, dass fälschlicherweise eine unerwünschte aber visuell einfachere Anordnung gesehen wird.

Das Gesetz der guten Fortsetzung besagt, dass Objekte, die auf einer kontinuierlichen Linie oder Kurve liegen, als zusammengehörig wahrgenommen werden. Im Beispiel in Abbildung 2.7b sehen wir zwei Gruppen von Punkten, die jeweils auf einem Kreisbogen liegen. Dieses Gesetz kommt beispielsweise zum Tragen, wenn sich Ver-

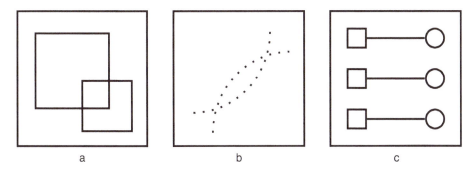

a   b   c

Abb. 2.7: Beispiele zum Gesetz der Einfachheit (a), Gesetz der guten Fortsetzung (b) und Gesetz der Verbundenheit (c)

mmibuch.de/v3/a/2.7

bindungslinien in Diagrammen überschneiden oder wenn viele Messpunkte in einem Diagramm eine ideale Kurve annähern. Es hat außerdem Anwendungen in der Typografie. Im Index dieses Buches liegen beispielsweise Begriffe und Spezialisierungen davon auf verschiedenen Einrückungsebenen. Die Anfangsbuchstaben der Hauptbegriffe ergeben dabei eine senkrechte Linie, ebenso die Anfangsbuchstaben der Unterbegriffe auf der ersten und zweiten Schachtelungsebene.

Das Gesetz der Verbundenheit besagt, dass miteinander verbundene Formen als zusammengehörig wahrgenommen werden. Seine Wirkung ist stärker als die der Nähe oder Ähnlichkeit. So kann beispielsweise in einem Diagramm aus Objekten und Verbindungslinien – nahezu unabhängig von der räumlichen Anordnung und der konkreten grafischen Darstellung der einzelnen Objekte –Zusammengehörigkeit vermittelt werden. Im Beispiel in Abbildung 2.7c ist klar, dass je ein Quadrat und ein Kreis zusammengehören, obwohl sich ohne die Verbindungen nach den Gesetzen der Nähe und Ähnlichkeit eine völlig andere Gruppierung ergäbe.

2.2 Hörsinn und auditive Wahrnehmung

Der Hörsinn ist – wenn auch mit großem Abstand – der am zweithäufigsten genutzte Sinn bei der Mensch-Maschine-Interaktion. Praktisch alle heutigen Desktop-Computer, aber auch Tablets und Mobiltelefone haben die Möglichkeit, Audio auszugeben. Außer zur Musikwiedergabe wird dieser Kanal jedoch meist nur für einfache Signal- oder Warntöne genutzt. Eine Ausnahme bilden die vollständig auf dem akustischen Kanal basierenden Sprachdialogsysteme (siehe Kapitel 21).

2.2.1 Physiologie der auditiven Wahrnehmung

Schall ist – physikalisch gesehen – eine zeitliche Veränderung des Luftdrucks. Töne sind periodische Veränderungen des Luftdrucks mit einer klar hörbaren Grundfrequenz. Geräusche haben – im Gegensatz hierzu – einen unregelmäßigen Signalverlauf und enthalten oft viele und zeitlich wechselnde Frequenzanteile. Das menschliche Ohr nimmt akustische Frequenzen zwischen etwa 20Hz und 20.000Hz wahr, und zwar nach folgendem Prinzip (siehe hierzu auch Abbildung 2.8):

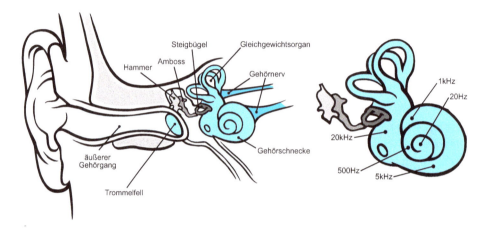

Abb. 2.8: Links: Vereinfachtes Schnittbild des menschlichen Ohrs, Rechts: Frequenzempfindlichkeit entlang der Gehörschnecke

mmibuch.de/v3/a/2.8

Die eintreffenden Schallwellen erreichen durch Ohrmuschel und äußeren Gehörgang das Trommelfell und versetzen es in Schwingung. Die Gehörknöchelchen (Hammer, Amboss und Steigbügel) leiten diese Schwingungen an die Gehörschnecke (lat. Cochlea) weiter. Diese ist eine aufgewickelte Röhre mit einer sie längs teilenden Trennwand, der Basilarmembran. Auf dieser wiederum sitzen die sogenannten Flimmerhärchen, die an verschiedenen Positionen jeweils durch verschiedene Frequenzen angeregt werden und dann einen Sinnesreiz zur weiteren Verarbeitung im Nervensystem abgeben. Verschiedene eintreffende Frequenzen regen somit verschiedene Bereiche der Basilarmembran an und können gleichzeitig wahrgenommen werden: zwei verschiedene Töne werden damit als Zweiklang wahrgenommen, nicht etwa als in der Mitte dazwischen liegenden Mischton, was etwa den Mischfarben im Auge entsprechen würde. Frequenzen, die zu dicht beieinander liegen, maskieren sich gegenseitig und nur noch das stärkere Signal wird wahrgenommen. Weitere Details hierzu finden sich z.B. in Malaka et al. [120]. Wer richtig tief einsteigen will, findet alles über (nicht nur akustische) Wahrnehmung bei Goldstein und Brockmole [70].

Die Frequenzauflösung des Ohrs bei einer Grundfrequenz von 1kHz beträgt etwa 3Hz. Die Empfindlichkeit des Ohrs für verschiedene Frequenzen ist unterschiedlich und für Frequenzen zwischen 2 und 4kHz am höchsten. Dies entspricht dem Frequenzbereich gesprochener Sprache. Die Hörschwelle für die Frequenz von 2kHz wird dabei als Lautstärke von 0dB (0 Dezibel) definiert. Tiefere und höhere Frequenzen werden erst ab höheren Lautstärken wahrgenommen. Der hörbare Lautstärkebereich erstreckt sich bis zur Schmerzgrenze oberhalb etwa 120dB, wobei der meist genutzte Bereich (ohne kurzfristige Gehörschäden) eher zwischen 0dB (Hörschwelle) und etwa 100dB (Discolautstärke) liegt, wobei jeweils 6dB einer Verdopplung des Schalldrucks entsprechen. Somit beträgt der Dynamikumfang des Ohrs etwa 1 zu 2^{17} oder etwa 1 zu 125.000. Der Hörsinn ist unter bestimmten Einschränkungen auch in der Lage, den Ort einer Schallquelle zu bestimmen (räumliches Hören). Dies wird durch drei verschiedene Effekte ermöglicht (siehe hierzu Abbildung 2.9).

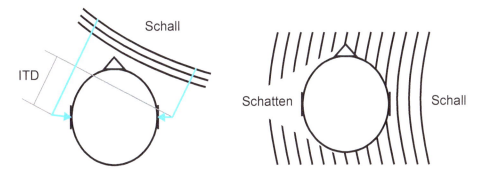

Abb. 2.9: Links: räumliches Hören mittels Zeitunterschied (ITD), Rechts: räumliches Hören mittels Lautstärkeunterschied (IID)

mmibuch.de/v3/a/2.9

Zur Nutzung der ersten beiden Effekte benötigen wir beide Ohren. Die Tatsache, dass die Ohren an verschiedenen Seiten des Kopfes angebracht sind und in entgegengesetzte Richtung zeigen, führt dazu, dass ein Schallsignal von einer Seite beim gegenüberliegenden Ohr wesentlich leiser ankommt, da dieses quasi im Schatten des Kopfes liegt (Abbildung 2.9 rechts). Dieser Lautstärkeunterschied wird englisch als *interaural intensity difference* (IID) bezeichnet. Außerdem legt der Schall von einer Schallquelle, die nicht in der Mitte vor, über, unter oder hinter uns liegt, unterschiedlich lange Wege zu den verschiedenen Ohren zurück. Da die Ausbreitungsgeschwindigkeit des Schalls in Luft mit etwa $300m/s$ recht niedrig ist, ist das Signal am entfernteren Ohr gegen-

über dem nahen Ohr deutlich zeitlich verzögert. Dieser Zeitunterschied heißt auf englisch *interaural time difference* (ITD). Wegen der Beugungs-Eigenschaften des Schalls
bei verschiedenen Frequenzen und wegen der großen Wellenlänge tiefer Frequenzen
funktioniert das räumliche Hören mittels IID und ITD nicht für tiefe Frequenzen. Diese lassen sich nicht klar orten, was auch der Grund dafür ist, dass Basslautsprecher
(Subwoofer) ohne hörbaren Unterschied quasi an beliebiger Stelle im Raum aufgestellt
werden können. Hinzu kommt, dass IID und ITD für alle Orte mit gleichem Abstand zu
den beiden Ohren (also auf einem Kreis um die Achse durch beide Ohren) auch gleich
sind. Dies bedeutet, dass wir mittels IID und ITD nur zwischen rechts und links, nicht
aber zwischen vorne, oben, hinten und unten unterscheiden können.

Der dritte Effekt, den wir zum räumlichen Hören ausnutzen, ist die richtungs- und
frequenzabhängige Veränderung des akustischen Signals durch die geometrischen
und materiellen Eigenschaften des Ohrs und des Kopfes. Signale von oben oder hinten werden beispielsweise durch Haare gedämpft, und die Form der Ohrmuschel bildet Resonanzmuster oder Auslöschungen für bestimmte Frequenzen. Eine Funktion,
die diese Veränderungen des Schalls in Abhängigkeit von seiner Richtung und Frequenz beschreibt, heißt *head-related transfer function* (HRTF). Jeder Mensch hat eine
spezifische HRTF, die sich experimentell ermitteln lässt. Man kann jedoch auch eine
gemittelte HRTF verwenden, die für viele Menschen annähernd korrekt ist, und damit
räumliche Klänge erzeugen, in denen wir dann auch vorne, hinten, oben und unten
unterscheiden können. Solche HRTF-basierten Raumklänge lassen sich nur mittels
Kopfhörer abspielen, da sonst ja noch die reale HRTF des Hörers hinzukäme.

Eine weitere wichtige Komponente räumlichen Hörens ist schließlich die Gewohn-
heit: das Geräusch eines Hubschraubers oder eines Vogels werden wir unwillkürlich
von oben hören, während Mensch, Autos, und andere auf der Erdoberfläche befindliche Schallquellen auch in der uns umgebenden Ebene wahrgenommen werden, solange es keine starken anderen Evidenzen gibt. Räumliches Hören kann auch gezielt
in der Benutzerschnittstelle eingesetzt werden, indem beispielsweise einem mobilen
Benutzer akustische Signale aus der jeweils passenden Richtung gegeben werden [76].
Tiefe Frequenzen werden nicht nur mit den Ohren sondern auch als Vibrationen mit
anderen Körperteilen wahrgenommen. Ein Beispiel hierfür sind die Bassfrequenzen
in der Disco. Extrem tiefe Frequenzen können sogar unsere Stimmung beeinflussen,
obwohl wir mit den Ohren bewusst keinen Ton wahrnehmen. So wurden in manchen
Kirchen Orgelpfeifen unterhalb des hörbaren Frequenzbereichs eingebaut, da diese
nicht bewusst gehört, aber als trotzdem mit dem Körper wahrgenommen werden und
uns so das Gefühl vermitteln, es gehe etwas Übersinnliches vor sich [189].

2.2.2 Besonderheiten der auditiven Wahrnehmung

Die akustische Wahrnehmung bildet mit dem zugehörigen sensorischen Register ein
spezielles Konstrukt, die sogenannte phonologische Schleife. In ihr werden akusti-

sche Ereignisse wie z.B. Sprache bis zu einer Dauer von etwa 2 Sekunden abgespeichert und durch innerliches Wiederholen immer wieder aufgefrischt. Dabei bestimmen die verfügbare Zeit und die Dauer der einzelnen Einträge die Anzahl der in der Schleife gehaltenen Einträge: wir können uns im Register mehr kurze Worte merken als lange. Zudem lassen sich einige wahrnehmungspsychologische Effekte daraus ableiten und auch experimentell nachweisen, beispielsweise der phonologische Ähnlichkeitseffekt (ähnlich klingende Wörter lassen sich schwerer merken als verschieden klingende) und die artikulatorische Unterdrückung (ständige Wiederholung irrelevanter Äußerungen wie „Ähs" oder Füllwörter vermindert die Gedächtnisleistung [73]). Im Alltag nutzen wir die phonologische Schleife beispielsweise dazu, uns Telefonnummern oder andere kurze Informationen zu merken, bis wir sie durch Aufschreiben oder Eingeben dauerhaft speichern können. Wird die Schleife durch neu eintreffende akustische Reize gestört, z.B. durch jemanden, der uns anspricht, so verblasst der darin gespeicherte Inhalt und wird durch den neu wahrgenommenen ersetzt.

Die einfachste Form akustischer Ausgaben am Computer sind kurze Signaltöne oder -geräusche. Besitzen diese Geräusche einen Bezug zur echten Welt, beispielsweise das Zerknüllen oder Zerreißen von Papier beim Entleeren des Papierkorbs in einer Desktop-PC Umgebung, dann spricht man von Auditory Icons. Diese symbolisieren – genau wie grafische Icons – bestimmte Objekte oder Vorgänge und werden automatisch mit diesen assoziiert. Abstraktere Klänge, wie z.B. Tonfolgen, deren Bedeutung erlernt werden muss, heißen Earcons. Während der Vorteil der direkten Assoziation einer Bedeutung hier wegfällt, bieten diese mehr Spielraum zur Veränderung von Parametern wie Tonhöhe, Tonfolge oder Geschwindigkeit und sind damit ein potenziell mächtigeres Ausdrucksmittel.

2.3 Tastsinn und Propriozeption

Die haptische Wahrnehmung liefert uns eine Fülle von Informationen über die physikalische Welt. Zur Interaktion mit dem Computer wird sie dagegen nur sehr selten genutzt. Ausnahmen sind Controller für Computerspiele, die Vibration oder Druckkräfte vermitteln, der allseits bekannte Vibrationsalarm am Mobiltelefon, oder die Ausgabe von Braille-Schrift am Computer, die für Blinde den Sehsinn durch den Tastsinn ersetzt. Als Tastsinn oder taktile Wahrnehmung bezeichnet man die Wahrnehmung von Berührungen und mechanischen Kräften mit den Tastsinneszellen der Haut, während der allgemeinere Begriff haptische Wahrnehmung auch andere Wahrnehmungsformen wie Temperatur oder Schmerz, sowie Sinneszellen in anderen Bereichen des Körpers umfasst. Die Sinnesorgane der Haut umfassen Sensoren zur Messung von Berührung, mechanischem Druck, und Vibration (Mechanorezeptoren), Temperatur (Thermorezeptoren), sowie Schmerz (Schmerzrezeptoren). Außerdem gibt es mechanische Sensoren in Muskeln, Sehnen und Gelenken sowie inneren Organen. Die Dichte der Sensoren und damit die Genauigkeit und Auflösung des Tastsinnes ist ungleichmäßig am Körper verteilt. Hände und insbesondere die Fingerspitzen, sowie die Zunge weisen eine hohe Sensorendichte auf, sind daher sehr empfindlich und können feinere Strukturen erfassen. Andere Körperbereiche wie Bauch oder Rücken enthalten weniger Sensoren und haben ein wesentlich niedrigeres Auflösungsvermögen.

Bisher werden Ausgaben an den Tastsinn nur in ganz wenigen Kontexten verwendet. So verwenden Spiele auf Mobiltelefonen den ohnehin eingebauten Vibrationsmotor, um Spielereignisse wie Kollisionen zu signalisieren. Antiblockiersysteme in Autos versetzen das Bremspedal in Vibration, um das Eingreifen der ABS-Automatik anzuzeigen, und Spurwarnsysteme vermitteln Vibrationen im Fahrersitz auf der Seite, auf der die Spur gerade verlassen wird. Außerdem haben haptische Reize im Bereich der Computerspiele eine gewisse Verbreitung gefunden und werden beispielsweise mittels sogenannter Force Feedback Joysticks oder Vibrationsmotoren in Game Controllern vermittelt. Mit wachsender Verbreitung interaktiver Oberflächen (siehe Kapitel 17) wächst auch der Wunsch, die darauf befindlichen grafischen Ausgaben ertastbar zu machen, doch bisher scheitert dies meist an der technischen Umsetzbarkeit.

Mit Propriozeption bezeichnet man die Wahrnehmung des eigenen Körpers bezüglich seiner Lage und Stellung im Raum. Diese Selbstwahrnehmung wird durch das Gleichgewichtsorgan im Ohr (siehe Abbildung 2.8 links) sowie durch Mechanorezeptoren im Muskel- und Gelenkapparat ermöglicht und liefert uns eine Wahrnehmung der Stellung der Gliedmaßen zueinander und im Raum. Propriozeption ist beispielsweise im Zusammenhang mit Gesten wichtig, da sie das blinde Ausführen kontrollierter Bewegungen ermöglicht. Sie hilft uns außerdem beim Umgang mit dem körpernahen Raum, beispielsweise bei der Raumaufteilung auf Tischen und in Fahrzeugen (Abschnitt 17.2.3). In manchen Kontexten wirkt die Propriozeption jedoch auch störend, beispielsweise in einfachen Fahrsimulatoren, die die umgebende Landschaft zwar grafisch korrekt darstellen und damit den Eindruck von Bewegung und Beschleunigung vermitteln, während das Gleichgewichtsorgan eine Ruheposition ohne Beschleunigungen signalisiert. Diese Diskrepanz zwischen Sehsinn und Propriozeption kann zu Übelkeit und Schwindel führen, der sogenannten Simulatorübelkeit oder Cyber Sickness und führt dazu, dass etwa 10% der Probanden in Simulatorversuchen diese Versuche vorzeitig abbrechen.

2.4 Geruchs- und Geschmackswahrnehmung

Die olfaktorische oder Geruchswahrnehmung ist in der Nase angesiedelt und wird durch eine Vielzahl (über 400) spezialisierter Rezeptoren für bestimmte Substanzen realisiert. Ein bestimmter Geruch spricht dabei eine oder mehrere Rezeptorarten an und erzeugt den entsprechenden Sinneseindruck. Im Gegensatz zur Farbwahrnehmung ist es nicht möglich, aus wenigen Grundgerüchen alle anderen zu mischen, sondern für jeden spezifischen Geruch muss die entsprechende chemische Kombination abgesondert werden. Der Geruchssinn ist außerdem recht träge, was das Nachlassen von Gerüchen angeht, und besitzt eine starke Akkomodationsfähigkeit: Gerüche, die in gleicher Intensität vorhanden bleiben, werden immer schwächer wahrgenommen.

Die gustatorische oder Geschmackswahrnehmung ist im Mundraum angesiedelt, besitzt in vieler Hinsicht die gleichen Eigenschaften wie die olfaktorische Wahrnehmung und interagiert auch mit ihr. Die grundlegenden Eigenschaften wie Trägheit, Nichtvorhandensein von Grundgerüchen zur Mischung aller anderen, sowie persönliche und hygienische Vorbehalte gegenüber der Nutzung dieser Sinne bewirken, dass sie zur Interaktion mit Computern bisher nicht nennenswert genutzt werden.

2.5 Top-down vs. Bottom-up Verarbeitung

Bis jetzt haben wir Wahrnehmung in diesem Kapitel immer in eine Richtung betrachtet: In unserer Umgebung treten physikalische Phänomene wie Licht, Schall oder mechanische Reize auf, die einen Stimulus für unsere Sinnesorgane bilden und von diesen wahrgenommen werden. In der weiteren (Bottom-up Verarbeitung) werden diese Stimuli dann in Beziehung zueinander gesetzt und interpretiert, was bereits eine Leistung unseres kognitiven Apparates (siehe Kapitel 3) ist. Diese Betrachtungsweise reicht jedoch nicht aus, alle Phänomene unserer Wahrnehmung vollständig zu erklären. Beispielsweise der Effekt der Veränderungsblindheit (engl. change blindness) oder der inattentional blindness zeigt uns, dass es auch von unserer Aufmerksamkeit und unserer Erwartung abhängt, ob und wie wir etwas wahrnehmen. In einem berühmten Experiment wurde Teilnehmern beispielsweise ein Video von zwei Basketball-Teams gezeigt, die einen Ball hin und her spielen. Dabei sollten die Teilnehmer zählen, wie oft vom weißen Team abgespielt wurde. Was sie dabei mehrheitlich übersahen, war ein Gorilla, der sich winkend mitten durch das Bild bewegte. Sobald man sie aber darauf hinwies, sahen sie den Gorilla klar und deutlich. Unsere Wahrnehmung hängt also auch davon ab, was wir bereits wissen, kennen oder erwarten. Diese Richtung der Wahrnehmung wird als Top-down Verarbeitung bezeichnet (Für eine tiefere Diskussion siehe beispielsweise [109]).

2.5.1 Das SEEV Modell

In ihrem Buch „Applied Attention Theory" [216] beschreiben Wickens und McCarley sogar ein Modell, um die Wahrscheinlichkeit vorherzusagen, mit der ein bestimmter Stimulus auch tatsächlich wahrgenommen wird. Nach den darin verwendeten Faktoren Salience, Effort, Expectancy und Value heißt dieses Modell SEEV Modell. Nach ihm berechnet sich die Wahrscheinlichkeit der Wahrnehmung $P(A)$ wie folgt:

$$P(A) = sS - efEF + (exEX + vV)$$

Dabei sind die Variablen in Kleinbuchstaben s, ef, ex, v jeweils konstante Faktoren, die als Gewichte dienen für die eigentlichen Einflussgrößen S, EF, EX und V. Die Salienz S gibt an, wie stark ein Reiz aus seiner Umgebung hervorsticht. Ein hellblau hervorgehobenes Wort in einer ansonsten schwarz-weißen Textseite oder ein schriller Pfiff in der Stille sind Beispiele für derart saliente Reize. Der Parameter EF gibt an, wie viel Aufwand getrieben werden muss, beispielsweise durch Drehen des Kopfes oder Zuwenden des Blicks. EXpectancy beschreibt, wie stark der wahrnehmende Mensch diesen Reiz erwartet, und Value, welchen Wert dieser für ihn hat. Die Wahrscheinlichkeit ist demnach umso höher, je höher die Salienz eines Objektes ist, aber auch je niedriger der Aufwand ist, je stärker es erwartet wird und je höher sein Wert für den Wahrnehmenden ist. Das Modell sollte nicht für tatsächliche Berechnungen hergenommen werden, sondern stellt eher ein Denkmodell zur Vermittlung dieses Zusammenhanges dar.

2.5.2 Der Cocktail-Party-Effekt

Die Fähigkeit des Menschen seine Aufmerksamkeit auf eine bestimmte Schallquelle zu richten und diese auch in lauten Umgebungen mit vielen Schallquellen zu verstehen, wird als *selektives Hören* bezeichnet. Diese Fähigkeit ist eng verknüpft mit dem räumlichen Hören, welches uns erlaubt, eine Schallquelle im Raum zu lokalisieren [38]. Ist uns dies gelungen, so werden durch unsere weitere Verarbeitung andere Schallquellen in ihrer Lautstärke gedämpft und weniger laut wahrgenommen. Ein gutes Beispiel einer solchen Situation ist eine Cocktail-Party, auf der sich viele Gäste miteinander unterhalten und auf der man den Gesprächspartner gut verstehen kann, obwohl 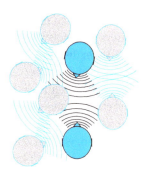 sich viele andere Partygäste in unmittelbarer Nähe befinden. Die wahrgenommene Lautstärke der anderen Schallquellen wird im Verhältnis zur physikalisch gemessenen Lautstärke um bis zu 15dB gedämpft, d.h. wir nehmen unseren Gesprächspartner zwei- bis dreimal lauter wahr als andere Gäste. Diese als Cocktail-Party-Effekt bekannte Veränderung ist komplett durch unsere Aufmerksamkeit (siehe Abschnitt 3.4) gesteuert und stellt ein weiteres Beispiel für die Top-down Verarbeitung dar.

mmibuch.de/v3/l/2

Verständnisfragen und Übungsaufgaben:

1. Warum sollte man immer bei Tageslicht beurteilen, ob Kleidungsstücke farblich zu einander passen, und nicht bei Kunstlicht?

2. Für diese Aufgabe soll es um eine Farbe mit dem HTML Farbcode #0a64c8 gehen. Welche RGB-Werte hat diese Farbe (Wertebereich jeweils 0-255) und um welche Farbe handelt es sich? Nutzen Sie z. B. ein Bildbearbeitungsprogramm, um diese Frage zu beantworten (z.B. GIMP).

3. Warum tragen Blau-Kontraste nicht zur besseren Lesbarkeit bei?

4. Was versteht man unter Akkommodation?

5. Ist diese Aussage korrekt und wenn ja, warum: „In plain HTML ohne irgendwelche CSS Gestaltung sind Links blau und gleichzeitig unterstrichen. Das führt dazu, dass man sie beim Überfliegen der Seite präattentiv wahrnehmen kann."

6. Sie haben im Unterricht nicht aufgepasst, sondern aus dem Fenster geschaut und geträumt. Plötzlich fragt Sie der Lehrer: „Was habe ich gerade gesagt?" und Sie sind in der Lage, die letzten paar Worte korrekt wiederzugeben. Welcher kognitive Prozess hat das ermöglicht?

7. Welche Körperteile haben in unserem Tastsinn eine hohe räumliche Auflösung?

8. Das menschliche Auge hat im Zentrum eine Auflösung von etwa einer Winkelminute. Dies bedeutet, dass zwei Lichtstrahlen, die aus Richtungen kommen, die mindestens eine Winkelminute (= 1/60 Grad) auseinanderliegen, gerade noch als verschiedene Strahlen wahrgenommen werden. Bilder werden normalerweise aus einem Abstand betrachtet, der ungefähr der Bilddiagonalen entspricht. Hierdurch entsteht ein Bildwinkel entlang der Diagonale von etwa 50 Grad (entspricht dem sogenannten Normalobjektiv). Leiten Sie daraus her, ab welcher ungefähren Auflösung (bzw. ab welcher Anzahl von Megapixeln bei einem Seitenverhältnis von 3:2) die Auflösung des Auges erreicht ist, eine weitere Verfeinerung also keinen sichtbaren Qualitätsgewinn mehr bringt.

9. In verschiedenen Kulturkreisen verwenden Fußgängerampeln verschiedene Methoden zur Darstellung der Information, ob die Fußgänger stehen bleiben oder gehen sollen. Während die deutschen Ampelmännchen dreifach redundant enkodieren (Farbe, Symbol, Position), verwenden ältere amerikanische Modelle z.B. Schrift (Walk – Don't Walk) oder ein Hand-Symbol. Recherchieren Sie mindestens vier grundlegend verschiedene Ausführungen, beispielsweise mithilfe einer Bilder-Suchmaschine im Web, und diskutieren Sie deren Verständlichkeit für alle Bevölkerungsgruppen.

10. Suchen Sie in Ihrem Alltag nach Geräten mit Kontrollleuchten, die mehr als 2 Zustände ausdrücken (Beispiel: ein Kamera-Ladegerät, das anzeigt, ob es aus ist, gerade einen Akku lädt, oder ob der Akku bereits voll ist). Finden Sie mindestens 3 verschiedene Strategien. Sind diese barrierefrei, also auch für Menschen mit Farbschwäche nutzbar?

3 Kognition

3.1 Gedächtnistypen

Wie in Kapitel 1 beschrieben, besteht das menschliche Gedächtnis aus verschiedenen Teilsystemen mit unterschiedlichen Aufgaben. Die sensorischen Register enthalten eine physische Repräsentation von Wahrnehmungseindrücken, also beispielsweise Lichtreizen auf der Netzhaut oder Tasteindrücken vom Greifen eines Gegenstands. Das Kurzzeit- oder Arbeitsgedächtnis ist das Gedächtnis der Gegenwart und der Ort kognitiver Prozesse. Das Langzeitgedächtnis ist das Gedächtnis der Vergangenheit.

Die sensorischen Register sind Kurzzeitspeicher für durch Sinnesorgane wahrgenommene Reize. Sie enthalten Rohdaten, die nicht in interpretierter oder abstrakter Form vorliegen, sondern analog zum physikalischen Stimulus sind. Für die verschiedenen sensorischen Kanäle existieren jeweils eigene sensorische Register, nämlich das ikonische oder visuelle Register, das echoische Register und das haptische Register. Um Inhalte der sensorischen Register in das Kurzzeitgedächtnis zu überführen, ist Aufmerksamkeit erforderlich. Eine vertiefte Darstellung hierzu, auf der auch der folgende Abschnitt beruht, findet sich beispielsweise in Wandmacher [203].

3.1.1 Kurzzeitgedächtnis und kognitive Prozesse

Das Kurzzeitgedächtnis dient der kurzzeitigen Speicherung einer kleinen Menge symbolischer Informationen als Resultat von Wahrnehmungen oder als Resultat von Aktivierungen im Langzeitgedächtnis. Die Inhalte des Kurzzeitgedächtnisses sind bewusst verfügbar. Das Kurzzeitgedächtnis ist darüber hinaus der Ort, an dem kognitive Prozesse, wie Figur- und Grundunterscheidung und Zeichenerkennung, stattfinden. Kognitive Prozesse bestehen aus elementaren kognitiven Operationen, die als *recognize-act*-Zyklus [35] verstanden werden können. Dabei bedeutet *recognize* die Aktivierung einer Einheit im Langzeitgedächtnis und *act* das Verfügbar werden für kognitive Prozesse im Kurzzeitgedächtnis. Ein Beispiel ist das Erkennen von Buchstaben. Die im visuellen Register vorliegenden sensorischen Daten führen zur Aktivierung einer Repräsentation des Buchstabens im Langzeitgedächtnis (recognize) und damit zur symbolischen Repräsentation im Kurzzeitgedächtnis (act). Dies dauert zwischen 30ms und 100ms.

Das Kurzzeitgedächtnis als Ort kognitiver Prozesse ist in seiner Kapazität beschränkt. Es ist nicht möglich, mehrere bewusst kontrollierte kognitive Prozesse wirklich parallel auszuführen. Beispielsweise können wir nicht einen Text mit Verständnis lesen und gleichzeitig eine Multiplikationsaufgabe im Kopf lösen. Diese Beschränkung bewusst kontrollierter kognitiver Prozesse auf serielle Ausführung wird auch Enge des Bewusstseins genannt.

https://doi.org/10.1515/9783110753325-004

Automatische kognitive Prozesse hingegen können parallel ausgeführt werden, da sie keine oder wenig kontrollierte Verarbeitungskapazität des Kurzzeitgedächtnisses beanspruchen. Sie können auch parallel mit bewusst kontrollierten kognitiven Prozessen ausgeführt werden. Ein Beispiel für einen automatischen kognitiven Prozess ist das Erkennen bekannter Wörter. Ein weiteres Beispiel ist die automatische visuelle Suche (siehe auch Abschnitt 2.1.4 zur präattentiven Wahrnehmung). Bewusst kontrollierte Prozesse können durch Übung zu automatischen kognitiven Prozessen werden. Dabei können unterschiedliche Grade der Automatisierung erreicht werden. Reale kognitive Prozesse liegen also auf einem Kontinuum zwischen vollständig kontrolliert und vollständig automatisch.

Die Kapazität des Kurzzeitgedächtnisses beträgt durchschnittlich drei (zwischen zwei und vier) Einheiten (siehe Stuart Card et al. [35] sowie Abbildung 1.3). Diese Einheiten werden auch Chunks genannt. Die Kapazität des Kurzzeitgedächtnisses ist primär durch die Anzahl der vorliegenden Chunks beschränkt und weniger durch deren Informationsgehalt. So können Chunks Ziffern, Wörter, Begriffe oder visuelle Vorstellungseinheiten sein. Angenommen man möchte den Morse-Code lernen. Kurze und lange Töne sind die ersten Chunks, die wir uns merken müssen. Mit ein wenig Übung bilden wir aus dem Signal kurz-kurz-kurz den Chunk *S*. Anschließend werden größere Chunks gebildet, und so wird aus kurz-kurz-kurz, lang-lang-lang, kurz-kurz-kurz, irgendwann der Chunk *SOS*. Jeder, der einmal eine Sprache gelernt hat, wird diesen Prozess nachvollziehen können. Für sehr kurze Zeitintervalle und mit der vollen kontrollierten Verarbeitungskapazität, also der vollen Aufmerksamkeit, können nach Miller [129] 7 ± 2 Buchstaben oder Ziffern im Kurzzeitgedächtnis repräsentiert werden. Dies ist jedoch keine realistische Abschätzung der Kapazität des Kurzzeitgedächtnisses unter Alltagsbedingungen. Die Dauer der Speicherung von Chunks im Kurzzeitgedächtnis hängt von der Auslastung ab. Nach Stuart Card et al. [35] beträgt die Speicherdauer bei einem einzelnen Chunk ca. 70s (zwischen 70s und 226s) und bei drei chunks ca. 7s (zwischen 5s und 34s). Diese Zeiten setzen voraus, dass die kontrollierte Verarbeitungskapazität auf andere kognitive Prozesse gerichtet ist.

Die Eigenschaften des Kurzzeitgedächtnisses sind relevant für die Gestaltung von Benutzerschnittstellen. Die *Enge des Bewusstseins* bedeutet, dass schon eine moderate Auslastung mit bewusst kontrollierten kognitiven Prozessen die Fehlerrate deutlich erhöht. Eine detailliertere Darstellung von Informationen auf dem Bildschirm schafft hier keine Abhilfe, da auch die Verarbeitung dieser Information kognitive Kapazität in Anspruch nimmt. Mögliche Lösungsstrategien sind Automatisierung durch Übung und Superzeichenbildung (engl. chunking). Mit *Superzeichenbildung* ist die Bildung von Chunks mit höherem Informationsgehalt gemeint. Diese Strategie ist erfolgreich, da die Kapazität des Kurzzeitgedächtnisses primär durch die Anzahl und nicht die Komplexität der referenzierten Einheiten beschränkt ist. Ein Beispiel ist die Darstellung von Zahlen. Die dreistellige Hexadezimaldarstellung 1C8 kann leichter behalten werden als die neunstellige Binärdarstellung 111001000.

3.1.2 Langzeitgedächtnis

Das Langzeitgedächtnis enthält die Gesamtheit unseres Wissens, unseres Könnens und unserer Erfahrungen. Die Inhalte des Langzeitgedächtnisses können durch Erinnern wieder im Kurzzeitgedächtnis verfügbar gemacht werden. Nicht aktivierte Inhalte des Langzeitgedächtnisses sind aus dem Bewusstsein verschwunden. Man unterscheidet zwischen deklarativem und prozeduralem Wissen.

Deklaratives Wissen ist Faktenwissen, also Informationen über Tatsachen, die sich als assoziatives Netzwerk modellieren lassen. Kognitive Prozesse nutzen deklaratives Wissen, um aus im Kurzzeitgedächtnis vorliegenden Informationen weitere Informationen abzuleiten. Dies versetzt uns in die Lage, Schlussfolgerungen zu ziehen und kognitive Problemstellungen zu lösen. Dies geschieht durch das Finden von Analogien, die Anwendung von Regeln und das Überprüfen von Hypothesen. Deklaratives Wissen lässt sich weiter in episodisches Wissen, also das Wissen über Erfahrungen, die wir gemacht und Ereignisse, die wir erlebt haben, sowie semantisches Wissen, also Wissen über Sachverhalte unterscheiden.

Prozedurales Wissen ist operatives Handlungswissen. Es umfasst kognitive Fertigkeiten wie Kopfrechnen und motorische Fertigkeiten, wie Fahrradfahren, Klavierspielen oder Jonglieren. Prozedurales Wissen ist typischerweise nicht bewusst. Es kann nur schwer verbalisiert werden und häufig nur durch motorische Wiederholungen gelernt werden. Es ist wichtig zu beachten, dass das Langzeitgedächtnis nur unsere Interpretation und unser Verständnis von Sachverhalten und Erfahrungen speichert und sich auch nachträglich durch neue Erfahrungen verändern kann. Die Kapazität des Langzeitgedächtnisses ist praktisch nicht limitiert. Das Problem liegt hingegen in einer geeigneten Organisation und dem möglichen Lernaufwand, den wir treiben können. Diese ermöglichen es, die Inhalte des Langzeitgedächtnisses später im Kurzzeitgedächtnis wieder verfügbar zu machen.

Es gibt zwei unterschiedliche Arten Wissen aus dem Langzeitgedächtnis wieder in das Kurzzeitgedächtnis zu rufen und es damit situativ verfügbar zu machen: das Erinnern (engl. Recall) und das Wiedererkennen (engl. Recognition). Beim Erinnern müssen wir aktiv Elemente aus unserem Langzeitgedächtnis reproduzieren, z.B. wenn wir nach der Marke unseres Fahrrads gefragt werden. Das Wiedererkennen beruht hingegen auf der Präsentation eines Elements, welches wir schon kennen, z.B. wenn wir gefragt werden, ob unser Fahrrad von einer bestimmten Marke ist. Fragen, die auf Wiedererkennung beruhen, können in der Regel mit Ja oder Nein beantwortet werden, während Fragen die Erinnern erfordern, in der Regel das Gedächtniselement selbst produzieren müssen. Wiedererkennen fällt meistens leichter als Erinnern. Moderne Benutzerschnittstellen setzen daher vornehmlich auf Elemente, die ein einfaches Wiedererkennen von Funktionen ermöglichen - dies ist z.B. auch ein Grund für die Verwendung grafischer Bedienelemente und Repräsentationen (Icons), da visuelle Elemente von uns in der Regel besser und schneller wiedererkannt werden als textuelle. Für die Entwicklung von Benutzerschnittstellen ist die Unterscheidung der beiden Konzepte daher von großer Bedeutung (siehe auch Abschnitt 13.3.2) und die Berücksichtigung der unterschiedlichen Arten uns zu erinnern kann zu Benutzerschnittstellen führen, die weniger frustrierend für die Anwender sind [121].

3.2 Lernen

Viele Funktionen von komplexen Benutzerschnittstellen, wie z.B. die eines Textverarbeitungsprogramms, erfordern von Benutzern eine erhebliche Einarbeitungszeit. Benutzer müssen die Funktionen der Benutzerschnittstelle zunächst lernen, um diese später schnell und effektiv einsetzen zu können. Aus Sicht des Entwicklers einer solchen Benutzerschnittstelle ist es daher wichtig zu verstehen wie menschliches Lernen funktioniert und auf welchen kognitiven Prozessen es beruht. Basierend auf diesem Verständnis werden dann Benutzerschnittstellen entwickelt, die Lernprozesse effektiv unterstützen. Grundsätzlich kann Information auf unterschiedlichste Art und Weise unterrichtet werden. Dazu gehört der klassische Frontalunterricht (basierend auf einer Verbalisierung der Information) genauso wie das Lernen aus Büchern, durch Interaktion mit Modellen oder aber direkt während der Ausführung einer Tätigkeit.

Entscheidend für das Design neuer Benutzerschnittstellen ist hierbei die Trainingseffizienz [215]. Die Trainingseffizienz eines Lernverfahrens ist am höchsten, wenn 1.) der beste Lerneffekt in kürzester Zeit erzielt wird, 2.) die längste Erinnerungszeit erreicht wird und 3.) dieses einfach und günstig in einer Benutzerschnittstelle umgesetzt werden kann. Dabei spielt es eine große Rolle, wie gut Wissen, das durch ein Lernverfahren erworben wird, dann in der tatsächlichen Benutzung abgerufen werden kann. Man spricht in diesem Zusammenhang auch von der Transferleistung [81]. Wie gut die Transferleistung bei einem neuen Lernverfahren ist, wird üblicherweise experimentell ermittelt [215]. Dabei werden die Lernenden in zwei Gruppen unterteilt. In der Kontrollgruppe wird ohne Lerntechnik gelernt, z.B. durch *Versuch und Irrtum* bis ein Erfolgskriterium bei der Ausführung der Zieltätigkeit (z.B. fehlerfreie Formatierung eines Textes in einem Textverarbeitungsprogramms) erreicht wird. Die dazu benötigte Zeit wird gemessen. Die zweite Gruppe, die Transfergruppe, lernt zunächst eine gewisse Zeit mithilfe der neuen Technik (z.B. einem interaktiven Übungskurs zur Textverarbeitung). Danach wird die Zeit gemessen, die die Kontrollgruppe benötigt, um die Zieltätigkeit erfolgreich auszuführen. Ist die Summe beider Zeiten der Transfergruppe geringer als die Zeit der Kontrollgruppe, dann hat offensichtlich die neue Lerntechnik einen nützlichen Lerntransfer erreicht. Da insgesamt weniger Zeit zum Erreichen eines Lernerfolges benötigt wurde, erzielt die neue Technik eine höhere Trainingseffizienz als die alte Vorgehensweise. Auf diese Art lassen sich auch verschiedene Lerntechniken miteinander vergleichen. Es kann sogar passieren, dass Lerntechniken eine negative Trainingseffizienz besitzen, d.h. sie behindern das Lernen. In diesem Fall wäre die kumulierte Zeit der Transfergruppe zur Erreichung eines Erfolgskriteriums größer als die Zeit der Kontrollgruppe, die keine Lerntechnik verwendet hat. Häufig werden diese drei Maße unterschieden: die Transferleistung, die Transfereffektivität und die Lernkosten (vgl. hierzu auch Wickens und Hollands [215]). Die Transferleistung wird als prozentuelle Darstellung des Zeitgewinns gegenüber der Kontrollgruppe formalisiert, allerdings ohne die zusätzliche investierte Lernzeit der Transfergruppe zu berücksichtigen. Dabei ist:

$$Transferleistung = \frac{Zeit_{kontrollgruppe} - Zeit_{transfergruppe}}{Zeit_{kontrollgruppe}} \star 100$$

Die Transfereffektivität berücksichtigt hingegen die investierte Lernzeit der Transfergruppe und lässt sich aus dem Verhältnis der gewonnenen Zeit (d.h. der Differenz $Zeit_{kontrollgruppe} - Zeit_{transfergruppe}$) und der Zeit, die von der Transfergruppe mit der neuen Lerntechnik investiert wurde, bestimmen:

$$Transfereffektivität = \frac{Zeit_{kontrollgruppe} - Zeit_{transfergruppe}}{Zeit_{neueLerntechnik}}$$

Das heißt, wenn die Gesamtzeit der Transfergruppe gleich der Zeit der Kontrollgruppe ist, haben wir eine Transfereffektivität von 1. Die neue Lerntechnik richtet zwar keinen Schaden an, hilft aber auch nichts. Erst wenn die Transfereffektivität > 1 wird, erzielt die neue Lerntechnik einen positiven Effekt. Ist die Transfereffektivität hingegen < 1, erzielt die Lerntechnik einen negativen Effekt. Trotzdem können Transfereffektivitäten von < 1 sinnvoll sein, insbesondere wenn andere Kriterien berücksichtigt werden müssen. Wird z.B. in einem Flugsimulator trainiert, kann dies zwar zu einer Transfereffektivität von < 1 führen (d.h. die gleiche Tätigkeit wird in einem echten Flugzeug in der Luft schneller gelernt). Das Lernen im Flugsimulator ist aber wesentlich sicherer und auch kostengünstiger. Bei der Einführung einer neuen Lerntechnik wird daher häufig das Verhältnis der Lernkosten zwischen neuer Technik und herkömmlicher Technik gebildet:

$$Trainingskostenverhältnis = \frac{Trainingskosten\ der\ neuen\ Lerntechnik}{Trainingskosten\ der\ bisherigen\ Methode}$$

Je größer dieser Wert, desto günstiger ist die neue Lerntechnik gegenüber der herkömmlichen Methode. Eine Entscheidungshilfe, ob es sich lohnt eine neue Lerntechnik einzuführen kann durch Multiplikation von Transfereffektivität und Trainingskosten erreicht werden. Ist dieser Wert > 1 lohnt sich die Einführung der neuen Technik, ist der Wert < 1 lohnt sich die Einführung nicht. Nach Wickens und Hollands [215] werden acht unterschiedliche Lernmethoden unterschieden, von denen die wichtigsten hier besprochen werden sollen.

Die Praktische Ausübung, häufig auch als *Learning by doing* bezeichnet, ist ein Konzept mit dem jeder vertraut ist. Sie besagt schlicht, dass durch Ausübung einer Tätigkeit diese gelernt wird. Die interessante Frage ist dabei, wie lange eine Tätigkeit ausgeübt werden sollte, um sie angemessen zu beherrschen. In der Regel steigt der Lernerfolg monoton mit der investierten Zeit, d.h. auch über lange Zeit verbessert man seine Fähigkeiten, lernt also kontinuierlich. Allerdings muss man hier je nach Lernziel unterscheiden. Eine Tätigkeit ohne Fehler zu absolvieren ist in der Regel schneller zu erreichen, als die Tätigkeit mit erhöhter Geschwindigkeit auszuüben. Auf einer Tastatur fehlerfrei zu schreiben, kann beispielsweise schneller erlernt werden als schnell zu schreiben. Es kann also sinnvoll sein, eine Tätigkeit auch dann noch zu trainieren, wenn bereits Fehlerfreiheit erreicht wurde.

Das Trainieren von Teilaufgaben zerlegt eine komplexe Tätigkeit in einfachere Bestandteile, die dann getrennt gelernt werden. Entscheidend ist, dass die Tätigkeit in entsprechende Teile zerlegt werden kann. Das Einüben eines Klavierstückes, welches aus verschiedenen musikalischen Sequenzen besteht, kann zerlegt werden. In der Regel werden hier schwierige und einfache Passagen getrennt geübt und dann zu dem Gesamtmusikstück zusammengesetzt. Auch komplexe Vorgänge, die parallel ausgeführt werden, können zerlegt werden. Dabei muss allerdings sorgfältig vorgegangen werden, da parallel ausgeübte Tätigkeiten häufig von einander abhängig sind. Ein Beispiel ist das Fahrradfahren, welches die Stabilisierung des Gleichgewichts, das Treten der Pedale und das Bedienen des Lenkers parallel erfordert. Die Stabilisierung des Gleichgewichts hängt eng mit dem Lenken zusammen. Insofern macht es wenig Sinn, diese Tätigkeiten von einander zu trennen. Das Treten hingegen ist einigermaßen unabhängig von den beiden anderen Tätigkeiten. So erklärt sich der bessere Trainingserfolg bei der Verwendung eines Dreirades und eines Laufrades im Vergleich zur Benutzung von Stützrädern: Beim Dreirad wird das unabhängige Treten geübt, beim Laufrad das Lenken und die Balance. Bei Stützrädern hingegen werden Lenken und Treten gleichzeitig geübt ohne die eng damit verknüpfte Balance.

Das Lernen durch Beispiele ist eine weitere vielfach angewandte Technik. Es hat sich gezeigt, dass gut gewählte Beispiele hohe Lernerfolge erzielen können. Dies erklärt auch den großen Erfolg von *Youtube Videos* beim Erlernen neuer Tätigkeiten und Konzepte. Allerdings verweist Duffy [51] darauf, dass es nicht nur die Beispiele selbst sind, die den Lernerfolg bestimmen, sondern die Art ihrer Verwendung. Eine tiefere Interaktion mit dem Beispiel ist notwendig, indem beispielsweise geeignete Fragen gestellt werden oder die Tätigkeit direkt nach dem Beispiel geübt wird, das Beispiel also in Kombination mit einer praktischen Ausübung verwendet wird. Aus diesem Grund gehen viele Übungsaufgaben dieses Buches auf praktische Beispiele ein.

3.3 Vergessen

Der psychologische Prozess des Vergessens bezeichnet den Verlust der Erinnerung, also der Fähigkeit, sich an Elemente aus dem Langzeitgedächtnis zu erinnern. Was wir vergessen hängt von vielen Faktoren ab, insbesondere von den zuvor gelernten Elementen selbst und wie diese mit bereits gelernten Elementen in unserem Gedächtnis in Verbindung gebracht werden können. So ist es beispielsweise viel leichter, sich Wörter von Objekten zu merken (Fahrrad, Haus, Auto, Boot) als Wörter von abstrakteren Konzepten (z.B. Gesundheit, Vergnügen, Zukunft, Rückenwind). Wann immer wir zu lernende Elemente in Verbindung mit existierenden Gedächtniselementen bringen können, fällt uns das Lernen leichter und wir vergessen das Erlernte nicht so schnell. Das Vergessen als Prozess ist, wie viele andere kognitive Prozesse, noch nicht völlig verstanden. Zwei Theorien werden in diesem Zusammenhang besonders häufig in der Literatur genannt: die Spurenverfallstheorie und die Interferenztheorie.

Die Spurenverfallstheorie geht auf den Psychologen Hermann Ebbinghaus zurück, der als einer der ersten in Gedächtnisversuchen gezeigt hat, dass mit verstreichender Zeit die Erinnerung an bedeutungslose Silben immer schwerer fällt [53]. Genau darauf basiert die Idee der Spurenverfallstheorie, die annimmt, dass die *Spuren* im Gedächtnis verblassen. Inzwischen geht man allerdings davon aus, dass der Faktor Zeit dabei zwar eine Rolle spielt, viel wichtiger aber die Anzahl und die Zeitpunkte der Aktivierung des Gedächtniselements sind. Elemente, die wir seltener verwenden, werden demnach schneller vergessen [167]. Dies deckt sich auch mit Ergebnissen aus der Hirnforschung, wo man ähnliche Prozesse auf neuronaler Ebene nachweisen konnte.

Die Interferenztheorie geht hingegen davon aus, dass neu erlernte Gedächtniselemente mit alten Elementen interferieren und diese bei bestimmten Bedingungen verloren, bzw. vergessen werden. Ein typisches Beispiel ist, dass man nach einem Umzug in der neuen Stadt neue Straßennamen lernen muss. Diese interferieren mit den gelernten Straßennamen der alten Stadt, die in Konsequenz anschließend schlechter erinnert werden. Manchmal tritt allerdings der gegenteilige Effekt zu Tage und man bezeichnet eine der neuen Straßen mit einem ähnlichen Straßennamen aus der alten Stadt. Dieser Effekt wird proaktive Inhibition genannt und ist eine mögliche Fehlerquelle bei der Interaktion (vgl. Abschnitt 5.3).

Man weiß auch, dass das Vergessen von emotionalen Faktoren abhängig ist. Erinnerungen, die mit starken positiven oder negativen Emotionen verknüpft werden, halten sich nachweislich länger, als solche die wir mit neutralen Gefühlen in Verbindung bringen. Nach Jahren noch erinnert man sich an schöne Erlebnisse, z.B. ein besonders wichtiges Geburtstagsfest, in vielen Details, während die Erlebnisse des Alltags schnell in Vergessenheit geraten. Interessant ist auch, dass Gedächtniselemente an Orten besser erinnert werden, an denen sie erlernt wurden. So konnten Godden und Baddeley zeigen, dass Taucher, die im Wasser lernen, sich im Wasser besser an das Gelernte erinnern können [69]. Man spricht in diesem Fall vom kontextabhängigen Gedächtnis und es gibt Hinweise darauf, dass man seine Gedächtnisleistung auch dann verbessern kann, wenn man sich den Kontext nur vorstellt, z.B. wenn man sich während einer Prüfung die ursprüngliche Lernumgebung vor Augen führt.

3.4 Aufmerksamkeit

Der Begriff der Aufmerksamkeit ist vielschichtig und von großer Bedeutung für viele Aspekte der Mensch-Maschine-Interaktion. Daher bezieht sich nicht nur dieser Abschnitt auf die Phänomene der menschlichen Fähigkeit zur Informationsextraktion und -verarbeitung, sondern auch weitere in diesem Buch, z.B. der Abschnitt 2.1.4 über präattentive Wahrnehmung. An dieser Stelle beschäftigen wir uns mit der Aufmerksamkeit, wie sie uns aus dem Alltag geläufig ist: der Fähigkeit, uns auf einen Informationskanal zu konzentrieren, bzw. der Anfälligkeit, uns ablenken zu lassen. Aufmerksamkeit und Ablenkung spielen auch bei Benutzerschnittstellen eine große Rolle, da z.B. die Fähigkeit, relevante Details zu extrahieren und sich auf mehrere Aufgaben gleichzeitig zu konzentrieren bei funktionierenden Benutzerschnittstellen unabdingbar ist. Gute Benutzerschnittstellen lenken bewusst oder unbewusst die Aufmerksamkeit der Benutzer. Insofern muss ihr Entwickler verstehen, welche Aspekte der Aufmerksamkeit für den Entwurf von Benutzerschnittstellen von Bedeutung sind.

Nach Wickens und Hollands [215] lassen sich in diesem Zusammenhang drei Kategorien von Aufmerksamkeit unterscheiden: die selektive Aufmerksamkeit, die fokussierte Aufmerksamkeit, und die geteilte Aufmerksamkeit. Die selektive Aufmerksamkeit führt dazu, dass wir nur bestimmte Aspekte unserer Umgebung wahrnehmen. Wenn wir beispielsweise beim Gehen unser Mobiltelefon bedienen, werden weitere Umgebungsfaktoren ausgeblendet, was zu gefährlichen Situationen führen kann. Einer der Autoren ist in einer ähnlichen Situation beim Aussteigen aus einem Fernzug zwischen Wagen und Bahnsteigkante gefallen und musste so auf schmerzliche Weise lernen, dass die selektive Aufmerksamkeit nicht nur Segen, sondern auch Fluch bedeuten kann. Hinter vielen Unfällen im Flug- und Autoverkehr mit *menschlichem Versagen* versteckt sich in Wirklichkeit die selektive Aufmerksamkeit, die dazu geführt hat, dass kurz vor dem Unfall die *falschen* Details wahrgenommen wurden.

Die fokussierte Aufmerksamkeit ist eng mit der selektiven Aufmerksamkeit verwandt. Während letztere unsere Fähigkeit beschreibt, bewusst bestimmte Aspekte unserer Umgebung wahrzunehmen, beschreibt erstere den Prozess der unbewussten Konzentration, die wir manchmal trotz Anstrengung nicht unterdrücken können. Fokussierte Aufmerksamkeit tritt beispielsweise auf, wenn sich beim Lernen unsere Aufmerksamkeit statt auf das vor uns liegende Buch auf das im Hintergrund stattfindende Gespräch fokussiert. Fokussierte Aufmerksamkeit ist daher stärker durch die Umgebung determiniert, z.B. durch die Art und Weise wie diese gestaltet ist. Eine grafische Benutzerschnittstelle mit vielen kleinen visuellen Elementen und einem großen, wird zwangsweise zu einer fokussierten Aufmerksamkeit auf das größere Element führen. Wird dieses z.B. durch Bewegung noch weiter hervorgehoben verstärkt sich der Effekt. Hier erkennt man die Problematik der fokussierten Aufmerksamkeit: wird sie sorgsam eingesetzt, kann sie als effizientes Kommunikationsmittel verwendet werden. Wird zu viel Gebrauch von ihr gemacht, wird die Benutzerschnittstelle schnell als unübersichtlich und verwirrend wahrgenommen.

Die dritte Kategorie ist die geteilte Aufmerksamkeit. Diese beschreibt die Fähigkeit des Menschen, seine Aufmerksamkeit auf verschiedene Dinge gleichzeitig zu verteilen. Ist diese Fähigkeit gestört, können viele Aufgaben nicht zufriedenstellend gelöst werden, mit teilweise verheerenden Folgen. Gelingt es z.B. beim Autofahren nicht, gleichzeitig das Navigationsgerät und die Straße im Auge zu behalten, verfährt man sich im besten Fall nur. Die Einschränkungen bei der Fähigkeit die Aufmerksamkeit zu teilen führen auch bei Benutzerschnittstellen zu suboptimalen Ergebnissen, z.B. wenn zur Lösung einer Aufgabe mehrere Anwendungen gleichzeitig verwendet werden müssen. Häufig wird die geteilte Aufmerksamkeit mit unserer Fähigkeit in Verbindung gebracht, unsere kognitiven Fähigkeit zeitlich auf mehrere Aufgaben zu verteilen und die unterschiedlichen Ergebnisse miteinander zu verknüpfen. Beim Autofahren beschreibt dies z.B. die Fähigkeit, kurz auf die Instrumente zu blicken und dann wieder auf die Straße, um zu entscheiden ob man zu schnell fährt. Dies muss dann permanent wiederholt werden, um ohne Geschwindigkeitsübertretung zu fahren. Eine nähere Betrachtung auf Basis kognitiver Ressourcen folgt in Abschnitt 3.5.2.

Eine gängige Metapher, die in der kognitiven Psychologie verwendet wird ist die des Scheinwerfers. Ähnlich wie einen Scheinwerfer richten wir unsere Aufmerksamkeit auf bestimmte Elemente. Es zeigt sich in Untersuchungen, dass die Richtung und die Breite der Aufmerksamkeit (wie bei einem Scheinwerfer) gesteuert werden kann [106]. Auch wenn häufig im Zusammenhang mit Aufmerksamkeit die visuelle Aufmerksamkeit gemeint ist, ist das Konzept im Wesentlichen unabhängig von der betrachteten Modalität. Bedingt durch die Unterschiede unserer Sinne, ergeben sich naturgemäß unterschiedliche Ausprägungen von Aufmerksamkeit. Aber selbst beim auditiven Sinn gibt es klare Hinweise der selektiven und fokussierten Aufmerksamkeit, z.B. beim Cocktail-Party-Effekt [38] (siehe Abschnitt 2.5.2).

3.5 Kognitive Belastung

Die Beschränkung unseres kognitiven Apparates wird uns schnell bewusst, wenn wir vor einer schwierigen Aufgabe stehen, die wir unter Zeitdruck lösen müssen, wenn wir mehrere schwere Aufgaben gleichzeitig bewältigen wollen, oder unter emotionaler Belastung Entscheidungen treffen müssen. Aus diesem Grund wurde der kognitiven Belastung bereits früh in der psychologischen Forschung große Aufmerksamkeit gewidmet. Auf Miller und seinen einflussreichen Aufsatz aus den 60er Jahren geht die Daumenregel zurück, dass das Arbeitsgedächtnis fünf bis neun Gedächtnisinhalte (7 ± 2) zur gleichen Zeit vorhalten kann [129]. Während inzwischen davon ausgegangen wird, dass diese Regel so pauschal nicht zu halten ist, ist unstrittig, dass unser Arbeitsgedächtnis sehr stark limitiert ist.

Neben dieser generellen Arbeitsgedächtnisbelastung manifestiert sich die kognitive Belastung insbesondere bei Mehrfachaufgaben, wie sie bei jeder etwas komplexeren Tätigkeit auftreten. Ein vertrautes Beispiel ist wieder das Autofahren, wobei gleichzeitig Lenkrad und Pedal bedient sowie die Straßensituation beobachtet und ausgewertet werden muss. Daher ist es von entscheidender Bedeutung, die kognitive Belastung auch quantitativ messen und bewerten zu können. Aus Sicht der Mensch-Maschine-Interaktion eröffnen sich dann Möglichkeiten der Bewertung von Benutzerschnittstellen, bzw. ein systematischer Ansatz, Benutzerschnittstellen von vornherein so zu entwickeln, dass die durch sie entstehende kognitive Belastung minimiert wird. Im Folgenden diskutieren wir zunächst den allgemeinen Begriff der Arbeitsgedächtnisbelastung, wenden uns dann dem Themenkomplex der Mehrfachaufgaben zu, um abschliessend einige Messverfahren für kognitive Belastung vorzustellen.

3.5.1 Arbeitsgedächtnisbelastung

Gerade beim Lernen neuer Aufgaben entstehen hohe Belastungen für das Arbeitsgedächtnis (vgl. dazu auch Abschnitt 3.2). Zur Beschreibung dieser Art von Belastung wurden in der Vergangenheit mehrere Theorien entwickelt, unter denen die prominenteste, die Cognitive Load Theory von Sweller et al. [185] ist. Sie vermittelt ein Verständnis davon, wie Information während des Lernprozesses zu gefestigtem Wissen wird, d.h. wie Information dauerhaft vom Kurzzeitgedächtnis ins Langzeitgedächtnis transferiert wird. Sweller hat während seiner Untersuchungen z.B. festgestellt, dass viele Lernmethoden ineffektiv sind, weil sie die Arbeitsgedächtnisbelastung nur unzureichend berücksichtigen. Eine wichtige Erkenntnis der *Cognitive Load Theory* ist, dass beim Präsentieren von Lernmaterialen durch die richtige Wahl komplementärer Modalitäten (z.B. die Verknüpfung von Text und Bildern in einer Bedienungsanleitung) die Arbeitsgedächtnisbelastung reduziert werden kann, da unterschiedliche Typen von Arbeitsgedächtnis (in diesem Fall das visuelle und das verbale Arbeitsgedächtnis) parallel verwendet werden können. Wird die gleiche Information z.B. als reiner Text präsentiert, kann dies zu einer Überlastung des Arbeitsgedächtnisses, und in Konsequenz zu einem verlangsamten Lernprozess führen [122]. Es stellte sich weiterhin heraus, dass neben der Verwendung mehrerer Modalitäten darauf geachtet werden muss, dass die Informationen eng miteinander verknüpft werden. So sollten Grafiken in der Nähe der ergänzenden Textstellen stehen, da sonst die vorteilhaften Effekte auf die Arbeitsgedächtnisbelastung durch zusätzlichen Integrationsaufwand der beiden Informationsarten zunichte gemacht werden könnten. Dieser negative Effekt tritt z.B. nachweislich auf, wenn Grafiken in einem Buch auf einer anderen Doppelseite als der referenzierende Text platziert wurden[7].

---

7 Sollte dies in unserem Buch an der einen oder anderen Stelle passiert sein, so bitten wir vorsorglich um Verzeihung und verweisen auf die Beschränkungen des Seitenlayouts.

3.5.2 Belastung durch Mehrfachaufgaben

Aufgaben des alltäglichen Lebens sind häufig durch die Ausführungen mehrerer Aufgaben oder Tätigkeiten zur gleichen Zeit geprägt. So führen wir z.B. Telefonate über unser Mobiltelefon während wir gehen, d.h. in Bewegung sind. Beim Autofahren beobachten wir die Straße und bedienen gleichzeitig Steuer und Pedale des Fahrzeugs. Offensichtlich ist der Mensch in der Lage, solche komplexen Mehrfachaufgaben zu bewältigen. Dies gilt allerdings nur für bestimmte Kombinationen von Aufgaben. Wenn wir z.B. versuchen mit der rechten und der linken Hand gleichzeitig unterschiedliche Texte zu Papier zu bringen, fällt uns das in der Regel sehr schwer und ist für die meisten von uns praktisch unmöglich. Mehrfachaufgaben spielen auch bei Benutzerschnittstellen eine wichtige Rolle. Ähnlich wie bei der geteilten Aufmerksamkeit (siehe Abschnitt 3.4) müssen wir bei Mehrfachaufgaben unseren Ressourceneinsatz (insbesondere motorische und Gedächtnisleistungen) auf mehrere Aufgaben verteilen. Dabei kommt es ganz darauf an, auf welches Wissen wir bei diesen Aufgaben zurückgreifen müssen. Handelt es sich um gefestigtes prozedurales Wissen (siehe Abschnitt 3.1.2), so kann dieses automatisch mit wenig Ressourceneinsatz abgerufen werden (z.B. eine natürliche Gehbewegung). Erfordert der Wissensabruf unsere Aufmerksamkeit, z.B. beim Lösen einer komplizierten Rechenaufgabe, muss der Ressourceneinsatz erhöht werden, um die Aufgabe erfolgreich zu beenden.

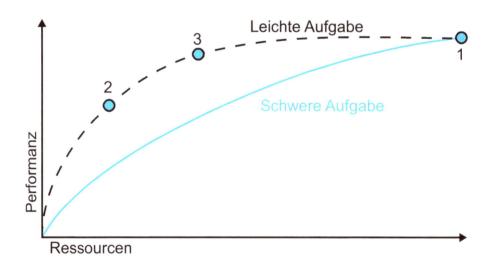

Abb. 3.1: Die PRF einer leichten und einer schweren Aufgabe. Bei der leichten Aufgabe steigt die Performanz schnell an und flacht dann ab. Bei der schweren Aufgabe ist der initiale Anstieg der Performanz deutlich langsamer und kontinuierlicher (vgl. auch Wickens und Hollands [215, S. 441]).

Der Effekt des Ressourceneinsatzes in solchen Situationen kann mithilfe der Performanz-Ressourcen-Funktion (PRF) beschrieben werden [137]. Diese Funktion setzt den Ressourceneinsatz in Bezug zur dadurch gewonnenen Verbesserung der Performanz in der Aufgabe, also dem Erfolg bei ihrer Durchführung. Je nach dem, wie gut eine Aufgabe vorher gelernt und wie stark sie automatisiert werden konnte, verläuft diese Kurve entweder steiler oder flacher. In der Regel besitzt die Kurve immer einen Punkt, ab dem weiterer Ressourceneinsatz zu keinem oder nur zu einem geringem weiteren Anstieg der Performanz führt. Dies wird in Abbildung 3.1 verdeutlicht. Bis Punkt zwei erfolgt ein schneller Anstieg der Performanz, der sich dann bis Punkt drei verlangsamt und schließlich stagniert. Es lohnt sich daher kaum noch, weitere Ressourcen in die Aufgabe zu investieren, auch wenn noch das theoretische Maximum der Performanz (Punkt eins) erreicht werden könnte. Die Eigenschaften der Kurve zu kennen ist insbesondere dann hilfreich, wenn parallel eine zweite Aufgabe durchgeführt werden muss, die ebenfalls Ressourcen benötigt. Die optimale Ressourcenverteilung zwischen mehreren Aufgaben zu bestimmen ist häufig sehr schwierig und wir verwenden Heuristiken, um die Verteilung abzuschätzen.

3.5.3 Messen der kognitiven Belastung

Die psychologische Untersuchung von Mehrfachaufgaben hat sich als eine Methode etabliert, die kognitive Belastung einer Aufgabe zu messen, indem diese parallel zu einer zweiten Aufgabe ausgeführt wird. Die grundlegende Idee ist, neben der sogenannten Primäraufgabe, die noch zur Verfügung stehenden Ressourcen durch die Leistung bei der Bewältigung einer Sekundäraufgabe zu messen (vgl. dazu auch Ogden et al. [138]). Bei dieser Messung der kognitiven Belastung wird ein Benutzer gebeten, die Primäraufgabe so effektiv und so effizient wie möglich zu lösen und gleichzeitig die Sekundäraufgabe zu bearbeiten. Steigen nun die Anforderungen der Primäraufgabe graduell an, jedoch so dass der Benutzer die Aufgabe noch erfolgreich bearbeiten kann, erwartet man gleichzeitig ein Absinken der Leistung in der Sekundäraufgabe. Dieses Leistungsdefizit beschreibt die Zunahme der kognitiven Belastung durch die Primäraufgabe. Neben der Messung der Sekundäraufgabe existiert eine ganze Reihe von weiteren Methoden die kognitive Belastung zu messen, z.B. die Methode der Selbsteinschätzung der kognitiven Belastung. Naturgemäß ist eine solche Einschätzung sehr subjektiv und kann insofern nur einen groben Anhaltspunkt für die kognitive Belastung liefern. Etwas vergleichbarer wird die Messung jedoch durch die Verwendung etablierter Fragebögen wie des NASA Task Load Index oder TLX [33].

3.6 Entscheidungsfindung und -zeiten

Schon seit mehr als 150 Jahren beschäftigen sich kognitive Psychologen mit der Frage, wie menschliches Handeln gesteuert und die dazugehörigen Entscheidungen getroffen werden. Im 19. Jahrhundert entdeckte Merkel [127], dass die Zeit, die zur Entscheidungsfindung benötigt wird, abhängig von der Anzahl der möglichen Alternativen ist. Unter der Entscheidungszeit versteht man die Zeit, die benötigt wird, um auf ein externes Ereignis mit einer Reaktion zu antworten, z.B. die Zeit, die der Autofahrer benötigt, um auf ein Aufleuchten der Bremsleuchten des vorausfahrenden Fahrzeugs mit der Betätigung der Bremse zu reagieren. Die Entscheidungszeit besteht in der Regel aus einem konstanten Teil, der unabhängig von der Anzahl der möglichen Alternativen ist, und einem variablen Teil, der sich mit der Anzahl der Alternativen verändert. Bei seinen Versuchen fand Merkel heraus, dass die Entscheidungszeit logarithmisch zur Anzahl der Alternativen wächst, d.h. jede zusätzliche Alternative verlängert die Entscheidungsfindung zwar, allerdings in einem geringeren Maße mit wachsender Anzahl der Alternativen.

Hick und Hyman untersuchten dieses Phänomen unter Berücksichtigung der Informationstheorie (vgl. Shannon und Weaver [169]) fast 100 Jahre später erneut [77, 86] und konnten zeigen, dass die Entscheidungszeit linear zum Informationsgehalt der Alternativenmenge ist. Wenn also N gleich wahrscheinliche Alternativen möglich sind, entspricht dies einem Informationsgehalt von $log_2(N)$ Bit. Man kann auch sagen, dass die Entscheidungszeit bei einer Verdopplung der Alternativen um einen konstanten Betrag steigt. Informationstheoretisch kann man dann äquivalent feststellen, dass sich die Entscheidungszeit um einen konstanten Betrag erhöht, sobald sich der Informationsgehalt der Alternativenmenge um ein Bit erhöht. Dies führt zu der mathematischen Formulierung des Hick-Hyman Gesetzes:

$$EZ = k + z * H_s = k + z * log_2(N)$$

Hierbei bezeichnet EZ die Entscheidungszeit, die Konstante k repräsentiert den Teil der Entscheidungszeit, der unabhängig von der Anzahl der Alternative ist, z den konstanten Zuwachs der Entscheidungszeit pro zusätzlichem Bit an Information und H_s den durchschnittlichen Informationsgehalt der Alternativenmenge.

Dieser lineare Zusammenhang gilt nicht nur, wenn alle Alternativen gleich wahrscheinlich sind (und damit informationstheoretisch keine Redundanz vorliegt), sondern auch im realistischeren Fall, in dem Alternativen unterschiedlich wahrscheinlich sind. In diesem Fall ist H_s geringer und trotzdem konnte in empirischen Versuchen nachgewiesen werden, dass die Entscheidungszeiten weiterhin durch das Hick-Hyman Gesetz vorhergesagbar sind. Analysiert man nun die Eingabe- und Ausgabemöglichkeiten von Benutzerschnittstellen in Bezug auf den Informationsgehalt (d.h. unter Berücksichtigung der Alternativen bei der Ein- und Ausgabe im informationstheoretischen Sinne), kann das Hick-Hyman Gesetz dazu verwendet werden, die Ent-

scheidungszeit von Benutzern zu modellieren und beim Entwurf der Benutzerschnittstelle zu berücksichtigen oder zu optimieren. Diese Überlegungen setzen allerdings
alle voraus, dass dem Benutzer die verfügbaren Alternativen a priori bekannt sind. Ist
dies nicht der Fall, beispielsweise in einem langen, unbekannten und unsortierten
Menü, dann muss der Benutzer so lange die Alternativen lesen, bis er die gewünschte
gefunden hat, also durchschnittlich die Hälfte der Einträge. Die Zeit steigt in diesem
Fall linear mit der Anzahl der Alternativen. Sortiert man die Liste beispielsweise al-
phabetisch (wie in einem Adressbuch oder im Index dieses Buchs), dann kann der
Benutzer eine Suchstrategie wie z.B. Intervallteilung anwenden, und die Zeit wächst
nur noch logarithmisch.

mmibuch.de/v3/l/3

Verständnisfragen und Übungsaufgaben:

1. Das Wissen, dass ein Reifen Teil eines Autos ist, gehört zu welcher Art von Wissen?
2. Verwendet die Aktion „In einer Telefonzelle Ihre Freundin Jennifer anrufen (ohne dass ein Telefonbuch benutzt wird)" *Recognition* oder *Recall*, und warum?
3. Verwendet die Aktion „Mit dem Smartphone und der eingespeicherten Nummer Ihre Freundin Jennifer anrufen" *Recognition* oder *Recall*, und warum?
4. Was bedeutet es für die Transferaktivität, wenn die Zeit der Transfergruppe gleich der Zeit der Kontrollgruppe ist?
5. Ella möchte ein Klavierstück erlernen und übt zunächst lediglich eine schwierige Passage, statt dem ganzen Stück. Welche Lernstrategie kommt hier zur Anwendung?
6. Welches Problem hätte ein Auswahlmenü mit n Einträgen, in dem bei jedem Öffnen alle Optionen zufällig (neu) angeordnet sind?
7. Nehmen Sie ein Interface an, bei dem 100 Icons angezeigt werden, welche in einer zufälligen Reihenfolge in einer Liste präsentiert werden. Mit welchen gestalterischen Maßnahmen können eine bessere Gebrauchstauglichkeit des Interfaces erreicht und/oder bessere Suchstrategien ermöglicht werden?
8. Überlegen Sie sich, wie deklaratives und prozedurales Wissen bei der Mensch-Maschine-Interaktion zum Einsatz kommen. Nennen Sie jeweils zwei Beispiele und diskutieren Sie anhand dieser die Eigenschaften beider Wissensarten.
9. Entwerfen Sie ein kleines Experiment, um ihr Kurzzeitgedächtnis zu testen. Führen Sie das Experiment mit Freunden und Bekannten durch und vergleichen sie die Ergebnisse miteinander. Diskutieren Sie Ihre Erkenntnisse unter Berücksichtigung der Aussagen, die zum Kurzzeitgedächtnis in Abschnitt 3.1.1 gemacht wurden.
10. Sie sind für die Gestaltung einer Benutzeroberfläche mit 50 Alternativen verantwortlich und überlegen, ob sie 50 Schaltflächen gleichzeitig darstellen sollten (flache Struktur), die Alternativen in fünf Menüs als Zehnergruppen zugänglich machen (tiefere Menüstruktur), oder fünf Menüs mit je fünf Untermenüs zu je 2 Möglichkeiten vorsehen (ganz tiefe Menüstruktur). Hilft ihnen das Hick-Hyman Gesetz aus Abschnitt 3.6, um zwischen diesen Designalternativen zu entscheiden? Was fällt Ihnen auf? Erläutern Sie die grundsätzliche Aussage des Gesetzes zur Verwendung von Menüstrukturen. Welche anderen Faktoren haben hier einen Einfluss auf die Ausführungszeit?
11. Sie möchten in einer Studie die „Enge des Bewusstseins" aufzeigen. Dazu durchlaufen Versuchspersonen drei Bedingungen: In Bedingung eins sollen sie Texte mit Verständnis lesen, um danach Fragen zu beantworten, in Bedingung zwei sollen sie einen Pen-Spinning Trick durchführen, den sie bereits beherrschen und in Bedingung drei sollen sie beide Aufgaben gleichzeitig lösen. Jede Bedingung hat ein Zeitlimit. Wieso ist diese spezifische Kombination der Aufgaben dazu nicht gut geeignet

4 Motorik

Nach der menschlichen Wahrnehmung und Informationsverarbeitung wollen wir in diesem Kapitel die menschliche Motorik betrachten, da sie unser wichtigster Kanal zur Steuerung interaktiver Systeme ist. Das Wort Motorik leitet sich vom lateinischen *motor* = Beweger ab, und bezeichnet zunächst alle Bewegungen des Menschen, die dieser mithilfe seiner Muskulatur ausführt. Zur Interaktion mit dem Computer verwenden wir dabei vor allem die für die Bewegung der Finger, Hände und Arme verantwortliche Muskulatur, um entweder Eingaben auf Touchscreens durch Berührung vorzunehmen oder Eingabegeräte wie Maus, Trackball oder Tastatur zu bedienen. In anderen Fällen verwenden wir auch die gesamte Körpermuskulatur, beispielsweise bei der Bewegung in VR-Umgebungen wie dem CAVE oder bei der Steuerung von Anwendungen oder Spielen durch Gesteninteraktion, wie an neueren Spielekonsolen. Wir beschränken uns in diesem Kapitel jedoch auf die motorischen Aspekte der Interaktion mit einer oder zwei Händen.

Dabei sind die motorischen Bewegungen des Körpers meistens durch eine Regelschleife gesteuert: Ein Wahrnehmungskanal (z.B. Sehsinn oder Propriozeption, siehe Kapitel 2) misst dabei die tatsächlich ausgeführte Bewegung, wodurch diese exakt gesteuert werden kann. Durch die Koordination von Hand und Auge werden wir beispielsweise in die Lage versetzt, kleine Bewegungen räumlich exakt auszuführen. Grundsätzlich gibt es in der Motorik immer eine Wechselbeziehung zwischen Geschwindigkeit und Genauigkeit: Je schneller wir eine Bewegung ausführen, desto ungenauer wird sie, und je genauer wir sie ausführen, desto langsamer wird sie normalerweise. Diese Wechselbeziehung hat ganz konkrete Auswirkungen auf die Gestaltung grafischer Benutzerschnittstellen, wie wir im kommenden Abschnitt sehen werden. Sie wird außerdem beeinflusst durch individuelle Unterschiede zwischen Benutzern, wie Alter, Übung, Fitness oder Gesundheitszustand. Abschließend werden wir uns auch ansehen, wie sich die motorische Eingabe mittels Eingabegeräten formal beschreiben und kategorisieren lässt, was wiederum wichtige Auswirkungen auf die Wahl des richtigen Eingabegerätes hat.

4.1 Fitts' Law

Wenn wir eine Benutzerschnittstelle entwerfen, bei der wir Dinge durch Zeigen auswählen müssen, beispielsweise mit einem Stift auf einem interaktiven Tisch, dann interessiert uns normalerweise, wie wir diese Interaktion so schnell wie möglich gestalten können. Es wäre interessant, den offensichtlichen Zusammenhang *weiter = langsamer* genauer fassen zu können, um daraus auch Vorhersagen über die Geschwindigkeit ableiten zu können. Gleiches gilt für die Bedienung mit Zeigegeräten wie Maus, Trackball, TouchPad oder Lichtgriffel. Bereits in den 1950er Jahren führte der ame-

https://doi.org/10.1515/9783110753325-005

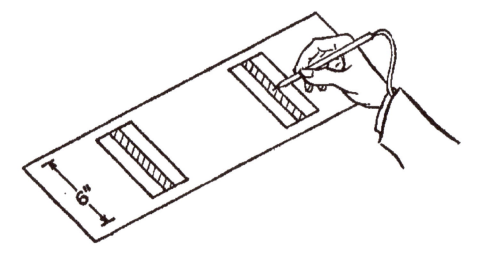

Abb. 4.1: Der ursprüngliche Versuchsaufbau zur Ermittlung von Fitts' Law (Originalabbildung aus [58]): Ziel war es, abwechselnd die im Bild schraffierten Kontaktplatten zu treffen, ohne dabei die benachbarten weißen Platten zu berühren.

mmibuch.de/v3/a/4.1

rikanische Psychologe Paul Fitts Experimente zur menschlichen Motorik durch, aus denen er ein Gesetz ableitete, das für eine eindimensionale Bewegung die benötigte Zeit in Abhängigkeit vom zurückgelegten Weg und der Größe des zu treffenden Ziels beschreibt [58]. Abbildung 4.1 zeigt seinen Versuchsaufbau. Das gefundene Gesetz wurde durch andere Kollegen und in nachfolgenden Publikationen mehrfach modifiziert[8] und hat unter dem Namen Fitts' Law breite Akzeptanz im Bereich der Mensch-Maschine Interaktion gefunden. Durch dieses Gesetz sind auch viele Zeige- und Menütechniken inspiriert, die heute in Desktop-Betriebssystemen zu finden sind (siehe Kapitel 15). Die heute am häufigsten verwendete Formel geht auf MacKenzie [119] zurück und berechnet die Bewegungszeit (engl. *movement time*, MT) wie folgt:

$$MT = a + b \star ID = a + b \star \log_2(\frac{D}{W} + 1)$$

Dabei entspricht D der Distanz vom Startpunkt bis zur Mitte des zu treffenden Ziels und W der Breite des Ziels *in Bewegungsrichtung*. Der logarithmische Term wird insgesamt auch als Index of Difficulty (*ID*) bezeichnet und die Konstante +1 in der Klammer garantiert, dass *ID* nur positive Werte annehmen kann. Die Konstanten a und b variieren von Situation zu Situation, wobei a so etwas wie eine Reaktionszeit beschreibt, und b einen allgemeinen Faktor für die Geschwindigkeit, der beispielsweise

---

8 Für eine kritische Diskussion der verschiedenen Formeln siehe Drewes [50]

mit der Skalierung der Bewegung zusammenhängt. Das Experiment wurde mit einem Stift auf einer Tischplatte ausgeführt und kann daher sofort auf unser Beispiel vom Anfang des Abschnitts angewendet werden. Aus der Formel können wir lesen, dass die Zeit, um ein bestimmtes Ziel anzuwählen, logarithmisch mit dem Abstand D vom Startpunkt zum Ziel wächst. Genauso sinkt sie umgekehrt logarithmisch mit der Breite W des Ziels. Diese wird wohlgemerkt *in Bewegungsrichtung* betrachtet. Ein Button, der breiter als hoch ist, ist also prinzipiell horizontal leichter zu treffen als vertikal. Das gilt allerdings nur, solange er nicht zu schmal wird, denn dann greift irgendwann das Steering Law (siehe Abschnitt 4.2). Bei der Umsetzung einer Benutzerschnittstelle ist es daher immer sinnvoll, Ziele möglichst groß zu machen, wenn sie schnell ausgewählt werden sollen. Bei einem grafischen Button oder Listeneintrag sollte also nicht nur der Text der Beschriftung sensitiv sein, sondern die gesamte Fläche des Buttons oder Eintrags, gegebenenfalls sogar noch ein Gebiet um den Button herum, sofern dies nicht bereits näher an einem benachbarten Button liegt. Insbesondere auf Webseiten wird diese Grundregel immer wieder verletzt, da es in HTML eben einfacher ist, nur den Text selbst sensitiv zu machen, als die gesamte umgebende Fläche.

Darüber hinaus gibt es insbesondere bei der Bedienung mit der Maus bevorzugte Regionen des Bildschirms an dessen Rand, die auch in Kapitel 15 nochmals angesprochen werden: Bewegt man die Maus beispielsweise nach oben bis zum Bildschirmrand und darüber hinaus, dann bleibt der Mauszeiger in vertikaler Richtung am Bildschirmrand hängen. Bewegt man sie in eine Ecke, dann bleibt er in beiden Richtungen hängen. Da es also unerheblich ist, wie weit man die Maus danach noch weiter bewegt, wird die Variable W in der Formel für Fitts' Law beliebig groß. Demnach lassen sich verschiedene Klassen unterschiedlich begünstigter Bildschirmpixel finden, was in den Übungsaufgaben zu diesem Kapitel vertieft wird.

Betrachtet man die Bewegungen mit Arm oder Zeigegerät noch genauer, so kann man sie in verschiedene Phasen und verschiedene Situationen unterteilen und damit eine noch genauere Vorhersage erreichen. Außerdem wurden bestimmte Typen von Zeigebewegungen identifiziert, für die Fitts' Law – obwohl prinzipiell anwendbar – nicht die bestmögliche Vorhersage liefert. Diese Betrachtungen gehen jedoch über den Umfang eines einführenden Buches hinaus, und Fitts' Law kann in den allermeisten Fällen als angemessene Beschreibung für Zeigebewegungen verwendet werden. Als Einstieg bei weiterem Interesse seien beispielsweise das kritische Paper von Drewes [50] sowie der Übersichtsartikel von Soukoreff und MacKenzie [177] empfohlen.

4.2 Steering Law

Das ursprüngliche Experiment zu Fitts' Law betrachtete eindimensionale Bewegungen, und obwohl der Bildschirm einen zweidimensionalen Interaktionsraum darstellt, sind direkte Bewegungen vom Startpunkt zum Ziel einer Zeigebewegung ihrer Natur nach eindimensional, da sie grob gesehen einer geraden Linie folgen. Damit gilt für sie

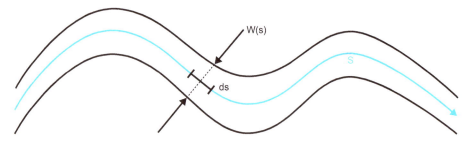

Abb. 4.2: Verfolgen eines gebogenen Pfades S: die Geschwindigkeit und damit die benötigte Zeit hängt von der Breite W(s) ab [1].

Fitts' Law. Wenn der Weg, den wir mit dem Zeigegerät verfolgen müssen, nun nicht
mehr beliebig ist, sondern entlang eines bestimmten Pfades verlaufen muss und diesen nicht weiter als bis zu einem bestimmten Abstand verlassen darf, dann gelten
andere Gesetze. Ein praktisches Beispiel hierfür ist die Auswahl in einem geschachtelten Menü (siehe Abbildung 15.3 auf Seite 183) oder die Steuerung einer Spielfigur
in Sidescroller-Spielen wie Super Mario Bros. oder Defender. Das gleiche Problem
tritt aber auch im Alltag auf, wenn beispielsweise ein Auto ohne Kollision durch einen
Tunnel gelenkt werden muss oder ein Skirennfahrer beim Slalom keines der Tore aus-
lassen darf. Diese Situation ist in Abbildung 4.2 dargestellt. Da sie etwa der Aufgabe
entspricht, ein Auto über eine Straße mit variabler Breite zu steuern, wird das dafür
gefundene Gesetz als Steering Law bezeichnet. Accot und Zhai [1] leiten dabei für die
gesamte Zeit T zum Zurücklegen des Pfades S folgende Formel her:

$$T = a + b \star \int_S \frac{1}{W(s)}\,ds$$

Dies ist die allgemeinste Formulierung des Gesetzes und besagt, dass entlang des Pfades S über den Kehrwert der zulässigen Breite integriert wird. Die Variablen a und b
sind genau wie bei Fitts' Law von der Situation abhängig und haben die gleiche Funktion. In praktischen Situationen kann der Pfad oft in wenige Segmente mit konstanter
Breite zerlegt werden. Betrachten wir Abbildung 15.3 auf Seite 183, dann sind dies drei
Segmente: Das erste Segment erstreckt sich vom Apfelsymbol bis zum Erreichen des
Menü-Eintrags erster Ebene. Dieses Segment muss keinem bestimmten Pfad folgen
und wird meist recht vertikal ausgeführt: Es gilt Fitts' Law. Das zweite Segment verläuft entlang des gefundenen Menüeintrags bis zum Erreichen des Untermenüs. Dabei
darf der erste Menüeintrag nicht verlassen werden und es gilt das Steering Law. Die
Breite $W(s)$ ist hier aber konstant und das Integral lässt sich einfach berechnen als Produkt aus dem horizontal zurückgelegten Weg und dem Kehrwert der zulässigen Breite,
also etwa (Breite des Menüs / Höhe eines Eintrags). Für den dann folgenden Weg bis

zum gewählten Eintrag im Untermenü gilt wieder Fitts' Law. Auf diesem Wege lassen sich die Interaktionszeiten für geschachtelte Menüs abschätzen und als Regel ergibt sich, Menüs nicht unnötig breit zu machen, sowie die Einträge so hoch wie möglich.

Bei Computerspielen kommt das Steering Law auch umgekehrt zum Tragen: Kann man die Geschwindigkeit selbst bestimmen, wie beispielsweise bei einem Autorennen, dann ergibt sich (bei unfallfreier Fahrt) die benötigte Zeit aus der Enge des Kurses und der persönlichen Spielstärke, die in der Konstanten b zum Ausdruck kommt. Ist die Geschwindigkeit, wie in manchen Sidescroller-Spielen fest vorgegeben, dann ergibt sich aus ihr und der persönlichen Konstante b eine minimal benötigte Breite $W(s)$ und sobald diese nicht mehr zur Verfügung steht, kommt es zur Kollision. Die wachsende Übung im Spiel drückt sich dabei in einem kleineren Wert für b aus.

Auch in Benutzerschnittstellen kommt das Gesetz auf verschiedene Art zum Tragen: Neben den ausführlich diskutierten geschachtelten Menüs, kann es allgemein auf das Zeichnen von Kurven angewendet werden, beispielsweise beim Freistellen von Umrissen in einer Bildverarbeitung: Je genauer dies getan wird, desto länger dauert es, und zwar wächst die benötigte Zeit gerade mit dem Kehrwert der zulässigen Abweichung. Fitts' Law und das Steering Law decken zusammen einen breiten Bereich der Interaktion in grafischen Benutzerschnittstellen ab, solange mit einem einzelnen Punkt als Eingabe gearbeitet wird. Werden zur Interaktion beide Hände verwendet, so stellt sich die Situation wiederum anders dar.

4.3 Interaktion mit beiden Händen

In den 1980er Jahren beschrieb Yves Guiard die Arbeitsteilung zwischen beiden Händen bei Aktionen, die beidhändig ausgeführt werden und stellte ein formales Modell zur Beschreibung solcher Aktionen auf [71]. Dabei beschreibt er die Gliedmaßen als abstrakte Motoren, die an einem Ende in ihrem jeweiligen Referenzsystem aufgehängt sind (z.B. der Arm an der Schulter) und ihr anderes Ende durch eine Bewegung steuern. Damit lassen sich koordinierte Bewegungen mehrerer Gliedmaßen formal beschreiben. Eine Aussage seines Artikels ist, dass wir Aktionen im Raum eher selten mit zwei gleichberechtigten Händen ausführen, sondern dass sich die Hände die Arbeit meist asymmetrisch teilen: Die nicht-dominante Hand (beim Rechtshänder also die Linke) legt dabei das Referenzsystem fest, in dem die dominante Hand eine Aktion ausführt. Die beiden Arme dazwischen bilden eine motorische Kette. Diese Regel leitet Guiard u.a. aus folgendem Experiment ab (Abbildung 4.3): Eine Testperson schreibt einen handschriftlichen Brief auf einem etwa DIN A4 großen Stück Papier. Auf der Tischoberfläche darunter liegt (von der Testperson unbemerkt) zunächst eine Schicht Kohlepapier, darunter ein weiteres weißes Stück Papier. Während der Brief die gesamte Seite mit Text ausfüllt, ist die Tischfläche, die tatsächlich zum Schreiben benutzt wird, wesentlich kleiner und die Schrift verläuft insbesondere auch nicht waagerecht. Die nicht-dominante (hier: linke) Hand hält das Briefpapier in einer Position, die es für

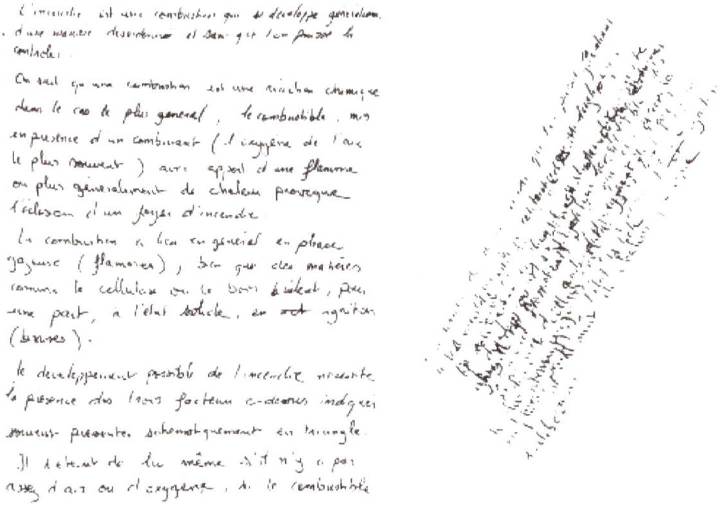

Abb. 4.3: Links: handgeschriebener Brief, Rechts: überlagerte Schriftabdrücke auf darunter liegendem Kohlepapier, Originalabbildung aus Guiard [71].

mmibuch.de/v3/a/4.3

die dominante (hier: rechte) Hand angenehm macht, entlang ihrer natürlichen Bewegungsrichtung (Drehung um Schulter bzw. Ellbogen) und in einem angenehmen Winkel zu schreiben. Nach ein paar Zeilen wird der Brief hochgeschoben und die gleiche Tischfläche wieder benutzt. So schafft die nicht-dominante Hand das (grobe) Referenzsystem für die (feinere) Schreibbewegung der dominanten Hand.

Eine ähnliche Arbeitsteilung zwischen beiden Händen ist bei vielen Alltagstätigkeiten zu beobachten: beim Nähen oder Sticken fixiert die Linke den Stoff während die rechte die Nadel führt. Beim Essen fixiert die Linke mit der Gabel das Schnitzel, während die Rechte mit dem Messer ein Stück davon abschneidet. Beim Gitarren- oder Geigenspiel drücken die Finger der linken Hand die Saiten um Tonhöhe oder Akkord festzulegen, während die Rechte sie zupft oder streicht, um zum richtigen Zeitpunkt einen Ton zu erzeugen. Beim Malen hält die Linke die Palette, während die Rechte den Pinsel führt, der darauf Farben aufnimmt oder mischt. Für die Interaktion mit dem Computer bedeutet dies, dass wir die menschliche Fähigkeit zu beidhändiger Interaktion am besten unterstützen, indem wir eine ähnliche Arbeitsteilung vorsehen. Dies passiert beispielsweise bei der Bedienung mobiler Geräte, die meist links gehalten und mit der Rechten bedient werden. Bei der Mausbedienung haben wir gelernt, mit der linken Hand z.B. eine Taste zu drücken und damit in einen anderen Interaktionsmodus zu gelangen, während die Rechte den Mauszeiger und die Maustasten bedient (z.B. Shift-Click). Interessant wird die asymmetrische Arbeitsteilung jedoch insbesondere bei Benutzerschnittstellen für interaktive Oberflächen, die mit grafischen oder physikalischen Objekten gesteuert werden. Beispiele für solche Schnittstellen und eine genauere Diskussion der Auswirkungen finden sich in Kapitel 17.

4.4 Ordnung von Eingabegeräten

Wenn wir mit unserer Motorik Eingaben am Computer tätigen, dann lohnt sich ein genauerer Blick darauf, wie wir das tun. Für diesen Blick wollen wir uns für einen Moment die Ingenieurs-Brille aufsetzen und das Kontrollsystem aus Mensch und Maschine etwas genauer beschreiben.

4.4.1 Steuerung der Position: Nullte Ordnung

Bei der Beschreibung von Fitts' Law sind wir davon ausgegangen, dass die motorische Bewegung des Eingabegerätes direkt einen Wert im Computer beeinflusst: Die Position des Mauszeigers am Bildschirm folgt der Position des Stifts oder der Maus auf dem Tisch, nur die Bewegungen sind maßstäblich vergrößert. Gleiches gilt für einen Schieberegler am Mischpult oder einen Lautstärkeregler an der Stereoanlage: Eine Veränderung der Position bzw. des Drehwinkels wirkt sich direkt auf die kontrollierte Größe, in diesem Fall die Lautstärke aus. Etwas formaler könnte man sagen: Es gibt eine direkte, lineare Beziehung zwischen der Ein- und Ausgabe. Dabei handelt es sich aus Sicht der Ingenieurwissenschaften um ein Kontrollsystem nullter Ordnung (nachzulesen beispielsweise in [109]).

4.4.2 Steuerung der Geschwindigkeit: Erste Ordnung

Nun gibt es allerdings auch Eingabegeräte, bei denen das anders ist: Ein Joystick, der nur misst, in welche der 4 oder 8 möglichen Richtungen er gedrückt wird, steuert den Mauszeiger dann eben so lange in diese Richtung, wie er gedrückt wird. Kann der Joystick auch noch die Kraft messen, mit der er in eine Richtung gedrückt wird, dann kann er den Mauszeiger unterschiedlich schnell in diese Richtung bewegen. Ein Eingabegerät dieser Bauart ist der 1984 von Ted Selker erfundene und noch heute in den Lenovo ThinkPads verbaute TrackPoint. Er hat den Vorteil, dass er zur Bewegung des Mauszeigers keinen Platz benötigt. In die gleiche Kategorie fallen Cursortasten: Der Druck auf eine Taste bewegt den Cursor um eine festgelegte Strecke (typischerweise eine Zeile oder Spalte) in die jeweilige Richtung. In diesem Fall ist die Eingabe keine lineare Funktion der Ausgabe, sondern ihre Ableitung: der Druck oder die Auslenkung am Joystick bestimmt die Steigung der Ortsfunktion des Cursors, also die Geschwindigkeit, mit der sich der Ort verändert. Man nennt dies ein Kontrollsystem erster Ordnung. Cursortasten kennen eben nur 2 Druckstufen (gedrückt oder nicht) und daher nur eine Geschwindigkeit.

4.4.3 Steuerung der Beschleunigung: Zweite Ordnung

Schließlich gibt es auch Kontrollsysteme zweiter Ordnung, bei denen der Eingabewert (Position oder Druck) die zweite Ableitung der Ausgabe ist: der Druck oder die Auslenkung am Eingabegerät kontrolliert hier also nicht den Ort und auch nicht die Geschwindigkeit, sondern die Beschleunigung (= Geschwindigkeitsänderung) des gesteuerten Objekts. Ein Beispiel hierfür sind die als Geduldsspiel beliebten Kugellabyrinthe: eine Kugel rollt in einem Labyrinth, das in verschiedene Richtungen geneigt werden kann. Je stärker die Neigung, desto größer die Beschleunigung der Kugel in diese Richtung. Dabei ist es ganz einfach, schnell ans Ende des jeweiligen Ganges zu kommen, aber sehr schwierig, unterwegs eine bestimmte Abzweigung zu treffen.

4.4.4 Vor- und Nachteile der Ordnungen

Grundsätzlich gilt: je höher die Ordnung eines Kontrollsystems, desto höher ist seine Zeitverzögerung, desto schwieriger ist es, damit eine exakte Position anzusteuern, aber desto einfacher, große Strecken zurückzulegen. Mit der Maus, dem Trackball oder dem TouchPad (nullte Ordnung) können wir sehr exakt und direkt positionieren, müssen aber unter Umständen die Maus oder den Finger anheben, in der Luft zurück bewegen und neu aufsetzen (clutching). Mit dem TrackPoint (erste Ordnung) können wir den Mauszeiger ohne diese Hilfstechnik beliebig weit bewegen, müssen aber warten, bis der Weg zurückgelegt ist. Die Steuerung eines Raumschiffs im Weltall ist schließlich ein Kontrollsystem zweiter Ordnung: Einmal beschleunigt, kann es ohne weitere Energiezufuhr beliebig weit reisen und muss lediglich am Ziel wieder abgebremst werden, wobei die benötigte Zeit und Energie mit der erreichten Geschwindigkeit zusammenhängen. Insbesondere vor der letzten Ordnung muss jedoch – gerade im Zusammenhang mit Raumschiffen – gewarnt werden.

4.4.5 Mischformen und Abwandlungen

In der Praxis kommen auch Mischformen vor, die verschiedene Ordnungen abdecken: Das Gaspedal eines Autos kontrolliert beim Anfahren zunächst dessen Beschleunigung (zweite Ordnung), später aber, wenn sich Motorleistung und Fahrwiderstände aufheben, kontrolliert es die Geschwindigkeit (erste Ordnung). In Sidescroller Spielen kommen – je nach Implementierung – Kontrollsysteme erster und/oder zweiter Ordnung zum Einsatz, da die Steuerung ja gerade eine Herausforderung sein soll.

Bei der Maus führte man recht schnell das Konzept der Mauszeigerbeschleunigung ein: wird die Maus langsam bewegt, dann ist der Vergrößerungsmaßstab von der Ein- zur Ausgabe klein. Der Zeiger legt einen kleinen Weg zurück und kann genau positioniert werden. Bewegt man die Maus schneller, dann wird der Maßstab größer, und bei gleichem Weg der Maus legt der Mauszeiger einen größeren Weg zurück. So können große Entfernungen schneller überbrückt werden, jedoch auf Kosten der Genauigkeit (siehe Fitts' Law). Der Zusammenhang zwischen Ein- und Ausgabe lässt sich in diesem Fall nur als Kombination aus nullter und erster Ordnung beschreiben. Die Optimierung von Zeigegeräten ist ein eigenes Forschungsgebiet und eine weitere Vertiefung würde hier wieder den Rahmen eines einführenden Lehrbuchs sprengen.

Finden kann man die verschiedenen Ordnungen aber auch an anderen, teilweise unerwarteten Stellen: Die in graphischen Benutzerschnittstellen (siehe Abschnitt 15.2.1) verwendeten Scroll-Balken (siehe Abbildung 15.2) bieten eine Steuerung nullter Ordnung des Fensterinhalts an, während die darüber und darunter manchmal angebrachten Richtungspfeile ein Kontrollsystem erster Ordnung bilden. Wenn die Sprachsteuerung der Klimaanlage eines Autos beipielsweise das Kommando „Temperatur auf zwanzig Grad stellen" erlaubt, dann ist das ein Kontrollsystem nullter Ordnung. Das Kommando „Temperatur höher stellen" implementiert hingegen ein System erster Ordnung.[9] Beides parallel anzubieten ist hier auch gut im Sinne der Flexibilität der Benutzerschnittstelle (siehe Abschnitt 5.2.2) beziehungsweise der Robustheit bei der Spracheingabe (siehe Kapitel 21).

---

9 so beispielsweise zu finden unter https://www.volvocars.com/de/support/topics/sprachsteuerung/sprachsteuerung-verwenden/sprachsteuerung-der-klimaanlage

Verständnisfragen und Übungsaufgaben:

mmibuch.de/v3/l/4

1. Nach Fitts' Law ist ein Bildschirmpixel umso schneller zu erreichen, je näher es zur aktuellen Mausposition liegt. Darüber hinaus gibt es besondere Pixel, die aus anderen Gründen schnell erreichbar sind. Genauer gesagt kann man auf einem Bildschirm vier Klassen von Pixeln danach unterscheiden, wie schnell und einfach sie erreichbar sind. Welches sind diese vier Klassen, und warum?

2. Drei dieser Klassen werden in aktuellen Desktop-Interfaces auch auf besondere Weise genutzt. Welche sind das und worin besteht die besondere Nutzung?

3. Berechnen Sie die Geschwindigkeit der Mauszeigerbewegung für die in Abbildung 15.3 auf Seite 183 gezeigte Interaktion mit Hilfe der in diesem Kapitel vorgestellten Gesetze. Schätzen Sie die Breite und Höhe der Menüeinträge in der Abbildung und nehmen Sie an, dass $a = 600ms$ und $b = 150\frac{ms}{bit}$ betragen.

4. Für die drei folgenden Layouts der Tasten 0-9 nehmen Sie bitte an, dass jede Taste rund ist und einen Durchmesser $1cm$ hat:
    A: Alle Tasten liegen in einer Reihe nebeneinander, so wie sie über den Buchstaben bei einer kleinen PC-Tastatur angeordnet sind.
    B: Alle Tasten liegen in einem Block mit einer vergrößerten Null, so wie sie im Ziffernblock einer großen PC-Tastatur angeordnet sind.
    C: Alle Tasten liegen im Kreis, wie in der Wählscheibe eines alten Telefons.
    Bewerten Sie diese drei Layouts anhand von Fitts' Law. Welches ist am schnellsten zum Wählen von Telefonnummern?

5. Sie haben gehört, dass Pixel am Rand des Bildschirms eine besondere Bedeutung in Hinblick auf Fitts' Law haben, und dass sich deswegen der Startmenü-Button dort häufig befindet. Wieso sollte dieser Button jedoch keine abgerundeten Ecken haben?

6. Nennen Sie (außer den im Text genannten Beispielen) Tätigkeiten, bei denen eine asymmetrische Rollenverteilung der Hände vorliegt.

7. Wenn Sie die Regelung der Lautstärke auf Ihrer Fernseh-Fernbedienung als Kontrollsystem betrachten, welche Ordnung hat dieses?

5 Mentale Modelle und Fehler

Wenn wir mit einem Computer oder einem anderen Gerät oder System interagieren, machen wir uns ein gewisses Bild von dessen Funktionsweise. Wir interpretieren die Ausgaben des Systems und seine Reaktionen auf unsere Eingaben und wir versuchen, Vorhersagen darüber zu machen, welche Eingabe zu welcher Reaktion führen wird. Ein System, das solche Vorhersagen erfüllt und sich so verhält, wie wir es erwarten, erscheint uns logisch, schlüssig und daher einfach zu bedienen. Verhält sich das System anders als wir es erwarten, so erscheint es uns unlogisch und verwirrend. Dies kann entweder daran liegen, dass das System objektiv unlogisch reagiert, oder aber dass unsere Vorhersagen auf einer falschen angenommenen Funktionsweise beruhen.

Die Kognitionswissenschaft und Psychologie beschäftigen sich unter anderem damit, wie wir unsere Umwelt und die darin enthaltenen Dinge und Vorgänge verstehen und verarbeiten. Eine derzeit gängige Annahme ist, dass wir Menschen sogenannte mentale Modelle unserer Umgebung konstruieren, die es erlauben, Vorgänge zu erklären und Vorhersagen zu machen. Der Begriff des mentalen Modells wurde durch Kenneth Craik [44] 1943 eingeführt und durch Don Norman [134, 136] ausgiebig auf den Bereich der Mensch-Maschine-Interaktion angewendet. Das Konzept der mentalen Modelle hilft uns dabei, das Verständnis des Nutzers von einem System zu beschreiben und zu analysieren, wo Fehler vorliegen, bzw. wie ein gutes Interaktionskonzept aussehen könnte.

5.1 Verschiedene Modellarten

Das mentale Modell ist ein nur in unserer Vorstellung existierendes Abbild eines realen Objektes, Systems oder Vorgangs. Nehmen wir ein einfaches Beispiel: Wenn wir auf einem Kinderspielplatz beobachten, dass zwei verschieden schwere Kinder auf den beiden Seiten einer Wippe jeweils am Ende sitzen, dann ist uns klar, warum die Wippe nicht im Gleichgewicht ist: Beide Seiten der Wippe sind gleich lang, die Gewichte aber verschieden. Zum Wippen müssen beide Seiten jedoch im Gleichgewicht sein. Um die Wippe ins Gleichgewicht zu bringen, können wir entweder dem leichteren Kind helfen, indem wir seinen Sitz herunterdrücken (also das Gewicht künstlich erhöhen), oder das schwerere Kind weiter nach innen, näher zum Drehpunkt setzen (also den Hebel verkürzen). Diese Vorhersagen werden durch unser mentales Modell von der Funktion einer Wippe ermöglicht.

Vielleicht haben wir in der Schule im Physikunterricht auch Genaueres über Masse, Schwerkraft und Hebelgesetz gelernt (und auch behalten). Dann wissen wir, dass das jeweils wirkende Drehmoment das Produkt aus der Gewichtskraft und der Hebellänge ist. Ist ein Kind also doppelt so schwer wie das andere, dann müssen wir den Hebelarm halbieren und das Kind in die Mitte zwischen Sitz und Drehpunkt setzen. In

https://doi.org/10.1515/9783110753325-006

diesem Fall ist unser mentales Modell also detaillierter und erlaubt genauere Vorhersagen. Normalerweise reicht uns jedoch auf dem Spielplatz das ungenauere Modell, da wir die exakten Gewichte fremder Kinder normalerweise nicht wissen, und die Position auf der Wippe einfacher durch Ausprobieren ermitteln können. Grundsätzlich lässt sich sagen, dass das einfachste mentale Modell, welches das beobachtete Verhalten vollständig erklärt, meist das beste ist. Dies gilt beispielsweise auch für die Newtonsche Physik und die Relativitätstheorie: im Schulunterricht reicht die erstere.

Ein weiteres Beispiel: Unser mentales Modell vom Autofahren besagt, dass wir durch Herunterdrücken des Gaspedals die Geschwindigkeit des Autos erhöhen. Welche genauen physikalischen Vorgänge dazwischen ablaufen ist für die erfolgreiche Bedienung des Gaspedals unerheblich und unser sehr stark vereinfachtes mentales Modell ist völlig ausreichend, solange sich das Auto entsprechend verhält. Ein detailliertes Modell der tatsächlichen Funktionsweise eines Gerätes oder Systems ist das implementierte Modell. Im Beispiel der Wippe ist dieses implementierte Modell sehr nahe an unserem mentalen Modell. Im Beispiel des Autos sind sie sehr verschieden. Insbesondere ist es für die Bedienung des Gaspedals auch unerheblich, ob das Fahrzeug durch einen Elektro- oder Verbrennungsmotor angetrieben wird, ob es Räder oder Ketten hat, und wie viele davon. Völlig unterschiedliche implementierte Modelle können also dasselbe mentale Modell bedienen.

Die Art und Weise, wie sich die Funktion eines Systems dem Nutzer darstellt, ist das präsentierte Modell. Dieses präsentierte Modell kann vom implementierten Modell wiederum vollständig abweichen oder es kann auch nur eine leichte Vereinfachung davon sein wie im Beispiel der Wippe. Nehmen wir ein anderes Alltagsbeispiel: Beim Festnetz-Telefon haben wir gelernt, dass wir eine Telefonnummer wählen, um eine direkte elektrische Verbindung zu einem anderen Telefon herzustellen. Früher wurden diese Verbindungen tatsächlich in Vermittlungsstellen physikalisch hergestellt. Bei den heutigen digitalen Telefonnetzen werden sie nur noch logisch in Form von Datenströmen hergestellt. Beim Mobiltelefon sind die zugrunde liegenden technischen Abläufe nochmals völlig anders: jedes Telefon bucht sich in eine bestimmte Zelle eines Mobilfunknetzes ein und Datenpakete werden über verschiedene Ebenen eines Netzwerkes zur richtigen Zelle der Gegenstelle weitergeleitet. Trotzdem ist das präsentierte Modell in allen drei Fällen das gleiche: Das Wählen einer Telefonnummer führt dazu, dass eine direkte Verbindung zwischen zwei Telefonen hergestellt wird. Es werden also drei völlig verschiedene implementierte Modelle durch das gleiche präsentierte Modell dargestellt, um das etablierte mentale Modell des Benutzers zu bedienen, so dass dieser kein neues Modell lernen muss.

Wenn Designer ein Gerät oder System entwerfen, dann haben auch sie ein mentales Modell von dessen Bedienung im Kopf. Dieses Modell ist das konzeptuelle Modell. Der Entwickler, der das System letztendlich baut, entwickelt das implementierte Modell, das die Funktion auf technischer Ebene umsetzt. Das Zusammenspiel der verschiedenen Modelle ist in Bild 5.1 dargestellt.

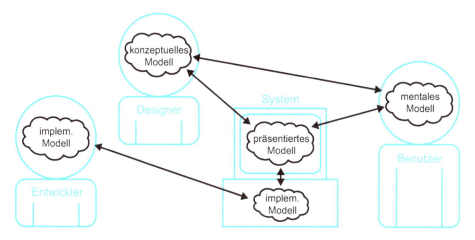

Abb. 5.1: Das konzeptuelle Modell im Kopf des Designers und das mentale Modell im Kopf des Benutzers sollten möglichst übereinstimmen. Dazu muss das präsentierte Modell das konzeptuelle bestmöglich vermitteln. Vom implementierten Modell dürfen alle drei beliebig abweichen.

mmibuch.de/v3/a/5.1

5.2 Zusammenspiel der Modelle

Die genannten Modelle interagieren auf verschiedene Weise: Das konzeptuelle Modell des Designers spiegelt sich im präsentierten Modell des Systems wieder. Das präsentierte Modell erzeugt beim Benutzer das mentale Modell. Das präsentierte Modell kann mit dem implementierten Modell identisch sein, muss es aber nicht. Der Entwickler setzt sein Implementierungsmodell durch Bau oder Programmierung um und sorgt so dafür, dass das System nach diesem Modell auf technischer Ebene funktioniert.

In der Praxis ist es oft garnicht vorteilhaft, wenn Designer und Entwickler die selbe Person sind. Dadurch entsteht nämlich das Risiko, dass Elemente des implementierten und des konzeptuellen Modells vermischt werden und der Benutzer so mit unnötigen technischen Details konfrontiert wird.

5.2.1 Transparenz

Eine wünschenswerte Eigenschaft eines Systems ist, dass das konzeptuelle Modell des Designers möglichst identisch mit dem mentalen Modell des Benutzers ist. Dies ist der Fall, wenn das präsentierte Modell das konzeptuelle Modell so gut verständlich macht, dass es der Benutzer vollständig rekonstruieren kann. Man spricht in diesem Fall auch von Transparenz in der Benutzerschnittstelle, denn der Benutzer muss dann keine Aspekte des implementierten Modells berücksichtigen, also z.B. Bedienschritte ausführen, die nur der Implementierung geschuldet sind. Stattdessen kann er sich komplett dem eigentlichen Zweck der Interaktion, der Aufgabe selbst widmen.

Leider wird die vollständige Übereinstimmung von konzeptuellem und mentalem Modell oft nicht erreicht, da das präsentierte Modell entweder nicht alle Aspekte wiedergibt und falsch oder nicht vollständig verstanden wird. Der Entwurf eines guten Interaktionskonzeptes beginnt in der Regel mit einer Analyse, welche mentalen Modelle beim Benutzer bereits existieren oder leicht verstanden werden könnten. Ein darauf basierendes konzeptuelles Modell – angemessen präsentiert – hat gute Chancen, auch vollständig und richtig verstanden zu werden und somit Transparenz herzustellen. Ein Beispiel hierfür ist das vorläufige Löschen einer Datei indem man sie in den Papierkorb bewegt, und das endgültige Löschen, indem der Papierkorb geleert wird. Dieses konzeptuelle Modell existiert identisch in der physikalischen Welt. In Kapitel 10 werden wir uns eingehender mit der Rolle des konzeptuellen Modells im Designprozess von Benutzerschnittstellen beschäftigen.

Hat man andererseits völlige gestalterische Freiheit beim Entwurf des konzeptuellen Modells, weil noch kein passendes mentales Modell der Domäne beim Benutzer existiert, so bietet es sich an, nicht beliebig weit vom implementierten Modell abzuweichen, sondern das konzeptuelle Modell so zu entwerfen, dass es korrekte Schlüsse über die Funktion auf technischer Ebene erlaubt, um damit möglichen späteren Inkonsistenzen mit der technischen Funktionsweise aus dem Weg zu gehen.

Ein klassisches Beispiel für eine solche Inkonsistenz ist die Tatsache in derzeitigen Betriebssystemen für Personal Computer, dass das Bewegen eines Dokumentes in einen anderen Ordner dieses verschiebt, wenn sich beide Ordner auf demselben Laufwerk oder Speichermedium befinden, aber das Dokument kopiert wird, wenn sich die Ordner auf verschiedenen Laufwerken oder Medien befinden. In der physikalischen Welt gibt es zwar Dokumente und Ordner, aber keine Entsprechung zu Laufwerken. Der Benutzer muss das Konzept eines Laufwerks aus dem implementierten Modell verstehen, um korrektes Verhalten vorherzusagen. Die Transparenz ist gestört.

5.2.2 Flexibilität

Eine weitere wünschenswerte Eigenschaft einer Benutzerschnittstelle ist Flexibilität. Dies bedeutet, dass das gleiche Ergebnis innerhalb der Benutzerschnittstelle auf verschiedenen Wegen zu erreichen ist. Ein einfaches Beispiel sind Tastaturkürzel bei Desktop-Interfaces: Zum Kopieren einer Datei kann man deren Icon mit der Maus auswählen und dann entweder a) im Menü die Funktionen *Kopieren* und *Einfügen* mit der Maus auswählen, oder b) auf der Tastatur die Kürzel *Ctrl-C* und *Ctrl-V* eingeben.

Flexibilität in einer Benutzerschnittstelle bewirkt, dass verschiedene Arten von Benutzern jeweils die ihnen geläufigste oder zugänglichste Art der Interaktion verwenden können. Im Fall der Tastaturkürzel wird ein Computerneuling oder jemand, der selten den Computer benutzt, vermutlich eher den Weg über das Menü wählen, da er sich so keine Tastaturkürzel merken muss, sondern eine sichtbare Funktion auswäh-len kann (*recognition rather than recall*, siehe auch Abschnitt 3.1.2 und Kapitel 7). Ein fortgeschrittener Benutzer wird sich jedoch leicht die beiden Tastenkombinationen einprägen, wenn er sie häufig benutzt, und so bei jedem Kopiervorgang etwas Zeit sparen, da die Tastaturkürzel schneller ablaufen als das Auswählen der Menüfunktio-nen. Der fortgeschrittene Benutzer erbringt also eine höhere Gedächtnisleistung im Austausch gegen eine höhere Interaktionsgeschwindigkeit.

Die Tatsache, dass beide Wege in der Benutzerschnittstelle gleichzeitig existieren und die Tastaturkürzel auch hinter dem Menüeintrag vermerkt sind, bewirkt nebenbei eine gute Erlernbarkeit der Benutzerschnittstelle: Der Anfänger kann die Kopierfunk-tion im Menü immer wieder finden und muss sich zunächst nichts merken. Wenn er aber oft genug den Menüeintrag mit dem zugehörigen Kürzel gesehen hat, wird er sich irgendwann das Kürzel merken und kann beim nächsten Mal den schnelleren Weg nutzen. Durch Flexibilität in der Benutzerschnittstelle ist es sogar möglich, verschie-dene konzeptuelle (Teil-) Modelle im gleichen System zu unterstützen. In Desktop-Benutzerschnittstellen gibt es den sogenannten Scroll-Balken, eine Leiste am Rand eines langen Dokumentes, mit der man das Dokument auf- und abwärts schieben und verschiedene Ausschnitte betrachten kann. Dabei entspricht die Länge der gesamten Leiste der gesamten Dokumentlänge und die Länge und Position des Reiters zeigt die Länge und Position des aktuell sichtbaren Ausschnitts. Greift man den Reiter nun mit der Maus und bewegt diese nach unten, so verschiebt sich das gedachte Sichtfenster nach unten und das Dokument selbst wandert am Bildschirm scheinbar nach oben. Das zugrunde liegende mentale Modell ist das eines beweglichen Sichtfensters, das über dem Dokument auf und ab geschoben wird. Ein alternativ mögliches mentales Modell ist ein fest stehendes Fenster, unter dem das Dokument selbst auf und ab ge-schoben wird. Dieses Modell wird oft durch eine symbolische Hand dargestellt, mit der man das Dokument mit der Maus anfassen und verschieben kann. In diesem Fall bewirkt eine Mausbewegung nach unten auch eine Verschiebung des Dokumentes auf dem Bildschirm nach unten, also genau entgegengesetzt zum ersten Modell. In vielen Programmen werden beide Modelle parallel unterstützt und jeder Benutzer kann sich so das für ihn schlüssigere, verständlichere oder bequemere auswählen. In Abschnitt 18.3 werden wir uns etwas allgemeiner mit diesem Phänomen im Zusammenhang mit kleinen mobilen Bildschirmen beschäftigen.

5.3 Fehler des Benutzers

Unser Ziel als Designer oder Entwickler ist es (normalerweise), Geräte und Systeme zu bauen, die der menschliche Benutzer möglichst fehlerfrei bedienen kann. Dazu müs-sen wir zunächst verstehen, welche Arten von Fehlern Menschen machen, und wie diese Fehler entstehen. Für dieses Verständnis wiederum ist es hilfreich, sich anzu-schauen, wie wir als Menschen handeln, um ein bestimmtes Ziel zu erreichen.

5.3.1 Die Ausführung zielgerichteter Handlungen

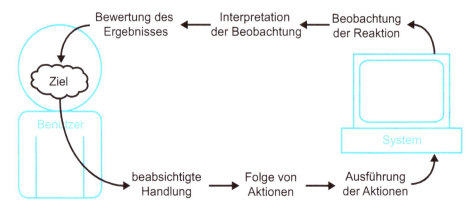

Abb. 5.2: Die sieben Schritte bei der Ausführung einer zielgerichteten Handlung, adaptiert nach Norman [136]

mmibuch.de/v3/a/5.2

Am Beginn einer zielgerichteten Handlung steht das Ziel, das wir erreichen wollen. Unsere Erfahrung und unser Wissen erlauben uns, eine bestimmte Handlung auszuwählen, von der wir uns versprechen, dass sie dieses Ziel erreichen wird. Diese Handlung besteht wiederum aus einer Folge einzelner Aktionen oder Handlungsschritte, die wir dann ausführen müssen. Damit stoßen wir Vorgänge in der Welt oder in einem System an, die wiederum bestimmte Reaktionen oder Ergebnisse hervorrufen. Diese Reaktionen beobachten wir und interpretieren sie vor dem Hintergrund unseres Wissens und unserer Erfahrung. Diese Interpretation führt zu einer Bewertung, ob das Ziel erreicht wurde und ruft gegebenenfalls neue Ziele hervor. Praktisch an allen Stellen dieses Zyklus können nun Probleme auftreten, und diese Probleme führen zu verschiedenen Arten von Fehlern.

Die Kluft zwischen dem angestrebten Ziel und der korrekten Ausführung der richtigen Folge von Aktionen wird als gulf of execution bezeichnet. Alles, was die Erkennbarkeit der richtigen Aktionen sowie deren korrekte Ausführung behindert, verbreitert diese Kluft. Gleichermaßen gibt es einen gulf of evaluation, eine Kluft, die zwischen den Ausgaben des Systems und deren korrekter Interpretation und Bewertung liegt. Unvollständige oder irreführende Fehler- oder Statusmeldungen sind Beispiele, die diese Kluft verbreitern. Gutes Interaktionsdesign versucht, in beiden Fällen die Breite der Kluft zu minimieren, indem es z.B. immer alle ausführbaren und sinnvollen Aktionen sichtbar macht, und den Status des Systems jederzeit klar und unmissverständlich darstellt (siehe hierzu auch die Heuristiken in Abschnitt 13.3.2).

5.3.2 Grundlegende Fehlerarten

Sowohl Don Norman [136] als auch James Reason [152] unterscheiden zwei grundlegende Arten von Fehlern, nämlich Irrtümer (engl. mistakes) und Fehlleistungen (engl. slips). Die echten Irrtümer beruhen darauf, dass zur Erreichung eines Ziels tatsächlich die falsche Handlung ausgewählt wurde. Ein Beispiel dafür wäre, ein Feuer mit einer brennbaren Flüssigkeit wie Spiritus löschen zu wollen. Fehlleistungen entstehen hingegen dadurch, dass eine Handlung zwar richtig geplant, aber falsch ausgeführt wurde. Im obigen Beispiel bedeutet das, dass jemand zwar nach dem Wasser greifen wollte, um das Feuer zu löschen, versehentlich aber nach der Flasche mit Spiritus gegriffen hat. Irrtümer hängen meist mit einem fehlerhaften mentalen Modell zusammen (siehe Abschnitt 5.1). Dieses Modell legt dann eben eine falsche Handlung nahe oder bietet gar keine Anhaltspunkte zur Auswahl einer Handlung, so dass zufällig ausgewählt wird. Andere Gründe für echte Irrtümer sind fehlendes Wissen oder fehlende Erfahrung. Echte Irrtümer passieren vor allem im ersten und letzten Schritt des obigen Zyklus, nämlich bei der Auswahl einer konkreten Handlung oder bei der Bewertung des Ergebnisses einer Handlung. Die Fehlleistungen sind wesentlich variantenreicher und passieren vor allem dadurch, dass (teil-)automatisierte Handlungsabläufe fehlerhaft ausgeführt werden. Hier in Anlehnung an Norman [136] einige Kategorien von Fehlleistungen mit zugehörigen Beispielen:

- Fangfehler (engl. capture slips) treten auf, wenn ein oft ausgeführter und vertrauter Handlungsablauf einen anderen, seltener praktizierten, aber gleich beginnenden Ablauf gefangen nimmt. Beispiel: Ein Benutzer geht zum Schreibtisch, startet den Computer und öffnet dann ganz automatisch seine eMail, obwohl er eigentlich nur etwas nachschlagen wollte. Beide Vorgänge beginnen damit, den Computer zu starten, aber danach übernimmt die tägliche Routine die Kontrolle und führt zum Öffnen der eMail.
- Beschreibungs- oder Ähnlichkeitsfehler (engl. description similarity slips) treten dann auf, wenn zwei Objekte oder Handlungsabläufe sehr ähnlich sind oder sehr nahe beieinander liegen, wie z.B. das Drücken benachbarter, gleich aussehender Tasten, die Auswahl benachbarter Menüeinträge oder die Eingabe ähnlicher Kommandos. Fatalerweise sind in manchen Betriebssystemen die Menüeinträge zum Auswerfen oder Formatieren eines Datenträgers direkt untereinander, was diese Art von Fehlern geradezu herausfordert.
- Datengesteuerte Fehler (engl. data-driven slips) treten bei Handlungen auf, die mit extern vorhandenen Informationen zu tun haben. Beispiel: Der Service-Aufkleber eines Geräts zeigt die Telefonnummer der Service-Hotline. Der Benutzer ruft dort an und gibt der Person am Telefon ihre eigene Telefonnummer durch, wenn er nach der Seriennummer des Geräts gefragt wird.
- Fehler durch assoziierte Aktivierung (engl. associative activation slips) entstehen, wenn die ausgeführte Handlung durch etwas anderes beeinflusst wird, an das man gerade denkt. Beispiel: Bei der Frage nach dem Login gibt man einen Be-

griff aus der 10 Sekunden zuvor gesehenen Werbung ein, an die man noch denkt. Dies ist eng mit den bekannten Freudschen Fehlleistungen verwandt, bei denen ebenfalls etwas geäußert wird, an das die Person eigentlich gerade denkt.

– Fehler durch Aktivierungsverlust (engl. loss-of-activation error) entstehen, wenn wir im Verlauf einer langen Folge von Aktionen das eigentliche Ziel dieser Aktionen vergessen. Ein Beispiel aus dem Alltag ist, dass wir aufstehen um etwas aus der Küche zu holen, und dann in der Küche vergessen haben, was wir holen wollten. Am Computer passiert uns dies beispielsweise in sehr langen Bildschirmdialogen, die keinen Überblick über den gesamten Ablauf anzeigen.

– Modusfehler treten dann auf, wenn ein Gerät oder System in verschiedenen Modi sein kann. Ein Beispiel ist das Beenden der falschen Anwendung in Desktop-Umgebungen oder das Treten des vermeintlichen Kupplungspedals in einem Automatik-Fahrzeug. Modusfehler können vermieden werden, indem man auf die Verwendung verschiedener Modi bei der Gestaltung einer Schnittstelle verzichtet.

Praktisch alle Fehler in dieser Liste treten beim zweiten und dritten Schritt des eingangs gezeigten Zyklus auf, nämlich bei der Spezifikation und bei der Ausführung der konkreten Folge von Aktionen. Manche können jedoch auch durch die verschiedenen Schritte von der Beobachtung der Reaktion bis zur Bewertung ausgelöst werden, z.B. Modusfehler durch falsche Interpretation des aktuellen Modus, oder assoziierte Aktivierung, die durch Beobachtung oder Interpretation bestimmter Ausgaben entstehen.

Manche Webseiten nutzen solche Effekte auch gezielt aus, indem sie Informationen oder Waren versprechen, dann aber an der üblicherweise dafür erwarteten Stelle einen Link zu etwas anderem, wie Werbung oder Schad-Software platzieren. Hier wird darauf spekuliert, dass der Benutzer einen Fang-, Beschreibungs- oder Modusfehler begeht ohne es zu merken.

5.3.3 Murphys Gesetz

Im Zusammenhang mit Fehlern soll hier auch kurz Murphys Gesetz, das oft einfach nur scherzhaft zitiert wird, sowie seine durchaus ernsten Implikationen für die Mensch-Maschine-Interaktion beschrieben werden. Das Gesetz lautet in seiner kurzen und bekannten Form:

> Alles, was schiefgehen kann, wird auch (irgendwann einmal) schiefgehen.

Es geht laut Bloch [19] auf den amerikanischen Forscher Edward Murphy zurück, der es nach einem misslungenen Raketen-Experiment formuliert haben soll: Ziel des Experimentes war, die auf den Passagier wirkenden Beschleunigungen während der Fahrt eines Raketenschlittens zu messen. Hierzu wurden 16 Sensoren in dem sehr kostspieligen Versuchsaufbau verwendet. Jeder dieser Sensoren konnte auf zwei Arten (richtig oder falsch) angeschlossen werden. Als nach Durchführung des Experiments alle Sensorwerte Null waren, stellte sich heraus, dass ein Techniker alle Sensoren systematisch falsch angeschlossen hatte. Daraufhin soll Murphy die folgende Langfassung formuliert haben:

> Wenn es mehrere Möglichkeiten gibt, eine Aufgabe zu erledigen, und eine davon in einer Katastrophe endet oder sonstwie unerwünschte Konsequenzen nach sich zieht, dann wird es jemand genau so machen.

Das Gesetz war zunächst recht zynisch gemeint, wurde jedoch kurze Zeit später von einem Vorgesetzten Murphys als Grundlage der Sicherheitsstrategie der U.S. Air Force bei diesen Experimenten zitiert, und hat auch wichtige Implikationen für die Mensch-Maschine-Interaktion. Davon seien hier einige beispielhaft genannt:

- **Bedienfehler**: Jeder mögliche Bedienfehler wird irgendwann einmal gemacht. Das bedeutet umgekehrt: Will man eine fehlerfreie Bedienung sicherstellen, so dürfen keine Bedienfehler möglich sein. Das bedeutet, dass in jedem Modus des Systems nur die dort zulässigen Bedienschritte möglich sind. Ein einfaches Beispiel hierfür ist eine mechanische Sperre der Gangschaltung im Auto bei nicht durchgetretenem Kupplungspedal.
- **Eingabefehler**: Ermöglicht man dem Benutzer freie Eingaben, so wird dieser auch jeden erdenklichen Unsinn, wie z.B. Sonderzeichen oder nicht existierende Kalenderdaten eingeben. Für den Programmierer bedeutet dies, entweder das Programm gegen solche Eingaben robust zu bauen, oder die Eingabe zur Fehlervermeidung einzuschränken, beispielsweise durch Auswahl eines Datums in einem angezeigten Kalender statt freier Eingabe.
- **Dimensionierung**: Egal wie groß man ein System dimensioniert, es wird immer jemand mit oder ohne böse Absicht diesen Rahmen sprengen.

Letzten Endes ist es in der Praxis unmöglich, alle Fehler vorherzusehen, da diese auch außerhalb eines vielleicht beweisbar korrekten oder fehlerfreien Systems liegen können. Murphys Gesetz bekräftigt aber, dass der Mensch als Fehlerquelle in der Mensch-Maschine-Interaktion fest mit eingeplant werden muss und Benutzerfehler nicht etwa unvorhersehbare Unglücke, sondern fest vorhersagbare Ereignisse sind.

Exkurs: Fehler beim Klettern

Es gibt Tätigkeiten, bei denen Fehler schlimmere Folgen haben. Hierzu gehören *Klettern* und *Bergstei-gen*. Die Kletterlegende Kurt Albert beispielsweise starb 2010 in einem einfachen Klettersteig, weil sich die Bandschlinge seines Sicherungskarabiners zufällig ausgehängt hatte[10]. Dem Risiko von Feh-lern wird im Bergsport normalerweise durch mehrere Strategien entgegengewirkt:

- *Redundanz*: Sofern irgend möglich, wird die Sicherung eines Kletterers immer durch zwei von-einander unabhängige Systeme hergestellt, beispielsweise durch zwei Fixpunkte beim Bau eines Standplatzes, zwei gegenläufige Karabiner beim Einbinden am Gletscher, oder ein Doppelseil im steinschlaggefährdeten Gelände.
- *Robustheit*: Viele Systeme und Prozesse im Bergsport verhalten sich robust gegen Fehler: bei der Tourenplanung wird ein Sicherheitspuffer für die Rückkehr bei Tageslicht eingeplant, und im alpinen Gelände wird immer ein Biwaksack mitgeführt, sollte doch einmal eine ungeplante Über-nachtung notwendig werden. Die Seilkommandos (Stand, Seil ein, Seil aus, Nachkommen) ver-wenden verschiedene Vokale und Silbenzahlen, um die Chance zu erhöhen, dass sie auch beim Brüllen über 60m Entfernung noch verstanden werden, und am Beginn jeder Klettertour steht der Partnercheck, bei dem beide Kletterer gegenseitig ihre Sicherheitsausrüstung kontrollieren.
- *Einfachheit*: In der Ausbildung werden einfache Verfahren vermittelt, die leichter zu merken sind, statt komplizierterer Verfahren, die zwar theoretisch noch effizienter, im Ernstfall dann aber ver-gessen sind (z.B. bei der Spaltenbergung mittels loser Rolle).

Trotz aller Vorsichtsmaßnahmen kann aber auch hier das Wirken von Murphy's Gesetz beobachtet wer-den: Im Sommer 2013 stürzte das zwölfjährige italienische Klettertalent Tito Traversa aus 25m Höhe auf den Boden, weil die ausgeliehenen Expressschlingen systematisch falsch montiert waren[11].

---

10 http://www.frankenjura.com/klettern/news/artikel/170
11 http://www.bergsteigen.com/news/toedlicher-unfall-wegen-falsch-montierter-express

Verständnisfragen und Übungsaufgaben:

1. Was versteht man unter einer transparenten Benutzerschnittstelle?
2. Sie wollen ein Grillfeuer löschen und greifen dafür absichtlich zu einer Flasche Spiritus, weil Sie denken, dass man damit löschen kann. Welche Art von Fehler liegt vor? Welche weiteren Fehlerarten kennen Sie und worin unterscheiden diese sich?
3. Sie wollen ein Grillfeuer löschen und greifen dafür nach einer Wasserflasche. An dieser Stelle steht jedoch der Spiritus. Welche Art von Fehler liegt nun vor?
4. Was besagt „Murphy's Gesetz"? Nennen Sie ein Beispiel für dessen Implikationen bei der Entwicklung von Benutzerschnittstellen
5. Ein Bekannter des Autors antwortete nicht auf die in seiner Webseite angegebene dienstliche E-Mail-Adresse. Darauf angesprochen begründete er, sein Rechner im Büro sei durch einen Wasserschaden kürzlich defekt geworden, und damit auch seine Mailbox. Er müsse nun von zuhause E-Mail lesen, und das sei eben eine andere Mailbox. Beschreiben oder skizzieren Sie das mentale Modell, das der Benutzer vom Gesamtsystem E-Mail hat, begründen Sie, woher er es haben könnte, und vergleichen Sie es mit dem tatsächlichen (oder zumindest dem von Ihnen angenommenen) konzeptuellen Modell von E-Mail (egal ob nach dem POP oder iMap Protokoll). Wo sind irreführende Elemente im präsentierten Modell?
6. Ein anderer Bekannter rief eines Tages an, während er ein Haus renovierte. Der Klempner hatte die Wasserhähne im Bad montiert, aber ihre Bedienung fühlte sich eigenartig an. Der Bekannte bat den Klempner, die Drehrichtungen der Ventile umzukehren, aber auch danach schien die Bedienung immer noch eigenartig. Der Klempner rechnete vor, dass es noch 2 weitere Kombinationen gebe und dass er gerne dafür Anfahrt und Montage berechne. Wir alle kennen solche Wasserhähne mit zwei Schraubventilen an den Seiten, einem für kaltes und einem für warmes Wasser. In der Regel ist das warme Wasser links und das kalte rechts. Doch in welche Richtung muss man die beiden Ventile drehen, damit Wasser kommt? Beide im Uhrzeigersinn? Beide dagegen? Beide so, dass sich die Handgelenke nach innen drehen? Oder nach außen? Schauen Sie nicht nach, sondern führen Sie eine kleine Umfrage in Ihrem Bekanntenkreis durch und finden Sie heraus, welche mentalen Modelle über die Funktion eines Wasserhahns existieren, z.B. in Anlehnung an andere Systeme mit runden Regel-Elementen wie Heizkörper, Gasherd oder Stereoanlage.
7. Analysieren Sie anhand der Abbildung 5.2 eine alltägliche Handlung am Bildschirm, z.B. das Umbenennen einer Datei in einer Desktop-Umgebung. Benennen Sie die konkreten Probleme, die in jedem Schritt auftreten können! Vergleichen Sie diese Probleme mit denen beim Umbenennen einer Datei in einer Kommandozeilen-Umgebung.
8. Recherchieren Sie im Web nach Seiten, die die Eingabe von Kalenderdaten mit bestimmten Einschränkungen erfordern (z.B. Flugbuchung, Hinflug vor Rückflug). Wie gehen diese Seiten mit Eingabefehlern um? Diskutieren Sie den Tradeoff zwischen Programmieraufwand und Benutzerfreundlichkeit.
9. Max steht vor einem Aufzug und drückt den Knopf „Aufzug rufen", der daraufhin aufleuchtet. Da es ihm nicht schnell genug geht, drückt er den Knopf noch mehrmals, weil er glaubt, dass der Aufzug dann schneller kommt. Welches der in diesem Kapitel besprochenen Modelle ist hier primär für Max' Verhalten verantwortlich?

Teil II: **Grundlagen auf der Seite der Maschine**

6 Technische Rahmenbedingungen

Nachdem wir im ersten Teil dieses Buchs vieles über die Wahrnehmung und Informationsverarbeitung des Menschen gelernt haben, beginnt der zweite Teil mit einigen grundlegenden Gedanken, wie die Schnittstelle seitens der Maschine eigentlich beschaffen ist oder sein sollte. Beginnen wollen wir mit den technischen Rahmenbedingungen bei der Ein- und Ausgabe.

6.1 Visuelle Darstellung

6.1.1 Räumliche Auflösung

In Abschnitt 2.1 wurde die prinzipielle Funktionsweise des menschlichen Auges erläutert und dessen räumliche Auflösung mit etwa einer Winkelminute beziffert. Wenn wir also zwei Punkte anschauen und der Winkel zwischen den beiden gedachten Blickstrahlen vom Auge zu diesen Punkten größer als 1/60° ist, dann können wir diese Punkte als getrennte Objekte wahrnehmen (volle Sehkraft und ausreichenden Kontrast vorausgesetzt). An einem gut ausgestatteten Bildschirmarbeitsplatz betrachten wir den Bildschirm aus einer Entfernung von mindestens einer Bildschirmdiagonale, meistens jedoch eher mehr. Dies erlaubt uns eine sehr einfache Abschätzung (siehe auch Abbildung 6.1): Entspricht der Betrachtungsabstand etwa der Bildschirmbreite (also etwas weniger als der Diagonalen), dann spannt der Bildschirm horizontal einen Betrachtungswinkel von $2 * \arctan \frac{1}{2}$ oder etwa 50° auf. Somit können wir maximal $60*50 = 3.000$ verschiedene Punkte unterscheiden. Eine horizontale Bildschirmauflösung von 3.000 Pixeln entspricht also etwa der Auflösungsgrenze des menschlichen Auges, wohlgemerkt an einem gut ausgestatteten Bildschirmarbeitsplatz mit großem Bildschirm und bei relativ naher Betrachtung.

Die gleiche Rechnung gilt für Druckerzeugnisse: Eine Din A4 Seite halten wir zum Lesen üblicherweise in einem Abstand, der mindestens ihrer längeren Kante entspricht, also etwa 30cm. Da die Winkelverhältnisse die selben sind, bedeutet dies, dass etwa 3.000 Pixel entlang dieser 30cm langen Kante der maximalen Auflösung des Auges entsprechen. Umgerechnet in die Ortsauflösung eines Druckers sind das $3000/30 = 100$ Pixel pro Zentimeter oder etwa 250 Pixel pro Zoll (dpi)[12]. Die gängige Ortsauflösung von 300dpi für Druckerzeugnisse liegt also bei normalem Betrachtungsabstand etwas über der Auflösung des Auges.

Bei älteren Fernsehern (mit Seitenverhältnis 4:3) nimmt man einen Betrachtungsabstand an, der etwa der fünffachen Bilddiagonale entspricht, bei neueren HDTV Fernsehern wird als Betrachtungsabstand die doppelte Bilddiagonale zugrunde ge-

---

12 Die genauen Beziehungen zwischen dpi und ppi sind hier bewusst vereinfacht.

https://doi.org/10.1515/9783110753325-007

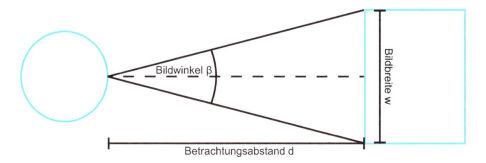

Abb. 6.1: Berechnung der notwendigen Auflösung: Es gilt $\frac{w}{2} = d\tan\frac{\beta}{2}$ und damit $\beta = 2\arctan\frac{w}{2d}$. Bei einer Auflösung von $\frac{1}{60}$ Grad werden also $60 * 2 * \arctan\frac{w}{2d}$ Pixel benötigt (alle Rechnungen in Grad).

mmibuch.de/v3/a/6.1

legt. Damit ergibt sich für HDTV eine benötigte Auflösung von $60*2*\arctan\frac{1}{4} \approx 1.700$ Pixel (die Norm sieht 1.920 vor) und für Standard-TV $60 * 2 * \arctan\frac{1}{10} \approx 685$ Pixel (in der Praxis ca. 800). Wie man sieht, sind also die gängigen Auflösungen für Drucker und Bildschirme eng an die physiologischen Grenzen der visuellen Wahrnehmung angelehnt. Mehr Auflösung bringt natürlich Reserven für einen kürzeren Betrachtungsabstand, ist aber im normalen Betrieb nicht notwendig.

Betrachten wir den Bildschirm eines Smartphones, das eine Bildschirmkante von ca. 10cm aufweist in bequemer Armhaltung aus einem Abstand von ca. 50cm, so ergeben sich daraus ebenfalls $60 * 2 * \arctan\frac{5}{50} \approx 685$ Pixel, was etwa der Auflösung der ersten iPhone Generation entspricht. Betrachten wir ein Tablet mit 20cm Bildschirmkante aus der gleichen Entfernung, so ergeben sich $60 * 2 * \arctan\frac{10}{50} \approx 1350$ Pixel, was von der ersten iPad Generation nicht ganz erreicht wurde. Das Head-mounted Display (HMD) *Oculus Rift*[13] weist einen horizontalen Bildwinkel von über 90 Grad bei einer horizontalen Auflösung von 1.280 Pixeln auf. Laut obiger Rechnung wären für einen solchen Bildwinkel jedoch $60 * 90 = 5.400$ Pixel notwendig, was erklärt, warum in diesem Display noch ganz deutlich Pixel zu sehen sind.

6.1.2 Zeitliche Auflösung

Die zeitliche Auflösung des menschlichen Auges liegt je nach Situation und Umgebungsbedingungen bei etwa 30-100ms. Dies führt dazu, dass wir aufeinanderfolgende Bilder bis zu einer Geschwindigkeit von etwa 10-15 Bildern pro Sekunde noch als getrennte Bilder wahrnehmen, darüber hinaus aber zunehmend als flüssiges Bewegt-

---

13 http://www.oculusvr.com

bild. Ab etwa 25 Bildern pro Sekunde sehen wir flüssige Bewegungen. Dies ist auch der Grund dafür, dass beim analogen Kinofilm eine Bildfolge von 24 bzw. 25 Bildern pro Sekunde aufgenommen wird. Bei der Darstellung am Fernsehgerät kam wegen der Bildröhre und ihrem sequenziellen Bildaufbau das zusätzliche Problem des Bildflimmerns hinzu, welches bei 25 Bildern pro Sekunde noch deutlich wahrnehmbar war. Aus diesem Grunde werden dort 50 so genannte Halbbilder pro Sekunde angezeigt, was das Flimmern fast unmerklich werden lässt, die Informationsdichte jedoch nicht erhöht. Die individuelle Grenzfrequenz, ab der gar kein Flimmern mehr gesehen wird, liegt individuell verschieden und je nach Situation im Bereich von etwa 70 Hz, weshalb auch neuere Bildtechnologien mit beispielsweise 100 Hz Bildfrequenz hier noch eine Verbesserung bringen können.

Zeitliche Verzögerungen, beispielsweise zwischen akustischem Sprachsignal und Mundbewegungen eines Fernsehsprechers (Lip-sync), werden für die meisten Menschen ebenfalls ab etwa 50-100ms erkennbar.

Exkurs: Der vorhergesehene Klick   `i`

Einer der Autoren hatte auf seinem Rechner einen Virenscanner installiert, der sich fast täglich mit einer Dialogbox über installierte Updates meldete. Um diese Dialogbox zu schließen, musste man mit der Maus auf einen *OK* Button klicken. Dabei schien es aber immer so, als habe die Dialogbox diese Aktion bereits vorhergesehen und schon kurz vor dem Klick mit dem Schließen begonnen. Von selbst schloss sie sich aber nie. Frustrierend!!! Nach weiteren Versuchsreihen kam der Autor dann darauf, was hier falsch war: Normale Schaltflächen in der Desktop-Umgebung lösen in Anlehnung an die Lift-Off-Strategie (vgl. 17.1.2) erst am Ende eines Mausklicks aus, also wenn die Maustaste wieder losgelassen wird. Dies ist im Sinne des Benutzers, denn es erlaubt eine Fehlerkorrektur: Wenn man beispielsweise aus Versehen auf den falschen Button geklickt hat und den Finger noch auf der Maustaste hat, kann man den Mauszeiger davon weg bewegen und ihn an einem anderen Ort loslassen, wodurch die falsche Aktion nicht ausgelöst wird.

Die hellseherische Dialogbox war so implementiert, dass sie sich bereits beim Drücken der Maustaste schloss. Die erst für das Loslassen der Taste erwartete Aktion begann also früher als erwartet. Das wiederum erschien wie eine negative Verzögerung, also ein vorauseilendes Schließen. Es bleibt unklar, ob dem Programmierer schlichtweg die Konvention nicht bekannt war, oder ob er sie mit Mühen umgangen hatte, um dem Benutzer wertvolle Millisekunden zu sparen. In dem Fall wäre es sinnvoller gewesen, die Dialogbox nach angemessener Zeit einfach automatisch verschwinden zu lassen.

Verzögerungen in einer Benutzerschnittstelle führen allgemein dazu, dass die Wahrnehmung von Kausalität leidet. Tätigt man eine Eingabe und die Rückmeldung in Form einer Ausgabe erfolgt innerhalb von 100ms, so wird die Ausgabe als direkt mit der Eingabe verknüpft empfunden. Erfolgt die Reaktion langsamer, aber immer noch innerhalb etwa einer Sekunde, so wird die Ausgabe immer noch als kausale Folge der Eingabe wahrgenommen. Bei Reaktionszeiten über einer Sekunde nimmt die Wahrnehmung der Kausalität immer weiter ab, und bei vielen Sekunden Reaktionszeit ohne zwischenzeitiges „Lebenszeichen" stellen wir keinen kausalen Zusammenhang mehr zwischen Ein- und Ausgabe her.

Die tatsächlichen Wahrnehmungsprozesse hinter der zeitlichen Wahrnehmung sind äußerst vielfältig und die oben genannten Zahlen stellen eine sehr starke Vereinfachung dar, die jedoch zumindest einen Eindruck der jeweiligen Größenordnungen vermittelt. In manchen Fällen sind längere Zeiten zwischen Ein- und Ausgabe unumgänglich, manchmal sogar unvorhersehbar. Dies ist beispielsweise der Fall bei Webseiten, bei denen die Ladezeit einer neuen Seite von der Last des Servers und von vielen Netzwerkknoten dazwischen abhängt. In solchen Fällen muss der Benutzer durch irgendwie geartete Fortschrittsmeldungen oder andere „Lebenszeichen" informiert werden (siehe auch Abschnitt 7.5 und Abbildung 7.6 auf Seite 87).

6.1.3 Darstellung von Farbe und Helligkeit

Bei der Darstellung der Funktionsweise des Auges in Abschnitt 2.1 wurde die Farbwahrnehmung mittels drei verschiedener Arten von Zapfen erklärt. Diese drei Arten von Rezeptoren werden durch Licht in den drei additiven Grundfarben Rot, Grün und Blau angeregt, und jede vom Menschen wahrnehmbare Farbe lässt sich somit als Linearkombination der Grundfarben im dreidimensionalen RGB-Farbraum darstellen. Diese drei Grundfarben werden technisch auch als Farbkanäle bezeichnet. Innerhalb eines Farbkanals kann der Mensch etwa 60 verschiedene Abstufungen wahrnehmen (vgl. Abschnitt 2.1). Damit würden etwa 6 Bit Auflösung (Farbtiefe) pro Kanal ausreichen, um flüssige Farbverläufe darzustellen. Da Computerspeicher jedoch in kleinsten Einheiten von 8 Bit organisiert sind, hat sich eine gängige Farbtiefe von 3 * 8 = 24 Bit eingebürgert, die die Farbauflösung des menschlichen Auges etwas übersteigt.

Monitore für Bildschirmarbeitsplätze weisen mittlerweile einen Kontrastumfang von mindestens 1 : 1.000 auf. Das bedeutet, dass ein weißer Bildpunkt mindestens 1.000 mal so hell wie ein schwarzer Bildpunkt dargestellt wird. Dies deckt sich mit dem Kontrastumfang des menschlichen Auges ohne Adaption (vgl. Abschnitt 2.1) und kann mit der gängigen Farbtiefe von 24 Bit problemlos angesteuert werden. Spezialisierte Monitore für Darstellungen mit hohem Kontrastumfang, sogenannte HDR (High Dynamic Range) Monitore können bereits Kontrastumfänge von 200.000 : 1 bis angeblich 1.000.000 : 1 darstellen. Dies entspricht dem Dynamikumfang des menschlichen Auges mit Adaption und bedeutet, dass wir diese Kontraste immer nur lokal (also nicht über den gesamten Bildschirm hinweg) sehen können. HDR Darstellung mag zwar beeindruckend sein, hat deshalb aber nur wenige konkrete Anwendungen. Für die meisten Situationen ist ein Kontrastumfang von 1.000 : 1 bis 5.000 : 1 mehr als ausreichend.

Alle diese Betrachtungen berücksichtigen jedoch noch kein Umgebungslicht, gehen also vom Display in einem dunklen Raum aus. Fällt hingegen Umgebungslicht auf den Bildschirm, dann wird der Kontrastumfang drastisch reduziert. Dies ist beispielsweise der Fall, wenn Smartphones oder Digitalkameras bei Sonnenlicht betrieben werden. Nehmen wir zuerst ein harmloses Beispiel: Wenn ein Laptop-Display eine

Helligkeit von 200 $\frac{cd}{m^2}$ besitzt, sich in einem Raum mit einer Raumhelligkeit von 200 Lux (beispielsweise einem mäßig beleuchteten Zimmer) befindet, und an seiner Oberfläche etwa 1% des Umgebungslichtes reflektiert, dann wird seine dunkelste Stelle (schwarzes Pixel) durch das Umgebungslicht mit etwa 2 $\frac{cd}{m^2}$ leuchten, und das hellste Pixel mit etwa 202 $\frac{cd}{m^2}$. Es verbleibt also ein Kontrastumfang von etwa 100 zu 1, womit das Display immer noch gut lesbar ist. Bringt man das gleiche Display in helles Sonnenlicht mit 100.000 Lux, dann hellt das Umgebungslicht die dunkelste Stelle auf 1.000 $\frac{cd}{m^2}$ und die hellste Stelle auf 1.200 $\frac{cd}{m^2}$ auf, so dass der sichtbare Kontrastumfang auf ein Verhältnis von 1,2 zu 1 reduziert wird, was das Display praktisch unlesbar macht. Aus diesem Grund funktionieren selbstleuchtende Displays sehr schlecht bei hellem Sonnenlicht und neben einer hohen maximalen Helligkeit ist es wichtig, dass möglichst wenig Umgebungslicht vom Display reflektiert wird. Das ist der Grund, warum glänzende Monitore ein messbar höheres verbleibendes Kontrastverhältnis erreichen als die eigentlich angenehmeren matten Monitor-Oberflächen.

6.2 Akustische Darstellung

Der menschliche Hörsinn (vgl. Abschnitt 2.2.1) hat einen Dynamikumfang von etwa 120dB. Dabei entsprechen jeweils 6dB einer Verdopplung der Signalstärke. Das bedeutet, dass zwischen dem leisesten wahrnehmbaren Geräusch, der sogenannten Hörschwelle, und dem lautesten noch als Geräusch wahrnehmbaren Reiz, der sogenannten Schmerzgrenze etwa 20 Verdopplungen liegen und somit ein mit 20 Bit Auflösung digitalisiertes Signal diesen gesamten Bereich abdecken kann. Praktisch genutzt wird davon im Alltag jedoch nur ein viel kleinerer Bereich von etwa 20-90dB, was etwa 12 Bit entspricht. Aus dieser Überlegung ergibt sich, dass die in der CD-Norm festgelegten 16 Bit Auflösung für die Signalstärke mehr als ausreichend sind, um den gesamten sinnvoll nutzbaren Lautstärkebereich abzudecken. Für Sprache allein (30-70dB) genügen sogar 8 Bit, wie es auch im ISDN Standard für digitale Sprachübertragung verwendet wird.

Neben der Signalauflösung (Quantisierung) interessiert natürlich auch die benötigte zeitliche Auflösung (Diskretisierung). Diese lässt sich einfach mittels des Nyquist-Theorems abschätzen: Die höchste Frequenz, die das (junge und gesunde) menschliche Ohr hört, sind etwa 20.000Hz. Um ein Signal mit dieser Frequenz fehlerfrei zu digitalisieren, ist eine Abtastung mit mehr als der doppelten Abtastrate nötig. Der CD-Standard sieht daher eine Abtastrate von 44.100Hz vor. Zusammen mit der Signalauflösung von 16 Bit deckt die Audio-CD somit physiologisch gesehen die zeitliche und dynamische Auflösung des menschlichen Gehörs ab.

Zeitunterschiede zwischen den beiden Ohren werden einerseits zur räumlichen Ortung akustischer Ereignisse verwendet. Zeitlich verzögerte und abgeschwächte Signale bilden aber beispielsweise auch den Klang von Räumen ab, da dort durch Schallreflexionen genau solche verzögerten und abgeschwächten Signale entstehen. Sehr kurze Verzögerungen bis etwa 35ms integriert das Ohr dabei zu einem Signal. Zwischen 50ms und 80ms löst sich dieser Zusammenhang immer weiter auf und über etwa 80ms wird das verzögerte Signal mehr und mehr als diskretes Echo wahrgenommen [56]. Interessanterweise liegt diese Grenze in der gleichen Größenordnung wie die maximal zulässige Verzögerung zwischen Ton und Bild (Lip-sync), die Grenze des Übergangs vom Einzelbild zum Bewegtbild, und die Grenze bei der Wahrnehmung eines direkten Zusammenhangs zwischen Aktion und Reaktion. Eine Verzögerung von 50-100ms kann also in allen diesen Bereichen als kritische Grenze angesehen werden, was somit als allgemeine, wenn auch ganz grobe Richtlinie für den Umgang mit Timing-Fragen angesehen werden kann.

6.3 Moore's Law

In den voran gegangenen Abschnitten wurde deutlich, dass sich verbreitete Werte für die zeitliche und räumliche Auflösung von Ausgabemedien an der Auflösung der entsprechenden menschlichen Sinne orientieren, sofern dies technisch möglich ist. Die menschlichen Sinne und damit besagte Kennwerte verändern sich lediglich in evolutionären Zeiträumen, bleiben jedoch in den von uns überschaubaren Zeiträumen gleich. Gleiches gilt für die kognitiven Fähigkeiten des Menschen. Anders verhält es sich jedoch mit der Rechenleistung und Speicherkapazität von Computersystemen. Der Amerikaner Gordon E. Moore formulierte das später nach ihm benannte Mooresche Gesetz, welches besagt, dass die Rechenleistung und Speicherkapazität von Silizium-Chips sich ungefähr alle 18 Monate verdoppeln. Je nach Quelle und Anwendungsgebiet finden sich in der Literatur auch Werte zwischen 12 und 24 Monaten. Allen Quellen gemeinsam ist jedoch die Tatsache, dass Rechenleistung und Speicherkapazität exponentiell wachsen, und zwar innerhalb durchaus überschaubarer Zeiträume.

Obwohl diesem Wachstum irgendwann physikalische Grenzen gesetzt sind, scheint es so zu sein, dass wir noch für zu mindestens einige Jahre mit einem solchen Wachstum rechnen können. Heutzutage wird dies insbesondere durch die Entwicklung von Mehrkernprozessoren und GPUs voran getrieben, d.h. massiv parallel arbeitenden Rechenkernen, die ihrerseits nur mit speziellen parallelisierten Algorithmen ihr volles Potenzial ausschöpfen können. Dies bedeutet, dass Rechengeschwindigkeit und Speicherplatz (mit Ausnahme algorithmisch komplexer Probleme) nicht mehr wirklich die bestimmenden oder begrenzenden Faktoren beim Bau interaktiver Systeme sind. Selbst wenn während des Entwurfs eines interaktiven Systems noch fraglich ist, ob die benötigte Geschwindigkeit oder Kapazität zur Verfügung stehen, können wir davon ausgehen, dass die technische Entwicklung dies in den allermeisten Fällen für uns lösen wird.

Umgekehrt bedeutet dies aber auch eine ständig wachsende Herausforderung beim Entwurf der Benutzerschnittstelle, da diese dem nicht mitwachsenden menschlichen Benutzer ja immer mehr Rechenleistung und Informationsmenge vermitteln muss. Dies gilt umso mehr, als wir bei der visuellen Darstellung - wie oben beschrieben - bereits an den physiologischen Grenzen der menschlichen Wahrnehmung angelangt sind. Rein *technisch* ist daher in der Schnittstelle keine allzu große Steigerung mehr möglich. Stattdessen wächst die Herausforderung, immerhin *konzeptuell* noch etwas an den bestehenden Schnittstellen zu verbessern. Darauf werden die nächsten drei Kapitel eingehen.

mmibuch.de/v3/I/6

Verständnisfragen und Übungsaufgaben:

1. Eine völlig theoretische Überlegung: Sie sollen als neuer Verantwortlicher des Visualisierungszentrums ein *CAVE* (CAVE Automatic Virtual Environment) aufbauen und müssen entscheiden, welche Displays oder Projektoren Sie kaufen. Mit Ihrem Basiswissen aus MMI wollen Sie zunächst berechnen, wie viele Pixel das menschliche Auge auflösen würde. Dazu nehmen Sie an, dass das CAVE die Form eines Würfels mit 4m Kantenlänge hat und der Benutzer in der Mitte steht. Wie viele Pixel Breite müsste Ihr Display demnach für eine Wand haben? Kommt eine der gängigen Anzeigenormen in diese Größenordnung? Wie viele Displays dieser Norm benötigen Sie ggf. für ein 5-seitiges CAVE, und wie groß sind die Pixel, wenn man sie auf dem Display selbst nachmisst.

2. Sie möchten in einer Benutzerstudie herausfinden, wie gut Text auf einem Smartphone in verschiedenen Situationen lesbar ist. Dafür lassen Sie Leute einen Text auf dem gleichen Bildschirm lesen, einmal am Schreibtisch ihres Büros, und einmal beim Gehen über den Uni-Campus. Welcher Faktor außer der Bewegung könnte die Lesbarkeit noch beeinflussen, und wie könnten Sie Ihre Studie abändern, um diesen Faktor auszuschalten?

3. Gegeben ist ein Smartphone mit einer langen Bildschirmkante von ca. 10 cm und ein Betrachtungsabstand von ca. 50 cm. Berechnen Sie die notwendige Auflösung in Pixeln.

4. Gegeben ist ein Tablet mit einer langen Bildschirmkante von ca. 20 cm und ein Betrachtungsabstand von ca. 50 cm. Berechnen Sie die notwendige Auflösung in Pixeln.

5. Max trägt Over-Ear Kopfhörer. Eine Frequenz von 2 kHz wird für 3 Sekunden abgespielt. Danach wird eine Frequenz 50 Hz für 3 Sekunden abgespielt. Beide Frequenzen werden mit einem Pegel von 20 dB dargeboten. Welche Frequenz nimmt Max wahr?

6. Ein Dialog erscheint und bittet Sie, nochmals zu bestätigen, dass Sie die von Ihnen intendierte Löschen-Aktion einer einzelnen, kleinen Datei durchführen möchten. Sie klicken auf „ja". Zehn Sekunden später erscheint eine Fehlermeldung („Allgemeiner Fehler"). Gehen Sie davon aus, dass Aktion und Meldung kausal zusammenhängen? Warum (nicht)?

7. Welche Eigenschaften sollte ein Display möglichst mitbringen, um ergonomisch zu sein?

7 Grundregeln für die UI Gestaltung

Bei der Gestaltung von Benutzerschnittstellen gibt es eine Reihe von grundlegenden Prinzipien, deren Beachtung zu effizienteren, benutzbareren und verständlicheren Ergebnissen führt. Dieses Kapitel führt die wichtigsten dieser Prinzipien auf und erläutert sie jeweils an Beispielen aus verschiedenen Interaktions-Kontexten.

7.1 Affordances

Das Konzept der Affordance stammt ursprünglich aus der Kognitionspsychologie und bezeichnet dort die Eigenschaft, eine bestimmte Handlung mit einem Objekt oder an einem Ort zu ermöglichen. Don Norman [134] übertrug es auf den Bereich der Mensch-Maschine-Interaktion, wo es im engeren Sinne bedeutet, dass ein Objekt des Alltags uns bestimmte Aktionen mit ihm ermöglicht oder uns sogar dazu einlädt. Im Deutschen wird der Begriff gelegentlich mit Angebotscharakter übersetzt, was sich jedoch unseres Erachtens nicht in der Breite durchgesetzt hat. Wir verwenden daher in diesem Abschnitt den englischen Begriff *Affordance*.

Die von Norman genannten Beispiele für Affordances sind physikalischer Natur: ein runder Knopf hat die Affordance, gedreht oder gedrückt zu werden. Je nach seiner physikalischen Ausprägung ermöglicht er evtl. noch, gezogen zu werden. Er lädt uns jedoch nicht dazu ein, ihn seitlich zu kippen oder zu verschieben. Ein typischer Wasserhahn lädt uns ganz klar zum Drehen ein. Ein Hebel hingegen bietet uns an, ihn in jede beliebige Richtung zu bewegen. Abbildung 7.1 zeigt verschiedene Ausführungen von Wasserhähnen, die uns mittels ihrer verschiedenen Affordances besser oder schlechter mitteilen, wie sie zu bedienen sein könnten. Abbildung 7.4 auf Seite 84 zeigt rechts ein Beispiel für widersprüchliche Affordances.

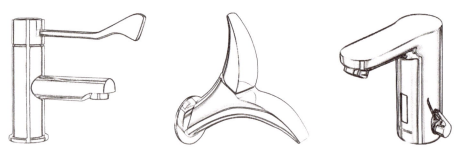

Abb. 7.1: Verschiedene Wasserhähne mit verschiedenen Affordances: Bei manchen ist die Bedienung leichter zu erkennen als bei anderen.

mmibuch.de/v3/a/7.1

https://doi.org/10.1515/9783110753325-008

Übertragen auf den Computer bedeutet dies, dass unsere grafischen Benutzerschnittstellen immer visuell klar erkennen lassen sollten, welche Operationen möglich sind. Ein einfaches Beispiel hierfür sind die als dreidimensional angedeuteten Schaltflächen (Buttons) in den uns vertrauten grafischen Benutzerschnittstellen. Die Tatsache, dass sie plastisch aus der Bildschirmebene herauszukommen scheinen macht sie nicht einfach nur hübscher. Sie sendet dem Benutzer ein wichtiges Signal, indem sie ihn an die Druckknöpfe der physikalischen Welt erinnert. Auch diese stehen plastisch aus ihrem Umfeld hervor und laden dazu ein, gedrückt zu werden. Die angedeutete plastische Form unterscheidet den beschrifteten, aber interaktiven Button vom nicht interaktiven Label oder Textfeld, das womöglich den gleichen Text enthält, aber nicht zum Drücken einlädt.

Neben diesen physikalischen Affordances gibt es im erweiterten Verständnis des Begriffes auch andere Arten von Affordances: Als social Affordance bezeichnet man beispielsweise die Tatsache, dass ein bestimmter Ort oder Kontext (z.B. ein Café oder ein Fitnessstudio) die Möglichkeit zu bestimmten sozialen Aktivitäten, wie z.B. Kommunikation oder Selbstdarstellung bietet. Der derzeitige Boom im Bereich sozialer Medien zeigt, dass auch digitale Orte solche sozialen Affordances bieten können.

7.2 Constraints

Die Affordances der in Abbildung 7.1 gezeigten Wasserhähne alleine reichen bei genauerem Nachdenken nicht aus, um deren Bedienung vollständig zu erschließen. Der Hebel im linken Bild kann prinzipiell in alle Richtungen bewegt werden. Wenn wir jedoch aus dem normalen (verschlossenen) Zustand heraus versuchen, ihn herunter zu drücken, spüren wir einen physikalischen Widerstand. Der Hebel lässt sich nicht herunterdrücken. Diese Einschränkung der Interaktionsmöglichkeiten wird als physikalisches Constraint bezeichnet. In vertikaler Richtung lässt sich der Hebel nur anheben, wodurch Wasser fließt. Die Affordances reichen jedoch auch zusammen mit diesem physikalischen Constraint immer noch nicht aus, die Bedienung völlig unmissverständlich zu vermitteln. Was bleibt, ist die Unklarheit, was ein Schieben des Hebels nach rechts oder links bewirkt. Von der Funktionalität her betrachtet bleibt nur noch die Wassertemperatur übrig. Hier haben wir in unserem Kulturkreis vom Kindesalter an gelernt, dass links warm und rechts kalt bedeutet. Diese Zuordnung bezeichnet man daher als kulturelles Constraint. Andere Beispiele für kulturelle Constraints sind beispielsweise fest mit Bedeutung belegte Farben (rot = stop, grün = OK) oder Symbole. Schließlich gibt es auch noch logische Constraints, wie z.B. die Tatsache, dass es keinen Sinn ergibt, ein Musikstück gleichzeitig vorwärts und rückwärts abzuspielen, oder dass ein Licht nicht gleichzeitig an- und ausgeschaltet sein kann.

7.3 Mappings

Eine wichtige Möglichkeit für die Strukturierung von Benutzerschnittstellen ist die Zuordnung von Bedienelementen zu Objekten in der physikalischen Welt. Eine solche Zuordnung heißt im Englischen Mapping. Die einfachste Form sind direkte räumliche Mappings. Hierzu folgendes einfache Beispiel: Abbildung 7.2 zeigt zwei autarke Gaskochfelder des gleichen Herstellers. Die Regler für die einzelnen Flammen des Kochfeldes wurden jedoch in beiden Fällen unterschiedlich angeordnet: In der linken Variante befinden sich die Regler in einer Reihe, die Kochflammen jedoch in einem Rechteck. Insbesondere befinden sich die beiden linken und die beiden rechten Flammen jeweils genau hintereinander, die zugehörigen Köpfe jedoch nebeneinander. Welcher Knopf bedient also welche Flamme? Um das herauszufinden, muss der Benutzer die Beschriftung der Knöpfe lesen, die die Zuordnung jeweils über ein Symbol andeuten. In der rechten Variante ist diese Mehrdeutigkeit aufgehoben: die hinteren seitlichen Flammen sind den hinteren Knöpfen zugeordnet, die vorderen den vorderen. Eine weitere Beschriftung ist unnötig und fehlt folgerichtig auch. Diese Variante besitzt ein klares räumliches Mapping zwischen Bedienelement und gesteuerter Funktion.

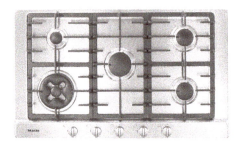 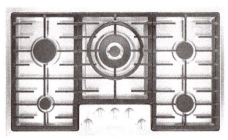

Abb. 7.2: Verschiedene Mappings von Kochplatten zu Reglern: Das räumliche Mapping von links nach rechts passt, aber im linken Beispiel bleibt unklar, welche Regler zu den vorderen bzw. hinteren Platten gehören.

mmibuch.de/v3/a/7.2

Ein weiteres Beispiel für ein räumliches Mapping ist die Anordnung der Kontrolltasten für die Medienwiedergabe. Diese geht zurück auf die Anordnung der Steuertasten beim Tonbandgerät (Abbildung 7.3 links). Bei solchen Geräten wurde das durchlaufende Band von der linken Spule ab- und auf die rechte Spule aufgewickelt. Da es keinen klaren technischen Grund dafür gibt, warum dies nicht auch anders herum sein könnte, hat man sich damals vermutlich an der bei uns vorherrschenden Leserichtung von links nach rechts orientiert, also an einem kulturellen Constraint. Die rechte Taste (Vorspultaste) bewirkte damit eine Bewegung des Bandes nach rechts, die linke Taste nach links. Dazwischen befanden sich Pause und Start. Es gab also ein räumliches Mapping zwischen den Kontrolltasten und den damit ausgelösten Bewegungsrichtun-

Abb. 7.3: Räumliches Mapping: Das Tonband lief bei der Wiedergabe von links nach rechts am Tonkopf vorbei. Die Anordnung der Knöpfe für Rückspulen, Vorspulen und Wiedergabe orientiert sich bis heute an dieser Bewegungsrichtung.

mmibuch.de/v3/a/7.3

gen des Bandes. Die so entstandene Anordnung hat sich über verschiedene Geräte-generationen und Technologien (Musikkassette, DAT, MD, CD, DVD, BlueRay, MP3) hinweg gehalten, obwohl die ursprüngliche physikalische Entsprechung schon früh verschwunden war. Ein Grund dafür könnte auch das immer noch eingehaltene kulturelle Constraint der Leserichtung sein.

Als drittes Beispiel wollen wir uns die Steuertasten eines Aufzuges anschauen. Diese sind üblicherweise übereinander angeordnet, wobei die oberste Taste dem obersten Stockwerk entspricht, die unterste dem untersten Stockwerk, und eine speziell markierte Taste oft das Erdgeschoss oder die Eingangsebene des Gebäudes bezeichnet. Dieses räumliche Mapping ist an Verständlichkeit nicht zu übertreffen: Oben drücken bedeutet nach oben fahren, unten drücken bedeutet nach unten fahren. Ein solcher Aufzug ist auch von Kindern zu bedienen, die nicht lesen können (vorausgesetzt sie erreichen die Tasten und können diese zumindest abzählen). Man findet jedoch auch horizontal angeordnete Steuertasten, bei denen dann zumeist die Stockwerke von links nach rechts hoch gezählt werden. Hier ist schon ein Nachdenken und Lesen der Beschriftungen nötig.

Abbildung 7.4 schließlich zeigt ein vom Autor gefundenes Gegenbeispiel, das alle Regeln eines logischen Mappings verletzt. Weder sind die Stockwerke zeilenweise geordnet, noch spaltenweise. Hinzu kommt, dass der fragliche Aufzug zwei Türen auf beiden Seiten hatte, von denen sich in jedem Stockwerk nur eine öffnete. Die Zuordnung der Seiten entspricht jedoch auch nicht diesen Türen. Das fehlende 1. Stockwerk existierte an dieser Stelle des Gebäudes tatsächlich nicht, da die Eingangshalle 2 Geschosse hoch war. Das unbeschriftete oberste Stockwerk war nur für Personal und mit einem passenden Schlüssel oder Chip auszuwählen. Hier bleibt keine andere Erklärung, als dass dem Aufzugstechniker einfach die (vermutlich freie) Anordnung der Tasten im Detail egal war, zumal der benachbarte Aufzug ein leicht anderes Layout aufwies. Bewusste oder unbewusste Verletzung von Mappings machen Benutzerschnittstellen schwieriger zu bedienen und führen zu vermehrten Eingabefehlern. Wo immer sich ein natürliches Mapping finden lässt, sollte dies auch verwendet werden.

Abb. 7.4: Links: Eine Aufzugssteuerung, die in eklatanter Weise sämtliche denkbaren logisch erklärbaren Mappings verletzt. Rechts: eine Tür mit sehr fragwürdigen Affordances.

mmibuch.de/v3/a/7.4

7.4 Konsistenz und Vorhersagbarkeit

Neben Affordances, Constraints und Mappings ist eine weitere wichtige Eigenschaft von Benutzerschnittstellen deren Konsistenz. Sie erlaubt uns, das Vorhandensein und die Funktion bestimmter Bedienelemente vorherzusagen, sowie sie überhaupt in verschiedenen Kontexten zuverlässig wiederzufinden. In Kapitel 14 werden wir sehen, dass die Vorhersagbarkeit der Welt, in der wir leben, sogar ein psychologisches Grundbedürfnis des Menschen anspricht.

In Anlehnung an die Sprachwissenschaft unterscheidet man verschiedene Ebenen der Konsistenz: Syntaktische Konsistenz bezeichnet die Tatsache, dass Dinge immer strukturell (also syntaktisch) gleich funktionieren. Ein Beispiel dafür ist, dass Buttons mit gleicher Funktion immer an der gleichen Stelle sind, z.B. der *Back*-Button in einer mobilen Applikation oder die Suchfunktion auf Webseiten (zumeist oben rechts). Semantische Konsistenz bedeutet umgekehrt, dass ein bestimmtes Kontrollelement, das in verschiedenen Kontexten auftritt, immer auch die gleiche Funktion (also Bedeutung oder Semantik) besitzt. Ein Beispiel hierfür ist, dass der *Back*-Button überall genau einen Bearbeitungsschritt zurück geht und die *Undo*-Funktion auch überall existiert. Semantische Konsistenz bedeutet beispielsweise auch die immer gleiche Verwendung von Farben, z.B. Grün für *OK* und Rot für *Nein*. Ein Gegenbeispiel ist das Bewegen einer Datei von einem Ordner in einen anderen mit der Maus. Dieser Vorgang verschiebt die Datei, wenn beide Ordner auf dem selben Laufwerk sind, aber er kopiert sie, wenn die beiden Ordner auf verschiedenen Laufwerken sind. Dieses Verhalten ist inkonsistent und führt dazu, dass wir uns über technische Gegebenheiten Gedanken machen müssen, um die Auswirkungen einer Operation korrekt vorherzusagen (siehe hierzu auch Kapitel 5).

Terminologische Konsistenz schließlich bedeutet, dass die gleiche Funktion immer auch mit dem gleichen Begriff benannt wird. Die Operation *Einfügen* sollte beispielsweise überall genau so heißen, und nicht etwa plötzlich *Einsetzen* oder *Hinzufügen*. Das Disketten-Icon hat sich als universelles Symbol für die Funktion *Abspeichern* gehalten und wird auch immer noch konsistent dafür verwendet, obwohl die technische Entsprechung, nämlich die 3 1/2 Zoll Diskette längst verschwunden ist.

Man unterscheidet außerdem zwischen innerer Konsistenz und äußerer Konsistenz. Die innere Konsistenz bezeichnet dabei die Konsistenz innerhalb einer einzelnen Anwendung (z.B. immer gleicher *Back*-Button) und die äußere Konsistenz gilt über verschiedene Anwendungen und womöglich auch Geräte hinweg. Hierbei gibt es verschiedene Reichweiten der äußeren Konsistenz. Meist werden Konventionen innerhalb eines Betriebssystems oder innerhalb einer Geräteklasse eingehalten, nicht jedoch darüber hinweg. Ein frappierendes Beispiel dafür sind die Nummernblöcke unserer Computer-Tastaturen und Mobiltelefone. Ohne gleich weiterzulesen beantworten Sie bitte spontan die Frage: wo befindet sich die Null? Wo die Eins?

Abbildung 7.5 zeigt links die Tastatur eines Telefons, auf der die Null unten und die Eins oben links ist. Dagegen befindet sich die Eins im Zehnerblock einer Computertastatur unten links. Die beiden Layouts erfüllen zwar beide die gleiche grundlegende Funktion, kommen jedoch aus verschiedenen technologischen Welten, nämlich der Welt der Großrechner und der Welt der Telefone. Taschenrechner verwenden das Computer-Layout, Mobiltelefone (auch in Zeiten des Touchscreens) das Telefon-Layout. In beiden Welten sind die Gründe für eine interne Konsistenz mit dem historisch gewachsenen Standard stärker als mögliche Gründe für einen Wechsel zur externen Konsistenz.

Das Beispiel zeigt gleichzeitig ein weiteres Risiko bei fehlender Konsistenz: Menschen merken sich Zahlenkombinationen wie PINs oder Telefonnummern oft grafisch als Form auf der Tastatur. Die PIN 2589 ergibt beispielsweise auf der Zehnertastatur der meisten Geldautomaten die Form eines großen L, das in der mittleren Spalte beginnt. Hat man sich diese Form gemerkt und gibt die PIN mit wachsender Übung blind ein, dann kann es passieren, dass man an einem Geldautomaten mit anderem Layout plötzlich scheitert ohne zu wissen warum.

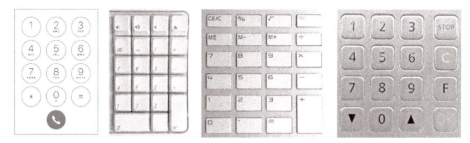

Abb. 7.5: Inkonsistenz zwischen häufig verwendeten Arten von Zehnerblocks. Die Bilder zeigen von links nach rechts die Tastaturen eines Smartphone, eines Desktop-Computers, eines Taschenrechners und eines Geldautomaten.

mmibuch.de/v3/a/7.5

7.5 Feedback

Eine wichtige Anforderung bei der Gestaltung verständlicher und bedienbarer Benutzerschnittstellen ist die Bereitstellung von passendem Feedback. Wenn wir eine Operation ausgelöst haben, wollen wir in irgendeiner Form auch eine Rückmeldung, dass diese tatsächlich ausgeführt wurde. Bei einem Lichtschalter besteht diese Rückmeldung ganz einfach darin, dass das Licht an- oder ausgeht. Wenn wir ein Fenster am Bildschirm schließen indem wir die entsprechende Schaltfläche anklicken, dann ist die Rückmeldung das Verschwinden des Fensters. Feedback kann aber nicht nur visuell sein, sondern auch in verschiedenen Wahrnehmungskanälen vermittelt werden: Akustisches Feedback sind beispielsweise Signaltöne am Computer oder die Tastaturtöne bei Mobiltelefonen. Solche akustischen Signale ersetzen beispielsweise das fehlende haptische Feedback bei Bildschirmtastaturen (fehlender Tasten-Klick) oder helfen uns, auch ohne genauen Blick auf ein kleines Display eine Telefonnummer fehlerfrei einzutippen. Haptisches Feedback bekommen wir beispielsweise vom ABS unseres Autos, indem das Bremspedal vibriert, sobald die ABS Funktion eingreift. Diese ursprünglich technisch begründete Form des Feedback wird mittlerweile auch dann künstlich erzeugt, wenn das Pedal selbst keine mechanische Verbindung mehr zum entsprechenden Regelsystem hat.

Eine wesentliche Funktion des Feedback ist, dass wir verstehen, was das System oder Gerät gerade tut, bzw. in welchem Zustand es sich befindet. Eine Sanduhr oder ein rotierender Ball als Cursor vermitteln beispielsweise, dass das zugehörige Computersystem nicht etwa abgestürzt ist, sondern gerade eine Operation ausführt, die noch länger dauert (siehe Abbildung 7.6). Ein aussagekräftigeres Feedback wäre in dieser Situation z.B. ein Fortschrittsbalken, der uns abschätzen lässt, wie viel Wartezeit noch vor uns liegt. Andere Formen des Feedback sind angezeigte Hinweise oder Fehlermeldungen. Dabei gilt die Grundregel, immer verständliches und im Kontext sinnvolles Feedback anzubieten, sowie – falls möglich – einen Hinweis, wie man den Fehler be-

Abb. 7.6: Verschiedene Formen von Feedback, die uns in einer grafischen Benutzerschnittstelle mitteilen, dass wir warten müssen: Links die Sanduhr aus frühen Windows Versionen, in der Mitte der *Beachball* aus macOS, Rechts ein Fortschrittsbalken.

mmibuch.de/v3/a/7.6

heben könnte. Eine Meldung der Art *Fehler -1* war vermutlich der wenigste Aufwand
für den Entwickler, ruft aber beim Benutzer lediglich Frustration hervor.

Damit wir das Feedback mit der auslösenden Operation verbinden, müssen bestimmte Zeitlimits eingehalten werden. Einen direkten kausalen Zusammenhang nehmen wir beispielsweise bis zu einer Verzögerung von 100ms wahr. Längere Verzögerungen, die jedoch noch im Bereich bis etwa eine Sekunde liegen, führen zwar zu einer spürbaren Unterbrechung des Ablaufs, sind jedoch noch zuzuordnen. Dauert das
Feedback mehrere Sekunden oder gar noch länger, dann nehmen wir keinen direkten
Zusammenhang mehr zwischen Operation und Rückmeldung wahr. Die Rückmeldung
wird für sich interpretiert und die ursprüngliche Operation bleibt scheinbar ohne Wirkung. Grundregel ist es, die Antwortzeiten zu minimieren (siehe auch Abschnitt 6.1.2).

7.6 Fehlertoleranz und Fehlervermeidung

In Abschnitt 5.3.3 wurde Murphys Gesetz erläutert. Demnach müssen wir als Entwickler eines interaktiven Systems oder Gerätes immer fest damit rechnen, dass der Benutzer jeden möglichen Fehler irgendwann einmal machen wird. Dem können wir
auf zwei verschiedene Arten begegnen: zunächst sollten unsere Systeme immer so robust und fehlertolerant wie möglich sein, also mit Fehlern des Benutzers sinnvoll
umgehen und nicht etwa einfach abstürzen. Außerdem können wir durch bestimmte
Techniken zur Fehlervermeidung beitragen und damit gleichzeitig sowohl die Frustration des Benutzers reduzieren, als auch den Aufwand, den wir selbst in die Fehlertoleranz investieren müssen. Zur Fehlertoleranz gehört zunächst die konsequente Validierung aller Eingaben. Bei Eingabemasken für Dinge wie Datum oder Kreditkarten-
Information können dies einfache Tests sein (legales Kalenderdatum? Richtige Stellen-
zahl nach Entfernen aller Leerzeichen und Bindestriche?). Bei komplexeren Eingaben,

wie z.B. dem Quelltext einer Webseite kann es die komplette Validierung des HTML-Codes bedeuten. Wird ein Fehler gefunden, so sollte dieser möglichst genau lokalisiert werden und idealerweise auch gleich ein Korrekturvorschlag angeboten werden. Zeitgemäße Entwicklungsumgebungen bieten solche Funktionalität bereits standardmäßig an. Das Verhindern einer syntaktisch oder gar semantisch falschen Eingabe baut ein logisches Constraint auf und trägt damit zur Fehlervermeidung bei.

Lässt sich die semantische Fehlerfreiheit nicht so einfach bei der Eingabe schon überprüfen (z.B. Eingabe eines syntaktisch richtigen Servernamens, zu dem aber kein Server existiert), dann muss in späteren Verarbeitungsschritten sichergestellt werden, dass die entsprechenden Fehler sinnvoll abgefangen werden. Dies kann z.B. durch eine aussagekräftige Fehlermeldung (Server mit dem Namen xyz nicht ansprechbar) und einen Korrekturdialog erfolgen. Einfrieren oder Abstürzen des Programms sind offensichtlich inakzeptable Verhaltensweisen. Dies bedeutet für den Entwickler, bereits während der Programmierung über mögliche Arten von Eingabefehlern sowie deren sinnvolle Behandlung nachzudenken.

Eine sehr wichtige Funktion im Zusammenhang mit menschlichen Bedienfehlern ist auch die Undo Funktion (engl: *to undo sth.* = etwas rückgängig machen). Eine Funktion, die es ermöglicht, jede gemachte Eingabe rückgängig zu machen, erlaubt dem Benutzer automatisch, auch jeden gemachten Fehler zurückzunehmen und zu korrigieren. Das sichere Gefühl aber, jeden Fehler rückgängig machen zu können, ermutigt den Benutzer zu experimentieren. Wenn das Resultat einer Eingabe oder einer Operation unklar ist, kann man sie einfach ausprobieren, denn wenn das Ergebnis nicht das gewünschte war, kann man sie jederzeit zurücknehmen und etwas anderes ausprobieren. Dies ist der Grund für sehr mächtige Undo Funktionen in Softwaresystemen wie z.B. Text- oder Bildverarbeitung.

Grundsätzlich dienen eigentlich alle in diesem Kapitel genannten Prinzipien der Fehlervermeidung: Affordances signalisieren uns die richtige Operation für ein Bedienelement, so dass die falschen Operationen gar nicht erst ausgeführt werden. Constraints schränken die möglichen Operationen auf die sinnvollen und erlaubten ein. Mappings erhöhen die Verständlichkeit von Bedienelementen und sorgen ebenfalls dafür, dass auf Anhieb richtige Operationen ausgeführt werden. Gleiches gilt für Konsistenz und sinnvolles Feedback.

7.7 Interface Animation

Seit die Rechenleistung bei der UI-Gestaltung kein begrenzender Faktor mehr ist, müssen Veränderungen der grafischen Darstellung nicht mehr wie früher in einem Schritt vorgenommen werden. Sie können stattdessen auch graduell durchgeführt oder animiert werden. Diese Animationen können – richtig eingesetzt – das Verständnis der Vorgänge sehr stark unterstützen, indem sie verhindern, dass die Veränderung der Darstellung der in Abschnitt 2.1.1 erwähnten change blindness zum Opfer fallen.

Exkurs: Fehlende Animation

Das Fehlen einer Animation im Interface kann auch darüber entscheiden, ob eine Interaktion überhaupt verständlich bleibt oder nicht. In einem Interfaceentwurf der Autoren aus dem Jahre 2001 für ein mobiles Museums-Informationssystem (im Bild rechts) war eine Leiste mit Thumbnails enthalten, sowie zwei angedeutete Pfeile links und rechts, die zeigen sollten, dass es in beide Richtungen noch mehr Bilder zur Auswahl gab. Die Leiste war visuell angelehnt an einen Filmstreifen. Der Entwurf sah vor, dass man durch Anklicken der Pfeile oder durch Greifen mit dem Stift den Streifen nach rechts oder links verschieben konnte. In der technischen Umsetzung auf dem mobilen Gerät stand dann nicht genügend Rechenleistung zur Verfügung, um eine solche Animation flüssig darzustellen.

Der Programmierer entschied damals kurzerhand, auch die Pfeile mangels Platz einzusparen, da sie eh zu klein und daher schwer zu treffen waren. Stattdessen implementierte er eine Logik, die das momentan selektierte Thumbnail-Bild mit einem roten Rahmen versah und beim click auf ein benachbartes Bild dieses schlagartig zum aktuellen Bild machte. Die Leiste verschob sich damit immer schlagartig um ein ganzes Bild und die Veränderung war überhaupt nicht mehr als Verschiebung zu erkennen, sondern lediglich als Neuanordnung der Bilder. Damit war die ursprüngliche Analogie zum verschiebbaren Filmstreifen völlig verloren und die jeweilige Neuanordnung der Bilder erschien willkürlich, da nicht nachvollziehbar war, wo das zuletzt angesehene Bild nun hingewandert war.

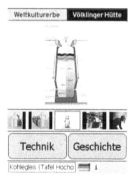

Das gesamte Interface wurde später zugunsten eines anderen Konzeptes verworfen. Weitere amüsante Einsichten aus dem Projekt finden sich in Butz [28].

Ein Beispiel soll dies verdeutlichen: Angenommen, der Bildschirm zeigt ein Brettspiel an, bei dem es viele gleiche Steine gibt, beispielsweise Mühle, Dame oder Backgammon. Nun ist der Computer am Zug und verschiebt 2 Spielsteine. Nehmen wir zunächst an, dass diese schlagartig versetzt werden, der Benutzer also von einem Augenblick zum nächsten eine neue Spielsituation vorfindet. In diesem Fall muss er diese neue Spielsituation zunächst neu analysieren und dabei auch rekonstruieren, wie sie aus der vorherigen (an die er sich hoffentlich noch erinnert) hervorging, wenn er etwas über die vermeintlichen Absichten des Spielgegners herausfinden will. Ist die Bewegung der Spielsteine hingegen animiert, dann wird dieser zusätzliche kognitive Aufwand hinfällig, da der Benutzer flüssig mitverfolgen kann, wie die neue Spielsituation aus der alten hervorgeht. Der Benutzer muss nicht rekonstruieren, an welchen Stellen des Spielbrettes sich etwas verändert haben könnte, sondern sieht dies anhand der Animation. Ein anderes Beispiel für den sinnvollen Einsatz von Animationen ist das Verkleinern von Fenstern in modernen Desktop-Interfaces: Ein Fenster, das minimiert wird, verschwindet hier nicht einfach schlagartig vom Bildschirm und taucht in der verkleinerten oder symbolischen Ansicht am unteren Bildschirmrand auf. Stattdessen verkleinert es sich kontinuierlich während es sich auf seine Zielposition zu bewegt. Durch diese Animation wird eine visuelle Kontinuität geschaffen: Der Benutzer kann sich leicht merken, wohin sein verkleinertes Fenster verschwunden ist. Allgemein können Interface-Animationen stark das Verständnis visueller Abläufe unterstützen, genauso können sie aber auch – falsch eingesetzt – ablenken und verwirren.

7.8 Physikanalogie

Ein sehr spezifisches Rezept zur Gestaltung verständlicher Benutzerschnittstellen ist es, diesen bis zu einem gewissen Grad physikalisches Verhalten mitzugeben. Den Umgang mit der physikalischen Welt haben wir buchstäblich von Kindesbeinen an gelernt. Wenn nun eine grafische Benutzerschnittstelle Verhaltensweisen zeigt, die wir in der physikalischen Welt kennengelernt haben, dann verstehen wir diese Verhaltensweisen intuitiv, also ohne langes Nachdenken. Die digitale Welt verhält sich an dieser Stelle genau so, wie es die physikalische Welt unseres Alltags täte, und wir kommen einer der Kernthesen Mark Weisers ein Stückchen näher, der schreibt:

> The most profound technologies are those that disappear. They weave themselves into the fabric of everyday life until they are indistinguishable from it. [210]

Physikanaloges Verhalten oder Physikanalogie stellt ein sehr mächtiges Mittel zur Kommunikation dar. Das intuitive Verständnis des physikalischen Verhaltens macht es fast so effektiv wie grafische Darstellungen, die die präattentive Wahrnehmung ausnutzen, die wir in Abschnitt 2.1.4 kennengelernt haben. Physikanalogie kann uns sowohl bestimmte Affordances als auch Constraints vermitteln. Der Benutzer kann Teile seines mentalen Modells von der physikalischen Welt auf die digitale Welt übertragen. Das ermöglicht ihm die Wiederverwendung von Wissen und Fähigkeiten sowie Analogieschlüsse.

Einige Beispiele hierzu: Physikanalogie beginnt bereits in der angedeuteten dreidimensionalen Darstellung grafischer Bedienelemente in den frühen grafischen Benutzerschnittstellen der 90er Jahre des letzten Jahrhunderts (siehe Abbildung 7.7 links). Die Tatsache, dass Buttons und andere Bedienelemente plastisch aus ihrer Umgebung hervortraten, gab ihnen das Aussehen von physikalischen Druckknöpfen, die in der echten Welt aus der sie umgebenden Fläche heraustreten. Genau wie ihre physikalischen Vorbilder sanken auch diese Buttons (visuell) ein, wenn sie gedrückt wurden. Mit einem Blick konnte man damals also schon interaktive Elemente (3D) von nicht interaktiven (flach) unterscheiden. Die interaktiven Elemente vermittelten damit ihre Affordances.

In Abbildung 7.7 Mitte sehen wir ein Bedienelement, das vor allem im Verhalten ein hohes Maß an Physikanalogie besitzt: Die Standard-Listenansicht in iOS lässt sich

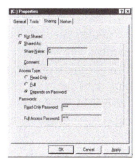

Abb. 7.7: Physikanaloge Bedienelemente aus 20 Jahren: Links: Buttons in Windows 95, Mitte: Tabellenansicht aus iOS mit Trägheit, Reibung und elastischem Anschlag, Rechts: Datumsdialog und Schalter in iOS.

mmibuch.de/v3/a/7.7

mit dem Finger auf- und abwärts schieben. Sie folgt dabei dem Finger genau, solange dieser auf dem Bildschirm bleibt. Verlässt der Finger den Bildschirm in Bewegung, so bleibt auch die Liste in Bewegung und verschiebt sich mit langsam abnehmender Geschwindigkeit weiter, bis sie entweder von selbst zum Stehen kommt oder an ihrem Ende angelangt ist. Dieses Verhalten entspricht einer gleitend gelagerten Scheibe, die die Listeneinträge enthält und unter dem Sichtfenster hindurch gleitet. Die Trägheit ihrer Masse würde dafür sorgen, dass sie sich weiter bewegt, die Reibung dafür, dass die Geschwindigkeit abnimmt. Durch die Physikanalogie ergibt sich automatisch, dass eine solche Liste langsam oder auch sehr schnell durchgeschoben werden kann, und wir schieben eine sehr lange Liste auch mehrfach mit dem Finger an, um ihr mehr Schwung zu geben. Schiebt man die Liste schließlich an ihr Ende, so stößt sie dort nicht ganz hart an, sondern federt noch etwas nach. Damit wird klar vermittelt, dass wir nur am Ende der Liste angelangt sind und nicht etwa das Gerät eingefroren ist. Die Liste vermittelt damit ein logisches Constraint so, also ob es ein physikalisches Constraint wäre. Auch die in Abbildung 7.7 rechts unten gezeigten iOS Schalter vermitteln den Eindruck einer mechanischen Funktion. Sie entsprechen einem physikalischen Schiebeschalter in Funktionslogik und visueller Erscheinung. Durch ihr Aussehen vermitteln sie die Affordance, dass sie seitlich geschoben werden können, und das Constraint, dass sie nur in einem von zwei Zuständen sein können.

Abbildung 7.7 Rechts oben zeigt schließlich ein komplett physikanalog zu Ende gedachtes Bedienelement, den Datums- und Uhrzeitdialog in iOS 6. Obwohl es für dieses konkrete Element kein direktes physikalisches Vorbild gibt, erschließt sich seine Funktion doch sofort: die einzelnen Ringe können gedreht werden, um den zugehörigen Wert einzustellen und unter dem durchsichtigen Kunststoffstreifen in der Mitte steht das aktuell eingestellte Datum. Auch in diesem Beispiel sind die einzelnen Einstellringe mit Trägheit und Reibung ausgestattet und erzeugen zusätzlich beim Einrasten auf einen bestimmten Wert noch ein klickendes Geräusch. Ganz nebenbei lässt sich hier das logische Constraint verschiedener tatsächlich möglicher Tageszahlen für die verschiedenen Monate mit einbauen, was wiederum bei der Fehlervermeidung hilft. Interessanterweise stört der angedeutete Kunststoffstreifen in der Mitte die Bedienung der Ringe nicht, was in der physikalischen Welt sehr wohl der Fall wäre. Hier wird also gezielt auch von der physikalischen Realität abgewichen, wo eine hundertprozentige Analogie nur störend wäre. Der Benutzer nimmt dies zwar irgendwann wahr, stört sich aber nicht an der Abweichung, da sie hilfreich ist.

Schaut man sich die Umsetzung der Physikanalogie auf technischer Ebene genauer an, so findet man weitere Abweichungen: das physikalische Modell, das beispielsweise den iOS Listen unterliegt, ist genau gesehen ein Modell, das das Verhalten von Körpern in Flüssigkeiten beschreibt, nicht weil dies physikalisch korrekter wäre, sondern einfach weil es besser aussieht. Außerdem werden Effekte und Verhaltensweisen aus dem Bereich der Animation und des Trickfilms eingesetzt, wie sie z.B. in Thomas und Johnston [191] als Animationsprinzipien beschrieben sind. Effekte auf Basis von Übertreibung oder ansprechendem Timing sorgen dafür, dass solche Schnittstellen nicht nur physikalisch plausibel erscheinen, sondern sogar einen gewissen *Charakter* entwickeln. Schließlich wird der Gedanke der Physikanalogie in Jacob et al. [91] auf das generellere Konzept realitätsbasierter Interfaces (RBI) ausgeweitet, bei denen außer der Physik auch noch der räumliche, logische und soziale Kontext aus der Realität übertragen wird.

7.9 Metaphern als Basis für UI

Die oben eingeführte Physikanalogie ist ein besonders prominentes Beispiel für eine allgemeinere Vorgehensweise bei der Strukturierung und Gestaltung von Benutzerschnittstellen, nämlich für die Verwendung von Metaphern. Die Mächtigkeit von Metaphern als Basis unseres Denkens und Verstehens der Welt wird von den Psychologen George Lakoff und Mark Johnson in ihrem Buch *Metaphors we live by* [107] eindrücklich dargestellt, und die Verwendung einer Metapher zwischen zwei Diskursbereichen bedeutet letztlich einfach, dass wir Teile des zugehörigen mentalen Modells von einem Bereich in den anderen übertragen können.

Das wohl prominenteste Beispiel ist die Desktop Metapher in den heute noch vorherrschenden grafischen Benutzerschnittstellen am Personal Computer (siehe Kapitel 15 sowie Abbildung 15.1 auf Seite 180). Sie wurde entworfen, um die Gedankenwelt von Sekretärinnen und Büro-Angestellten möglichst gut abzubilden, damit diesen der Umgang mit dem Computer leichter fallen sollte. Gemeinsam mit dem Bedienprinzip der Direkten Manipulation bildet diese Metapher noch heute die Grundlage unseres Denkens und Redens über den Personal Computer. Weil im Büro schon immer mit *Dokumenten* gearbeitet wurde, die ihrerseits in *Mappen* oder *Akten* (engl. *files*) und diese wiederum in *Ordnern* (engl. *folder*) abgelegt sind, reden wir heute von elektro-

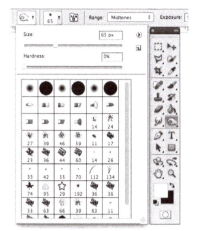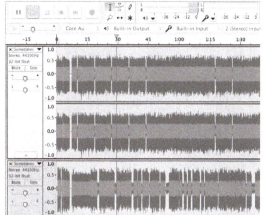

Abb. 7.8: Links: Pinsel, Stifte, Radierer etc. als Metapher in der Bildbearbeitung. Rechts: Tonspuren, Pegel und Regler in der Audiobearbeitung.

mmibuch.de/v3/a/7.8

nischen Dokumenten in Ordnern, statt von Dateien in Verzeichnissen. Die grafische Darstellung des Dokuments in Form eines Icons ist für uns gleichbedeutend mit der dazugehörigen Datei auf technischer Ebene. Alle Operationen spielen sich auf einem gedachten Schreibtisch ab. Weitere Icons symbolisieren für uns weitere Funktionen: ein Druckersymbol die Druckfunktion, ein Papierkorb die Löschfunktion. Innerhalb dieser Büroumgebung haben wir also die Möglichkeit, bekannte Elemente aus einem echten Büro wiederzuerkennen und von deren Funktion auf die Funktion des entsprechenden Icons im Computer zu schließen. Das Mentale Modell einer Büroumgebung wird übertragen auf den Computer und ermöglicht uns die Übertragung von Fähigkeiten und Aktivitäten. Wir können z.B. Ordnung schaffen, indem wir zueinander gehörende Dokumente nebeneinander auf dem Schreibtisch oder in einem gemeinsamen Ordner ablegen.

Für speziellere Tätigkeiten innerhalb der gängigen grafischen Benutzerschnittstellen haben sich andere, besser passende Metaphern etabliert: Zum Zeichnen und Bearbeiten von Bildern verwenden viele Bildbearbeitungsprogramme eine Malerei-Metapher (Abbildung 7.8 links). Die leere Zeichenfläche heißt dabei *Canvas*, wie die Leinwand, auf der Ölgemälde gemalt werden. Die Werkzeuge sind Stift, Pinsel und Airbrush, Radierer oder Lineal. Angeordnet sind sie in *Werkzeugpaletten* oder *-kästen*. Farben befinden sich in *Farbpaletten*. Die grundlegenden Tätigkeiten beim Zeichnen können damit direkt übertragen werden. Gleiches gilt für die Bearbeitung von Tonmaterial: Hier wird die Metapher eines Mischpultes oder Mehrspur-Recorders ausgenutzt (Abbildung 7.8 rechts). Es ist die Rede von *Kanälen*, *Pegeln* und *Effekten*. Eine solche Metapher und die schlüssige Verwendung der zugehörigen Terminologie ermöglicht

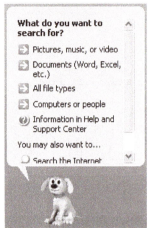

Abb. 7.9: Links: Microsoft Bob: Metapher, die als Nachfolger von Windows 3.1 vorgestellt, jedoch nie akzeptiert und später von Windows 95 überholt wurde. Rechts: Hund als Metapher für die Suche in Windows XP.

mmibuch.de/v3/a/7.9

einem Tontechniker, der früher mit analogen Geräten arbeitete, einen wesentlich einfacheren Einstieg, da er zumindest relevante Teile seines mentalen Modells übertragen kann und somit im neuen Arbeitsumfeld Computer auf seine erlernten Techniken und Arbeitsweisen zurückgreifen kann. Eine andere prominente Metapher ist der Begriff der *cloud*. Die Bezeichnung eines irgendwo vorhandenen Netzes aus Servern, die Rechen- und Speicherleistung anbieten als *Wolke* spielt bewusst mit den Begriffen *wolkig* (engl. *cloudy*) und kommuniziert damit unterschwellig, dass es gar nicht so wichtig ist, genau zu verstehen, welche technische Infrastruktur benutzt wird. Die Metapher dient hier also nicht zur Übertragung eines vertrauten mentalen Modells, sondern zur Vermittlung der Tatsache, dass gar kein exaktes mentales Modell notwendig oder überhaupt gewollt ist. Insbesondere soll auch das in der Regel sehr komplexe implementierte Modell vor dem Benutzer versteckt werden.

In den frühen 1990er Jahren präsentierte Microsoft unter dem Namen Bob eine Grafische Benutzerschnittstelle für PCs, die eine andere Metapher benutzte. Statt auf einer Schreibtischoberfläche waren alle Objekte nun in einem Raum angeordnet (siehe Abbildung 7.9), vermutlich um besser auf die verschiedenen Lebensbereiche der Privatnutzer eingehen zu können. Es gab verschiedene solche Räume mit unterschiedlicher Ausstattung, und der Benutzer konnte sie selbst umräumen und umorganisieren. Bewohnt waren die Räume von hilfreichen Gesellen, wie z.B. dem Hund Rover, der – für einen Hund sehr passend – eine Suchfunktion verkörperte. Während das Bob Interface später durch Windows 95 komplett verdrängt wurde und sich nie durchsetzen konnte, hielt sich der Hund als Metapher für die Suchfunktion noch bis zur letzten

Version von Windows XP im Jahre 2007. Vermischt man nun verschiedene (physikalische und digitale) Interfacekonzepte derart, dass sich ihre Funktionalitäten sinnvoll ergänzen, so spricht man von so genannten Blends [155]. Diese ermöglichen es, über bloße Physikanalogie hinauszugehen, und beispielsweise bekannte Konzepte aus der digitalen Welt der grafischen Benutzerschnittstellen oder soziale Regeln aus unserer Gesellschaft in ein solches kombiniertes Interaktionskonzept einzubinden.

7.10 Object-Action Interface Modell

Eine weitere prinzipielle Überlegung hilft uns beim grundsätzlichen Entwurf neuer Benutzerschnittstellen und insbesondere im Zusammenhang mit Metaphern: Das Object-Action Interface Modell oder OAI Modell. Es wurde von Ben Shneiderman in älteren Ausgaben seines Standardwerks *Designing the User Interface* [172] eingeführt, fehlt jedoch in der aktuellen Ausgabe. Benutzerschnittstellen sind demnach maßgeblich durch die in ihnen vorkommenden Objekte und Aktionen charakterisiert. In Desktop-GUIs sind die Objekte beispielsweise Dateien, dargestellt durch Icons, und die Aktionen sind Nutzeraktionen wie z.B. das Bewegen, Löschen oder Editieren einer Datei. Diese grundlegende Unterscheidung nach Objekten und Aktionen ist wesentlich für unser Denken und das Verständnis der Welt, spiegelt sich in unserer Sprache in der Unterscheidung zwischen Substantiven und Verben wieder, und ist auch in vielen UI-Konzepten zu finden. Beim Entwurf eines Bedienkonzeptes haben wir nun die Möglichkeit, entweder mit dem Objekt, das wir manipulieren wollen, zu beginnen, oder mit der Aktion, die wir durchführen wollen. Ein Beispiel: In einem Desktop GUI selektieren wir zuerst ein Icon mit der Maus, um es dann zum Papierkorb zu bewegen und damit zu löschen. Diese Funktionsweise entspricht damit dem OAI Modell. Umgekehrt geben wir in einem Kommandozeilen-Interface zuerst die Aktion (das Kommando) an und erst danach das betroffene Objekt: `rm filename.txt`. In einem Bildbearbeitungsprogramm wählen wir auch zuerst das Werkzeug (Pinsel, Schere) aus, bevor wir mit diesem das Bild selbst manipulieren. Diese umgekehrte Vorgehensweise entspricht dem sogenannten Action-Object Interface Modell oder AOI Modell. Obwohl diese grundlegende Überlegung relativ alt ist, hilft sie uns immer noch dabei, klare und schlüssige konzeptuelle Modelle zu entwerfen.

Shneiderman führt seine Überlegung weiter, indem er sowohl für Objekte als auch für Aktionen Hierarchien definiert. Objekte bestehen aus Teilobjekten, die evtl. getrennt manipuliert werden. Aktionen bestehen genauso aus Teilschritten, die bei komplexeren Vorgängen noch weiter untergliedert werden können. Ein Beispiel aus dem Alltag: Der Vorgang des Kaffeekochens besteht daraus, die Maschine zu befüllen, anzuschalten, abzuwarten, und irgendwann die Kanne mit dem gekochten Kaffee zu entnehmen. Das Befüllen der Maschine besteht wiederum aus dem Einfüllen von Filter und Pulver, sowie dem Eingießen von Wasser. Um Wasser einzugießen, muss wiederum der Deckel der Maschine geöffnet und dann Wasser in die entsprechende Öffnung gegossen werden. Wir erkennen hier also eine Hierarchie von Aktionen, die sich als Baum darstellen lässt. Genauso besteht die Kaffeemaschine aus einer Hierarchie von Objekten: sie besitzt u.a. einen Wasserbehälter, und der wiederum einen Deckel.

Ein weiteres Beispiel aus der Computerwelt: Das Verschieben eines Dokumentes von einem Ordner in einen anderen ist eine komplexe Aktion in einer komplexen und dynamischen grafischen Umgebung: Das Dateisystem des Computers enthält verschiedene Ordner, evtl. mit Unterordnern. In einem dieser Ordner befindet sich die fragliche Datei. Die Aktionsfolge besteht daraus, zunächst beide Ordner zu öffnen und dann das Datei-Icon von einem in den anderen Ordner zu bewegen. Das Bewegen der Datei wiederum besteht aus dem Selektieren des Icons mit dem Mauszeiger, der Mausbewegung bei gedrückter linker Maustaste, sowie dem Loslassen im neuen Ordner. Die zugehörigen Objekt- und Aktionshierarchien sind in Bild 7.10 gezeigt.

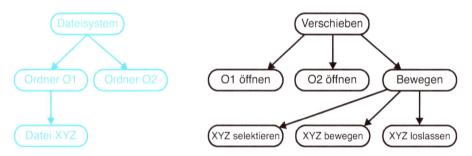

Abb. 7.10: Links: Objekthierarchie, Rechts: Aktionshierarchie zum Verschieben einer Datei von einem Ordner in den andern.

mmibuch.de/v3/a/7.10

Das ursprüngliche Argument für die OAI und AOI Modelle war nun, dass eine Interface-Metapher leichter verständlich wird, wenn die Hierarchie ihrer Objekte und Aktionen mit den Objekt- und Aktions-Hierarchien der echten Welt (oder jedenfalls des Diskursbereichs der Metapher) möglichst gut übereinstimmen. Diese Argumentation führt jedoch zu sehr genauen Übertragungen der physikalischen Welt auf die Benutzerschnittstelle, was wiederum nicht immer notwendig und zuträglich ist. Im Gegenteil greifen viele gängige Metaphern ihren Diskursbereich nur in bestimmten Grenzen direkt auf, um ihn dann in anderen Bereichen selbst und anders weiterzuentwickeln. Trotzdem hilft das Denken in Objekten und Aktionen sowie das systematische Gestalten von Objekt- und Aktions-Hierarchien bei der logischen Strukturierung einer Benutzerschnittstelle und unterstützt damit Lernen und Verstehen. Die Bedeutung von Objekten und Aktionen im Rahmen des Designprozesses von Benutzerschnittstellen werden wir in Kapitel 10 noch einmal aufgreifen.

mmibuch.de/v3/l/7

Verständnisfragen und Übungsaufgaben:

1. Warum sind Affordances in der UI-Gestaltung wichtig?
2. Wozu dienen Metaphern in der UI-Gestaltung?
3. Nennen Sie fünf Arten von Sitzgelegenheiten, die sich in ihren Affordances unterscheiden und diskutieren Sie diese.
4. Gehören Sie noch zu der Generation, die Computerbefehle auswendig gelernt hat und im Schlaf beherrscht, oder verlassen Sie sich bereits darauf, dass alles überall sichtbar und erkennbar ist? Finden Sie in Ihrem Alltag eine Interaktion mit einem computergestützten Gerät (ruhig auch Wecker, Pulsuhr, Mikrowelle, etc.), die Sie mittels Kommandos ausführen, und für die Sie die Kommandos lernen und behalten müssen, weil sie nicht sichtbar oder erkennbar sind? Wie könnte diese Situation einfach und realistisch, also ohne wesentliche Designänderungen verbessert werden?
5. Wie lassen sich Dialoge generell beschleunigen? Denken Sie über Breite und Tiefe des Dialogbaumes nach, aber auch über die Häufigkeit, mit der die verschiedenen Dialogschritte jeweils ausgeführt werden. Falls Sie sich mit Codierungsverfahren auskennen, finden Sie Inspiration bei der Huffmann-Codierung. Nennen Sie Beispiele aus Ihrem Alltag, bei denen solche optimierten Dialogbäume angewendet werden!
6. Abhängigkeiten (Constraints) sind in der Dialogführung wichtig. Erklären Sie, um was für ein Constraint es sich handelt, wenn bei einer Flugbuchung der Hinflug-Termin vor dem Rückflug-Termin liegen muss.
7. Welche Arten von Konsistenz bringen Sie mit User Interfaces in Verbindung?
8. Nennen Sie vier Eigenschaften von gutem Feedback.
9. Wozu dienen Interface-Animationen?

8 Etablierte Interaktionsstile

In diesem Kapitel wollen wir in aller Kürze einige etablierte Interaktionsstile am Personal Computer (PC) systematisch betrachten und ihre Herkunft sowie Vor- und Nachteile diskutieren. Dieses systematische Verständnis dient uns einerseits beim gezielten Einsatz dieser Interaktionsstile in konventionellen PC-Benutzerschnittstellen. Es hilft uns andererseits aber auch beim Nachdenken über völlig neue Arten der Interaktion. Teil IV dieses Buches diskutiert einige fortgeschrittene Interaktionsparadigmen sowie die damit verbundenen Besonderheiten im Detail.

8.1 Kommandos

Computer leisten auf unterster technischer Ebene nichts anderes, als Folgen von Kommandos abzuarbeiten. Diese Maschinenbefehle stehen hintereinander im Arbeitsspeicher und enthalten beispielsweise mathematische Operationen, Verzweigungen oder Sprunganweisungen. Als die ersten Computer entwickelt wurden, waren ihre Konstrukteure gleichzeitig auch ihre Programmierer und ihre einzigen Nutzer. Die Bedienung eines Computers bestand darin, ein Programm zu schreiben und es dann auszuführen. Mit der Zeit trennten sich diese verschiedenen Rollen immer weiter auf und heute scheint es absurd, von einem Benutzer zu verlangen, dass er auch programmieren oder gar Computer bauen können soll. Trotzdem enthalten alle PC-Betriebssysteme noch heute sogenannte Kommandozeilen-Umgebungen oder Shells (siehe Abbildung 8.1) und sogar bei manchen Smartphone-Betriebssystemen kann man noch auf eine Kommando-Ebene zugreifen.

Das Denkmodell, das diesen Kommandozeilen-Umgebungen zugrunde liegt, ist also das eines Computerprogramms: der Benutzer gibt einen Befehl ein und der Computer gibt das Ergebnis dieses Befehls am Bildschirm aus. Grundlegend muss der Benutzer daher zunächst einmal wissen, welche Befehle er überhaupt zur Verfügung hat. In manchen Kommandozeilen-Umgebungen gibt es hierfür Hilfe, nachdem man das Kommando *help* oder *?* eingibt, was man aber auch zuerst einmal wissen muss. Ein grundlegendes Problem der Kommandozeile ist also, dass der Benutzer sich an Kommandos samt Syntax und Optionen *erinnern* muss, statt sie irgendwo *erkennen* zu können (vgl. Abschnitt 3.1.2 zu den Konzepten *recall* und *recognition*).

In Kommandozeilen-Umgebungen lassen sich sehr komplexe Abläufe als Folgen von Kommandos spezifizieren und auch automatisieren, indem man diese Kommandofolgen wiederum in ausführbare Dateien, die sogenannten shell scripts schreibt. Das Unix Betriebssystem in seinen verschiedenen Spielarten wird komplett durch solche Scripts gesteuert und konfiguriert. Für den geübten Benutzer stellen Kommandozeilen und scripts also sehr mächtige Werkzeuge dar, mit deren Hilfe komplexe Vorgänge angestoßen werden können, die sich in dieser Form in rein grafischen Be-

https://doi.org/10.1515/9783110753325-009

Abb. 8.1: Kommandozeilen-Umgebungen in Windows, macOS und Linux.

mmibuch.de/v3/a/8.1

nutzerschnittstellen nicht ausdrücken lassen (Einfaches Beispiel: eine programmierte Schleife für wiederholte Vorgänge). Die Tatsache, dass beide Konzepte unterstützt werden, ist ein Beispiel für Flexibilität (vgl. Abschnitt 5.2.2).

Kommandozeilen sind zwar das bekannteste, jedoch bei weitem nicht das einzige Beispiel für Kommando-basierte Interaktion. Auch die Steuerung einer Stereoanlage mittels der Knöpfe einer Fernbedienung ist letztlich nicht anderes. Jeder Knopf steht für ein bestimmtes Kommando, z.B. Lautstärke erhöhen, Sender wechseln, CD anhalten. Immerhin sind die Knöpfe in diesem Fall beschriftet und der ahnungslose Benutzer kann sehen, welche Kommandos zur Verfügung stehen. Weitere Beispiele sind ein klassisches Autoradio, bei dem es für jede Funktion einen eigenen Knopf oder Regler gibt, sowie bestimmte Fahrkartenautomaten, wie z.B. die älteren Modelle des Münchner Verkehrsverbundes (siehe Abbildung 8.2 Rechts). Bei diesen Automaten existiert für jede Fahrkartenart jeweils ein eigener Knopf, mit dem diese in einem Schritt ausgewählt wird. Eine Kommando-basierte Bedienung bietet sich immer dann an, wenn es eine überschaubare Anzahl von Optionen gibt und diese dem Benutzer entweder vertraut oder klar erkennbar sind und keiner weiteren Interaktion bedürfen.

8.2 Dialoge

Sobald zu einer Anweisung an den Computer komplexere Rückfragen kommen, entsteht ein regelrechter Dialog zwischen Benutzer und Computer. Diese Form der Bedienung ist überhaupt erst mit dem Computer entstanden und war vorher bei einfacheren Maschinen gar nicht möglich. Wenn wir uns wieder das Beispiel der Fahrkartenautomaten ansehen, dann sind die neueren Modelle des Münchner Verkehrs-Verbundes MVV (Abbildung 8.2 links) oder der Deutschen Bahn gute Beispiele für komplexe Dialoge. Die Fahrkarte wird nicht (wie bei der Kommando-Variante) in einem Schritt ausgewählt, sondern verschiedene Aspekte wie Fahrziel, Zahl der Personen und Gültigkeitsdauer des Tickets werden in mehreren Schritten abgefragt. Die Tatsache, dass oft beide verschiedenen Automaten nebeneinander stehen, stellt übrigens auch hier ein gewisses Maß an Flexibilität sicher: Jeder kann das bevorzugte Modell verwenden.

mmibuch.de/v3/a/8.2

Abb. 8.2: Dialog- und Kommando-orientierte Fahrkartenautomaten des Münchner Verkehrsverbundes: am linken Automaten findet ein Bildschirmdialog statt, am rechten entspricht eine Taste genau einem Ticket.

Die Vor- und Nachteile gegenüber rein kommandobasierter Bedienung sind damit offensichtlich: Es kann eine sehr viel größere Auswahl an Funktionen gesteuert werden (Sondertickets, Sondertarife). Dafür erfordert die Bedienung jedoch mehrere Schritte. Eine gute Gestaltung des Dialogs ist hierbei von großer Bedeutung, wie die öffentliche Diskussionen bei Einführung der Bahn-Automaten gezeigt haben. Es gilt hier vor allem, Quellen für Fehler und Frustration zu vermeiden, sowie eine gute Balance zwischen Effizienz und Mächtigkeit des Bedienablaufs zu finden: Ein Dialog, der immer alle Optionen abfragt, ist mächtig aber langsam. Ein Dialog, der nur wenig abfragt ist schnell, bedeutet aber weniger Variationsmöglichkeit. Dialoge mit ihren Verzweigungen kann der Informatiker als Baum beschreiben und durch Umsortieren dieser Bäume lassen sich Dialoge bzgl. der durchschnittlich benötigten Anzahl an Dialogschritten optimieren. Ob sie dabei verständlich bleiben und dem Benutzer als logisch erscheinen, lässt sich jedoch nur durch Benutzertests (vgl. Kapitel 13) verlässlich nachprüfen.

Andere Beispiele für eine dialogbasierte Interaktion sind Installationsdialoge für Software oder Sprachdialogsysteme, die sog. *Telefoncomputer*. Letztere haben das weitere Problem, dass sie aus dem gesprochenen Sprachsignal zunächst einmal die richtigen Worte und dann deren Bedeutung im Kontext ableiten müssen. Einfache Kommandoeingaben zur Navigation in Menüs am Telefoncomputer sind mittlerweile sehr robust machbar. Die Verarbeitung komplexerer Sprache stellt jedoch weiterhin ein aktives Forschungsgebiet dar und ist stets mit erheblichem Rechenaufwand verbunden. Die Analogie zu einem Dialog zwischen zwei Menschen weckt hierbei immer wieder falsche Erwartungen: Während wir bei einem menschlichen Gegenüber davon ausgehen können, dass der Dialog mit einem Mindestmaß an Intelligenz und *common sense* geführt wird, wird diese Annahme beim Dialog mit einem Computer regelmäßig enttäuscht. Die Geschichte der Sprachdialogsysteme von Eliza [213] bis Siri[14] ist daher gepflastert mit spöttischen Gegenbeispielen, die ein Versagen des Dialogs provozieren und das System so gezielt vorführen.

8.3 Suche und Browsen

Wenn wir es mit größeren Datenmengen zu tun haben, verwenden wir als Interaktionsform oft die gezielte Suche (engl. search) oder wir stöbern weniger zielgerichtet (engl. browsing). Die Suche selbst kann ihrerseits zwar wieder als Dialog verlaufen oder sogar in Form eines Kommandos spezifiziert werden (z.B. SQL-Anfrage an eine Datenbank). Charakteristisch ist jedoch, dass wir oft nicht mit dem ersten Ergebnis zufrieden sind oder gar eine Menge von Ergebnissen zurückbekommen, die eine weitere Verfeinerung der Suche erfordern. Der Begriff *browsing* hat sich vor allem für das Stöbern im World Wide Web etabliert und als *browsen* mittlerweile sogar seinen Weg in den Duden gefunden. Er bezeichnet das mehr oder weniger zielgerichtete Bewegen in einem großen Datenbestand wie dem Web, einer Bibliothek oder Musiksammlung (siehe Abbildung 8.3).

Der Übergang zwischen *suchen* und *browsen* ist fließend und wir Menschen wechseln übergangslos zwischen diesen beiden Aktivitäten hin und her. Wir gehen beispielsweise in ein Geschäft, um gezielt etwas zu kaufen, lassen uns dabei aber auch inspirieren von anderen Dingen, die wir unterwegs sehen, und kommen am Ende oft mit ganz anderen Dingen aus dem Geschäft. Während dieser Sachverhalt im Kaufhaus einfach kommerzielle Interessen unterstützt, ist er doch oft eine wünschenswerte Eigenschaft für Benutzerschnittstellen. Suchmaschinen im Web bieten beispielsweise Ergebnisse an, die nur entfernter etwas mit der Suchanfrage zu tun haben. Interfaces zur Verwaltung von Musiksammlungen bieten oft ein Suchfeld, in dem bestimmte Titel, Alben oder Künstler direkt nach Namen gesucht werden können. Gleichzeitig

---

14 http://www.siri-fragen.de

stellen sie aber auch CD-Cover grafisch dar oder bieten uns (nach bestimmten Kriterien) *ähnliche* Musikstücke an. Dadurch lassen wir uns als Menschen inspirieren und
schweifen vom eigentlichen Suchziel ab (siehe z.B. Hilliges und Kirk [80]). Ein weiterer
Effekt ist das sogenannte satisficing [162], das aus den englischen Wörtern *satisfying*
und *sufficing* zusammengesetzt ist: Wir beginnen mit einem bestimmten, möglicherweise vagen Suchziel, suchen jedoch nicht, bis wir eine exakte oder optimale Lösung
gefunden haben (das wäre maximizing), sondern lediglich so lange, bis ein gefundenes Ergebnis unseren Ansprüchen eben genügt. Dabei lassen wir uns durchaus auch
ablenken (sidetracking). Gute Interfaces für Suche und Browsen sollten diese beiden
Mechanismen *sidetracking* und *satisficing* unterstützen, um in großen Datenbeständen eine fruchtbarere Suche sowie eine individuelle Balance zwischen Qualität der
Ergebnisse und Schnelligkeit der Suche zu ermöglichen.

Abb. 8.3: Suchen und Browsen innerhalb der gleichen Benutzerschnittstelle, hier für eine
Musiksammlung. Das Suchfeld oben rechts und die Listendarstellung erlauben gezieltes
Suchen. Die CD-cover und die Einträge in der Seitenleiste links laden zum Stöbern ein.

mmibuch.de/v3/a/8.3

8.4 Direkte Manipulation

Direkte Manipulation ist der übergeordnete Interaktionsstil mit heutigen grafischen Benutzerschnittstellen am Personal Computer. Ben Shneiderman definierte diesen Interaktionsstil 1983 durch folgende Eigenschaften [171]:

1. Visibility of Objects and Actions (Sichtbarkeit aller Objekte und Aktionen)
2. Rapid, reversible, incremental actions
   (schnelle, umkehrbare, schrittweise ausführbare Aktionen)
3. Replacement of complex command-language syntax with direct, visual manipulation of the object of interest
   (direkte, visuelle Manipulation der Objekte statt komplizierter Kommandos)

Diese Definition ist vor allem vor dem Hintergrund des damaligen Stands der Technik, nämlich Kommandozeilen zu sehen und wird in nachfolgenden Publikation wie Shneiderman [172] auch mit aktualisierter Schwerpunktsetzung neu formuliert. Im Gegensatz zur Kommandozeile werden im Direct Manipulation Interface (DMI) die zu manipulierenden Objekte sowie die damit ausführbaren Aktionen sichtbar gemacht (1). Dateien werden beispielsweise durch Icons repräsentiert, und Programme oder einfache Kommandos ebenfalls. So kann man mit der Maus ein Datei-Icon nehmen und es zum Papierkorb-Icon ziehen um die Aktion *löschen* damit auszuführen. Die auf diese Art ausführbaren Aktionen sind schnell, schrittweise, und umkehrbar (2). Das Verschieben einer Datei von einem in den anderen Ordner ist einfach umkehrbar, indem die Datei zurück verschoben wird. Kommandos oder Dateinamen muss der Benutzer also nicht auswendig wissen. Er kann sie stattdessen auf dem Bildschirm sehen, auswählen und direkt manipulieren (3).

Interaktion mit DMI ist daher vor allem für neue oder gelegentliche Benutzer einfach, da diese sich (zumindest im idealen Bild von DMI) nichts merken müssen, sondern den kompletten Funktionsumfang erkennen können. Das gleiche Prinzip wird auch in grafischen Computerspielen verfolgt, in denen alle Spielelemente grafisch dargestellt werden und ihre Funktion erkennbar ist. Eine wesentliche Beschränkung von DMI ist gleichzeitig auch die strikt inkrementelle Ausführung relativ einfacher Aktionen (2). Hierdurch dauern komplexere Vorgänge, wie z.B. das Löschen aller Dateien, die einem bestimmten Kriterium genügen, ggf. sehr lange, während sie auf der Kommandozeile sehr einfach zu spezifizieren wären. Als erstes Direct Manipulation Interface wird gemeinhin das der Xerox Star Workstation genannt (siehe Abbildung 15.1 auf Seite 180). Den kommerziellen Durchbruch schaffte dieser Interaktionsstil jedoch erst 1984 mit dem Apple Macintosh. Interessanterweise wird die Interaktion mittels Maus oder anderer Zeigegeräte mittlerweile schon als *indirekt* bezeichnet, wenn man sie mit der Interaktion auf interaktiven Oberflächen vergleicht (siehe hierzu Kapitel 17).

8.5 Interaktive Visualisierungen

Mit wachsender Rechenleistung der verfügbaren Computer und gleichzeitig rapide wachsenden Datenbeständen haben sich interaktive Visualisierungen als Interaktionsstil etabliert. Die grafische Darstellung großer Datenmengen oder komplexer Sachverhalte ist per se keine Errungenschaft des Computerzeitalters, wie Edward Tufte [195] eindrucksvoll dokumentiert. Der Computer ermöglicht es jedoch erst, aus veränderlichen Datenbeständen solche visuellen Darstellungen jederzeit neu zu berechnen und damit diese Datenbestände in Echtzeit am Bildschirm zu durchsuchen und zu manipulieren. Hierbei werden viele Effekte der visuellen Wahrnehmung ausgenutzt, wie z.B. die in Kapitel 2 beschriebenen Gestaltgesetze oder die präattentive Wahrnehmung. Darüber hinaus gibt es ein etabliertes Repertoire an Techniken zur Interaktion mit Visualisierungen, aus dem hier nur zwei beispielhaft genannt werden sollen. Eine einzelne Visualisierung bietet eine bestimmte Sicht (engl. view) auf einen Datenbestand. Zum gleichen Datenbestand können wiederum verschiedene Sichten berechnet werden, beispielsweise nach verschiedenen Filter- oder Ordnungskriterien. Sind mehrere solcher Sichten miteinander koordiniert, spricht man von einer multiple coordinated views (MCV) Visualisierung. Einfachstes Beispiel ist eine Kartendarstellung, die einen Ausschnitt im Detail zeigt, sowie eine grobe Übersichtskarte, aus der hervorgeht, welcher Ausschnitt eines größeren Gebietes gerade detailliert sichtbar ist (Abbildung 9.3 auf Seite 111). Sind die Sichten derart miteinander koordiniert, dass in der einen Sicht selektierte und hervorgehobene Objekte auch in der anderen Sicht hervorgehoben werden, dann spricht man von linking. Solche koordinierten Sichten können beispielsweise benutzt werden, um in einer Sicht Filter- oder Ordnungskriterien anzuwenden und dann in einer anderen Sicht interessante Muster im Ergebnis zu suchen. Diese Technik nennt man brushing. Zusammen bilden *brushing* und *linking* auf MCV Visualisierungen eine mächtige Technik, um in hochdimensionalen Datenbeständen interessante Zusammenhänge herauszufinden. Solche Interfaces wie das in Abbildung 8.4 entfalten ihren vollen Nutzen erst in der aktiven Manipulation. Eine umfassende Einführung in das Gebiet der Informationsvisualisierung gibt beispielsweise Robert Spence [178].

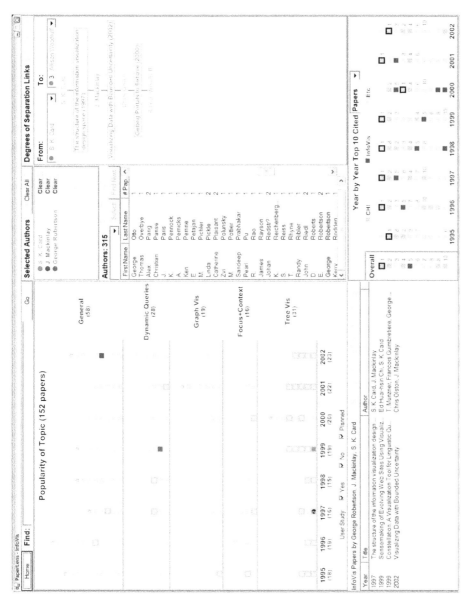

Abb. 8.4: Ein MCV Interface mit Brushing und Linking: PaperLens, Gewinner des Infovis Contest 2004.

mmibuch.de/v3/a/8.4

Verständnisfragen und Übungsaufgaben:

mmibuch.de/v3/l/8

1. Vergleichen Sie die Interaktion mittels Kommandozeile mit der Direkten Manipulation und benutzen Sie dazu Erkenntnisse zum Langzeitgedächtnis aus Abschnitt 3.1.2. Diskutieren Sie, warum Kommandozeilen besser für Experten geeignet sind und die Direkte Manipulation eher für Laien.
2. Flexibilität in der Benutzerschnittstelle: Finden und beschreiben Sie auf Ihrem bevorzugten Computersystem mindestens drei Wege, eine Datei zu löschen. Diese drei Wege sollen zu unterschiedlichen (evtl. Kombinationen) der oben genannten Interaktionsstile gehören. Was ist der Grund dafür, überhaupt verschiedene Wege anzubieten, und welche Gründe sprechen jeweils für die einzelnen Wege?
3. In welcher Umgebung sollte der Einsatz eines Sprachdialogsystems sorgsam überlegt werden (und gegebenenfalls zu anderen Interaktionsformen gegriffen werden)?
4. Direkte Manipulation ist charakterisiert durch drei Eigenschaften, welche?
5. Informieren Sie sich über das Konzept *Faceted Search* und nennen Sie einige Beispiele aus dem Internet. Inwiefern werden hier Suche und Browsen miteinander kombiniert?

9 Einige Grundmuster grafischer Benutzerschnittstellen

Nachdem wir in Kapitel 7 einige grundlegende Regeln für die Gestaltung von Benutzerschnittstellen und in Kapitel 8 einige etablierte Interaktionsstile gesehen haben, befasst sich dieses Kapitel nun mit strukturellen Mustern, also gewissermaßen Rezepten zum Bau von Benutzerschnittstellen. Die hier präsentierte Auswahl ist alles andere als vollständig. Sie umfasst jedoch das derzeit wohl häufigste Entwurfsmuster und einige darauf aufbauende Interface-Konzepte und soll ein Gefühl dafür vermitteln, wie solche Muster aussehen.

9.1 Ein Entwurfsmuster: Model-View-Controller

Die Idee bei der Definition und Verwendung eines Entwurfsmusters ist es, eine gute, getestete und etablierte Struktur zum Entwurf von Software zu formalisieren und wiederverwendbar zu machen. Bestimmte Entwurfsmuster werden durch bestimmte Programmiersprachen oder Programmierumgebungen besonders unterstützt. So bietet beispielsweise Java (und viele andere Programmiersprachen) das Observer Muster zur leichteren Implementierung der unten beschriebenen Model-View-Controler Architektur. Entwurfsmuster bieten für bestimmte, immer wieder auftauchende Probleme einen vordefinierten Lösungsweg, der in vielen Fällen zu einer optimalen Lösung führt. Außerdem sorgen sie für einen gewissen Wiedererkennungswert und beschreiben so etwas wie ein konzeptuelles Modell der Software für den Entwickler. Das Entwurfsmuster Model-View-Controller (MVC) beschreibt eine Softwarearchitektur, in der die Daten, um die es geht (*Model*), ihre Darstellung (*View*), sowie ihre Manipulation (*Controller*) klar voneinander getrennt sind. Baut man eine Software nach diesem Muster modular auf, dann können ihre Einzelteile unabhängig voneinander modifiziert oder ausgetauscht werden. Es können auch mehrere *Views* auf das gleiche *Model* definiert werden, oder verschiedene *Controller* für verschiedene Möglichkeiten der Manipulation. Abbildung 9.1 zeigt das MVC Muster, und wie ein Benutzer mit den verschiedenen Komponenten interagiert. Ein praktisches Beispiel soll das Zusammenspiel der verschiedenen Komponenten verdeutlichen: Nehmen wir an, das *Model* sei ein Text als Zeichenkette im Arbeitsspeicher des Rechners. Dann ist der *View* das Stück Software zur Darstellung dieses Textes am Bildschirm, beispielsweise mithilfe einer bestimmten Schriftart im Fenster eines Texteditors. Der *Controller* wäre in diesem Fall das Stück Software, das Eingaben von der Tastatur entgegen nimmt und den Text im Arbeitsspeicher entsprechend modifiziert. Immer, wenn sich der Text im Speicher ändert, muss die Darstellung am Bildschirm aktualisiert werden. Daneben könnte ein weiterer *View* existieren, der den Text in einer Gliederungsansicht zeigt, und es so erlaubt, den Überblick über sehr lange Texte zu behalten. Ein anderes Beispiel wä-

https://doi.org/10.1515/9783110753325-010

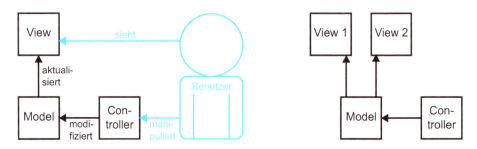

Abb. 9.1: Links: Das grundlegende MVC Entwurfsmuster, Rechts: mehrere *Views* auf das gleiche *Model*.

mmibuch.de/v3/a/9.1

re ein 3D-Modellierungsprogramm, das das gleiche 3D-Objekt in verschiedenen Fenstern von verschiedenen Seiten zeigt. In diesem Fall wären die Softwarekomponenten für die verschiedenen Views sogar identisch, lediglich ihre Parameter (insbesondere die Kameraposition) verschieden. In der Praxis verwendet der *Controller* oft Teile des *View* mit und ist mehr oder weniger eng in diesen integriert. Um beispielsweise den Texteditor aus dem ersten Beispiel benutzbar zu machen, muss eine aktuelle Cursor-Position im *View* angezeigt werden, auf die sich alle Eingaben des *Controller* beziehen. Um im 3D-Modellierungsprogramm Objekte selektieren zu können, muss im Fenster des *View* eine Clickposition ermittelt und diese mit dem 3D-Modell geschnitten werden. In jedem Fall ist es jedoch wichtig, das *Model* von den beiden anderen Komponenten sauber zu trennen.

Ein weiteres täglich verwendetes Stück Software, das nach diesem Prinzip arbeitet, ist die zentrale Ansicht des Dateisystems (Windows Explorer, MacOS Finder, Linux KDE Dolphin, ...). Hierbei ist das *Model* das tatsächliche Dateisystem. Es kann sich auf der Festplatte, einem USB-Stick oder im Netzwerk befinden, also physikalisch völlig unterschiedlich beschaffen sein, bietet aber in jedem Fall die gleiche (Software-) Schnittstelle zu den anderen Komponenten an. Als *View* dienen in diesem Fall die verschiedenen Ansichten (Ordner und Icons, Baumdarstellung, Spaltenansicht, ...) mit den jeweils integrierten *Controller* Komponenten, die es ermöglichen, Dateien mit der Maus zu verschieben, mit der Tastatur umzubenennen etc. Als weiteres Beispiel zeigt Abbildung 8.3 in Abschnitt 8.3 auf Seite 102 zwei verschiedene *Views* (Liste von Songs bzw. Album Covers) auf das gleiche *Model*, in diesem Fall eine Musiksammlung.

Aus dem Bereich der Informationsvisualisierung kommt das bereits in Abschnitt 8.5 eingeführte Konzept der multiple coordinated views (MCV). Hierbei handelt es sich um verschiedene *Views* auf den gleichen Datensatz, die untereinander koordiniert sind. Diese Koordination ermöglicht zusätzliche Formen der Interaktion, insbesondere beim Suchen und Filtern innerhalb des Datensatzes. Abbildung 8.4 auf Seite

105 zeigt ein Beispiel für ein solches Interface. Interaktion kann also, wie in Abschnitt 8.5 bereits beschrieben, dabei helfen, mit großen Informationsmengen umzugehen.

9.2 Zoomable UIs

Ein typisches Problem bei großen Informationsmengen ist naturgemäß der Platzmangel auf dem Bildschirm. Werden alle Bestandteile der Information detailliert dargestellt, dann benötigt die gesamte Darstellung mehr Platz als auf dem Bildschirm verfügbar ist. Verkleinert oder vereinfacht man umgekehrt die Darstellung soweit, dass alles auf den Bildschirm passt, dann reicht der Detailgrad für viele Aufgaben nicht mehr aus. Dieses Problem lässt sich auch nicht durch eine beliebige Erhöhung der Bildschirmauflösung beseitigen (vgl. Abschnitt 6.1.1), da dann immer noch die Auflösung des Sehsinns der begrenzende Faktor wäre (vgl. Abschnitt 2.1). Für große Datensätze ist es daher notwendig, verschiedene Skalierungen oder Detailgrade anzuzeigen. Dies kann man entweder durch kontinuierliche Veränderung der Skalierung (geometrischer Zoom) oder durch die gleichzeitige Darstellung verschiedener Skalierungen (Fokus & Kontext) erreichen.

Das Konzept des Zoomable User Interface (ZUI) stammt aus den 1990ern und wurde durch Ken Perlin und David Fox vorgestellt [144] und später durch George Furnas und Ben Bederson [63] formal genauer gefasst. Während man in den 1990ern das Konzepts eines ZUI noch ausführlich erklären musste, darf man heute getrost davon ausgehen, dass jeder Leser intuitiv damit vertraut ist, da vermutlich jeder schon einmal eine interaktive Kartenanwendung in einem Navigationssystem oder z.B. Google Maps verwendet hat. Eine Landkarte ist auch gleichzeitig das perfekte Beispiel für den Nutzen eines ZUI: Landkarten auf Papier werden in verschiedenen Maßstäben verkauft: 1 : 5.000.000 für den Überblick über gesamte Kontinente, 1 : 500.000 für ganze Länder und zur groben Routenplanung mit Auto oder Zug, 1 : 100.000 für Radfahrer und 1 : 25.000 für Wanderer. Dabei nimmt der Detailgehalt kontinuierlich zu, während das dargestellte Gebiet immer kleiner wird. Ein ZUI mit einer voll detaillierten Weltkarte, wie wir es mit Google Maps benutzen, ermöglicht es nun, alle diese Aufgaben mit einem einzigen System zu erledigen, und beispielsweise auch den exakten Weg durchs Wohngebiet am Ende einer langen Autobahnfahrt zu planen. Die grundlegenden Operationen in einem ZUI sind die Veränderung des Maßstabes (geometrischer Zoom) und die Verschiebung des gezeigten Ausschnitts (Pan). Mithilfe dieser beiden Operationen können wir uns durch den gesamten Datenbestand auf allen verfügbaren Detailgraden bewegen. Wir haben auch gelernt, dass die Veränderung des Ausschnitts auf höheren Maßstäben schneller geht, und zoomen daher aus dem Wohngebiet mindestens auf Ebene der Stadt oder des Landkreises, bevor wir den Ausschnitt zu einer anderen Stadt bewegen, um dort wieder hinunter zu zoomen. Eine genauere Diskussion der möglichen Operationen sowie der dahinter stehenden Mathematik findet sich in Furnas und Bederson [63].

Abb. 9.2: Ein ZUI für Präsentationen: Prezi.

mmibuch.de/v3/a/9.2

Während sich Landkarten inhärent zum Zoomen eignen, lassen sich auch andere Informationen – geeignet aufbereitet – mittels *Zoom* und *Pan* durchstöbern. Perlin und Fox [144] geben dazu Kalenderdaten und strukturierte Texte als Beispiel an und definieren auch bereits den Begriff des semantischen Zoom. Bei diesem wird im Gegensatz zum *geometrischen Zoom* nicht nur der Maßstab der Darstellung verändert, sondern es wird tatsächlich neue Information hinzugefügt oder sogar eine völlig andere Darstellung gewählt. Aus Google maps ist uns das vertraut, da beispielsweise Sehenswürdigkeiten oder Bushaltestellen erst ab einem gewissen Darstellungsmaßstab auftauchen oder die Darstellung von der höchsten Zoomstufe zur Ego-Perspektive (street view), also einer völlig anderen Darstellung wechselt. Ein anderes zeitgenössisches Beispiel für ein ZUI ist das Präsentationstool Prezi[15] (Abbildung 9.2).

Darin werden multimediale Informationen (Text, Bilder, Videos, Animationen) in einer unendlich großen Ebene auf verschiedenen Skalierungsstufen arrangiert. Diese Ebene kann nun frei exploriert werden, oder – was der Normalfall bei einer linearen Präsentation ist – entlang eines festgelegten Pfades. Dabei vermittelt beispielsweise die übergeordnete Struktur auf der obersten Zoomstufe den logischen Zusammenhang der Elemente, die präsentiert werden. Durch Hineinzoomen in einzelne Bereiche der Ebene gelangt man – geometrisch wie logisch – zu einem höheren Detailgrad. Verlässt

---

15 http://prezi.com

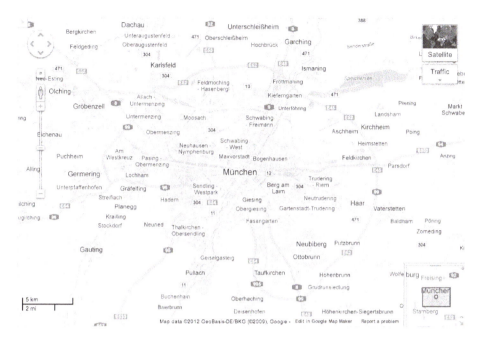

Abb. 9.3: Einfaches Beispiel für 2 koordinierte Sichten in Google Maps, die Fokus (große Karte) und Kontext (Übersichtskarte Unten rechts) gleichzeitig anzeigen.

mmibuch.de/v3/a/9.3

man diese Detailstufe wieder, um zu einem anderen Bereich zu wechseln, so zoomt die Kamera zurück, verschiebt die Ebene und zoomt an einer anderen Stelle wieder zum Detail. So wird durch die grafische Darstellung gleichzeitig die logische Struktur und die Zusammenhänge zwischen Teilen der Information vermittelt.

9.3 Fokus & Kontext

Ein typisches Problem von ZUIs ist, dass sie nicht gleichzeitig Überblick und Details vermitteln können. So muss sich der Benutzer ständig zwischen verschiedenen Zoomstufen bewegen, um den Überblick beim Ansehen von Details nicht zu verlieren. Eine andere Möglichkeit ist jedoch, immer zwei Zoomstufen gleichzeitig anzuzeigen. Dabei zeigt eine Darstellung den gegenwärtig ausgewählten Ausschnitt (Fokus) auf hoher Detailstufe und die andere Darstellung den gesamten Kontext rund um den *Fokus*. Im *MVC* Entwurfsmuster lässt sich dies einfach durch 2 verschieden parametrisierte *views* auf dasselbe *model* implementieren. Abbildung 9.3 zeigt eine solche Darstellung von Kartenmaterial: Die große Karte zeigt München mit seinen wichtigsten Verkehrsadern,

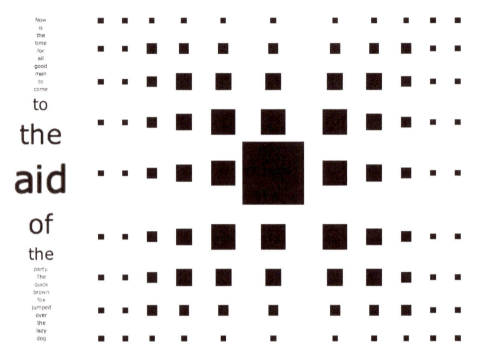

mmibuch.de/v3/a/9.4

Abb. 9.4: Fisheye-Darstellung einer Liste von Wörtern (Links) sowie eines Rasters von Quadraten (Rechts). Beim linken Beispiel wird echt Platz gewonnen, während das rechte Beispiel die Geometrie des Rasters erhält.

während die kleine Übersichtskarte Unten rechts das Münchner Umland mit benachbarten Städten zeigt. Der Ausschnitt kann in beiden verschoben werden und das dunkle Rechteck in der Übersichtskarte zeigt, welcher Bereich in der Detailkarte gezeigt wird. Eine solche Darstellung wird auch overview+detail Darstellung genannt und ist eine häufig verwendete Möglichkeit, *Fokus* und *Kontext* gleichzeitig darzustellen. Eine andere Möglichkeit, *Fokus* und *Kontext* gleichzeitig darzustellen, stammt ebenfalls aus dem Bereich der Informationsvisualisierung und wurde auf die Darstellung von Listen oder Menüs übertragen. Die Fisheye Darstellung erhielt ihren Namen vom fotografischen Fisheye Objektiv, einer Optik, die Dinge in der Bildmitte stärker vergrößert als am Bildrand. So entsteht ein geometrisch verzerrtes Bild, das die Welt in der Bildmitte in einem anderen Abbildungsmaßstab wiedergibt als am Rand. Diese Idee wurde zunächst auf die Visualisierung von Grafen und Netzwerken angewendet, später aber auch auf Listen und Menüs. Abbildung 9.4 Links zeigt eine Liste von Wörtern. Darin ist ein bestimmtes Wort in den *Fokus* gerückt und daher vergrößert. Es kann so besser gelesen oder ausgewählt werden. Oberhalb und unterhalb nimmt der Vergrößerungsfaktor kontinuierlich bis zu einem festen Minimum ab, wodurch die benachbarten Wörter (*Kontext*) zunehmend kleiner erscheinen. Abbildung 9.4 Rechts zeigt das gleiche Konzept, übertragen auf ein zweidimensionales Raster aus Quadraten. Die *Fisheye* Darstellung findet sich generell dort, wo es gilt, auf begrenztem Raum viel Information auf verschiedenen Detailstufen unterzubringen, beispielsweise in Handy-Menüs oder bei der *Dock* genannten Startleiste in macOS.

Verständnisfragen und Übungsaufgaben:

mmibuch.de/v3/l/9

1. Nennen Sie die charakteristischen Eigenschaften des semantischen Zooms.
2. Inwiefern erinnert Sie das „Fokus Plus Kontext" Konzept an die menschliche Wahrnehmung?
3. Benennen Sie anhand der Abbildung 9.3 die Komponenten der MVC-Architektur von Google Maps. Diskutieren Sie die Vor- und Nachteile des semantischen Zooms, der bei Google Maps implementiert wurde. Welche unterschiedlichen Zoom- und Pan-Kontrollmöglichkeiten wurden durch die Entwickler vorgesehen und warum?
4. Vergleichen Sie die Funktionalität von elektronischen Karten und klassischen Papierkarten. Welche Vor- und Nachteile haben beide Varianten? Benennen Sie eine Situation, in der Sie bewusst eine Papierkarte verwenden würden und erläutern Sie warum.
5. Recherchieren Sie verschiedene Arten, eine geometrische *Fisheye* Darstellung zu berechnen. Beschreiben Sie zumindest drei dieser Arten und geben Sie an, wofür diese jeweils besonders gut oder schlecht geeignet sind.

Teil III: **Entwicklung Interaktiver Systeme**

10 Grundidee des User Centered Design

In diesem Abschnitt wollen wir uns der Frage widmen, wie ein sinnvoller Prozess zum Entwurf von Benutzerschnittstellen aussehen könnte. Welche Eigenschaften sollte ein solcher Entwurfsprozess besitzen und aus welchen Schritten besteht er? Lange Zeit war der Entwurf von Benutzerschnittstellen geprägt durch Informatiker und Ingenieure, die die dahinter liegenden Systeme entwarfen und implementierten. Dass dies nicht immer zu besonders benutzerfreundlichen Systemen führt, haben selbst Weltkonzerne erst in jüngster Zeit erkannt. SAP, einer der Weltmarktführer in betrieblicher Anwendungssoftware, hat sein erstes Usability Labor erst mehr als zwanzig Jahre nach seiner Gründung Mitte der 90er Jahre installiert. Inzwischen bezeichnet der Konzern Usability als einen der wichtigsten Faktoren für den Erfolg der SAP Software. Früher wurde die Usability einer Software ausschließlich im Labor getestet, und zwar am fertigen Softwareprodukt mit voll implementierten Benutzerschnittstellen. Diese mussten dann mühselig wieder korrigiert werden, und so wurde die Qualität der Benutzerschnittstelle oft nachrangig behandelt. Ein moderner Entwicklungsansatz integriert die Benutzbarkeit als gleichwertiges, wenn nicht sogar als entscheidendes Element in den Design- und Entwicklungsprozess. Um das besser zu verstehen muss man sich zunächst fragen, was Design überhaupt ist. Dix et al. [48] definieren Design als:

> Ziele unter Berücksichtigung von Einschränkungen erreichen.

Die Ziele beschreiben, was mit dem Design erreicht werden soll, in welchem Kontext das Design verwendet werden soll, und für welche Benutzer die Software und damit auch die Benutzerschnittstelle entwickelt wird. Es macht schließlich einen großen Unterschied, ob eine Software sich an Jugendliche richtet, z.B. um Bilder im sozialen Netzwerk zu tauschen, oder ob eine neue Benutzerschnittstelle für ein Seniorentelefon entwickelt werden soll.

Design ist immer auch Beschränkungen unterworfen. Daher ist es sehr wichtig diese Beschränkungen zu kennen. Dabei kann es sich zunächst um materielle Beschränkungen handeln. So hat z.B. bei elektronischen tragbaren Geräten die Größe der Batterie häufig einen entscheidenden Einfluss auf die endgültige Form des Geräts. Die Entwicklung neuer Materialien oder technologischer Fortschritt führt oft zu neuen Designalternativen, wie im Fahrzeugbau und in der Architektur regelmäßig zu beobachten ist. Häufig müssen Standards beim Designprozess berücksichtigt werden und beschränken die möglichen Alternativen für das Design einer Benutzerschnittstelle. Die große Anzahl von Beschränkungen führt dazu, dass ein *optimales* Designergebnis meist nicht zu erreichen ist. Der Designer muss daher immer Kompromisse eingehen. Die Kunst dabei ist zu entscheiden wie die Beschränkungen priorisiert werden können, welche abgeschwächt und welche eventuell fallen gelassen werden sollten, um ein akzeptables Designergebnis erzielen zu können. Entscheidend im Entwurfsprozess ist

https://doi.org/10.1515/9783110753325-011

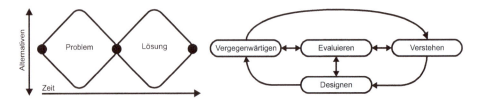

Abb. 10.1: Links der Double-Diamond-Prozess, Rechts die Hauptelemente des User-Centered-Design: Evaluieren, Vergegenwärtigen, Verstehen und Designen (nach Norman [136] und Benyon [14]).

mmibuch.de/v3/a/10.1

dabei das Wissen, um die Bedürfnisse und Ziele der Benutzer. Diese können sich sehr von den ursprünglichen Annahmen unterscheiden, die der Designer einer Benutzerschnittstelle zu Beginn der Arbeit vornimmt. Oberstes Ziel des Designprozesses ist daher die frühe und umfassende Einbindung der zukünftigen Benutzer.

Der Designprozess teilt sich in zwei Phasen, das *Verständnis der Problemdomäne* und das *Erarbeiten von Lösungen*. Dazu werden jeweils zu Beginn der beiden Phasen Alternativen exploriert, um diese dann anschließend zu konsolidieren. Wird, wie in Abbildung 10.1 links zu sehen, die Anzahl der betrachteten Alternativen auf der einen und der zeitliche Ablauf des Designprozesses auf der anderen Bildachse abgebildet, so ergibt sich die charakteristische Gestalt des Double-Diamond, nach dem der Prozess benannt wurde [136]. Die Exploration und die Konsolidierung der beiden Hälften des Double-Diamond folgen dabei dem Prozess in 10.1 rechts, welcher als User Centered Design (UCD) bezeichnet wird.

Die Hauptelemente des UCD sind *Verstehen, Vergegenwärtigen, Evaluieren* und *Designen*. Die Pfeile in der Abbildung zeigen den Ablauf des UCD und die zentrale Stellung der Evaluation. Der UCD Prozess kann mit jedem seiner Elemente beginnen und sollte im besten Fall immer durch mindestens einen Evaluationsschritt überprüft werden. Die Ergebnisse der Evaluation führen dann schrittweise zu einer Verbesserung der Resultate. So kann z.B. ein erster Designentwurf als Startpunkt dienen, welcher verbessert werden soll. Häufig stehen allerdings das Verständnis von (neuen) Benutzerbedürfnissen oder die Möglichkeiten einer neuen Technologie am Anfang des UCD Prozesses, welche dann evaluiert und in einem ersten Design umgesetzt werden. Im Folgenden wollen wir die vier Aspekte des UCD näher beleuchten.

10.1 Verstehen

Das Verständnis der Beschränkungen des Designprozesses ist von großer Bedeutung für die Entwicklung. Dies gilt nicht nur im besonderen Fall des Entwurfs und der Implementierung von Benutzerschnittstellen, sondern sehr allgemein für das Design von

Produkten überhaupt. Bei der Mensch-Maschine-Interaktion steht in diesem Zusammenhang das Verständnis der technischen und menschlichen Beschränkungen im Vordergrund, üblicherweise in Bezug auf eine Software (z.B. eine Textverarbeitung) oder ein interaktives Produkt (z.B. eine Spielekonsole). Im UCD stehen Designer vor der Aufgabe, möglichst genau zu erkennen, was die Bedürfnisse der zukünftigen Benutzer sind, sowie in welchem Kontext das Endprodukt verwendet wird. Die Abwägung, welche Beschränkungen berücksichtigt, und welche ignoriert werden können, ist ein wichtiger Aspekt des Verständnisprozesses und hat großen Anteil am Erfolg der endgültigen Benutzerschnittstelle [48]. In Abschnitt 19.4 wird dies am Beispiel mobiler Interaktion ausführlich diskutiert. Technische Nebenbedingungen müssen genauso berücksichtigt werden wie die zu identifizierenden Personengruppen, die direkt oder indirekt mit dem Endprodukt interagieren werden oder von seiner Einführung betroffen sind. In Abschnitt 11.1 wird näher auf unterschiedliche Kategorien von Benutzergruppen eingegangen und wie diese in den Designprozess mit einbezogen werden sollten. Ebenso sollten die Aktivitäten analysiert werden, die von der Einführung des neuen Produkts oder der Benutzerschnittstelle betroffen sind. Häufig müssen Arbeitsprozesse angepasst werden, wenn eine neue Software eingeführt wird. Das Verständnis der Konsequenzen dieser Anpassung ist wichtig, um Fehler zu Beginn des Designprozesses zu vermeiden. Schließlich müssen die technischen Nebenbedingungen analysiert und bewertet werden. Daraus lässt sich dann ableiten, welche Realisierungen technisch unmöglich sind, bzw. finanziell aus dem Rahmen fallen. Findet diese Analyse früh genug im Designprozess statt, werden im späteren Verlauf Kosten und Zeit gespart. Methoden zur Erkennung von Benutzerbedürfnissen und -kontexten werden in Kapitel 11 besprochen.

10.2 Designen

Im Designschritt des UCD wird ein konkreter Vorschlag entwickelt, in den die Erfahrungen des bisherigen Prozesses einfliessen. Er besteht aus einem abstrakten Schritt, dem konzeptuellen Design und einem konkreteren, dem physischen Design. Das konzeptuelle Design mündet in ein konzeptuelles Modell (siehe Abschnitt 5.1), welches auf abstrakte Art und Weise beschreibt, welche Aktivitäten und Objekte im Zusammenhang mit dem Entwurf der Benutzerschnittstelle stehen (siehe dazu auch Abschnitt 8.4). Es kann aus einer einfachen Auflistung von Aktivitäten der Benutzer mit realen oder digitalen Objekten bestehen oder formaler durch ein Entity-Relationship Modell beschrieben werden, welches im Software-Design häufig Verwendung findet. Der Informationsfluss und der Interaktionsablauf werden im konzeptuellen Modell häufig durch Flussdiagramme repräsentiert. Das konzeptuelle Modell des Designers steht im direkten Zusammenhang mit dem mentalen Modell des Benutzers (siehe Abschnitt 5.1). Entscheidend ist dabei, dass das konzeptuelle Modell abstrakt genug bleibt und das konkrete physikalische Design noch offen lässt. Es geht im konzeptuellen Design insofern um die generelle Frage, *was* entwickelt werden soll, *wer* davon beeinflusst wird und in *welchem* Kontext das Design steht. Es geht nicht um die Frage, *wie* die Umsetzung des Designs erfolgen sollte. Diese Variante des Designs spielt insbesondere beim Verständnis der Problemdomäne (linke Seite des Double-Diamond) eine wichtige Rolle.

Die Frage der Umsetzung wird im physischen Design adressiert. Dieses beschäftigt sich mit der konkreten Ausprägung der Benutzerschnittstelle, beispielsweise der konkreten grafischen Umsetzung und der genauen Benutzerführung. Es spezifiziert, wie unterschiedliche Geräte unterstützt werden sollen (z.B. im Fall des Designs einer Webseite, welche Layouts und Interaktionsmöglichkeiten für stationäre und mobile Geräte vorgesehen werden). Das physische Design greift also das abstrakte konzeptuelle Design auf und transformiert es in einen konkreten Designvorschlag. Viele weitere Aspekte müssen im physischen Design berücksichtigt werden, z.B. welchen Eindruck das Produkt beim Benutzer hinterlässt. Die emotionale Wirkung eines Produktes und die Art und Weise, wie Benutzerbedürfnisse von dem Produkt erfüllt werden, hat eine nicht unerhebliche Bedeutung für den Erfolg eines Produktes. In Kapitel 14 wird dieser Aspekt ausführlicher behandelt. Der resultierende physische Designvorschlag ist häufig nicht endgültig, dient aber im Fortlauf des UCD der Vergegenwärtigung des bisherigen Designprozesses und wird beim Erarbeiten von Lösungen (rechte Seite des Double-Diamond) benötigt.

10.3 Vergegenwärtigen

Ein weiterer wichtiger Baustein im Designprozess ist das Vergegenwärtigen von Zwischenlösungen oder Designalternativen. Visualisierungsmethoden bilden häufig die notwendige Diskussionsgrundlage, um im UCD weiter fortschreiten zu können. Methodisch sollten dabei keine Grenzen gesetzt werden. Häufig reicht eine einfache Skizze mit kurzer Beschreibung, um die Kernideen eines Designentwurfes zu kommunizieren. Manchmal müssen auch aufwändige 3D-Modelle konstruiert werden, um die Wirkung des Designs besser abschätzen zu können, da eine reine Visualisierung wenig über die haptischen Qualitäten (wie z.B. die Textur oder das Gewicht) aussagen. Inzwischen steht eine Vielzahl von Werkzeugen bereit, die es Designern erlauben Prototypen zu entwerfen, die dann als Diskussionsgrundlage im weiteren Verlauf des UCD eingesetzt werden können. In Kapitel 12 werden Prototypen detailliert besprochen und unterschiedliche Wege vorgestellt, um Prototypen zu erzeugen.

10.4 Evaluieren

Die Evaluation steht in der Abbildung 10.1 im Mittelpunkt und ist von zentraler Bedeutung im UCD. Jeder der bisher beschriebenen Schritte des UCD sollte durch einen

Evaluationsschritt abgesichert werden. Zu diesem Zweck steht eine große Bandbreite von Evaluationsmethoden zur Verfügung, die in den Kapiteln 11 und 13 im Detail vorgestellt werden. Häufig reicht es allerdings aus, wenn der Designer nach einem Bearbeitungsschritt eine der Methoden für sich selbst anwendet, um die Plausibilität des Schrittes zu überprüfen, oder eine kurze Diskussion mit dem Auftraggeber oder einem Kollegen anzustoßen. Einige Schritte erfordern allerdings eine umfangreiche Bestandsaufnahme und Evaluation, die z.B. im Rahmen von groß angelegten Benutzerstudien umgesetzt werden. Entscheidend bei der Wahl der richtigen Methode ist die konkrete Fragestellung und der vorangehende Schritt im UCD. So werden z.B. Prototypen häufig in Benutzerstudien überprüft, während ein konzeptuelles Design in vielen Fällen zunächst nur mit dem Auftraggeber diskutiert wird.

10.5 Iteratives Design

Die Fülle an Beschränkungen, die es beim UCD zu berücksichtigen gilt, führt in der Regel dazu, dass der erste Entwurf einer Benutzerschnittstelle verbessert werden muss und erst nach mehreren Iterationen des Designs ein zufriedenstellendes Endprodukt vorliegt. Zwischenergebnisse sollten, wie im vorherigen Abschnitt beschrieben, evaluiert werden. Es stellt sich aber die grundlegende Frage, wann dies geschehen sollte. In der traditionellen Softwareentwicklung fand die Evaluation der Benutzerschnittstelle am Ende des Entwicklungsprozesses statt. Kosmetische Änderungen am Design der Benutzerschnittstelle waren so zwar noch möglich, grundlegende Änderungen der Struktur oder Funktionalität waren aber nur unter großen Anstrengungen und Kosten zu realisieren. Im UCD ist der Entwurf der Funktionalität einer Software oder eines interaktiven Produktes hingegen eng verzahnt mit dem Design und der Evaluation der Benutzerschnittstelle. Die Benutzerschnittstelle ist damit ein zentrales Element des Produktes, welches nicht einfach von der Funktionalität zu trennen ist. Die Iteration des Designs der Benutzerschnittstelle findet in möglichst kleinen Schritten statt, denen jeweils ein Evaluationsschritt folgt. Dies kann parallel für verschiedene Designvorschläge der Benutzerschnittstelle durchgeführt werden, so dass mehrere Alternativen gegeneinander abgewogen werden können.

10.6 Implementierung

Am Ende jedes Designprozesses steht die Implementierung bzw. Umsetzung des letzten Designvorschlags. Auch wenn bei der bisherigen Entwicklung der Prototypen schon Programmcode implementiert wurde, muss in der Implementierungsphase üblicherweise mit weiterem (nicht unerheblichem) Programmieraufwand gerechnet werden. Eventuell müssen Software-Prototypen komplett neu programmiert werden, da der Code der Prototypen nicht zur Wiederverwendung geeignet ist. Neben der

Software wird häufig ein nicht unerheblicher Hardwareanteil in der Implementierungsphase realisiert. Dokumentationen müssen ebenfalls geschrieben und geprüft werden. Schließlich sollte eine Abstimmung aller Komponenten erfolgen und diese mit dem Vertrieb besprochen werden, bevor das Produkt in den Handel und zum Benutzer kommen kann. Der Aufwand der Implementierungsphase ist nicht zu unterschätzen und kann bei komplexen Produkten ein mehrfaches der Kosten des UCD Prozesses verschlingen.

  Verständnisfragen und Übungsaufgaben:

mmibuch.de/v3/l/10

1. Stellen Sie sich vor, Sie hätten die Gelegenheit, Ihren Arbeitsplatz neu zu gestalten. Überlegen Sie sich hierzu, welche Aspekte und Prozesse Sie aus Sicht des UCD berücksichtigen müssten, um ein möglichst gutes Ergebnis zu erzielen. Überlegen Sie sich insbesondere, wie das konzeptuelle Design, das physische Design, die Beschränkungen und die Anforderungen an den Arbeitsplatz aussehen müssten. Formulieren Sie im Sinne des UCD (Abbildung 10.1) Ihre Vorgehensweise, und wie Ihre Zwischenergebnisse evaluiert werden könnten.

2. Üben Sie sich im Design Thinking! Wenn Sie das nächste Mal entscheiden wollen, was Sie in Ihrer WG/Familie/Single-Küche kochen wollen, folgen Sie dem Double Diamond (Abb. 10.1 links). Finden Sie zunächst heraus, was eigentlich eine gute und angemessene Mahlzeit wäre, und lösen Sie erst im zweiten Schritt die Frage, wie diese konkret zubereitet wird. Das sollte frischen Wind in Ihre Ernährung bringen.

3. Machen Sie ein Foto von einem Verkaufsautomaten Ihrer Wahl. Diskutieren Sie das konzeptuelle Modell des Automaten, d.h. beschreiben Sie die Objekte und Aktivitäten, die beim Kaufvorgang eine Rolle spielen mit Hilfe des Fotos. Diskutieren Sie anhand dieses Modells die Vor- und Nachteile des Automaten aus Sicht des UCD.

4. Vergleichen Sie ein Software-System, welches nach dem Konzept „eine Lösung für alle" („one size fits all") entwickelt wurde mit einem, das auf eine spezielle Zielgruppe zugeschnitten wurde. Welche Unterschiede stellen Sie fest?

5. Sie sollen ein neues Assistenzsystem für die Werkenden in einer Montagehalle entwickeln, dass ein altes ersetzt. Sie starten den UCD Prozess damit, dass Sie eine Studie mit den Werkenden und dem alten System durchführen. Welchen Schritt des UCDs haben Sie folglich durchgeführt? Welche weiteren Schritte sollten folgen?

6. Die Evaluation ist ein zentraler Bestandteil des UCD. Was sind potenzielle Evaluationsansätze für ein neu entwickeltes Produkt, über deren Einsatz Sie nachdenken können?

11 Benutzeranforderungen erheben und verstehen

Im vorhergehenden Kapitel haben wir uns eingehend mit dem Prozess des User-Centered-Design (UCD) beschäftigt. Eines der wichtigen Elemente des Prozesses ist das Verständnis der Benutzeranforderungen, d.h. welche Bedürfnisse Benutzer bezüglich einer Benutzerschnittstelle haben und in welchem Benutzungskontext die Benutzer mit der Benutzerschnittstelle interagieren. Für den Entwickler einer Benutzerschnittstelle stellt sich dabei die Frage, wie diese Benutzeranforderungen erhoben und interpretiert werden können ohne die Benutzerschnittstelle vollständig implementieren zu müssen. Diese Frage stellt sich insbesondere zu Beginn des UCD – in einer Phase, in der noch keine detaillierten Prototypen zum Testen zur Verfügung stehen. Dieses Kapitel geht damit der Frage nach, wie man Wissen zu den Benutzeranforderungen initial erheben und wie dieses Wissen dann Entwicklern von Benutzerschnittstellen zur Verfügung gestellt werden kann.

11.1 Stakeholder

Bevor man versucht, die Benutzeranforderungen zu erheben und zu verstehen, muss zunächst einmal geklärt werden, wer die Benutzer eigentlich sind, die später das Produkt und die Benutzerschnittstellen verwenden werden. Diese Frage zu beantworten ist gar nicht so einfach wie man vielleicht denken mag. Nehmen wir als Beispiel eine *intelligente* Zahnbürste, die Kinder dabei unterstützt, regelmäßig und richtig ihre Zähne zu putzen[16]. Offensichtlich richtet sich das Produkt an Kinder, die damit eindeutig als Benutzergruppe zu identifizieren wären. Allerdings sind diese nicht die alleinigen Benutzer des Produkts. Die Eltern der Kinder sind in der Regel diejenigen, die das Produkt kaufen und eventuell auch die Auswertungen der Zahnbürste erhalten. Sie sind also ebenfalls direkt betroffen. Schließlich kann das Produkt auch einen Einfluss auf die Tätigkeit von Zahnärzten haben, so dass auch diese in den Entwurfsprozess mit eingebunden werden sollten. Allgemein bezeichnet man im UCD die Personen, die durch die Einführung und den Einsatz eines Produktes betroffen sind, als Stakeholder (dt. Mitglied einer Interessensgruppe). Man erkennt an diesem Beispiel, dass die Gruppe der Stakeholder sehr weitreichend sein kann und manchmal schwer abzugrenzen ist. Im UCD betrachtet man grundsätzliche zunächst alle Personen, die durch ein Produkt direkt oder indirekt betroffen werden als Stakeholder [176].

Diese Personengruppen werden dann, in Abhängigkeit von ihrer Beziehung zu dem neuen Produkt unterschiedlich priorisiert. Als nützlich hat sich in der Praxis die

---

16 Ein entsprechendes Produkt wird z.B. von der Firma Kolibree (http://www.kolibree.com/) angeboten. Die Zahnbürste sendet über Bluetooth Daten zum Putzverhalten an ein Smartphone. Diese werden dort ausgewertet, um dem Benutzer Tipps zur besseren Zahnpflege geben zu können.

https://doi.org/10.1515/9783110753325-012

Einteilung in drei Gruppen erwiesen: die primären, sekundären und tertiären Stakeholder [52]. *Primäre* Stakeholder sind die Benutzer, die mit großer Wahrscheinlichkeit direkt mit dem Produkt in Kontakt kommen und dieses täglich benutzen. Im Beispiel der Zahnbürste sind dies die Kinder, die sich damit die Zähne putzen. *Sekundäre* Stakeholder sind Benutzer, die durch die Einführung des Produkts indirekt betroffen sind, es also nicht regelmäßig direkt nutzen, z.B. die Eltern der Kinder. *Tertiäre* Stakeholder sind im weitesten Sinne von der Einführung des Produkts betroffen: Neben den Zahnärzten und Sprechstundenhilfen könnten das auch Mitarbeiter von Elektronikläden sein, die Eltern über die neuen Möglichkeiten der Zahnbürste informieren.

Die Gruppe aller Benutzer ist also oft viel größer als ursprünglich angenommen und es kann schnell unübersichtlich werden, welche der Gruppen betrachten werden sollten und welche nicht. Stakeholder lassen sich in einem Zwiebelschalen-Modell organisieren. Im Mittelpunkt des Modells steht das Produkt mit der Benutzerschnittstelle. In der ersten inneren Schale befinden sich die primären Stakeholder, in der zweiten die sekundären und in der dritten die tertiären. Um zu verstehen, welche Benutzer in welcher Form in den Entwicklungsprozess mit einbezogen werden sollen, ist es wichtig, die Stakeholder zu Beginn des UCD zu identifizieren und bei den weiteren Prozessschritten zu involvieren. Üblicherweise werden zunächst die primären, dann die sekundären und schließlich die tertiären Stakeholder berücksichtigt.

Hat man die relevanten Stakeholder und damit die potenziellen direkten und indirekten Benutzer identifiziert, müssen im nächsten Schritt die konkreten Bedürfnisse und Benutzerkontexte ermittelt werden. Im Folgenden werden einige Erhebungsmethoden besprochen, um dieses Ziel zu erreichen.

11.2 Interviewtechniken

Die direkte Befragung der Benutzer durch unterschiedliche Interviewtechniken ist eine der gängigsten und auch zuverlässigsten Methoden, um mehr über Benutzerbedürfnisse zu erfahren und die Kontexte und Nebenbedingungen zu verstehen, in denen eine Benutzerschnittstelle eingesetzt werden könnte. Es können jedoch nicht alle Benutzerbedürfnisse durch direkte Befragung erhoben werden. Henry Ford, der Begründer der amerikanischen Automarke, wird sinngemäß mit dem Ausspruch in Verbindung gebracht: *Hätte ich meine Kunden nach Ihren Bedürfnissen gefragt, hätten Sie schnellere Pferde gewollt.* Damit wird die häufig anzutreffende Unfähigkeit von Benutzern angesprochen, neue Bedürfnisse und Innovationen überhaupt aktiv zu benennen. Interviewtechniken können aber sehr gut geeignet sein, um erste Eindrücke zu sammeln oder spezifische Fragen zu beantworten. Grundsätzlich wird ein Interview immer von einem Interviewer oder Moderator geleitet. Je nach Fragestellung und Kontext können unterschiedliche Typen von Interviews durchgeführt werden. Man unterscheidet dabei unstrukturierte, strukturierte, semi-strukturierte und Gruppeninterviews [60].

Unstrukturierte Interviews werden häufig in einer sehr frühen Phase des UCD geführt, um ein grundlegendes Verständnis von Benutzerkontexten und -bedürfnissen zu gewinnen (linke Seite des Double-Diamond, Abbildung 10.1). Der Interviewer gibt dabei grob ein Thema vor und es entspannt sich in der Regel eine Diskussion mit dem Befragten, die zu unvorhergesehenen Themen führen kann. So ergibt sich ein reiches, wertvolles und komplexes Meinungsbild zu einem Themenbereich. Ergebnisse unstrukturierter Interviews mit mehreren Befragten lassen sich allerdings häufig schwer miteinander vergleichen, und die Analyse kann oft nicht standardisiert durchgeführt werden. Je konkreter im weiteren Verlauf des UCD die Fragestellungen werden, desto strukturierter kann das Interview geführt werden.

Strukturierte Interviews bestehen aus einer Menge vorher definierter Fragen mit einer vorgegebenen Antwortauswahl, einer sogenannten geschlossenen Fragestellung. Typische Antworten auf geschlossen Fragen sind auf die Menge *(ja/nein/weiß nicht)* beschränkt. Im Gegensatz zu unstrukturierten Interviews sind alle Fragen an alle Befragten gleich zu stellen. Hierdurch wird eine Vergleichbarkeit der Antworten gewährleistet. *Semi-strukturierte Interviews* kombinieren Elemente von strukturierten und unstrukturierten Interviews und bilden somit einen Kompromiss zwischen beiden Interviewformen. Bei einem semi-strukturierten Interview geht der Interviewer nach einem Frageskript vor, welches das Interview strukturiert. Die Antworten des Befragten hingegen sind frei. Entscheidend dabei ist, dass der Interviewer die Fragen so stellt, dass die Antwort des Befragten nicht beeinflusst wird. Insbesondere sollten Fragen als offene Fragestellung formuliert werden, so dass einfache Antworten wie in strukturierten Interviews nicht möglich sind.

In Gruppeninterviews wird schließlich nicht der Einzelne befragt, sondern die Erkenntnisse mithilfe von Gruppengesprächen und -arbeiten gemeinsam mit einem Moderator gewonnen. Dies wird in Abschnitt 11.4 weitergehend besprochen.

11.3 Fragebögen

Die Verwendung von Fragebögen ist ebenfalls ein probates Mittel der Befragung, um strukturiert Information von Stakeholdern zu erhalten. Fragebögen werden auch häufig in strukturierten Interviews verwendet und die Vorgehensweise ähnelt dem Interview sehr, mit dem Unterschied, dass Fragebögen ohne Interviewer vom Befragten bearbeitet werden. Insofern ist es sehr wichtig, dass die Fragen sorgfältig und klar formuliert sind, da der Befragte keine Rückfragen stellen kann.

Dies kann auch ein Kriterium sein, um zu entscheiden, ob eher ein strukturiertes Interview oder ein Fragebogen als Methode gewählt werden sollte: Nimmt man an, dass der Benutzer sehr motiviert ist und wenig Rückfragen hat, kann der Fragebogen gewählt werden. Ist der Benutzer hingegen wenig motiviert und ist die Wahrscheinlichkeit von Rück- und Klärungsfragen groß, ist es sinnvoll, die Information im Rahmen eines strukturierten Interviews zu erheben.

Ein großer Vorteil des Fragebogens ist die einfache Verteilung an große Gruppen von Stakeholdern und die entsprechend große Menge an Antworten, die man erhalten kann. Fragebögen können herkömmlich auf Papier reproduziert werden oder den Befragten digital auf einem PC oder Tablet präsentiert werden. Letzteres hat den großen Vorteil der automatischen Auswertung. Eine Sonderform des elektronischen Fragebogens ist der Online-Fragebogen, der näher in Abschnitt 11.3.4 besprochen wird.

Fertige und validierte Fragebögen werden auch bei der Evaluation zur Messung abstrakterer Größen wie allgemeine Usability oder kognitive Belastung eingesetzt (siehe Abschnitt 13.4.2). In den folgenden Abschnitten sollen aber zunächst die Grundregeln zur Erstellung eigener Fragebögen dargestellt werden.

11.3.1 Struktur

Ein Fragebogen beginnt in der Regel mit allgemeinen Fragen zum Hintergrund des Befragten, wie z.B. dem Alter, dem Bildungsniveau und der technische Expertise. Diese Information ist nützlich, um weitere Fragen zu relativieren und insbesondere die Antworten von unterschiedlichen Befragten besser vergleichen zu können. Fragen zu einer bestimmten Funktion einer Smartphone App werden beispielsweise häufig in Abhängigkeit vom Alter oder der technischen Expertise beantwortet, da ältere Leute tendenziell weniger Erfahrung mit Smartphones haben. Nach einem Block von allgemeinen Fragen folgen die spezifischeren Fragen. Dabei sollte man sich von folgenden Prinzipien leiten lassen (nach Rogers et al. [156, S. 238ff]):

– *Leichte vor schweren Fragen.*
– *Beeinflussungseffekte von Fragen vermeiden.* Vorhergehende Fragen können nachfolgende Fragen beeinflussen (Reihenfolgeeffekt). Fragen, die leicht zu beeinflussen sind, sollten an den Anfang gestellt werden, Fragen, die zu einer Beeinflussung führen, eher ans Ende. Bei elektronischen Fragebögen sollte die Fragereihenfolge im Zweifelsfall zufällig generiert werden.
– *Verschiedene Versionen des Fragebogens erstellen.* Erwartet man große Unterschiede bei den Antworten der Befragten und lassen sich diese Unterschiede einfach erklären (z.B. durch das Alter der Befragten), so sollten unterschiedliche Fragebögen zum Einsatz kommen, die es erlauben, den Unterschieden weiter auf den Grund zu gehen.
– *Klare Fragen stellen.* Die Fragen sollten unmissverständlich gestellt werden und klar formuliert sein.
– *Fragebogen kompakt gestalten.* Zu viele Fragen und zu viel Leerraum zwischen den Fragen führt zu Ermüdungserscheinungen. Da in der Regel am Ende die anspruchsvolleren Fragen gestellt werden (siehe oben), sollte eine Ermüdung des Befragten möglichst vermieden werden.
– *Nur notwendige Fragen stellen.* Fragen, die mit dem Thema des Fragebogens nichts zu tun haben, sollten unterlassen werden. So wenig Fragen wie möglich stellen.

– *Offene Fragen ans Ende*. Sollten offene Fragen gestellt werden, sollten diese am Ende des Fragebogens platziert werden. Selbst wenn offene Fragen nicht ausgewertet werden können, ist eine allgemeine offene Frage am Ende des Fragebogens sinnvoll, um dem Befragten die Möglichkeit der Rückmeldung zu geben.

Es ist eine gute Idee, einen Fragebogen vorab mit einer kleinen Gruppen von Befragten auf Ermüdungserscheinungen und Reihenfolgeeffekte zu testen (Pilotstudie). Ein solcher Test ermöglicht auch eine Abschätzung des zeitlichen Aufwands, mit dem der Befragte rechnen muss. Dieser sollte vorab kommuniziert werden.

11.3.2 Auswertbare Antwortmöglichkeiten

In Abschnitt 11.3.1 wurde unter anderem gefordert, dass Fragen klar und verständlich gestellt sein müssen. Gleiches gilt auch für die möglichen Antworten: Diese sollten insbesondere keinen Spielraum zur Interpretation lassen. Fragt man beispielsweise nach der Erfahrung mit Computerspielen und gibt Teilnehmern die Antwortmöglichkeiten *hoch*, *mittel* oder *gering*, dann bleibt die Einschätzung, was genau *gering* bedeutet, dem einzelnen Teilnehmer überlassen und die gleiche Erfahrung von z.B. 5 Stunden Spielen pro Woche wird möglicherweise von manchen als *gering* und von anderen als *hoch* eingestuft. Stattdessen bietet es sich an, konkrete Zeitangaben zu machen, beispielsweise *Wie oft spielen Sie Computerspiele?* mit den Antwortmöglichkeiten *täglich*, *wöchentlich* oder *monatlich* oder sogar einer numerischen Angabe in Stunden pro Woche. Dadurch werden die Antworten verschiedener Teilnehmer vergleichbar und können besser ausgewertet werden.

Ähnliches gilt auch bei Altersangaben: Diese sollten nicht in willkürlichen Intervallen abgefragt werden, sondern entweder als Angabe in Jahren, oder zumindest in gleichen Intervallen (10-15, 15-20, 20-25...) oder in relevanten Kategorien (Kinder vs. Volljährige, Teenager, Erwerbstätige vs. Rentner usw.). Grundsätzlich bietet die Abfrage als Zahl hier die größte Flexibilität bei der späteren Auswertung (z.B. Berechnung eines durchschnittlichen Alters, Altersverteilung als Diagramm). Bei wenigen Teilnehmern kann das aber bereits Rückschlüsse auf konkrete Teilnehmer zulassen und daher die effektive Anonymisierung verhindern. In diesem Fall stellt die Angabe beispielsweise in 5-Jahres-Schritten einen guten Mittelweg dar.

Die gleichen Überlegungen gelten eigentlich für alle abgefragten Größen (denken Sie beispielsweise an gefahrene Autokilometer pro Jahr, oder Wasserkonsum pro Tag): Wie soll die Angabe später ausgewertet werden? Möchten Sie Durchschnitte und Verteilungen berechnen können? Gibt es relevante Kategorien, nach denen Sie unterscheiden möchten? Bei einer genaueren numerischen Angabe kann man diese Kategorien ggf. später noch festlegen oder neu definieren, oder sogar erst später bei der Auswertung erkennen und festlegen, welche relevanten Kategorien sich aus den Antworten ergeben. Weitere Aspekte hierzu finden sich in Abschnitt 13.4.6.

11.3.3 Antwortformen

Die Antworten in Fragebögen haben unterschiedliche Formate. Neben der offenen Frage, die eine beliebige Antwort erlaubt, finden sich häufig geschlossene Fragen, die nur einige wenige Antwortmöglichkeiten zulassen. Bei quantitativen Angaben ist es eventuell sinnvoll, Intervalle vorzusehen, so dass die Befragten beispielsweise nicht ihr genaues Alter angeben müssen. Checkboxen werden durch den Befragten angekreuzt (bei Papierfragebögen) oder angeklickt (bei Online Fragebögen). Je nach Fragetypus können mehrere Checkboxen zur Antwort vorgesehen werden. Dabei gibt es Fragen, die normalerweise *genau eine* mögliche Antwort haben, z.B. die Frage nach dem Geschlecht oder der Anrede. Andere Fragen erlauben es, mehrere Checkboxen auszuwählen, z.B. die Frage, an welchen Wochentagen man seinem Hobby nachgeht. Checkboxen sind sehr gut geeignet, um schnell und präzise Antworten auf genau spezifizierte Fragen zu erhalten.

Häufig sollen Befragte ihre Einschätzung zu bestimmten Sachverhalten im Fragebogen ausdrücken. In solchen Fällen kommen Bewertungsskalen zum Einsatz, die es erlauben unterschiedlichen Antworten miteinander zu vergleichen. Die Likert-Skala erfragt die persönliche Einschätzung zu einem bestimmten Sachverhalt. Dieser Sachverhalt wird in einer positiven oder negativen Aussage festgehalten, wie z.B. der Aussage *Es gibt viel zu wenige gute Science-Fiction Romane*. Durch die Antwort wird der Grad der Zustimmung zu dieser Aussage gemessen, entweder als Zahl auf einer Skala oder durch Ankreuzen einer von mehreren möglichen Antworten (siehe Abbildung 11.1). Üblicherweise finden sich in einem Fragebogen mehrere Fragen, die mit Likert-Skalen beantwortet werden sollen. In diesem Fall ist es ratsam, alle Aussagen entweder positiv oder negativ zu formulieren, um so Fehler bei der Beantwortung zu reduzieren. Eine wichtige Entscheidung, die ebenfalls getroffen werden sollte, ist die Anzahl

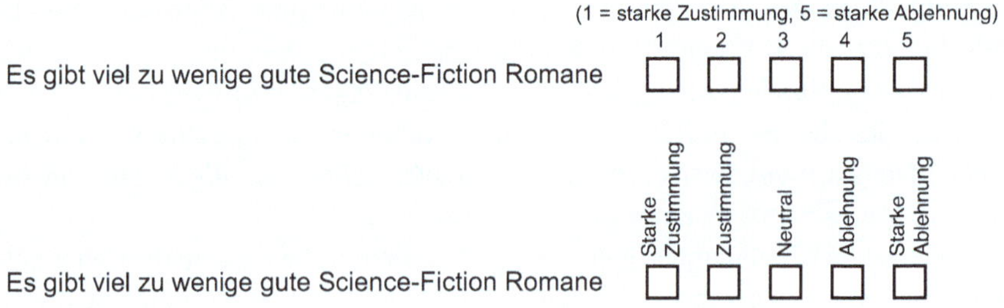

Abb. 11.1: Zwei Beispiele für Likert-Skalen. Oben wird eine numerische Skala verwendet. Unten, zur Beantwortung der gleichen Frage, eine verbale Skala.

mmibuch.de/v3/a/11.1

der Antwortmöglichkeiten (in Abbildung 11.1 sind es z.B. jeweils fünf). Diese Anzahl hängt von der Frage ab, aber auch von der gewünschten Granularität der Antwort. So kann es in einigen Fällen sinnvoll sein, nur drei Antwortmöglichkeiten vorzugeben (*Zustimmung, Neutral, Ablehnung*), um ein schnelles Meinungsbild einzuholen.

Größere Anzahlen können nachträglich noch gruppiert werden in positiv, neutral und negativ. In Abbildung 13.3 auf Seite 164 wird dies durch die gestrichelte bzw. durchgezogene Umrandung der Untergruppen angedeutet. In der Praxis werden häufig fünf bis acht Antwortmöglichkeiten bei Likert-Skalen verwendet. Eine ungerade Anzahl hat den Vorteil eines klaren neutralen Mittelpunkts, aber den Nachteil, dass bei Unsicherheit dieser Mittelpunkt häufig ausgewählt wird. Eine gerade Anzahl hingegen veranlasst die Befragten, sich auf eine der beiden Seiten zu schlagen und entsprechend Farbe zu bekennen.

Ein alternatives Instrument zur Befragung ist das aus der Psychologie bekannte Semantische Differenzial. Hier wird die Einschätzung des Benutzers nicht über die Bewertung einer Aussage erfasst, sondern mithilfe paarweise angeordneter bipolarer Adjektive. Das Adjektiv-Paar repräsentiert jeweils die beiden Enden eines Spektrums (z.B. *attraktiv* versus *hässlich*) und der Befragte muss seine Bewertung durch Ankreuzen zwischen den jeweiligen Polen ausdrücken (siehe Abbildung 11.2). Die Reihenfolge der Pole sollte ausbalanciert werden, so dass sich negative und positive Adjektive auf jeder Seite abwechseln. Der Gesamtwert für jedes bipolare Paar errechnet sich bei der Auswertung als Durchschnitt der Antwortwerte, wobei der höchste Antwortwert am positiven Pol liegt. In der Praxis haben sich sieben Zwischenwerte für das semantische Differenzial durchgesetzt.

QR-codes in einem Buch finde ich....

Attraktiv	☐ ☐ ☐ ☐ ☐ ☐ ☐	Hässlich
Klar	☐ ☐ ☐ ☐ ☐ ☐ ☐	Konfus
Fade	☐ ☐ ☐ ☐ ☐ ☐ ☐	Lebhaft
Begeisternd	☐ ☐ ☐ ☐ ☐ ☐ ☐	Langweilig
Hilfreich	☐ ☐ ☐ ☐ ☐ ☐ ☐	Störend
Überflüssig	☐ ☐ ☐ ☐ ☐ ☐ ☐	Sinnvoll

Abb. 11.2: Beispiel eines semantischen Differenzials. Eine Aussage wird mithilfe von bipolaren Adjektivpaaren auf einer Skala bewertet.

mmibuch.de/v3/a/11.2

11.3.4 Online Fragebögen

Fragebögen, die über ein Online-Medium verbreitet werden, z.B. als Webseite oder in einer E-Mail, erreichen ein sehr großes Publikum und haben damit das Potenzial, sehr große Mengen an Antworten zu liefern. Im Gegensatz zu anderen klassischen Verbreitungsmedien, z.B. per Post oder durch direkte Verteilung an die Befragten, ist die Kontrolle der erreichten Personengruppen geringer und auch die Rücklaufquoten, die bei klassischen Fragebögen und direkter Verteilung bei bis zu 100% liegen, sind mit 1-2% online wesentlich geringer. Es lässt sich auch wesentlich schwieriger überprüfen, ob die Angaben im Fragebogen der Wahrheit entsprechen oder ob ein Befragter mehrere Fragebögen mit widersprüchlicher Information abgegeben hat. Trotzdem erfreuen sich Online Fragebögen großer Beliebtheit, da sie nicht nur einfach zu verbreiten sind, sondern auch automatisch ausgewertet werden können.

Durch die Überprüfung der Plausibilität der Antworten direkt bei der Eingabe lassen sich viele Eingabefehler direkt vermeiden. Darüber hinaus kann ein Online Fragebogen dynamisch aufgebaut sein und nachfolgende Fragen in Abhängigkeit von bereits beantworteten Fragen auswählen. Hat jemand z.B. sein Alter mit 70 Jahren angegeben, können Fragen folgen, die auf die Besonderheiten älterer Benutzer zugeschnitten sind. Bei einem Online Fragebogen können Fragen zufällig gemischt werden, um Reihenfolgeeffekte zu unterbinden.

Größter Nachteil des Online Fragebogens ist die Ungewissheit, ob man tatsächlich eine repräsentative Menge von Befragten erreicht. Häufig werden Anfragen für Online Fragebögen über soziale Netzwerke verbreitet und erreichen damit nur eine bestimmte gesellschaftliche Gruppe, wie z.B. Studierende oder Hausfrauen. Verwendet man zur Verbreitung der Fragebögen eine *micro Job* Platform wie z.B. Mechanical Turk[17], dann erhält man auch gleichzeitig die benötigten Probanden, allerdings mit noch weniger Kontrolle über deren Auswahl und die Qualität der Ergebnisse. Inzwischen existiert eine Reihe von Webdiensten, die es erlauben, Online Fragebögen einfach und kostengünstig zu erstellen[18] und alle gängigen Antworttypen zur Verfügung stellen, wie z.B. Checkboxen, Likert-Skalen und Semantische Differenziale. Trotzdem sollte man beim Erstellen eines Online Fragebogens einige zusätzliche Punkte beachten (nach Andrews et al. [4]):

- Fragebogen zunächst entsprechend der Regeln aus Abschnitt 11.3.1 entwerfen, und eine erste Papierversion des Fragebogens erstellen.
- Verbreitungsstrategien für den Fragebogen entwerfen. Diese kann z.B. die Verbreitung per E-Mail oder per sozialem Netzwerk beinhalten.
- Aus dem Papierfragebogen wird eine elektronische Version erzeugt, z.B. mithilfe einschlägiger Webdienste (siehe oben). Dabei sollten die besonderen Möglichkei-

---

17 https://www.mturk.com/
18 z.B. die Dienste http://limesurvey.org, http://questionpro.com/ und http://docs.google.com

ten des Online Fragebogens berücksichtigt werden, wie z.B. die Überprüfung von Eingaben und die Möglichkeit, zu unterschiedlichen Fragen zu verzweigen.

– Überprüfen der Funktionalität des Fragebogens und der Information, die über die Befragten gespeichert wird. Eventuell die rechtliche Situation im jeweiligen Land klären, z.B. um zu prüfen, ob IP-Adressen gespeichert und verwendet werden dürfen. Falls ein webbasierter Dienst verwendet wird, sollte auch geprüft werden, auf welchem Server die Daten gespeichert und weiterverarbeitet werden.

– Gründliches Testen der Online Fragebogens mit einer kleinen Gruppe von Benutzern oder Experten, um mögliche Probleme zu erkennen, die nach einem Roll-out des Fragebogens nicht mehr zu beheben sind.

Wurde ein Online Fragebogen veröffentlicht, sollten größere Korrekturen nicht mehr vorgenommen werden, da diese das Ergebnis der Umfrage beeinflussen.

11.4 Fokusgruppen

Interviews finden in der Regel zwischen einem Interviewer und einem Befragten statt. Manchmal kann es aber sinnvoll sein, eine Befragung mit einer Gruppe durchzuführen. Eine weit verbreitete Form solcher Befragungen sind Fokusgruppen. Die Fokusgruppe setzt sich aus verschiedenen Stakeholdern des zukünftigen Systems zusammen und im Rahmen des UCD ist es durchaus sinnvoll, verschiedene Fokusgruppen zu befragen. Ein Beispiel: Im Rahmen der Entwicklung eines neuen Bibliotheks-Ausleihsystems sollten nicht nur die Leser der Bibliothek, sondern auch die Bibliothekare und die Verwaltungsangestellten zu ihren Erwartungen, Bedürfnissen und Wünschen an das System befragt werden, und zwar vorzugsweise getrennt, um gegenseitige Beeinflussung auszuschließen.

In Gruppen kommen häufig Aspekte der Zusammenarbeit zur Sprache, die in Einzelbefragungen eventuell untergehen würden. Gruppenteilnehmer können sich gegenseitig helfen und so gewährleisten, dass alle relevanten Aspekte diskutiert werden. Es besteht allerdings die Gefahr, dass nicht jeder seine tatsächliche Meinung äußert, sondern sich stattdessen dem allgemeinen Gruppenmeinungsbild anschließt. Um solche Effekte zu verringern, werden Fokusgruppen von einem Moderator geleitet.

Einige Hilfswerkzeuge können die Arbeit der Gruppe unterstützen. Ein Beispiel ist das CARD-System[19] welches aus verschiedenen Kartentypen besteht, die in der Diskussion eingesetzt werden können, um Aktivitäten und Informationsflüsse in einer Organisation zu visualisieren [194]. Die Gespräche mit der Gruppe sollten allerdings nicht zu stark strukturiert werden, um auch Freiräume für die Diskussion völlig neuer Punkte zu lassen. Entscheidend ist, dass die Teilnehmer der Fokusgruppe in die

---

19 **C**ollaborative **A**nalysis of **R**equirements and **D**esign

Lage versetzt werden, ihre Meinung im Rahmen des sozialen Gruppenkontexts zu diskutieren. So können bestimmte Aspekte identifiziert werden, die in einem einfachen Interview gegebenenfalls verloren gehen. Üblicherweise werden die Interviews mit Fokusgruppen in Bild und Ton aufgezeichnet, um eine bessere nachträgliche Analyse zu ermöglichen. Nachträglich können auch mit einzelnen Mitgliedern der Fokusgruppen anhand des aufgezeichneten Materials bestimmte Fragestellungen vertieft werden.

11.5 Beobachtungen

Einige Aktivitäten lassen sich nicht umfassend durch Interviews und Fragebögen erheben. Insbesondere bei komplexen Abläufen mit heterogenen Strukturen, die sowohl kognitive als auch motorische Leistungen erfordern, fällt es den Betroffenen schwer, die Arbeitsschritte vollständig zu benennen. In solchen Fälle können durch Beobachtungen zusätzliche Erkenntnisse gewonnen werden.

Beobachtungen können zwar im Labor kontrolliert stattfinden, z.B. indem Stakeholder gebeten werden, bestimmte Abläufe zu simulieren, in der Regel sind jedoch Studien vor Ort im üblichen Umfeld der Stakeholder zielführender. Man spricht in einem solchem Zusammenhang auch von Feldstudien (vgl. Abschnitt 13.4.9). Studien im Feld werden als direkte Beobachtungen bezeichnet. Im Gegensatz dazu stehen indirekte Beobachtungen, die nur die Ergebnisse der Aktivitäten, wie z.B. Tagebucheinträge oder Logbücher nachträglich analysieren.

Der Vorteil der direkten Beobachtung liegt in den Erkenntnissen zum Benutzungskontext, die der Beobachter durch persönliche Aufzeichnung und durch die nachträgliche Analyse von aufgezeichnetem Audio- und Videomaterial gewinnt. Nachteilig ist, dass die Präsenz des Beobachters die Gefahr birgt, dass Aktivitäten verfälscht werden. Es muss daher im Vorfeld geklärt werden, ob der Beobachter willkommen ist. Wird innerhalb eines Unternehmens z.B. die Einführung einer neuen Software kontrovers diskutiert, so werden Feldstudien zwangsläufig zu Konflikten führen. Feldstudien sollten gut geplant und sorgfältig durchgeführt werden und häufig wird ein Rahmenwerk zur Strukturierung der Feldstudie eingesetzt, welches sich an folgenden Fragen orientiert (nach Rogers et al. [156, S. 249ff]):
– *Wer* setzt welche Technologien zu welchem Zeitpunkt ein?
– *Wo* werden diese eingesetzt?
– *Was* wird damit erreicht?

Die obigen Fragen nach den Akteuren, den Orten, den Objekten und Zielen können noch weiter verfeinert werden:
– *Orte*: Wie sieht der physikalische Ort aus, wie ist er untergliedert?
– *Akteure*: Wer sind die wichtigsten Personen und ihre Rollen?
– *Aktivitäten*: Welche Aktivitäten werden von den Akteuren ausgeführt und wieso?
– *Objekte*: Welche physikalischen Objekte können beobachtet werden?

- *Handlungen*: Welche konkreten Handlungen nehmen die Akteure vor?
- *Ereignisse*: Welche relevanten Ereignisse können beobachtet werden?
- *Zeit*: In welcher Reihenfolge finden die Ereignisse statt?
- *Ziele*: Welche Ziele werden von den Akteuren verfolgt?
- *Emotionen*: Welche emotionalen Zustände können beobachtet werden?

Eine besondere Form der direkten Beobachtung ist die Ethnografische Studie. Sie wird erst seit jüngster Zeit im UCD eingesetzt und geht auf die klassische Ethnografie der Anthropologen zu Beginn des 20. Jahrhunderts zurück. Diese entwickelten mit der Ethnografie eine neue Methode zur Erforschung fremder Kulturen und Verhaltensweisen. Der Beobachter, auch als Ethnograf bezeichnet, wird für einen längeren Zeitraum Mitglied der zu beobachtenden Gemeinschaft. Einer der bekanntesten Ethnologen, Claude Lévi-Strauss lebte z.B. für seine Studien mehrere Jahre in der Dorfgemeinschaft der Naturvölker des Amazonas und konnte so bahnbrechende Erkenntnisse gewinnen [112]. Ein ähnlicher Ansatz kann im UCD angewendet werden, indem der Beobachter einen längeren Zeitraum intensiv mit Stakeholdern verbringt. Im Gegensatz zur *Feldstudie* sollte dabei zunächst keinerlei Rahmenwerk eingesetzt werden und der Beobachter sollte, ähnlich wie Lévi-Strauss am Amazonas, keine vorherigen Annahmen mitbringen, die die Beobachtung beeinflussen könnten. Der Beobachter wird dann Schritt für Schritt Teil der zu beobachtenden Gruppe und hat so die Möglichkeit, sich besonders gut in die Stakeholder hineinversetzen zu können. Ethnografische Studien können nachträglich mit einem Rahmenwerk oder anderen Beobachtungsverfahren kombiniert werden, um die Erkenntnisse zu dokumentieren.

Indirekte Beobachtungen hingegen sind immer dann sinnvoll, wenn entweder die Gefahr besteht, dass der Beobachtete durch direkte Beobachtung beeinträchtigt wird oder eine direkte Beobachtung nicht durchgeführt werden kann oder wenig sinnvoll ist. So ist es z.B. schwierig, Benutzerkontexte über große räumliche Distanzen zu erfassen. Hier müsste dann der Beobachter den Stakeholder wie ein Privatdetektiv verfolgen, was in den meisten Situationen weder zeitlich noch ethisch vertretbar wäre. In solchen Fällen kommen häufig Tagebuchstudien mit elektronischen Tagebüchern zum Einsatz, die z.B. über eine Smartphone-App gepflegt werden können. In vielen Fällen stellen diese Apps Erinnerungsfunktionen zur Verfügung, so dass der Benutzer in gewissen Zeitintervallen nach Informationen zu seinem Kontext und der aktuellen Aktivität gefragt wird. In einigen Fällen wird dies auch mit einer Ortserkennung kombiniert, so dass bestimmte Fragen nur an bestimmten Orten gestellt werden. Diese Methode, der gezielten Befragung von Teilnehmern in bestimmten Situationen wird als Experience Sampling Method (ESM) bezeichnet [154]. ESM kann in vielfältigen Situationen zum Einsatz kommen, von der Therapie bei Angst- und Suchtpatienten bis zur Untersuchung von sinnvollen Privacy-Einstellungen bei der Verwendung von Smartphones oder der ganzheitlichen Erfassung der User Experience [163].

Weitere technische Hilfsmittel können den Stakeholdern an die Hand gegeben werden, um Aspekte der Interaktion und der Umgebung zu erfassen und zu dokumentieren. Dies können z.B. Einmalkameras oder kleine digitale Aufnahmegeräte sein, die später ausgewertet werden. Ein Spezialfall solcher Hilfsmittel sind die sogenannten Cultural Probes, die ursprünglich eingesetzt wurden, um das kulturelle Leben und Umfeld von Stakeholdern zu erfassen. In einem konkreten Fall sollten beispielsweise die Lebensumstände älterer Personen untersucht werden. Zu diesem Zweck erhielten die Teilnehmer der Studie neben einer Wegwerfkamera weitere Hilfsmittel wie vorfrankierte Postkarten mit bestimmten Fragen und eine Reihe von Stadtkarten, auf denen relevante Orte gekennzeichnet werden konnten [64]. Das Konzept der *Probes* wurde seit seiner Einführung 1999 weiterentwickelt und wird in Bereichen eingesetzt, in denen traditionelle Beobachtungsmethoden an ihre Grenzen stoßen.

11.6 Grounded Theory

Insbesondere die Ergebnisse aus unstrukturierten Interviews oder Beobachtungen müssen oft erst einmal in eine gewisse Struktur gebracht werden, um wissenschaftliche Aussagekraft zu gewinnen und direkte Vorgaben an den Entwicklungsprozess zu erzeugen. Dies kann man beispielsweise mit den Methoden der grounded theory [67] erreichen. Hierzu werden aus den Aufzeichnungen der Interviews oder Beobachtung die dort aufgetretenen Themen kategorisiert und zueinander in Beziehung gesetzt.

Zuerst werden in der Phase des *offenen Kodierens* (engl. open coding) die einzelnen aufgezeichneten Beobachtungen oder Aussagen der Interviewteilnehmer bestimmten Themen oder Kategorien zugeordnet. Gibt es bereits andere Beobachtungen oder Aussagen mit dem gleichen Thema, dann werden sie in die gleiche Kategorie eingeordnet. Beschreibt eine Aussage ein neues Thema, dann wird dafür eine neue Kategorie erstellt. Sind alle Aussagen in dieser Art erfasst und kategorisiert, dann werden in der Phase der *axialen Kodierung* (engl. axial coding) Verbindungen zwischen diesen Kategorien hergestellt. So entsteht ein Geflecht von untereinander verbundenen Kategorien. Aus diesen wird in der abschließenden *selektiven Kodierung* (engl. selective coding) ein Hauptthema ausgewählt, zu dem alle anderen in Beziehung stehen, und das die Basis der so aus den Daten abgeleiteten Theorie bildet.

Die Methoden der grounded theory erlauben es damit, aus unstrukturierten, qualitativen Daten eine nützliche und auch wissenschaftlich haltbare und publizierbare Struktur von Konzepten zu erzeugen. Diese Struktur richtet sich jedoch in erster Linie an die Experten, die sie erstellt haben. Für die weitere Kommunikation im Gestaltungsprozess bieten sich konkretere Darstellungen an.

11.7 Personas und Szenarien

Das Verständnis über die zukünftigen Benutzer eines interaktiven Produktes und die Kontexte, in denen das Produkt verwendet wird, bzw. die Objekte, die neben dem

Produkt eine Rolle spielen sollten im Fortlauf des UCD (im rechten Teil des Double-Diamond, Abbildung 10.1) den Entwicklern der Benutzerschnittstelle möglichst einfach zugänglich gemacht werden. Teilweise wird dies in Form von Berichten, Bild-, Video- und Textdokumenten geschehen, auf die der Entwickler zurückgreifen kann, wenn er eine spezielle Auskunft benötigt. Besser und einträglicher ist allerdings die Beschreibung typischer Benutzer des Systems und der häufigsten Situationen, in denen das Produkt eingesetzt werden soll. Eine Benutzerbeschreibung zu diesem Zweck heißt Persona und eine Schilderung einer typischen Benutzersituation Szenario. Beide Beschreibungen sind voneinander abhängig, da die Benutzer immer Teil des Szenarios sein werden und das Szenario durch die Aktivitäten der Benutzer geprägt wird.

Personas sind möglichst konkrete Beschreibungen fiktiver Personen, die aber als typischer Repräsentant einer Stakeholdergruppe gelten können. Die Persona ist ein Steckbrief, der neben einem Namen und dem Alter Hobbies, Vorlieben und auch familiäre Bindungen auflistet. Neben diesen eher allgemeinen Beschreibungen, die einen möglichst holistischen Eindruck geben sollen, enthält die Persona auch konkrete Statements zur Verwendung des zu entwickelnden Produkts, die konkrete Hinweise auf die Gestaltung der Benutzerschnittstelle geben. Personas helfen Entwicklern, sich zu jedem Zeitpunkt vorzustellen, wie der jeweilige Benutzer auf eine Veränderung des Designs der Benutzerschnittstelle reagieren würde. Mithilfe von Personas können sich Entwickler besser in ihre Benutzer hineinversetzen.

Beispiel: Persona Beschreibung eines Lagerarbeiters

Matthias ist 35 Jahre alt. Er arbeitet seit 3 Jahren als Schichtleiter im Zentrallager der Firma Nil-Versand. Vorher hat er 10 Jahre lang als Lagerarbeiter in der Firma Rhein-Versand gearbeitet. Er hat einen Hauptschulabschluss und eine Lehre als Gleisschlosser abgeschlossen, ist aber auf Grund des besseren Verdienstes in die Logistik-Branche gewechselt. Er ist verheiratet und hat zwei Kinder, die zwölf und neun Jahre alt sind. Matthias liebt Computerspiele und verbringt einen Teil seiner Freizeit mit den neuesten Spielen. Zu diesem Zweck hält er seinen PC immer auf dem neuesten Stand. Für seine Kinder hat er die Familienkonsole Wuu gekauft, mit der er sich gerne auch selbst beschäftigt. Matthias ist stark kurzsichtig, hat aber eine ausgezeichnete Motorik, da er im örtlichen Badminton-Verein als Trainer und Spieler aktiv ist. Da er keine Fremdsprache spricht, macht Matthias mit seiner Frau und den Kindern lieber Urlaub in Deutschland und fährt selten ins Ausland. Matthias hat ein sehr gutes Verhältnis zu seinen Arbeitskollegen und ist dort sehr angesehen. Technologischen Neuerungen in der Firma steht er skeptisch gegenüber.

Szenarien ergänzen Personas indem sie Geschichten erzählen, in denen Benutzer Technologie in verschiedenen Kontexten einsetzen. Szenarien finden nicht nur im UCD Verwendung, sondern allgemein in der Softwareentwicklung und im Produktdesign. Sie sind eine wichtige Schlüsselkomponente, um erfolgreiches Design umzusetzen und werden in allen modernen Entwicklungsabteilungen eingesetzt [2]. Der Kernbestandteil eines Szenarios ist eine Geschichte, in der ein zukünftiger Benutzer, der durch eine Persona ausführlich beschrieben wird, die Hauptrolle spielt. Die Geschichte sollte detailliert sein und einen reichen Kontext zur Verfügung stellen.

Die Interaktion mit einem neuen Produkt sollte zwar prominent vertreten sein, beansprucht aber nicht einen überwiegenden Anteil an der Geschichte. Mehrere Szenarien mit den gleichen Protagonisten geben dem Entwickler die Möglichkeit, das zukünftige Produkt aus verschiedenen Blickwinkeln zu bewerten und die Benutzerschnittstelle entsprechend anzupassen. Personas und Szenarien werden im Rahmen des UCD allen Entwicklern zur Verfügung gestellt. Sie sollten auch während des Entwicklungsprozesses angepasst und erweitert werden. Neue Szenarien und neue Personas sollten hinzugefügt werden, sobald sich neue Erkenntnisse, z.B. durch die Evaluierung von Prototypen im UCD ergeben.

i **Beispiel: Szenario für ein neuartiges Virtual-Reality Gerät**

Matthias hat sich die neue Spiele-Brille *Okkultes Drift* bei Nil bestellt, weil seine Freunde aus dem Badminton-Verein beim letzten Training davon geschwärmt haben. Er öffnet das Paket sofort nachdem er es vom Postboten in Empfang genommen hat und überprüft den Inhalt. Die Brille ist leichter als er gedacht hatte und lässt sich problemlos an seine Kopfform anpassen. Er stellt fest, dass er das Gerät nur mit Kontaktlinsen verwenden kann, da die Optik der *Okkultes Drift* nur bedingt seine Sehschwäche kompensieren und er unter der *Okkultes Drift* seine normale Brille nicht verwenden kann. Der Anschluss an den Computer funktioniert erst, nachdem er die neusten Treiber von der Webseite geladen hat. Leider unterstützt sein Lieblingsspiel *Blind Craft* die neue Brille nicht, so dass er zunächst zum Testen mit einem anderen Spiel vorlieb nehmen muss. Die tolle Rundumsicht der Brille fasziniert Matthias sehr, und die leichte Übelkeit, die ihn nach 15 Minuten Benutzung überkommt, nimmt er dafür gerne in Kauf. Während des ersten Spiels spürt Matthias plötzlich ein Klopfen auf der Schulter. Es ist sein jüngster Sohn, der die Brille auch einmal ausprobieren möchte. Dazu muss Matthias die Kopfanpassung verändern. In der kleinsten Einstellung ist die Brille gerade klein genug, damit sie seinem Sohn nicht vom Kopf rutscht.

Verständnisfragen und Übungsaufgaben:

mmibuch.de/v3/l/11

1. Beobachten Sie ihren Tagesablauf. Benutzen Sie dazu die Alarmfunktion ihres Smartphones oder ihrer Uhr, um sich alle 20 Minuten unterbrechen zu lassen. Notieren Sie ihren jeweiligen Aufenthaltsort, die Aktivität, die anwesenden Personen und die Objekte mit denen Sie gerade interagiert haben. Am Ende des Tages erstellen Sie eine Liste aller Aktivitäten, Orte, Objekte und Personen. Diskutieren Sie verblüffende Erkenntnisse.

2. Untersuchen Sie die Benutzbarkeit einer Webseite ihrer Wahl mithilfe eines Fragebogens. Erstellen Sie dazu eine Variante des Fragebogens ausschließlich mit Likert-Skalen und einer zweiten Variante, die ausschließlich das Semantische Differenzial als Antwortform verwendet (jeweils etwa 10 Fragen). Diskutieren Sie die Vor- und Nachteile beider Fragebögen.

3. Ihre Designfirma hat den Auftrag erhalten, ein neuartiges tragbares 3D-Fernsehgerät zu entwickeln. Überlegen Sie sich, wer die Stakeholder für ein solches Gerät sind und entwerfen Sie zwei unterschiedliche Personas dazu. Entwickeln Sie zusätzlich ein Szenario zu der Verwendung des neuen Geräts.

4. Sie möchten ein Smartphone für ältere Personen (Generation 70+) entwickeln. Wer sind sekundäre Stakeholder?

5. Welcher Interviewtyp bietet die größtmögliche Reproduzierbarkeit und warum?

6. Sie möchten das Alter der Teilnehmenden an der Studie erfassen. Im Teil „Demografische Daten" platzieren Sie ein verpflichtendes Freitextfeld und wählen als Label „Alter". Welche Problem können hier auftreten?

7. Was ist ein typischer Nachteil von Online-Fragebögen?

8. Sie sollen Fragen für einen Fragebogen beisteuern. Dabei wurde Ihnen aufgetragen, die „Tendenz zur Mitte" zu berücksichtigen und im Design zu unterbinden. Welche Optionen würden sich dazu anbieten?

12 Skizzen und Prototypen

Im Zyklus aus Entwurf, Umsetzung und Evaluation (vgl. Kapitel 10) besteht eine ganze Reihe von Möglichkeiten zur Umsetzung eines interaktiven Systems. In frühen Konzeptionsphasen können grafische Darstellungen beispielsweise oft skizziert werden, wobei nur die wesentlichen Inhalte dargestellt und unwesentliche Teile bewusst weggelassen werden. In späteren Phasen kann man mehr oder weniger funktionale Prototypen evaluieren und auch dabei bewusst die jeweils unwichtigen Aspekte weglassen. Neben der schnelleren Umsetzung haben Skizzen und Prototypen also auch die Funktion der gezielten Vereinfachung und Fokussierung auf das Wesentliche.

12.1 Eigenschaften von Skizzen

In der bildenden Kunst werden einfache grafische Darstellungen als Skizzen bezeichnet. Diese Darstellungen zeigen oft die Idee oder das Konzept für ein späteres detailreicheres Werk. Sie können jedoch auch das Ergebnis einer bewussten Vereinfachung sein und haben einen ästhetischen Wert an sich. Pablo Picasso fertigte beispielsweise eine ganze Reihe von immer abstrakteren Lithografien eines Stiers an, um dieses Tier schließlich in der Darstellung ganz auf sein Wesen zu reduzieren (Abbildung 12.1).

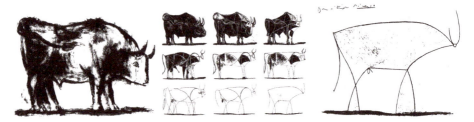

Abb. 12.1: Abstraktionsserie eines Stiers in Lithographien von Pablo Picasso. Diese Serie zeigt den Übergang vom *Abbild* zum *Urbild*.

mmibuch.de/v3/a/12.1

Das Konzept der Skizze findet sich auch in anderen kreativen Fächern wie Architektur oder Musik, und auch in der Mathematik, beispielsweise als Beweisskizze. Eine solche Beweisskizze gibt die wesentlichen Schritte eines Beweises an ohne alle Schritte im Detail auszuführen. Auch Patentschriften enthalten bewusst einfach gehaltene Skizzen zur Darstellung technischer Konstruktionen. Dem Fachmann genügt eine solche Skizze, um die Durchführbarkeit und Wirkungsweise des Beweises oder der Konstruk-

https://doi.org/10.1515/9783110753325-013

tion zu beurteilen. Allen Skizzen gemeinsam ist eine Reihe von Eigenschaften, wie in
Bill Buxtons Standardwerk zum Thema Skizzen in der MMI [30] dargelegt:

- Skizzen sind *schnell und billig* anzufertigen oder erwecken zumindest diesen Eindruck. Dadurch sind sie auch immer *zum richtigen Zeitpunkt* verfügbar, also genau dann, wenn sie gebraucht werden.
- Skizzen sind zum *Wegwerfen* gemacht, nicht für die Dauer. Das bedeutet natürlich nicht, dass sie wertlos sind. Der Wert einer Skizze besteht in der dargestellten Funktion, nicht in der Qualität der Darstellung. Sobald man so viel Energie in eine Skizze gesteckt hat, dass man sie nicht mehr leichten Herzens wegwerfen könnte, ist es keine Skizze mehr.
- Skizzen sind *selten Einzelstücke*. Sie sind meist Bestandteil einer Sammlung oder Reihe von Varianten.
- Skizzen *deuten an* und *untersuchen*, statt etwas *festzulegen*. Darin unterscheiden sie sich beispielsweise maßgeblich von Prototypen.
- Skizzen sind absichtlich *mehrdeutig*. Im Zusammenspiel von Skizze und Zeichner bzw. Betrachter entstehen so neue Ideen: Der Zeichner lässt bestimmte Interpretationsspielräume bewusst offen und dem Betrachter fällt daraufhin womöglich eine Interpretation ein, an die der Zeichner gar nicht gedacht hatte.
- Skizzen verwenden ein *eigenes grafisches Vokabular* und einen *charakteristischen Stil*, wie z.B. nicht ganz gerade Linien oder über den Endpunkt hinaus gezogene Striche. Diese Art der Darstellung vermittelt die bewusste Ungenauigkeit.
- Skizzen zeigen einen *minimalen Detailgrad* und gerade *so viele Feinheiten wie nötig*. Zusätzliche Details, die für die jeweilige Fragestellung nicht relevant sind, vermindern sogar den Wert einer Skizze, da das Risiko besteht, dass sie von den wichtigen Aspekten ablenken.

Die bewusste Ungenauigkeit von Skizzen ist also kein Mangel, sondern eine positive Eigenschaft. Die nicht vorhandenen Details können von jedem Betrachter nach Belieben gedanklich ergänzt werden, was auch neue Ideen hervorbringen kann, und in jedem Fall dazu führt, dass der Betrachter sich nicht an den falschen Details stört. Skizzen sind daher auch bewusst mehrdeutig: Eine grafische Benutzerschnittstelle, die mit Bleistift auf Papier skizziert ist, wird nicht nach ihrem Farbschema beurteilt, sondern allein nach ihrer grafischen Struktur. Ein Beispiel für eine solche UI-Skizze ist auch der Bildschirminhalt im Titelbild dieses Buches.

Obwohl es sich oft lohnt, Skizzen aufzubewahren, um später wieder zu früheren Ideen zurückkehren zu können, sind Skizzen ihrer Natur nach doch ein Wegwerfprodukt. Die Skizze ist zwar ein Schritt auf dem gedanklichen Weg von der Idee zur Umsetzung, sie findet jedoch in der endgültigen Umsetzung keine Verwendung mehr, sondern bleibt ein Werkzeug für unterwegs.

12.2 Eigenschaften von Prototypen

Im Gegensatz zu Skizzen treffen Prototypen bestimmte klare Aussagen zu einem Entwurf oder einer Konstruktion. Ein Prototyp setzt bestimmte Teile der Funktionalität eines geplanten Produktes oder Systems so um, dass diese Teile ausprobiert werden können. Der Prototyp eines Fahrrades kann beispielsweise aus ein paar Stangen und einem Sattel bestehen, wenn es nur darum geht, die Funktion zu überprüfen, dass man darauf sitzen kann. Geht es hingegen um die Funktion des Fahrens, dann sind sich drehende Räder wichtig, auf den Sattel kann jedoch verzichtet werden. Die im Prototypen umgesetzte Funktionalität kann also unterschiedlich verteilt sein.

12.2.1 Auflösung und Detailgenauigkeit

Die Auflösung eines Prototypen beschreibt den Umfang seiner Umsetzung. Sind nur wenige Teile des geplanten Systems umgesetzt (beispielsweise nur ein Startbildschirm), dann bedeutet dies eine niedrige Auflösung, sind schon viele Teile umgesetzt, dann ist die Auflösung hoch. Diese Terminologie wurde von Houden und Hill [84] eingeführt und ist eigentlich etwas irreführend, da man in der Umgangssprache den Umfang der Umsetzung eher als Funktionsumfang oder eben Umfang bezeichnen würde. Der Begriff hat sich jedoch im Interaktionsdesign eingebürgert. Die Detailgenauigkeit eines Prototypen beschreibt, wie nahe er bereits am geplanten System ist. Eine Papierskizze des groben Bildschirmlayouts hat also eine niedrigere Detailgenauigkeit als eine detaillierte Stiftzeichnung mit allen Bildschirmelementen, und diese wiederum eine niedrigere als ein am Computer gezeichnetes Mockup des Bildschirms, in dem schon alle Farbschattierungen festgelegt sind.

Auflösung und Detailgenauigkeit eines Prototypen entscheiden darüber, für welche Art von Feedback er geeignet ist. Zeigt man dem Benutzer einen sehr detailliert grafisch umgesetzten Startbildschirm eines Programms, so kann man seine Meinung zu dieser grafischen Gestaltung und Aspekten wie Farben, Schriften und Wortwahl bekommen. Zeigt man ihm einen funktional sehr weit umgesetzten, dafür grafisch nicht ausgestalteten Prototypen, beispielsweise als funktionierendes Programm mit einfachen Bildschirmmasken und Blindtext, so kann der Benutzer viel eher Fragen zur logischen Struktur der Bedienabläufe beantworten. Wie bei Skizzen gilt es hier, den Detailgrad als Kombination von Auflösung und Detailgenauigkeit für die Fragestellung richtig zu wählen. Ein beliebtes Werkzeug zur Erstellung von Klick-Prototypen am Bildschirm ist beispielsweise Axure[20].

---

20 http://www.axure.com/

Abb. 12.2: Papier-Prototyp eines mobilen Gerätes. Hier ist nicht nur der Bildschirminhalt, sondern gleich das ganze Gerät als Prototyp umgesetzt. Knöpfe und Schalter können einfach gezeichnet werden.

mmibuch.de/v3/a/12.2

12.2.2 Horizontale und Vertikale Prototypen

Beim Prototyping von Software gibt es zwei häufig verwendete Arten, die Auflösung im Prototypen zu variieren. Betrachtet man die Funktionalität eines Programms beispielsweise als Baumstruktur mit Funktionen und Unterfunktionen, dann ist ein horizontaler Prototyp einer, der zu jeder vorhandenen Funktion den obersten Menüeintrag oder die erste Bildschirmmaske darstellt. Ein vertikaler Prototyp verzichtet auf diese Vollständigkeit an der Oberfläche, implementiert dafür aber eine bestimmte Funktion vollständig in die Tiefe. Auch Kombinationen beider Arten sind möglich.

12.2.3 Wizard of Oz Prototypen

In manchen Fällen ist es noch gar nicht möglich die tatsächliche Funktionalität eines geplanten Systems in einem Prototypen umzusetzen, oder es wäre viel zu aufwändig. In diesem Fall können Funktionen durch einen menschlichen Helfer so ausgeführt werden, dass es aussieht, als ob das Programm die Funktion ausgeführt hätte. In Anlehnung an L. Frank Baums Geschichte vom *Zauberer von Oz*, der sich letztendlich auch als Simulation durch einen Menschen entpuppte, heißen solche Prototypen auch Wizard of Oz Prototypen.

12.3 Papier-Prototypen

Eine häufig verwendete Art von Prototypen sind die Papier-Prototypen. Diese bestehen aus mehr oder weniger detaillierten Zeichnungen geplanter Bildschirminhalte, und zwar mit Stift auf einem Blatt Papier. Verschiedene Bildschirminhalte werden als verschiedene Zeichnungen umgesetzt. Der Versuchsperson wird nun von einem Helfer der Startbildschirm vorgelegt und abhängig von den getätigten Eingaben wird er gegen den jeweils passenden nächsten Bildschirm ausgetauscht. Statt kompletter Bildschirme können auch einzelne Masken, Menüs oder Dialogfelder ausgetauscht werden. Diese Art der Simulation stellt sehr stark die eigentlichen Bedienabläufe in den Vordergrund. Die konkrete grafische Umsetzung wird durch die gezielt skizzenhafte grafische Umsetzung in den Hintergrund gestellt. Die Detailgenauigkeit kann also relativ niedrig sein, während die Auflösung bei entsprechendem Fleiß sehr hoch sein kann. Papier-Prototypen bieten außerdem den Vorzug, dass auf unvorhergesehene Eingaben oder Bedienschritte schnell reagiert werden kann, indem Elemente des Prototypen einfach mit einem Stift ergänzt werden.

Bisher wurden Papier-Prototypen vor allem bei der Entwicklung grafischer Benutzerschnittstellen für Bildschirme verwendet, da sich Bildschirminhalte gut zeichnen

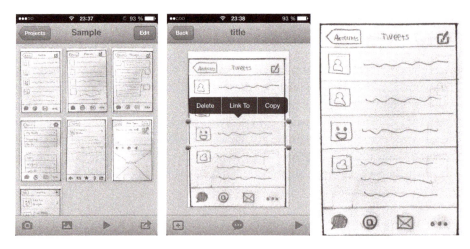

Abb. 12.3: PopApp: ein Werkzeug zur Verwendung von Papier-Prototypen auf Smartphones, Tablets und Wearables.

mnibuch.de/v3/a/12.3

lassen. Auch für mobile Anwendungen und Geräte sind Papier-Prototypen ein sehr geeignetes Mittel (Siehe Abbildung 12.2). In letzter Zeit findet man zudem auch Ansätze, diese etablierte Form des Prototyping auf neue Interaktionsparadigmen, wie physikalische Interaktion [217] oder Augmented Reality [108] zu übertragen. Eine interessante Mischform stellt die Smartphone-Anwendung PopApp[21] dar (Siehe Abbildung 12.3). Sie ermöglicht es, Papier-Prototypen mobiler Anwendungen weiterhin mit Stift und Papier zu zeichnen, diese dann aber auf dem mobilen Gerät in funktionale Klick-Prototypen zu verwandeln. Hierzu werden die verschiedenen Bildschirminhalte wie oben beschrieben gezeichnet. Danach werden sie mit der Kamera des mobilen Gerätes abfotografiert. In den Aufnahmen werden dann Klick-Bereiche definiert, die jeweils zu einem anderen (gezeichneten) Bildschirm führen. Ein derart digitalisierter Papier-Prototyp besitzt auf dem Bildschirm selbst immer noch die erwünschte skizzenhafte niedrige Detailgenauigkeit, während das gesamte Umfeld (Formfaktor des Geräts, Bedienung im Gehen) sehr realistisch ist und daher eine hohe Detailgenauigkeit besitzt.

Exkurs: Loslassen können `i`

Eine sehr positive Eigenschaft von Papier-Prototypen kommt vor allem in kleinen Entwicklungsteams zum tragen, bei denen der Entwickler gleichzeitig die Tests der Prototypen durchführt. Hier wird es plötzlich wichtig, dass ein Papier-Prototyp ohne eine einzige Zeile Programmierung auskommt.

Die gezeichneten Bildschirme werden vom Entwickler deshalb nicht als bereits entwickelte Bestandteile des geplanten Systems wahrgenommen. Eine Wiederverwendung von Programmcode ist ausgeschlossen, und statt einiger Tage Programmieraufwand hat der Entwickler nur einige Stunden Aufwand in das Zeichnen investiert. Liefert der Benutzertest nun ein kritisches oder negatives Ergebnis, so fällt es dem Entwickler emotional viel leichter, die schlechte Idee zu verwerfen und nach einer anderen Lösung zu suchen. Bei einem schon teilweise programmierten Prototypen wäre diese Hemmschwelle wesentlich höher.

12.4 Comics

Viele interaktive Systeme werden heute mobil genutzt und Interaktion findet in den verschiedensten Alltagssituationen statt. Ein derart reichhaltiges Umfeld lässt sich in Papier- oder Software-Prototypen alleine oft nicht darstellen. Wenn es um die Darstellung komplexer Handlungsabläufe geht, insbesondere über den einzelnen Bildschirm hinaus, dann bietet sich eine eher von außen betrachtende Sichtweise an: In Form vom Comics oder Storyboards lassen sich regelrechte Geschichten erzählen, bei denen sich die Interaktion mit dem zu entwerfenden System in verschiedenen Situationen und an verschiedenen Orten abspielt. In Kapitel 14 werden solche Storyboards beispielsweise zur Beschreibung eines komplexen Gesamterlebnisses beim Experience

---

21 https://marvelapp.com/pop/

Design benutzt. Genau wie der Papier-Prototyp kommt der Comic ohne eine Implementation des Systems aus und senkt damit die Hemmschwelle, bei einem negativen Ergebnis alternative Ansätze zu untersuchen.

mmibuch.de/v3/a/12.4

Abb. 12.4: Beispiel für den Beginn der Darstellung eines komplexen Handlungsablaufs in Form eines Comics. Die Handlung kann sich über verschiedene Geräte und Kontexte erstrecken und der Comic kann auch die Gedanken der Akteure darstellen.

Comics können entweder komplett von Hand gezeichnet werden, oder auch am Rechner, und dort mithilfe vorgefertigter Elemente[22] (z.B. Personen, Computer, Tablets, Räume, Autos etc.). Hierbei ist zu beachten, dass der Detailgrad einigermaßen konsistent ist, denn detailliertere Elemente ziehen sofort mehr Aufmerksamkeit auf sich. Der Detailgrad kann auch gezielt variiert werden, um beispielsweise den Blick des Betrachters auf einen Bildschirminhalt zu lenken, während der Rest des Frames nur die Situation darstellt und damit auch keine Aufmerksamkeit erregen soll.

Zur Erstellung kann man vorgehen wie beim Storyboard im Film: Zunächst wird die Handlung als Text formuliert (Skript). Danach wird für jede Szene oder jeden wesentlichen Handlungsschritt ein eigener Frame angelegt, in dem dann die beteiligten Personen in der jeweiligen Situation und beim Ausführen des jeweiligen Handlungsschritts gezeigt werden. Oft reichen aber auch schon wenige Schlüssel-Szenen, um die Geschichte zu vermitteln, da der Betrachter den Rest im Kopf ergänzt.

---

22 siehe beispielsweise https://www.openpeeps.com oder http://designcomics.org

12.5 Video-Prototypen

Eine weitere, eher von außen betrachtende Form von Prototypen sind sogenannte Video-Prototypen. Ein Video-Prototyp ist nichts anderes als eine Filmsequenz, die die Bedienung eines interaktiven Systems im geplanten Kontext zeigt und besitzt damit Ähnlichkeiten zu den in Abschnitt 11.7 vorgestellten Szenarien. In welcher Form das betreffende System dabei dargestellt wird, ist oft nicht so wichtig. Beispielsweise kann ein Mobiltelefon einfach durch ein Stück Pappe dargestellt werden, wenn der eigentliche Bildschirminhalt unwichtig ist und stattdessen der gesamte Handlungsablauf in der Umgebung im Vordergrund steht. Video-Prototypen können ihrerseits auch wiederum Papier-Prototypen verwenden, wenn beispielsweise Bildschirminhalte dargestellt werden sollen.

Abb. 12.5: Szene aus dem SUN Starfire Video Prototyp von 1992. Darin wurde ein komplettes Szenario mit viel Sorgfalt umgesetzt, das zeigt, wie man aus damaliger Sicht in Zukunft (2004) leben und arbeiten könnte.

mmibuch.de/v3/a/12.5

Eine Stärke von Video-Prototypen ist die Darstellung der Dimension Zeit. Da die Bedienung im zeitlichen Verlauf gezeigt wird, wird dieser automatisch gut dargestellt. Durch Skalieren der Zeit (Zeitlupe, Zeitraffer) oder filmische Ausdrucksmittel wie Schnitte und Überblendungen können auch sehr lange oder sehr kurze Zeiträume vermittelt werden. Monatelange Interaktionen lassen sich so in wenigen Minuten vermitteln, was mit keiner anderen Prototyping-Technik möglich ist. Auch technisch (noch) unmögliche Dinge sind im Film möglich, da mit beliebigen Tricks gearbeitet werden kann. Einfache Video-Prototypen können mit einem Mobiltelefon oder einer Kompaktkamera ohne Schnitt in wenigen Minuten gedreht werden, eine passende Vorbereitung der Szenen vorausgesetzt. Die kompetente Verwendung filmischer Ausdrucksmittel steigert natürlich die Ausdrucksstärke eines Video-Prototypen. Ein guter Schnitt, eventuell auch Zwischentitel oder ein Erzähler, zusammen mit einem Drehbuch, das eine gute Geschichte erzählt, ergeben einen guten Video-Prototypen.

Schließlich lassen sich im Video auch ganze Visionen zukünftiger Systeme darstellen. Ein Beispiel dafür, das eine gewisse Berühmtheit erlangt hat, ist das SUN Starfire Video[23] von 1992 (Abbildung 12.5). In diesem Video wird ein Szenario gezeigt, wie wir in Zukunft (aus der damaligen Sicht) arbeiten könnten. Viele der im Video gezeigten Technologien waren damals noch nicht anwendungsreif, in Forschungslabors jedoch schon ansatzweise vorhanden. Heute, mehr als zwei Jahrzehnte später, ist manches davon längst kommerzielle Realität (Videokonferenzen, Kollaboration am Bildschirm, schnelle Bildverarbeitung), während anderes noch immer Forschungsgegenstand ist (gekrümmte Displays) oder nie umgesetzt wurde. Das Starfire Video zeigt auf hervorragende Weise, wie interaktive Technologien in die Arbeitsabläufe und eine Erzählhandlung integriert werden und so eine glaubwürdige Geschichte entsteht.

  Verständnisfragen und Übungsaufgaben:

mmibuch.de/v3/l/12

1. Sie möchten einen vertikalen Prototypen für eine eCommerce-Webseite erstellen. Wie könnten Sie dazu beispielsweise vorgehen und welche Funktionalität benötigen Sie?
2. Was versteht man unter „Wizard of Oz" Prototpyen?
3. Wire framing und Video Prototyping haben einen gemeinsamen Vorteil mit Paper Prototyping. Welcher ist das?
4. Schlüpfen Sie in die Rolle eines Studenten und konzipieren Sie eine mobile Anwendung, die dessen Partyleben organisiert (Verwaltung von Einladungen und Gegeneinladungen, Bestimmen eines Autofahrers, Loggen des Getränkekonsums, etc.) Erstellen Sie für diese Anwendung einen Papier-Prototypen.
5. Verwenden Sie den eben erstellten Papier-Prototypen für die Produktion eines Video-Prototypen. Dabei sollen die wichtigsten Funktionen jeweils in einem realistischen Interaktionskontext gezeigt werden. Setzen Sie sich ein Zeitlimit von wenigen Stunden und arbeiten Sie mit einfachen und vertrauten Mitteln, wie z.B. der Kamera in ihrem Smartphone.
6. Entwerfen Sie auf Grundlage der Papier- und Video-Prototypen einen Klick-Prototypen mit einem Tool Ihrer Wahl (z.B. PopApp oder Axure).

---

23 http://www.asktog.com/starfire/

13 Evaluation

In der Informatik gibt es verschiedenste Kriterien, nach denen ein Computersystem oder ein Stück Software bewertet werden kann. Prozessoren werden meist nach ihrer Rechenleistung bewertet, gelegentlich auch nach ihrer Energieeffizienz. Ein Maß für die Qualität von Algorithmen ist deren Speicherplatz- oder Laufzeitverhalten, und Software wird beispielsweise danach bewertet, wie robust und fehlerfrei sie entwickelt wurde. Sobald wir aber interaktive Systeme betrachten, müssen wir immer das Zusammenspiel zwischen Mensch und Maschine betrachten (siehe auch Kapitel 1). Neben Robustheit und Effizienz ist dabei die Bedienbarkeit des Systems durch den Menschen das zentrale Kriterium. Da Menschen aber keine technischen Vorrichtungen sind, ist es vergleichsweise schwierig, psychologische Kriterien wie Bedienbarkeit objektiv zu messen und zu bewerten. Erschwerend kommt hinzu, dass Menschen auch untereinander verschieden sind und man daher garnicht die objektive Bedienbarkeit misst, sondern immer nur die Passung zwischen Werkzeug, Benutzer und Aufgabe (vgl. Abbildung 1.1). Hierzu existiert jedoch ein ganzes Repertoire verschiedener Kriterien und Techniken, die jeweils ihre eigenen Stärken und Schwächen haben, und von denen wir in diesem Kapitel einige betrachten werden.

13.1 Usability, UX und verwandte Kriterien

Die verwendeten Kriterien für die Bedienbarkeit (Usability) eines Systems haben sich mit der Zeit entwickelt und verändert, und sie sind teilweise in verschiedenen Kulturkreisen auch unterschiedlich gewichtet: Während frühe Rechenanlagen beispielsweise ausschließlich durch Experten bedient wurden, bei denen man umfangreiches Hintergrundwissen und eine lange Lernzeit (vgl. Abschnitt 3.2) voraussetzen konnte, wird bei heutigen Smartphone-Anwendungen oft die spontane Bedienbarkeit ohne jegliche Lernphase bewertet. Während Webseiten in Deutschland eher nüchtern, textlastig und strukturiert bevorzugt werden, kommt beispielsweise in China eher eine reichhaltige, bildlastige und verspielte Gestaltung gut an.[24] Das Thema Usability ist also in sich schon recht komplex. Für den deutschen Kulturkreis sind die Kriterien und Begriffe allerdings in einer Norm, der DIN EN ISO 9241-11 festgehalten [47]. Diese besagt:

> Usability ist das Ausmaß, in dem ein Produkt durch bestimmte Benutzer in einem bestimmten Nutzungskontext genutzt werden kann, um bestimmte Ziele effektiv, effizient und zufriedenstellend zu erreichen. [47]

---

24 Siehe beispielsweise https://worldsites-schweiz.ch/blog/internationales-marketing/marketing-in-china/web-design-china-usability-und-blickverhalten-sind-anders.htm

https://doi.org/10.1515/9783110753325-014

Usability muss also immer im Bezug auf eine bestimmte Aufgabe, eine klar umrissene Benutzergruppe und einen bestimmten Nutzungskontext bewertet werden (vgl. Kapitel 1). Sie besteht nach obiger Definition außerdem aus drei Unterkriterien: Effektivität, Effizienz und Zufriedenstellung des Nutzers (Satisfaction). Ein System ist effektiv, wenn es erlaubt, eine gestellte Aufgabe zu lösen. Seine Effizienz bemisst sich danach, in welcher Zeit oder mit welchem Aufwand die Aufgabe gelöst werden kann. Die Zufriedenstellung des Benutzers wird definiert als „Freiheit von Beeinträchtigung und positive Einstellung gegenüber der Nutzung des Produkts." [47]

Der häufig und unscharf verwendete Begriff intuitive Bedienbarkeit ist übrigens mit Vorsicht zu genießen, da intuitiv im eigentlichen Wortsinne bedeutet, dass etwas komplett ohne vorher gelerntes Wissen oder Kenntnisse, quasi *aus dem Bauch heraus* bedient werden kann, was auch bei den benutzerfreundlichsten Schnittstellen nur selten der Fall ist. Stattdessen greifen wir oft auf früher bereits erworbenes Vorwissen oder erlernte Verhaltensmuster zurück und nennen etwas *intuitiv*, nur weil wir nicht mehr viel Neues dazulernen müssen.

In Analogie zur Usability sind für den Erfolg eines Produktes bzw. das Gesamterlebnis (User Experience, UX) noch weitere Faktoren verantwortlich: Als Likability wird bezeichnet, wie sehr ein Benutzer das System oder den Umgang damit mag. Dies kann von völlig untechnischen Kriterien wie der Erfüllung persönlicher Bedürfnisse abhängen und wird in Kapitel 14 nochmals näher betrachtet. Die Accessibility (Barrierefreiheit) eines Systems bezeichnet, wie leicht es durch Benutzergruppen mit bestimmten Einschränkungen, wie z.B. Sehschwächen (siehe Exkurs auf Seite 20), motorischen oder kognitiven Einschränkungen bedient werden kann. Mindestanforderungen für die Barrierefreiheit sind beispielsweise in der *Barrierefreie-Informationstechnik-Verordnung - BITV*[25] festgelegt. Auch für Benutzer ohne Einschränkungen zählt bei Dokumentationen und Webseiten insbesondere deren Verständlichkeit (Readability). Bei Webseiten, aber auch im Umgang mit autonomen Systemen wie selbstfahrenden Autos, Robotern oder anderen intelligenten Agenten wird außerdem deren Glaubwürdigkeit (Reliablility) und Vertrauenswürdigkeit (Trustworthiness) beurteilt. All dies sind – je nach Kontext – valide Kriterien zur Evaluation eines interaktiven Systems.

Das Gebiet User Experience entwickelt sich derzeit noch sehr schnell und zum Druckzeitpunkt dieses Buches fand sich beispielsweise eine wachsende Sammlung von Evaluationsmethoden in einem Blog von Forschern des Gebiets.[26]

---

25 https://www.gesetze-im-internet.de/bitv_2_0/BJNR184300011.html
26 http://www.allaboutux.org

13.2 Arten der Evaluation

13.2.1 Formativ vs. Summativ

Zunächst kann man verschiedene Arten der Evaluation nach ihrem Verwendungszweck unterscheiden: Formative Evaluationen informieren den Entwicklungsprozess. Sie sind einer Design-Entscheidung zeitlich vorgelagert und ihr Ergebnis hat einen Einfluss auf die anstehende Entscheidung. Formative Evaluationen von Konzeptideen werden beispielsweise in den linken (divergenten) Hälften des *Double-Diamond* (siehe Kapitel 10) durchgeführt. Summative Evaluationen fassen das Ergebnis eines Entwicklungsprozesses zusammen. Sie liefern eine abschließende Bewertung für eine oder mehrere Design-Entscheidungen. Summative Evaluationen werden klassischerweise am Ende großer Projekte durchgeführt, um die erreichte Qualität zu überprüfen (rechte, konvergente Hälften des *Double-Diamond*). Da der Entwicklungsprozess im User-centered Design (UCD) iterativ verläuft, also aus ständigen Zyklen von Konzeption, Umsetzung und Evaluation besteht, haben viele Evaluationen in der Praxis sowohl formative als auch summative Aspekte: Die Bewertung eines Prototypen liefert in den allermeisten Fällen neue Erkenntnisse für dessen Weiterentwicklung.

13.2.2 Quantitativ vs. Qualitativ

Eine weitere Dimension, entlang derer man verschiedene Arten der Evaluation unterscheiden kann, ist die Art ihrer Ergebnisse: Quantitative Evaluationen liefern quantifizierbare, also in Zahlen ausdrückbare Ergebnisse. Dies können beispielsweise Messwerte wie Ausführungszeiten oder Fehlerraten sein, oder generell jede numerische Bewertung, mit der sinnvoll gerechnet werden kann. Daten von Fragebögen, in denen Bewertungen auf Likert-Skalen erhoben werden (siehe Abschnitt 11.3.3) sind mit Vorsicht zu genießen. Sie liefern zwar quantitative Daten, die jedoch auf einer Ordinalskala angeordnet sind, auf der die Berechnung eines Durchschnitts nicht sinnvoll ist. Trotzdem finden sich immer wieder Publikationen, in denen zu solchen Daten Durchschnittswerte angegeben werden.

Im Gegensatz dazu liefern qualitative Evaluationen nur Aussagen, die sich nicht numerisch fassen lassen. Beispiele hierfür sind frei formulierte Kommentare von Benutzern in Interviews oder Fragebögen, sowie Notizen im Rahmen einer Nutzer-Beobachtung. Qualitative und Quantitative Methoden ergänzen sich oft sinnvoll: während die quantitativen Verfahren statistisch auswertbare und damit wissenschaftlich allgemein als belastbar anerkannte Aussagen liefern, runden die qualitativen Methoden das Bild einer Studie ab. In Benutzerkommentaren und Beobachtungen stecken oft interessante Details und Aspekte, die sich aus rein numerischen Daten nicht entnehmen lassen. Quantitative Verfahren eignen sich oft gut für eine summative Evaluation ("Das Produkt ist mittelmäßig, 4 Punkte auf einer Skala von 1 bis 7"), qualitative hingegen besser für eine formative Evaluation ("Man könnte die Schrift größer machen und die Symbole verbessern, so dass man versteht, was sie bedeuten").

13.2.3 Analytisch vs. Empirisch

Die dritte Dimension, entlang derer wir Evaluationstechniken unterscheiden können, ist schließlich deren grundlegende Herangehensweise: Analytische Evaluationen untersuchen ein System, indem sie es analysieren, also beispielsweise seine Arbeitsweise, Bestandteile oder Eigenschaften betrachten und erklären. Empirische Evaluationen befassen sich lediglich mit den Ergebnissen bei der Bedienung eines Systems und beachten dabei nicht, wie diese zustande gekommen sind. Prominentestes Beispiel für eine empirische Methode sind die später in diesem Kapitel beschriebenen kontrollierten Experimente. In Anlehnung an Michael Scriven [166] (Übersetzung in [221]) könnte man diesen Unterschied auch wie folgt beschreiben:

> Will man ein Werkzeug, wie z.B. eine Axt evaluieren, dann kann man dies entweder analytisch tun und untersuchen, welcher Stahl für die Haue und welches Holz für den Griff verwendet wurde, wie die Balance der Axt oder die Schärfe der Klinge ist, oder man wählt den empirischen Weg und misst, wie gut die Axt in der Hand eines guten Holzfällers ihren Zweck erfüllt, also wieviel Holz er in gegebener Zeit damit fällt.

Analytische und empirische Evaluation sind (wie qualitative und quantitative) komplementär. Analytische Verfahren werden meist von Experten durchgeführt, während empirische Verfahren „normale" Benutzer als Probanden verwenden. Während empirische Untersuchungen wissenschaftlich belastbare Aussagen über die unterschiedliche Leistung von Systemen machen, liefern analytische Verfahren die möglichen Erklärungen hierfür: Messergebnisse ohne vernünftige Erklärung sind nur von begrenztem Wert, und umgekehrt nutzt die beste Analyse nichts, wenn ihre Ergebnisse nicht mit dem in der Realität gemessenen Verhalten übereinstimmen. Im Folgenden werden einige wichtige Vertreter der verschiedenen Arten von Evaluation vorgestellt.

13.3 Analytische Methoden

Analytische Methoden der Evaluation besitzen den Charme, dass sie prinzipiell ganz ohne echte Benutzer auskommen und direkt vom Experten durchgeführt werden können, der die Benutzer dabei irgendwie simuliert. Damit sind sie prädestiniert für eine schnelle und kostengünstige Evaluation von Konzepten, sowie für eine Evaluation in Situationen, in denen ein Konzept noch geheim bleiben soll. Das offensichtliche Risiko dabei ist jedoch, dass die gefundenen Probleme nicht wirklich diejenigen der späteren Benutzer sind, sondern Artefakte der verwendeten Evaluationsmethode oder der Art, wie der Benutzer simuliert wurde.

13.3.1 Cognitive Walkthrough

Bei einem Cognitive Walkthrough werden die Interaktionen eines simulierten Benutzers mit dem System Schritt für Schritt durchgeführt und dabei auftretende Probleme dokumentiert. Hierfür muss einerseits der fiktive Benutzer genau charakterisiert werden (z.B. durch eine Persona, siehe Abschnitt 11.7) und andererseits die auszuführende Handlung bzw. das zu erreichende Ziel genau spezifiziert werden. Nun werden die gedanklichen Schritte des Benutzers nacheinander simuliert, wobei man davon ausgeht, dass der Benutzer immer den einfachsten oder offensichtlichsten Weg wählen wird. Die dabei in jedem Schritt gestellten Fragen orientieren sich am Modell der Ausführung zielgerichteter Handlungen (siehe Abschnitt 5.3.1):

1. Ist die korrekte Aktion zur Ausführung einer Handlung ausreichend klar? Weiß der Benutzer überhaupt, was er tun soll?
2. Ist die korrekte Aktion als solche erkennbar? Findet sie der Benutzer?
3. Erhält der Benutzer eine ausreichende Rückmeldung nach Ausführung der Aktion, so dass er erkennen kann, dass die Handlung erfolgreich durchgeführt ist?

Während dieser simulierten Ausführung der Handlung werden in jedem Schritt potenzielle Probleme und deren Quellen notiert und auch sonstige Beobachtungen festgehalten. So steht am Ende eine konkrete Liste potenzieller Probleme, die ggf. noch nach ihrer Schwere kategorisiert werden und dann in einer neuen Version des Systems behoben werden können. Die Qualität des Ergebnisses dieser Technik steht und fällt damit, wie gut der fiktive Benutzer simuliert wird, und ob der Tester tatsächlich in jedem Schritt dessen Vorkenntnisse und Überlegungen richtig nachvollzieht. Die exakte Charakterisierung des Nutzers ist daher sehr wichtig.

13.3.2 Heuristische Evaluation

Die Heuristische Evaluation wurde durch Jacob Nielsen als sogenannte Discount Usability Methode eingeführt. Sie formalisiert die Vorgehensweise bei der analytischen Evaluation etwas stärker und basiert auf Jacob Nielsens zehn Heuristiken:

1. *Visibility of system status*: Das System sollte den Benutzer immer darüber informieren, was gerade passiert, z.B. durch zeitiges und angemessenes Feedback.
2. *Match between system and the real world*: Das System sollte die Sprache des Benutzers sprechen und ihm vertraute Formulierungen verwenden statt technischer Fachbegriffe. Es sollte Konventionen aus der echten Welt einhalten und Informationen logisch und nachvollziehbar anordnen.
3. *User control and freedom*: Benutzer wählen Systemfunktionen oft versehentlich aus und sollten dann einen einfach erkennbaren Ausweg aus diesem ungewollten Systemzustand vorfinden. Wichtig hierfür sind beispielsweise Undo (rückgängig machen) und Redo (Funktion wiederholen).

4. *Consistency and standards*: Benutzer sollten sich nicht fragen müssen, ob verschiedene Worte, Situationen oder Aktionen dasselbe bedeuten. Konventionen der jeweiligen Plattform sollten eingehalten werden.

5. *Error prevention*: Noch besser als Fehlermeldungen ist eine sorgfältige Gestaltung der Schnittstelle, die Fehler gar nicht erst entstehen lässt. Situationen, in denen Fehler wahrscheinlich sind, sollten gar nicht erst auftreten und vor potenziell fehlerhaften Eingaben ist ein Bestätigungsdialog sinnvoll.

6. *Recognition rather than recall*: Die Gedächtnisbelastung des Benutzers lässt sich verringern, indem Objekte, Aktionen und Optionen sichtbar und erkennbar gemacht werden (siehe auch Abschnitt 3.1.2). Der Benutzer sollte keine Informationen von einem Dialogschritt zum nächsten im Kopf behalten müssen. Bedienungshilfen sollten immer sichtbar oder zumindest leicht zu finden sein.

7. *Flexibility and efficiency of use*: Kurzbefehle und Tastaturkürzel – für den Neuling oft nicht erkennbar – können dem Experten eine sehr schnelle und effiziente Bedienung ermöglichen. So kann das System Neulinge und Experten gleichermaßen ansprechen (Flexibilität).

8. *Aesthetic and minimalist design*: Dialoge sollten keine irrelevanten oder selten benötigten Informationen enthalten. Jede unnötige Information konkurriert um die Aufmerksamkeit des Benutzers mit den relevanten Informationen und senkt deren relative Sichtbarkeit.

9. *Help users recognize, diagnose, and recover from errors*: Fehlermeldungen sollten eine einfache Sprache verwenden und keine Codes enthalten, das Problem präzise benennen, und konstruktiv eine Lösungsmöglichkeit vorschlagen.

10. *Help and documentation*: Obwohl ein System im Idealfall ohne Dokumentation bedienbar sein sollte, kann es manchmal nötig sein, Hilfe anzubieten. Hilfe und Dokumentation sollten einfach zu finden und zu durchsuchen sein. Sie sollten auf die Aufgaben des Benutzers fokussiert sein, konkrete Bedienschritte aufzeigen, und nicht zu umfangreich sein.

Bei der Durchführung einer heuristischen Evaluation werden diese sehr allgemeinen Kriterien in eine konkrete Checkliste überführt, die sich auf das zu evaluierende System bezieht. So lassen sich aus der Heuristik 1. *Visibility of system status* bei der Evaluation einer Website beispielsweise die folgenden konkreten Fragen ableiten:

1.1. Kann ich auf jeder Seite erkennen, wo ich mich gerade innerhalb der gesamten Website befinde?

1.2. Hat jede Seite einen aussagekräftigen Titel (z.B. zur Verwendung in Lesezeichen)?

1.3. Kann ich den Zweck und Inhalt jeder einzelnen Seite (z.B. Produkt-Information, Werbung, Reviews, Profil und Impressum) klar erkennen?

Mit dieser abgeleiteten konkreten Checkliste kann dann das zu testende System Schritt für Schritt systematisch untersucht werden. Zur Durchführung dieser Untersuchung an allen Teilen eines Systems sind nicht unbedingt Usability Experten notwendig, da die Kriterien ja in der Checkliste klar festgelegt sind. Bei der Ableitung der Kriterien aus den allgemeinen Heuristiken wird hingegen die Expertise eines Usability Experten gebraucht. Ein gewisses Risiko im Zusammenhang mit heuristischen Evaluationen besteht darin, viele problematische Details zu identifizieren, die später womöglich vom Benutzer gar nicht als problematisch empfunden werden. Hier ist es wichtig, bei der Ableitung der konkreten Kriterien aus den Heuristiken mit Augenmaß vorzugehen.

Eine prinzipielle Einschränkung der Methode ist die Festlegung auf Nielsens zehn Heuristiken. Diese gelten bei weitem nicht für alle denkbaren Kontexte. So ist beispielsweise die Heuristik *Aesthetic and minimalist design* ganz klar unserem westlichen Kulturkreis und auch hier nur unserem gegenwärtigen Stilempfinden zuzuordnen und müsste in anderen Kulturkreisen wie z.B. Indien oder China durch andere Kriterien ersetzt werden [62]. Die Heuristik *Recognition rather than recall* bezieht sich auf Situationen, in denen Effizienz das oberste Ziel ist, wirkt aber beispielsweise negativ bei einem Spiel, das Rätsel-Elemente enthält. Auch für andere Nutzergruppen wie z.B. Kinder ist unklar, welches Gewicht die einzelnen Heuristiken noch behalten.

 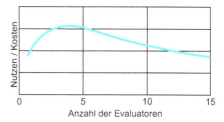

Abb. 13.1: Links: Prozentualer Anteil der gefundenen Probleme in Abhängigkeit von der Anzahl der Evaluatoren, Rechts: Verhältnis aus Nutzen und Kosten. Beide Diagramme zeigen nur den prinzipiellen Verlauf dieser Kurven. Die wirklichen Werte hängen immer von der konkreten Situation ab.

mmibuch.de/v3/a/13.1

Nielsen stellt in seiner Darstellung der heuristischen Evaluation[27] auch eine interessante Überlegung bezüglich der Anzahl der benötigten Evaluatoren an: Unter der Annahme, dass kein Evaluator perfekt arbeitet, sondern jeweils nur einen bestimmten Anteil der auftretenden Fehler findet, lässt sich beschreiben, wie die gesamte Anzahl der gefundenen Fehler mit der Anzahl der Evaluatoren steigt und sich asymptotisch den 100% annähert. Andererseits steigt aber der Aufwand (also insbesondere die Kosten) linear mit der Anzahl der Evaluatoren an. Betrachtet man die Effizienz als Quotient aus Nutzen und Aufwand, so hat diese ein Maximum bei einer relativ kleinen Anzahl von Evaluatoren, beispielsweise *vier oder fünf* (siehe Abbildung 13.1).

---

27 http://www.nngroup.com/articles/how-to-conduct-a-heuristic-evaluation/

13.3.3 GOMS und KLM

Ein recht altes Modell zur analytischen Beschreibung von Bildschirm-Interaktionen mittels Tastatur und Maus ist der GOMS Formalismus [35] von 1983 in Verbindung mit dem Keystroke Level Model (KLM) von 1980 [34]. In GOMS werden Interaktionen des Menschen beschrieben durch Ziele (Goals), Operatoren, Methoden und Auswahlregeln (Selection Rules). Dabei lässt sich ein Ziel prinzipiell durch verschiedene Methoden erreichen. Jede dieser Methoden besteht aus einer Folge verschiedener Operatoren, und aus den möglichen Methoden wird mittels der Auswahlregeln eine gewählt. Damit können auch komplexe Interaktionsabläufe hierarchisch strukturiert und analysiert werden. GOMS gibt uns dabei eine *top-down* Perspektive auf den Ablauf.

Das Keystroke Level Model geht den umgekehrten Weg, also *bottom-up*: Es beschreibt für elementare Operationen, wie beispielsweise das Drücken einer Taste oder den Wechsel von der Tastatur zur Maus, die zu deren Ausführung benötigte Zeit. Card, Moran und Newell ermittelten experimentell eine Tabelle solcher durchschnittlich benötigten Zeiten, und wenn die genaue Folge von Operationen für eine komplexere Aktion bekannt ist, dann lässt sich damit durch bloßes Aufsummieren eine Vorhersage über die zur Ausführung benötigte Zeit machen. Dabei unterscheiden die Autoren fünf grundlegende Operationen (hier mit den zugehörigen durchschnittlichen Zeiten):

- K (Keystroke): Das Drücken einer Taste benötigt bei einem mittelmäßigen Maschinenschreiber etwa $t_K \approx 0.28$ Sekunden.
- P (Pointing): Das Zeigen auf eine Bildschirmposition mit der Maus benötigt im experimentellen Durchschnitt etwa $t_P \approx 1.1$ Sekunden.
- H (Homing): Der Wechsel zwischen Tastatur und Maus benötigt im experimentellen Durchschnitt etwa $t_H \approx 0.4$ Sekunden.
- M (Mental preparation): Das geistige Vorbereiten einer nachfolgenden Operation benötigt im experimentellen Durchschnitt etwa $t_M \approx 1.35$ Sekunden.
- $R(t)$ (Response time t by the system): Antwortzeit des Systems von t Sekunden.

Nun betrachten wir einen Benutzer mit dem Ziel, eine Datei zu löschen, wobei die Hände vorher und hinterher auf der Tastatur sein sollen. Für dieses Ziel existieren in einer grafischen Benutzerschnittstelle unter anderem die beiden folgenden Methoden:

- *M1*: Wechsel zur Maus, Bewegen des Mauszeigers zur Datei, Anklicken der Datei, Ziehen zum Mülleimer und Loslassen, Wechsel zur Tastatur
- *M2*: Wechsel zur Maus, Selektieren der Datei, Wechsel zur Tastatur, Taste *Entf.*

Damit lassen sich die Ausführungszeiten wie folgt berechnen:

- $t_{M1} \approx t_H + t_P + t_K + t_P + t_H \approx 0.4 + 1.1 + 0.28 + 1.1 + 0.4 \approx 3.28s$
- $t_{M2} \approx t_H + t_P + t_H + t_K \approx 0.4 + 1.1 + 0.4 + 0.28 \approx 2.18s$

Daraus geht hervor, dass die Methode *M2* schneller ist, was sich mit dem Zweck von Tastaturkürzeln deckt, Zeit zu sparen. Auch komplexere Interaktionen lassen sich auf diese Weise ohne funktionierenden Prototypen analysieren. Das KLM ermöglicht es also, Interaktionen rein analytisch zu bewerten bevor mit der Implementation überhaupt begonnen wird.

Dabei gibt es die prinzipbedingten Einschränkungen, dass man bei dieser Art der Analyse immer von einer fehlerfreien Interaktion ausgeht, und dass ein durchschnittlicher Benutzer zugrunde gelegt wird. Bei den heutigen vielfältigen Formen der Interaktion rückt das für Bildschirm-Arbeitsplätze konzipierte und bewusst einfach gehaltene KLM auch deshalb immer weiter in den Hintergrund, weil sich viele Dinge, wie z.B. wechselnde Umgebungssituationen oder Ablenkung darin nicht modellieren lassen.

13.4 Empirische Methoden

Als empirische Methoden werden alle Formen der Evaluation bezeichnet, die durch Messung oder anderweitige Sammlung in Experimenten, Beobachtungen oder Befragungen Daten erheben, auf deren Basis sich wissenschaftliche Aussagen machen lassen. *Empirische* und *analytische* Evaluationen verhalten sich zueinander komplementär: Mittels empirischer Methoden lässt sich herausfinden *dass* ein bestimmter Sachverhalt auftritt, und mit analytischen Methoden *warum* (vgl. Scriven [166]). Einen hervorragenden Überblick über den Entwurf, die Auswertung und Darstellung Wissenschaftlicher Experimente geben Field und Hole [57]. Für die wissenschaftliche Aussagekraft empirischer Untersuchungen gibt es bestimmte Qualitätskriterien:

- Objektivität bedeutet, dass die erhobenen Daten unabhängig von der spezifischen Messmethode oder den Erwartungen und Hypothesen des Experimentators sind. Zeiten oder Distanzen lassen sich einfach objektiv messen, Stimmungen oder Erlebnisse viel schwieriger.
- Reliabilität bedeutet, dass die Untersuchung, wenn man sie wiederholt, zu den gleichen Ergebnissen führt. Das impliziert insbesondere auch, dass sie hinreichend genau beschrieben sein muss, damit andere Forscher sie wiederholen können und dabei zu den gleichen Ergebnissen gelangen.
- Validität bedeutet, dass die so ermittelten Ergebnisse nur genau das messen, was sie auch messen sollen (interne Validität) und repräsentativ für die Allgemeinheit sind (externe Validität). Wollte man beispielsweise Intelligenz durch das Wiegen der Gehirnmasse messen, dann wäre dies kein intern valides Maß. Wählt man für eine Studie zum Verhalten aller Autofahrer nur achtzehnjährige Probanden, dann wäre das Resultat nicht extern valide.
- Relevanz bedeutet, dass die Ergebnisse tatsächlich neue Erkenntnisse liefern und daher in irgendeiner Weise nützlich sind. Eine Studie, die objektiv, reliabel und valide nachweist, dass Wasser bergab fließt, wäre beispielsweise nicht mehr wirklich relevant.

Bevor wir uns nun dem Entwurf und der Auswertung verschiedener empirischer Methoden zuwenden, müssen noch einige weitere Begriffe geklärt werden.

13.4.1 Variablen und Werte

Daten, oder Merkmale, die wir in einer empirischen Untersuchung messen oder einstellen, werden Variablen genannt. Dabei heißen die Daten, durch die Umgebung fest vorgegeben sind oder die wir als Experimentator kontrollieren und gezielt einstellen unabhängige Variablen, da sie nicht vom beobachteten Prozess abhängen. Diejenigen Daten, die als Ergebnis der Untersuchung gemessen werden und vom beobachteten Prozess abhängen, heißen abhängige Variablen.

Ein Beispiel: Nehmen wir an, wir wollen messen, wie sich die Arbeitsumgebung auf die Geschwindigkeit beim Schreiben eines Lehrbuches auswirkt. Die verschiedenen Arbeitsumgebungen, die uns interessieren, sind das Büro und der Schreibtisch zuhause. Die unabhängige Variable *Umgebung* hat also die beiden möglichen Werte *Büro* und *zuhause*. Der beobachtete Prozess ist das Schreiben des Lehrbuches. Als abhängige Variable messen wir die Schreibgeschwindigkeit in *Seiten pro Tag*. Nun gibt es verschiedene Arten von Daten, die wir messen oder kontrollieren können. Diese sind auf verschiedenen Skalen angeordnet:

- Nominale Daten benennen verschiedene Kategorien, ohne dabei eine Ordnung vorzugeben. Beispiele dafür sind Ländernamen oder Fußballmannschaften oder die eben genannten Arbeitsumgebungen. Auf dieser Nominalskala kann man die Häufigkeiten verschiedener Werte ermitteln, und als Zusammenfassung von Werten kann man den am häufigsten auftretenden einzelnen Wert (Modus) angeben.
- Ordinale Daten lassen sich sortieren, also in eine Ordnung bringen, aber es ergibt keinen Sinn, direkt mit ihnen zu rechnen. Beispiele hierfür sind Kapitelnummern, Schulnoten, oder Zieleinläufe bei einem Marathon: Man kann zwar die Läufer in eine Reihenfolge bringen (Platz 1-99), aber diese Plätze lassen keinen Rückschluss zu, wieviel Zeit zwischen ihnen lag. Stattdessen kann man auf der Ordinalskala den Median als Mittelwert angeben, also die Zielzeit des 50. von 99 Läufern.
- Kardinale Daten sind Zahlenwerte, mit denen ohne weitere Hilfskonstrukte sinnvoll gerechnet werden kann. Dabei können diskrete Daten nur bestimmte Werte annehmen und stetige Daten auch alle Zwischenwerte. Beispielsweise ist die Kinderzahl einer Familie immer eine nichtnegative ganze Zahl, während die Körpergröße in gewissen Grenzen beliebige Werte annehmen kann. Als Mittelwert kann man das arithmetische Mittel (Durchschnitt) angeben. Kardinale Daten können auf zwei verschiedenen Skalen angeordnet sein:
  - Auf einer Intervallskala kann sinnvoll subtrahiert oder ein Abstand addiert werden. Beispiele hierfür sind Temperaturen in Grad Celsius oder Fahrenheit, oder Zeitpunkte. Die Nullpunkte hierfür sind beliebig gewählt, Abstände jedoch vergleichbar (10 Grad wärmer, 5 Stunden später).

– Auf einer Verhältnisskala gibt es einen klar definierten Nullwert. Beispiele sind die oben genannte Körpergröße und Kinderzahl, Temperaturen in Kelvin, oder Zeitdauern. Mit solchen Daten kann man direkt sinnvoll dividieren und malnehmen (halbe Dauer, doppelt so viele Kinder).

Die Art der Daten, die wir erheben, hat eine maßgebliche Auswirkung auf die weitere Verarbeitung und Darstellung der Ergebnisse, wie wir weiter unten sehen werden.

Exkurs: Kann man mit Schulnoten rechnen?

Mit Schulnoten wird oft ganz selbstverständlich gerechnet: Es werden insbesondere gerne Durchschnittsnoten gebildet. In Wirklichkeit sind Notenstufen aber keine kardinalen, sondern ordinale Daten. Dies kann man sich daran verdeutlichen, dass Schulnoten ja eigentlich geordnete Werte von *Sehr gut* bis *Nicht Bestanden* annehmen, und die Zahl dafür lediglich eine Kurzdarstellung ist. Schauen Sie bitte in Ihre Prüfungsordnung! Niemand käme auf die Idee, mit Worten zu rechnen und zu sagen, dass *Gut* das Doppelte von *Sehr Gut* sei. Eine erreichte Punktzahl hingegen ist ein echter kardinaler Wert, da man sinnvoll sagen kann, Student A habe doppelt so viele Punkte erreicht wie Student B.

Streng genommen müsste man also zunächst berechnen, wie viele Punkte durchschnittlich erreicht wurden, und dieser Punktzahl dann die entsprechende Note zuordnen, statt einen Durchschnitt über die Notenwerte als Zahlen zu bilden. Diese beiden Berechnungswege liefern nur dann das gleiche Ergebnis, wenn die Abbildung von Punktzahlen auf Notenwerte eine lineare Abbildung, also der Abstand zwischen den Notenstufen gleich groß ist. Weil das aber wiederum meistens der Fall ist, wird hier im Alltag nicht klar getrennt, und stattdessen einfach der Durchschnitt der Noten berechnet.

13.4.2 Messung komplexerer Größen

Solange es sich bei den Daten um einfache Größen wie Geschwindigkeit oder Fehlerzahl handelt, lassen sich diese sich einfach durch Messen oder Zählen erfassen. Wenn aber komplexere Größen wie Zufriedenstellung oder Immersion gemessen werden sollen, dann verwendet man hierfür oft etablierte und validierte fertige Fragebögen. Beispiele hierfür sind die System Usability Scale (SUS) zur Messung der allgemeinen Usability oder der NASA Task Load indeX (TLX) zur Messung der Belastung bei einer bestimmten Aufgabe (vgl. Abschnitt 3.5). Bei der Messung affektiver Reaktionen kommt der PANAS zum Einsatz und zur Beurteilung hedonischer und pragmatischer Produktqualitäten der AttrakDiff (siehe Abschnitt 14.3). Das abstrakte Konzept der Immersion in virtuellen Welten (siehe Abschnitt 20.1.4) kann mit dem igroup presence questionnaire (IPQ)[28] gemessen werden. Eine aktuelle Übersicht gibt beispielsweise die German UPA auf ihrer Webseite.[29] Hier kann man sogar gezielt nach den zu messenden Größen filtern und gelangt zu den relevanten Fragebögen.

---

28 http://www.igroup.org/pq/ipq/ sowie [164]
29 https://germanupa.de/wissen/fragebogenmatrix

In Abschnitt 11.3 wurde grundlegend erklärt, wie man eigene Fragebögen erstellt. Diese liefern dann jedoch nur Antworten auf die konkret dort gestellten Fragen. Die Entwicklung und Validierung eigener Fragebögen für komplexere Größen übersteigt den Umfang dieses Grundlagen-Lehrbuches deutlich.

13.4.3 Studienteilnehmer

Die Teilnehmer einer empirischen Studie heißen auch Probanden und ihre Auswahl ist entscheidend für die externe Validität der Studie. Jeder einzelne Teilnehmer wird durch seine demografischen Daten wie Alter, Geschlecht oder Bildungsstand charakterisiert. Darüber hinaus kann es je nach Inhalt der Studie auch weitere wichtige Kriterien geben, wie beispielsweise die Erfahrung im Umgang mit dem untersuchten Gerät, Rechts- oder Linkshändigkeit, oder Sehkraft. Dabei sollte die Auswahl (Stichprobe) der Teilnehmer möglichst repräsentativ sein für den gesamten Teil der Bevölkerung (Grundgesamtheit), über den man eine Aussage machen will.

Ein Beispiel: Will man ein Seniorentelefon entwickeln und dessen Bedienbarkeit anhand eines Prototypen überprüfen, dann ist es sinnlos, dafür zwanzigjährige Studenten als Probanden zu nehmen. Die Ergebnisse, die eine solche Studie liefern würde, ließen sich nämlich höchstens auf junge Erwachsene übertragen, nicht jedoch auf die eigentliche Zielgruppe der Senioren. Dass an Universitäten viele empirische Untersuchungen mit Studenten als Teilnehmern durchgeführt werden, ist ein stetiger Kritikpunkt in der wissenschaftlichen Community, weil es die Aussagekraft der gewonnenen Ergebnisse oft auf diese Bevölkerungsgruppe einschränkt.

Will man einen existierenden Effekt mit einer Studie als statistisch signifikant nachweisen, dann benötigt man hierzu eine Mindestanzahl von Teilnehmern. Nimmt man mehr, dann wird der Effekt immer signifikanter. Nimmt man zu viele, dann werden irgendwann auch eigentlich irrelevante Effekte plötzlich signifikant. Gleichzeitig steigt mit der Teilnehmerzahl außerdem der Aufwand für die Studie, was Zeit und Kosten angeht. Es gibt also für jede Studie eine optimale Teilnehmerzahl, die den besten Kompromiss zwischen Signifikanz und Aufwand darstellt. Für die Anzahl der benötigten Studienteilnehmer gibt es aber leider keine einfache allgemeine Regel. Bei einem sauber definierten, kontrollierten Experiment kann man mittels einer Poweranalyse[30] herausfinden, wie viele Teilnehmer man braucht, um einen existierenden Effekt mit einer gewissen Wahrscheinlichkeit auch tatsächlich nachzuweisen.

Bei kleinen Zahlen richtet sich die Zahl der Teilnehmer außerdem oft auch nach ganz pragmatischen Überlegungen: Will man beispielsweise vier verschiedene Werte einer unabhängigen Variable vergleichen, und jeder Teilnehmer kann nur einen Wert testen, dann sollte die Teilnehmerzahl ein Vielfaches von vier sein, damit jeder

30 beispielsweise mit der Software G*Power (http://gpower.hhu.de)

Wert von gleich vielen Teilnehmern getestet wird und die Gegenbalancierung mittels eines Lateinischen Quadrats (siehe Abschnitt 13.4.5) einfach funktioniert. In der Mensch-Maschine-Interaktion wird oft mit relativ kleinen Teilnehmerzahlen zwischen zehn und 50 gearbeitet, von denen man sich dann erhofft, dass sie gerade eben statistisch verwertbare Ergebnisse liefern. In der Psychologie und Medizin werden oft, je nach Ergebnis der Poweranalyse, erheblich größere Zahlen verwendet.

Bei der Rekrutierung von Studienteilnehmern ist es wichtig, deren Einverständnis formal korrekt einzuholen. Insbesondere müssen diese vollständig informiert und einwilligungsfähig[31] sein. Man sollte ihnen erklären, worum es in der Studie geht, jedoch ohne ein gewünschtes Ergebnis anzudeuten. Außerdem sollten sie darüber informiert werden, dass sie die Teilnahme jederzeit beenden können und dass ihre Daten komplett vertraulich bzw. anonymisiert und nur für den Zweck dieser Studie verwendet werden. Beispiele für solche Einverständniserklärungen finden sich vielfach im Internet und weitere Informationen sind in der Regel bei der Ethikkommission der jeweiligen Universität zu erfragen.

13.4.4 Beobachtungsstudien

Eine einfache Form empirischer Studien sind sogenannte Beobachtungsstudien (siehe auch Abschnitt 11.5). Dabei werden Prozesse beobachtet, ohne dass man in ihren Ablauf gezielt eingreift oder unabhängige Variablen kontrolliert. Stattdessen werden die Probanden verschiedenen Werten einer Variable zugeordnet, je nach dem, in welcher Kategorie sie sich von Natur aus befinden. Ein Beispiel: In einem Semester nehmen 108 Studierende an der Vorlesung „Mensch-Maschine-Interaktion 1" teil. Davon besuchen 50 Prozent den freiwilligen Übungsbetrieb. Die Variable *Übungsteilnahme* hat also die beiden möglichen Werte *ja* und *nein* und zu jedem Wert gehören jeweils 54 Probanden. Bei der Klausur am Ende des Semesters messen wir die Variable *Note* und es stellt sich heraus, dass die Noten der Übungsteilnehmer im Schnitt besser ausfallen als die der Nichtteilnehmer. Mit den passenden statistischen Auswertungen lässt sich daraus entnehmen, dass eine Korrelation zwischen *Übungsteilnahme* und *Note* besteht. Hierbei handelt es sich nicht um ein echtes kontrolliertes Experiment, sondern um ein Quasi-Experiment, da die Variable *Übungsteilnahme* eben nicht vom Experimentator gesteuert wird, sondern sich aus dem Verhalten der Probanden ergibt.

Leider lässt sich aus der so ermittelten Korrelation keine Kausalität ableiten, denn es könnte ja sein, dass die *Note* nicht einfach nur von der *Übungsteilnahme* abhängt, sondern beides von einer dritten, konfundierenden Variable *Interesse*, die einen Charakterzug des Probanden beschreibt und die beiden Werte *interessiert* und *desinteressiert* annehmen kann. In diesem Fall würden *interessierte* Studierende eher

---

31 siehe z.B. https://de.wikipedia.org/wiki/Informierte_Einwilligung

am Übungsbetrieb teilnehmen und durch ihr höheres Interesse (nicht durch die Übungen!) auch den Stoff besser verstehen und damit eine bessere *Note* in der Klausur erzielen. Die bessere Note wäre in diesem Fall also nicht durch die Übungsteilnahme, sondern lediglich durch das Interesse des Studierenden zu begründen. Leider erlaubt es eine Beobachtungsstudie nicht, die beiden verschiedenen Fälle voneinander zu unterscheiden. Durch eine einfache Änderung ließe sich dieses *Quasi-Experiment* jedoch in ein echtes kontrolliertes Experiment überführen.

13.4.5 Kontrollierte Experimente

Im nächsten Semester nehmen wieder 108 Studierende an der Vorlesung MMI1 teil. Davon werden 50 Prozent zufällig ausgewählt, die zur Teilnahme am Übungsbetrieb gezwungen werden, während der Rest daran nicht teilnehmen darf. Die unabhängige Variable *Übungsteilnahme* hat also die beiden möglichen Werte *ja* und *nein* und zu jedem Wert gehören jeweils 54 Probanden. In diesem Fall wurde die Zuordnung der Probanden zu einem der beiden Werte jedoch zufällig bestimmt, und deshalb können wir davon ausgehen, dass sich auch die *interessierten* und die *desinteressierten* Studierenden zufällig auf diese beiden Gruppen verteilen. Bei der Klausur am Ende des Semesters messen wir nun die abhängige Variable *Note* und es stellt sich heraus, dass die Noten der Übungsteilnehmer im Schnitt besser ausfallen als die der Nichtteilnehmer. Durch die zufällige Zuweisung können wir in diesem Fall jedoch den Einfluss der dritten Variable *Interesse*, von der sowohl *Übungsteilnahme* als auch *Note* abhängen, ausschließen. Das Beispiel zeigt, wie wichtig es ist, den genauen Aufbau des Experiments zu planen. Da alle relevanten unabhängigen Variablen kontrolliert werden, handelt es sich um ein kontrolliertes Experiment.

Zu Beginn eines jeden Experiments steht eine wissenschaftliche Hypothese, die man mit dem Experiment überprüfen möchte. Im obigen Beispiel ist die Hypothese:

H: Übungsteilnehmer erzielen im Mittel andere Noten in der Klausur als Nichtteilnehmer.

Um eine solche Hypothese zu beweisen, greift man nun zu einem Trick: Da man eine Hypothese statistisch nie beweisen, sondern nur widerlegen kann, widerlegt man stattdessen das genaue Gegenteil der Hypothese und hat damit gezeigt, dass die Hypothese selbst gilt. Das Gegenteil der Hypothese ist die sogenannte Nullhypothese:

H_0: Übungsteilnehmer und Nichtteilnehmer erzielen im Mittel die gleichen Noten in der Klausur.

Wesentlich hierfür ist, dass H_0 und H tatsächlich komplementär sind und es keine dritte Möglichkeit gibt. Hat man dann gezeigt, dass H_0 nicht gilt, indem man im Experiment nachweist, dass es einen nicht zufällig entstandenen Unterschied gibt, dann kann nur noch die ursprüngliche Hypothese H gelten. Außerdem kann man an den im Experiment ermittelten Werten gleich auch sehen, in welche Richtung sich die Werte unterscheiden, in unserem Beispiel also, um wie viel die Noten im Durchschnitt besser (oder schlechter) werden, und wie stark dieser Unterschied (Effektstärke, s.u.) ist.

Als Nächstes muss man dann eine im Experiment zu lösende Aufgabe (engl. task) festlegen. Will man beispielsweise zwei Methoden der Texteingabe vergleichen, dann wäre eine sinnvolle Aufgabe die Eingabe eines vorgegebenen Textes. Will man die Effizienz einer Webseite für Online-Shopping messen, dann wäre eine sinnvolle Aufgabe das Einkaufen eines Gegenstandes. In beiden Fällen wären die benötigte Zeit sowie die Anzahl der gemachten Fehler sinnvolle Messgrößen als abhängige Variablen. Bleiben wir bei dem Beispiel der Vorlesung, dann besteht die experimentelle Aufgabe im Schreiben der Klausur und gemessen wird die erzielte Punktzahl.

Zur Widerlegung der Nullhypothese wird ein geeignetes experimentelles Design entworfen. Dazu werden die unabhängigen und die abhängigen Variablen festgelegt, sowie die verschiedenen experimentellen Bedingungen und ihre Aufteilung auf die Probanden. Im obigen Beispiel sind die beiden Bedingungen die beiden möglichen Werte der Variable *Übungsteilnahme*. Gibt es mehrere unabhängige Variablen, dann ergeben sich die möglichen Bedingungen aus allen möglichen Kombinationen der Variablenwerte. Will man beispielsweise den Erfolg der Übungsteilnahme in drei verschiedenen Studienfächern ermitteln, dann gibt es eine weitere unabhängige Variable *Fach* mit den (beispielhaften) Werten **MMI1**, **Analysis** und **Algebra**. Damit ergeben sich 3 * 2 = 6 mögliche Bedingungen:

Fach:		*MMI1*	*Analysis*	*Algebra*
Übungsteilnahme:	*Ja*	Bedingung 1	Bedingung 2	Bedingung 3
	Nein	Bedingung 4	Bedingung 5	Bedingung 6

Nun kann man entscheiden, ob jeder Proband alle Bedingungen ausführen soll (within-subjects Design) oder ob jeder Proband nur eine bestimmte Bedingung ausführt und man über diese verschiedenen Gruppen hinweg vergleicht. (between-groups Design). Im obigen Beispiel bietet sich ein between-groups Design an, da sonst jeder Student jede Vorlesung zweimal hören müsste, was im wirklichen Leben nicht viel Sinn ergibt. Außerdem lässt sich so die Studie in nur einem Semester durchführen, während man andernfalls 6 Semester braucht. Im Gegenzug werden insgesamt mehr Probanden gebraucht, aber mit der im Beispiel genannten Probandenzahl $n = 108$ liegen wir für sechs experimentelle Bedingungen in einer vernünftigen Größenordnung, da so auf jede Bedingung immer noch 18 Probanden entfallen.

Führt jeder Proband alle Bedingungen aus, dann spielt die Reihenfolge der Bedingungen eine wesentliche Rolle: Käme Bedingung 1 beispielsweise immer vor Bedingung 4 dran, dann könnte es sein, dass die Noten beim zweiten Hören der MMI Vorlesung konsistent besser sind, egal ob an Übungen teilgenommen wurde oder nicht. Dies wäre ein Lerneffekt, der im Studium ja tatsächlich so auch gewünscht ist, für das kontrollierte Experiment jedoch stört. Umgekehrt könnte aber auch ein Ermüdungseffekt eintreten, der dazu führt, dass man beim zweiten Hören der Vorlesung schon gelangweilt oder ermüdet ist und damit eine schlechtere Note erzielt. Beide Effekte lassen sich ausschalten, indem man die Reihenfolge der experimentellen Bedingungen variiert: Man kann diese Reihenfolge zufällig festlegen (Randomisierung) und bei einer sehr großen Zahl von Probanden sind die genannten Effekte damit ausgeschlossen. Für kleinere Probandenzahlen bietet es sich jedoch eher an, systematisch vorzugehen (Gegenbalancierung). Man könnte beispielsweise alle möglichen Reihenfolgen zuweisen (Permutation). Damit ergeben sich im obigen Beispiel 6! = 6 * 5 * 4 * 3 * 2 * 1 = 720 mögliche Reihenfolgen, und man braucht eine Probandenzahl, die ein Vielfaches von 720 ist. Da auch dies in den meisten Fällen unrealistisch ist, wird hier die Methode der Lateinischen Quadrate (engl. latin square) eingesetzt: Dabei wird nur gefordert, dass paarweise zwischen allen Bedingungen jede Reihenfolge gleich oft vorkommt und dass jede Bedingung einmal an jeder Position vorkommt. Ein lateinisches Quadrat für unsere Beispielstudie sieht wie folgt aus:

Bed. 6	Bed. 1	Bed. 5	Bed. 2	Bed. 4	Bed. 3
Bed. 5	Bed. 6	Bed. 4	Bed. 1	Bed. 3	Bed. 2
Bed. 2	Bed. 3	Bed. 1	Bed. 4	Bed. 6	Bed. 5
Bed. 1	Bed. 2	Bed. 6	Bed. 3	Bed. 5	Bed. 4
Bed. 4	Bed. 5	Bed. 3	Bed. 6	Bed. 2	Bed. 1
Bed. 3	Bed. 4	Bed. 2	Bed. 5	Bed. 1	Bed. 6

Somit können wir mit 6 verschiedenen Reihenfolgen eine Gegenbalancierung der 6 experimentellen Bedingungen erreichen und damit die Fehlerquellen durch die Reihenfolge der Ausführung ausschalten. Bei insgesamt n=108 Probanden führen also jeweils 18 Probanden die Bedingungen in der gleichen Reihenfolge aus.

13.4.6 Darstellung der Ergebnisse

Bei der Durchführung eines Experimentes werden die abhängigen Variablen gemessen und zunächst einmal in einer großen Tabelle aufgezeichnet. Man erhält also eine Zuordnung von experimentellen Bedingungen und Probanden zu gemessenen Werten. Im obigen Beispiel ist dies die Notentabelle. Bei einem *between groups* Design wäre das eine Tabelle mit allen Klausurteilnehmern und der jeweiligen Note im Fach MMI, sowie der Information, ob sie am Übungsbetrieb teilgenommen haben oder nicht. Abhängig von der Art der Daten können diese nun unterschiedlich verarbeitet und dargestellt werden.

Bei nominalen und ordinalen Daten bietet sich die Darstellung als Histogramm an. Dabei wird zu jedem einzelnen Wert die Häufigkeit seines Auftretens dargestellt. Sind die Daten ordinal, dann gibt die zugehörige Ordnung auch eine sinnvolle Reihenfolge der Werte im Histogramm vor. Wird die MMI1 Klausur beispielsweise nach den

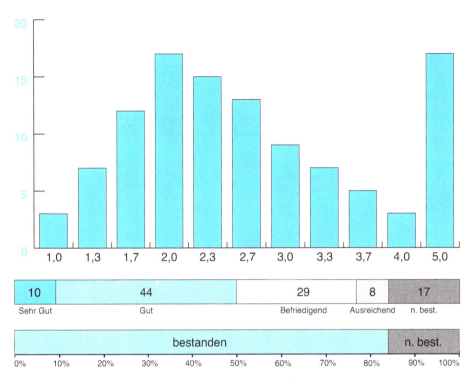

mmibuch.de/v3/a/13.2

Abb. 13.2: Histogrammdarstellung einer Verteilung über ordinalen Daten, hier der Drittel-Notenstufen einer Klausur (oben), der ganzen Notenstufen einer Klausur (Mitte) sowie nach bestanden / nicht bestanden (unten). Unten lassen sich Prozentsätze ablesen, oben absolute Studentenzahlen. Alle beruhen auf den gleichen Daten.

in Deutschland üblichen Notenstufen von 1,0 bis 5,0 bewertet, dann wäre ein Histogramm (Abbildung 13.2 oben) eine angemessene Darstellung. Siehe hierzu auch den Exkurs auf Seite 157. Auch quantitative Daten lassen sich so darstellen, indem man sie in verschiedene Äquivalenzklassen einteilt, beispielsweise auf ganze Zahlen rundet. Die Verteilung über so entstehende Kategorien ist wieder als Histogramm darstellbar und die Zusammenfassung hilft uns dabei, andere Zusammenhänge zu kommunizieren. Sollen nur wenige Werte dargestellt werden, dann braucht ein herkömmliches Histogramm unnötig viel Platz und man kann die Verteilung platzsparender als horizontale Balken (Abbildung 13.2 Mitte und unten) darstellen. Für den besonderen Anwendungsfall bei Likert-Skalen (siehe Abschnitt 11.3.3) lassen sich solche balkenförmigen Histogramme schnell, einfach und konsistent mit einem Online-Tool erzeugen (siehe Abbildung 13.3).

Erhobene Daten kann man mit den Mitteln der deskriptiven Statistik zusammenfassen und vergleichen. Nehmen wir als Beispiel die Zahlen (5, 5, 2, 5, 4, 5, 5). Um die-

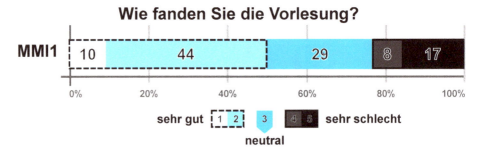

Abb. 13.3: Balkendiagramm zur Darstellung der Ergebnisse von Likert-Skalen, generiert mit http://www.likertplot.com/.

mmibuch.de/v3/a/13.3

se Reihe von Zahlen auf einen vergleichbaren Wert zu reduzieren, kann man folgende Größen abhängig von der Art der Daten angeben:

- Bei nominalen Daten den Modus: Der Modus einer Zahlenreihe ist die darin häufigste einzelne Zahl, im obigen Beispiel also die 5. Ein mögliches Problem mit dem Modus ist die Tatsache, dass mehrere Zahlen gleich häufig vorkommen können. Im Datensatz zu Abbildung 13.2 beispielsweise treten die Noten 2,0 und 5,0 gleich häufig auf. Da es zwei Modi gibt, nennt man dies eine bimodale Verteilung.

- Bei ordinalen Daten *zusätzlich* den Median: Der Median wird berechnet, indem man die Zahlenfolge aufsteigend sortiert (2, 4, 5, 5, 5, 5, 5) und dann die Zahl an der mittleren Position herausgreift, hier also eine 5. Bei einer geraden Anzahl von Zahlen wird der Mittelwert der beiden mittleren Zahlen genommen. Im Vergleich zum Mittelwert verhält sich der Median robuster gegenüber Ausreißern, also einzelnen Werten, die sich von der großen Menge der Werte stark unterscheiden.

- Bei kardinalen Daten *zusätzlich* den Mittelwert: Der (arithmetische) Mittelwert $\bar{x}$ einer Zahlenreihe $x_1 \ldots x_n$ wird berechnet als $\bar{x} = \frac{1}{n} \sum_{i=1}^{n} x_i$. Im obigen Beispiel wäre dies $31/7 = 4.42$.

Bei einer solchen Zusammenfassung der Zahlenreihe geht natürlich Information verloren, denn sowohl die Reihe (1, 2, 3, 4, 5) als auch die Reihe (3, 3, 3, 3, 3) ergeben den gleichen Wert für Mittelwert, Median und Modus, nämlich 3. Dabei weichen die Zahlen in der ersten Reihe jedoch viel stärker voneinander und von ihrem Mittelwert ab. Als ein mögliches Maß für diese Abweichung vom Mittelwert kann man die Standardabweichung σ einer Zahlenreihe $x_1 \ldots x_n$ angeben, die nach folgender Formel berechnet wird, wobei $\bar{x}$ der arithmetische Mittelwert der Zahlenreihe ist:

$$\sigma = \sqrt{\frac{1}{n-1} \sum_{i=1}^{n} (x_i - \bar{x})^2}$$

Klausurnote in Abhängigkeit von der Übungsteilnahme

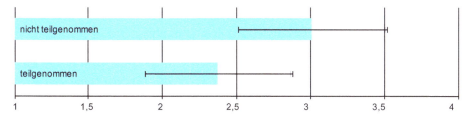

Abb. 13.4: Fehlerbalken zur Darstellung der Standardabweichung bei der aggregierten Darstellung einer Zahlenreihe durch ihren Mittelwert.

Die Standardabweichung für die erste Zahlenreihe (1, 2, 3, 4, 5) ist demnach $\sqrt{10/4} =$ 1.58, die für die zweite Zahlenreihe (3, 3, 3, 3, 3) ist 0.0. Dies bringt zum Ausdruck, dass die Unterschiede zwischen den Werten in der ersten Reihe wesentlich größer sind. In statistischen Auswertungen wird die Standardabweichung oft explizit mit angegeben, in grafischen Darstellungen wird sie in Form von sogenannten Fehlerbalken dargestellt (siehe Abbildung 13.4).

13.4.7 Statistische Auswertung

Um nun eine wissenschaftlich haltbare Aussage treffen zu können, benötigen wir ein Konzept der Inferenzstatistik, die statistische Signifikanz. Ein Unterschied zwischen zwei ermittelten Werten gilt als statistisch signifikant, wenn die Wahrscheinlichkeit, dass dieser Unterschied durch reinen Zufall zustande gekommen ist, kleiner als ein bestimmter Grenzwert ist. Dieser Grenzwert heißt Signifikanzniveau und wird in den meisten Fällen mit 5 Prozent ($p = 0.05$) angesetzt. In jedem Fall sollte das verwendete Signifikanzniveau bei einer statistischen Auswertung mit angegeben werden. Für die Berechnung dieser Wahrscheinlichkeit gibt es nun verschiedene etablierte Verfahren, die jeweils in verschiedenen Situationen zum Einsatz kommen. In der einfachsten Situation, in der lediglich zwei Zahlenreihen miteinander verglichen werden sollen, leistet dies der *t*-Test. Wurden beide Zahlenreihen von verschiedenen Probanden erzeugt (between-groups Design), dann wird insbesondere der *t*-Test für unabhängige Stichproben (auch doppelter *t*-Test) verwendet. Wurden die Reihen durch die gleichen Probanden erzeugt (within-subjects Design), so verwendet man den abhängigen *t*-Test. Liefert dieser eine Wahrscheinlichkeit $p < 0.05$, so können wir davon ausgehen, dass der Unterschied zwischen diesen beiden Zahlenreihen nicht zufällig entstanden ist, sondern ein Effekt der Veränderung der unabhängigen Variablen im Experiment ist (vorausgesetzt, wir haben keine anderen Fehler im experimentellen Design gemacht).

Erinnern wir uns an die in Abschnitt 13.4.5 aufgestellte Hypothese H und ihr Gegenteil, die zugehörige Nullhypothese H_0:

> H: Übungsteilnehmer erzielen im Mittel andere Noten in der Klausur als Nichtteilnehmer.
> H_0: Übungsteilnehmer und Nichtteilnehmer erzielen im Mittel die gleichen Noten in der Klausur.

Ergibt der t-Test nun eine Wahrscheinlichkeit $p < 0.05$, dass der Unterschied zwischen beiden Versuchsgruppen zufällig entstanden ist, dann widerlegt dies die Nullhypothese H_0 und bestätigt damit die Hypothese H. Aus dem Unterschied zwischen
den beiden Mittelwerten μ_1 und μ_2 und der Standardabweichung σ können wir außerdem die Effektstärke ablesen, beispielsweise als Cohens d nach der Formel $d = \frac{\mu_1 - \mu_2}{\sigma}$.
Diese liegt in Abbildung 13.4 bei etwa 0.7. Dabei gilt eine Effektstärke von $0.2 < d <
0.5$ als schwacher, $0.5 < d < 0.8$ als mittlerer und $d > 0.8$ als starker Effekt.

Will man mehrere Messreihen miteinander vergleichen, dann könnte man im ersten Ansatz immer paarweise überprüfen, ob der t-Test einen signifikanten Unterschied
zwischen jeweils zwei der Reihen liefert. Dabei würden sich jedoch insgesamt größere
Fehlerwahrscheinlichkeiten als das verwendete Signifikanzniveau ergeben, weshalb
hier üblicherweise ein anderes Verfahren zum Einsatz kommt. Die Varianzanalyse
oder ANOVA (engl. *Analysis of Variance*) ermittelt, ob es unter $n > 2$ verschiedenen
Zahlenreihen einen signifikanten Unterschied gibt. Auch hier werden verschiedene
Varianten, je nach experimentellem Design eingesetzt. Die statistische Auswertung
komplexerer experimenteller Designs kann recht kompliziert werden und übersteigt
den Umfang eines einführenden Lehrbuchs. Für den tieferen Einstieg sei hier auf die
Bücher von Andy Field, wie beispielsweise [57] verwiesen.

Die Methoden zur Durchführung kontrollierter Experimente stammen aus der
Statistik und werden bereits seit langem in anderen Wissenschaften wie Psychologie, Medizin oder Soziologie verwendet. Sie ermöglichen uns, wissenschaftlich solide
Aussagen über die Bedienung von Computern zu machen, und nicht einfach nach
Geschmack und ästhetischem Gefühl zu urteilen, was von anderen Fachgebieten innerhalb der Informatik gelegentlich unterstellt wird. Lässt sich statistisch signifikant
nachweisen, dass die gleiche Aufgabe vom Benutzer mit System A schneller oder mit
weniger Fehlern erledigt wird als mit System B, dann ist damit die höhere Effizienz
von System A wissenschaftlich erwiesen.

13.4.8 Feldstudien und Laborstudien

Viele Arten von Interaktion lassen sich gut im Labor studieren: Will man beispielsweise die Bediengeschwindigkeit einer bestimmten Benutzerschnittstelle am Personal Computer messen, so kann man einen solchen Computer in einem Laborraum auf-
stellen, alle äußeren Störeinflüsse wie Lärm oder andere Quellen der Ablenkung ausschalten, alle Umgebungsparameter wie Helligkeit, Raumtemperatur und Tageszeit

konstant halten, und dann vergleichbar und reproduzierbar die Zeit zur Ausführung einer bestimmten Aufgabe messen. Solche Laborstudien sind dann aussagekräftig, wenn sich das spätere Bedienumfeld nicht wesentlich von der Laborumgebung unterscheidet, oder wenn der Unterschied sich auf alle getesteten Systeme gleich auswirkt.

Ein Gegenbeispiel: Wir vergleichen im Labor zwei Arten der Texteingabe und befinden, dass *Variante A* schneller ist als *Variante B*. Nun ist aber *Variante B* durch ihre Funktionsweise robuster gegen Unterbrechungen. In diesem Fall hängt es ganz vom späteren Einsatzzweck ab, welche Variante dafür besser geeignet ist: In ungestörten Umgebungen wird dies wie erwartet *Variante A* sein, in Umgebungen mit Ablenkungen, wie beispielsweise im Auto oder in der U-Bahn aber möglicherweise *Variante B*. Eine Möglichkeit besteht nun darin, im Labor die späteren Umgebungsbedingungen so gut wie möglich nachzubilden, indem man beispielsweise eine Sekundäraufgabe (engl. secondary task) gibt (siehe auch Abschnitt 3.5.3). In unserer Studie könnte das beispielsweise die Reaktion auf regelmäßig eintreffende Ablenkungen sein. In vielen Fällen kann man aber das spätere Umfeld gar nicht genau im Labor nachbilden oder es ist schlichtweg nicht vorhersehbar.

In solchen Fällen bleibt nur die Möglichkeit, die Studie in der tatsächlichen Anwendungsumgebung durchzuführen. Aus dem Sprachgebrauch anderer Wissenschaften wurde hierfür der Begriff Feldstudie übernommen. In solchen Feldstudien verzichtet man auf die wohlkontrollierte Umgebung des Labors mit seinen garantierten Bedingungen, was möglicherweise Einschränkungen bei der internen Validität bedeutet, da die Messung abhängiger Variablen oft schwieriger wird und die Reproduzierbarkeit durch die unvorhersehbare Umgebung sinkt. Dem gegenüber steht jedoch ein Gewinn an externer Validität, da eine Untersuchung des Systems in seiner echten Umgebung viel besser auf die spätere echte Anwendung übertragbar ist.

Feldstudien sind fast immer mit wesentlich höherem Aufwand an Zeit, Material und Organisation verbunden und stellen insbesondere auch hohe Anforderungen an die darin verwendeten Prototypen. Diese müssen auch außerhalb des Labors funktionieren und einen gewissen Funktionsumfang robust bereitstellen, um eine realistische Bedienung in der echten Nutzungsumgebung überhaupt zu ermöglichen. Darüber hinaus gilt natürlich auch all das, was in Abschnitt 11.5 zu Beobachtungen im Feld gesagt wurde.

13.4.9 Langzeit- und Tagebuch-Studien

Eine weitere Komplexität kommt hinzu, wenn die experimentelle Aufgabe nicht in einem kurzen, eng umrissenen Zeitraum zu erledigen ist, sondern die Verwendung über lange Zeiträume hinweg beobachtet werden soll. Ein Beispiel: Wir haben eine neue Software zur Durchsuchung von Musiksammlungen auf dem Smartphone geschrieben und wollen in einem Experiment herausfinden, ob diese Software dazu führt, dass die Benutzer häufiger, länger oder andere Musik hören. Solche Langzeitstudien werden praktisch immer als Feldstudien durchgeführt. Im Gegensatz zu kürzeren Feldstudien kann aber hier der Experimentator nicht mehr während der gesamten Zeit der Studie anwesend sein. Auch dies stellt erweiterte Anforderungen an den verwendeten Prototypen, da sich dieser nun nicht mehr im direkten Einfluss des Experimentators befindet und eine Fehlfunktion damit zu erheblich größerem Schaden (Zeitverlust oder Abbruch der Studie) führt. Stürzt die Software regelmäßig ab, dann kann man von keinem Probanden erwarten, dass er sie langfristig verwendet.

Sofern das untersuchte System sowie sonstige ethische Überlegungen (Privatsphäre, Anonymität) es erlauben, können Daten in einer solchen Studie automatisch vom Prototypen erhoben werden. Unsere Musik-Software könnte beispielsweise in eine Datei schreiben, wann welches Musikstück gehört wird. Dabei beschränkt sich jedoch die erhobene Information auf Zeit und Identität der Stücke und andere wichtige Informationen, wie beispielsweise die Situation, in der die Software verwendet wurde, bleiben unbekannt. Ein umfassenderes Bild lässt sich mittels einer Tagebuchstudie gewinnen. Dabei werden die Probanden gebeten, zu bestimmten Zeiten (entweder feste Uhrzeiten oder bei bestimmten Anlässen) relevante Angaben in einem Tagebuch zu vermerken, und zwar in einer bestimmten, vorgegebenen Struktur, die eine spätere systematische Analyse ermöglicht. Die Tagebuchfunktion kann auch in den Prototypen selbst integriert sein, der dann zu bestimmten Zeitpunkten beispielsweise einen kleinen Fragebogen am Bildschirm präsentiert. Ein grundlegendes Problem bei dieser Art von Studien besteht in der niedrigen oder nachlassenden Begeisterung der Versuchspersonen. Jeder Eintrag in das Tagebuch bedeutet einen zusätzlichen Zeitaufwand, der daher minimiert werden sollte. Eine weitergehende Diskussion solcher Methoden findet sich im Abschnitt 11.5 und beispielsweise in dem Buchkapitel von Reis und Gable [154].

Verständnisfragen und Übungsaufgaben:

mmibuch.de/v3/I/13

1. Bewerten Sie die Webseite Ihrer Universität mittels heuristischer Evaluation! Leiten Sie hierzu eine konkrete Checkliste aus Nielsens Heuristiken ab, wählen Sie sich einen sinnvollen Ausschnitt (z.B. eine Fakultät, eine Verwaltung) und analysieren Sie, ggf. in Gruppen zu 4-5 Teilnehmern, diesen Ausschnitt. Falls Sie dies im Rahmen des Übungsbetriebes zur Vorlesung gemacht haben, vergleichen Sie Ihre Ergebnisse mit denen anderer Gruppen. Falls Ihnen erhebliche Probleme auf der Seite aufgefallen sind, erstellen Sie einen Report, in dem die Probleme genau dargestellt und bewertet, sowie Lösungsvorschläge gemacht werden, und senden Sie diesen (mit einer kurzen und höflichen E-Mail) an die Leitung der entsprechenden organisatorischen Einheit (Fakultät, Verwaltung). Dokumentieren Sie deren Reaktion!

2. Vergleichen Sie mithilfe von GOMS und KLM zwei verschiedene Methoden, eine Datei umzubenennen. Bei der Methode 1 wird die Datei im grafischen Interface angeklickt, ihr Name gelöscht und ein neuer Name eingegeben. Bei der Methode 2 wird in einer (bereits offenen und im richtigen Verzeichnis befindlichen) Kommandozeile das UNIX-Kommando „mv name1 name2" verwendet. Wann ist Methode 1 schneller, wann Methode 2?

3. Sie haben bei Versuchsperson eins folgendes gemessen: Puls: 90, Fehlerquote in der Testaufgabe: 5% und Reaktionszeit auf einen Stimulus von 500ms. Um welche Art von Evaluation handelt es sich hier?

4. Kommentieren Sie die folgende Aussage: Beim „Cognitive Walkthrough" werden mehrere Versuchspersonen eingeladen, die mit dem System nach einem festgelegten Schema interagieren. Es wird beobachtet, welche Probleme auftreten und diese entsprechend dokumentiert.

5. In einer Applikation auf einem Windows Betriebssystem können Sie eine Aktion durch die Tastenkombination STRG+U rückgängig machen. Welche Heuristik ist hier verletzt?

6. Max durchläuft einen Bestellprozess auf einer Webseite, der aus fünf Unter-Schritten besteht. Am Ende jedes Schrittes klickt Max auf „Weiter" und kommt zum nächsten Unter-Schritt. In einem mittleren Schritt wählt Max aus, dass er mit Kreditkarte zahlen möchte und gibt die Kreditkartennummer ein. Ganz am Ende des Prozesses erhält er eine Fehlermeldung, dass die CVV der Kreditkarte nicht eingegeben wurde. Welche Heuristik wurde hier verletzt?

7. Ein Vorteil der heuristischen Evaluation ist, dass Sie von Nicht-Experten entlang einer festen Liste durchgeführt werden kann. Welche Rolle spielen dennoch UX-Experten?

8. Reichen fünf Versuchspersonen in der Evaluation aus, da dann bereits alle Usability-Probleme gefunden wurden? Diskutieren Sie wieviele Versuchspersonen in der Regel benötigt werden.

9. Sie untersuchen folgende Fragestellung: Haben unterschiedliche Musikstücke einen Einfluss auf die Leistung der Versuchspersonen im Spiel „Tetris"? Dabei werden die Musikstücke so ausgewählt, dass diese von den jeweiligen Versuchspersonen als „positiv", „neutral" oder „negativ" wahrgenommen werden (was durch einen Vorabtest individuell ermittelt wird). Es wird dann sichergestellt, dass in einem Durchlauf eine Versuchsperson nur Musikstücke einer Kategorie hört. Was ist/sind die unabhängige(n) Variable(n)?

10. Was ist/sind die abhängige(n) Variable(n) im Beispiel der vorherigen Aufgabe?

11. Welche Probleme können auftreten, wenn Sie in einer Studie lediglich Freunde und Freundinnen rekrutieren?

12. Welches Diagramm bietet sich an, um darzustellen, dass ordinale Daten normalverteilt sind?

13. Berechnen Sie den Modus, Mittelwert und Median der Zahlenreihe 2, 10, 3, 4, 61, 2, 4, 5, 3, 4.

14 Experience Design

Der Umgang mit Technik erzeugt beim Menschen ein bestimmtes Erlebnis. Dieses ist nicht nur durch die Interaktion mit dem Produkt selbst bestimmt, sondern beispielsweise auch durch seine visuelle oder haptische Gestaltung, die mit seiner Marke verbundenen Werte oder Botschaften, sowie den gesamten Kontext der Nutzung bis hin zur Verpackung und zur Nutzergemeinde. Man kann die Qualitäten eines Produktes nach hedonischen und pragmatischen Qualitäten unterscheiden. Die pragmatischen Qualitäten sind größtenteils durch die Benutzbarkeit (Usability) des Produktes (wie z.B. Effektivität, Effizienz, Zufriedenheit) charakterisiert. Die hedonischen Qualitäten beschreiben Aspekte wie die Stimulation durch ein Produkt oder durch die Interaktion mit ihm, oder die Identifikation mit dem Produkt.

Ein Beispiel hierzu: Die seit einigen Jahren in Mode gekommenen *Fixies* und *single speed bikes* weisen im Alltag eine wesentlich schlechtere Usability auf als Fahrräder mit Gangschaltung: Beim Anfahren an der Ampel muss ein hoher Druck auf die Pedale aufgebaut werden, und die Höchstgeschwindigkeit ist ebenfalls durch die feste Übersetzung beschränkt. Zum Ausgleich bieten Fixies jedoch einen hohen ästhetischen Genuss durch den Minimalismus und die Eleganz ihres einfachen Aufbaus. Der Fixie-Fahrer erlebt eine tägliche Stimulation durch den Umgang mit seinem Rad (oft ein Eigenbau-Projekt) und nimmt dafür die teils massiven Nachteile beim eigentlichen Verwendungszweck (Transport) in Kauf. Ein zweites Beispiel: Auf der Rückseite aktueller iPhones ist das Apple Logo abgebildet. Nun kann man Hüllen kaufen, die genau dieses Logo frei lassen, so dass es von außen sichtbar bleibt. Der Grund hierfür ist nicht etwa eine bessere Benutzbarkeit der Hülle, sondern die Identifikation mit der Marke, die durch das Logo ausgedrückt wird. Die Methoden des Experience Design erlauben uns nun, gezielt bestimmte Erlebnisse beim Umgang mit Produkten zu erzeugen. Hierzu werden Erlebnisse analysiert, die in einem bestimmten Kontext entstehen, und diese dann mittels des Produktes auf einen anderen Kontext übertragen.

Technik wird gelegentlich sogar durch den Benutzer zum Erzeugen von Erlebnissen eingesetzt, für die sie gar nicht gedacht war. So gibt es in Italien beispielsweise den Brauch, das Telefon eines vertrauten Menschen nur einmal kurz klingeln zu lassen, um ihm damit zu signalisieren, dass man gerade an ihn denkt. Da die Nummer des Anrufers ja übertragen wird, weiß der Angerufene auch, wer an ihn denkt. Dieser Squillo genannte Brauch ist ein kostenloses Nebenprodukt der Technik, und geht damit beispielsweise am Geschäftsmodell der Telefonanbieter komplett vorbei.

Seit einigen Jahren wird immer häufiger der Begriff User Experience (auch UX) verwendet, um das ganzheitliche Erleben bei der Interaktion zu beschreiben. Der Begriff ist zum regelrechten Buzzword geworden und seine genaue Definition leider oft unklar. In manchen Fällen wird er einfach synonym mit dem Begriff Usability verwendet. Es gibt jedoch auch eine wachsende Community, die mit *User Experience* ein recht konkretes Konzept bezeichnet, das über die reine *Usability* weit hinausgeht. In

https://doi.org/10.1515/9783110753325-015

diesem Verständnis ist eine gute *Usability* zwar eine oft notwendige Voraussetzung für eine positive *User Experience*, nicht jedoch hinreichend dafür. Manchmal entsteht sogar trotz ausgeprägt schlechter *Usability* eine insgesamt positive *User Experience*. In seinem kompakten und grundlegenden Buch zu diesem Thema [74] erläutert Marc Hassenzahl sein Verständnis davon, wie eine gute *Experience* zu erzeugen ist.

14.1 Ziele und Bedürfnisse

Will man gezielt positive Erlebnisse erzeugen, dann kann man das beispielsweise tun, indem man bestimmte psychologische Grundbedürfnisse betrachtet und dafür sorgt, dass diese bei der Interaktion erfüllt werden. Hassenzahl beschreibt in seiner Arbeit eine Hierarchie von Zielen (siehe Abbildung 14.1).

Abb. 14.1: Hierarchie von Zielen nach Hassenzahl [74]. Produkte sprechen oft nur die Ziele nahe der Welt an, das Gesamterlebnis wird jedoch durch alle drei Ebenen bestimmt.

mmibuch.de/v3/a/14.1

Demnach stehen an unterster Stelle die motorischen Ziele, die durch physikalische Aktionen wie das Drücken einer Taste erfüllt werden können. Sie beschreiben das *Wie* der einzelnen Bedienschritte. Die ausgeführten Aktionen entsprechen auch den elementaren Aktionen bei der Ausführung zielgerichteter Handlungen (siehe Abschnitt 5.3.1). Diesen motorischen Zielen übergeordnet sind die Ziele, die sich damit befassen, etwas zu tun (Handlungsziele), also die komplexeren Aktionen, die bestimmte Resultate erzielen wollen und durch komplexere Handlungen erreicht werden, wie beispielsweise das Verfassen eines Textes. Sie beschreiben das *Was* unserer Aktionen. Ihnen übergeordnet sind wiederum die Ziele, etwas bestimmtes zu *sein*, beispielsweise ein Schriftsteller (Motive). Sie beschreiben die inneren Antriebskräfte oder das *Warum* unserer Aktivitäten. Wir möchten beispielsweise reich, berühmt oder beliebt sein, und aus dieser Motivation begründen sich dann bestimmte Tätigkeiten, die wir verfolgen, beispielsweise eine gute Ausbildung oder sozialverträgliches Verhalten.

Interaktive Produkte werden in der Regel nach den Kriterien der beiden unteren Ebenen dieser Hierarchie entworfen: sie müssen auf einer pragmatischen Ebene bestimmte Aktionen oder Handlungen ermöglichen um bestimmte *Ergebnisse* zu erzielen. Das *Gesamterlebnis* wird jedoch durch die Ziele auf allen drei Ebenen bestimmt. Will man nun gezielt positive Erlebnisse erzeugen, so ist es wichtig, von unseren inneren Beweggründen und Motiven auszugehen, also vom *Warum* unseres Handelns. Dieses kann beispielsweise durch psychologische Bedürfnisse bestimmt sein. Nach der Philosophie des Experience Design beruht jedes Erlebnis auf einem Bedürfnis. Möchte man also ein Erlebnis gestalten, so muss zunächst geklärt werden, auf welchem Bedürfnis dieses Erlebnis beruht. In einem grundlegenden Paper [170] und späteren, darauf aufbauenden Arbeiten sammelt Kennon M. Sheldon zehn psychologische Bedürfnisse des Menschen, deren Erfüllung zu einem glücklichen und zufriedenen Leben beiträgt, und ermittelt in drei Studien eine recht universell gültige Rangfolge dieser Bedürfnisse. Demnach sind die wichtigsten psychologischen Bedürfnisse:

– *Autonomie*: das Gefühl, dass man selbst die eigenen Handlungen kontrolliert und nicht durch andere Kräfte oder Druck von außen bestimmt wird,
– *Kompetenz*: das Gefühl, dass man sehr gut und effektiv ist in dem was man tut,
– *Verbundenheit*: das Gefühl, dass man regelmäßigen engen Kontakt hat zu Leuten, denen man etwas bedeutet, und die einem etwas bedeuten.

Weitere Bedürfnisse bestehen nach *Selbstachtung*, *Sinnerfüllung*, *Sicherheit*, *Beliebtheit*, *Einfluss*, *physischem Wohlergehen* und *Geld & Luxus*. Diese psychologischen Bedürfnisse sind nicht so lebenswichtig wie die rein physischen Bedürfnisse nach *Essen*, *Trinken* und *Schlafen*. Sie bauen vielmehr darauf auf: erst ein Mensch, der alles absolut Lebensnotwendige hat, kümmert sich um weitere, psychologische Bedürfnisse.

Stillt der Umgang mit einem interaktiven System nun eines der genannten psychologischen Bedürfnisse, so wird das Gesamterlebnis positiv bewertet. Eine positive *Experience* kann also durch die gezielte Erfüllung psychologischer Bedürfnisse bei der Interaktion geschaffen werden.

14.2 Beschreibung von Erlebnissen

Um ein Erlebnis, also eine bestimmte Experience mit einem interaktiven System gezielt hervorrufen zu können, muss dieses Erlebnis bereits im Entwurfsprozess möglichst genau definiert und durch alle Entwicklungsstadien hindurch konsistent beschrieben sein. Nun gibt es zur Beschreibung von Erlebnissen derzeit leider keinen Formalismus und keine definierte Beschreibungssprache, wie sich das der Informatiker wünscht. Stattdessen lassen sich Erlebnisse aber in Form von Geschichten erfassen, die beim Leser die beabsichtigten Gefühle und Bedürfnisse nachvollziehbar machen. Der Aufbau guter Geschichten und ihre Wirkungsweise wiederum ist nicht Gegenstand der Informatik, sondern wird von anderen Berufsgruppen wie Autoren, Journalisten oder Regisseuren studiert. Von diesen Berufsgruppen können wir lernen, wie sich eine gute Geschichte aufbaut, wie sie einen Spannungsbogen entwickelt, und welche Grundkonstrukte der Erzählung verwendet werden, um gezielt Spannung oder andere Gefühle zu erzeugen. Wenn wir dann ein bestimmtes Erlebnis gezielt mit einem Produkt erzeugen wollen, besteht eine Erfolg versprechende Möglichkeit darin, das Erlebnis in Form einer Geschichte zu erfassen, und in den verschiedenen Entwicklungsstadien des Produkts immer wieder abzugleichen, ob das in der Geschichte vermittelte Erlebnis immer noch durch das System in seinem derzeitigen Entwicklungsstadium erzeugt wird [94]. Die Idee, eine Geschichte zur Definition eines Erlebnisses zu verwenden, hat zudem den Vorteil, dass alle am Prozess Beteiligten (Designer, Psychologen, Ingenieure, Management) die Geschichte gleichermaßen gut verstehen können und kein Fachwissen über eine Beschreibungssprache brauchen.

Diese Vorgehensweise stellt uns vor zwei wesentliche Herausforderungen: Einerseits ist es wichtig, tatsächlich in allen Stadien die Geschichte als Basis zu betrachten, was eher technisch denkenden Ingenieuren in Entwicklungsabteilungen derzeit noch schwer vermittelbar ist. Andererseits müssen die in den Zwischenstufen entstehenden Prototypen so konkret sein, dass sie das Erlebnis erfahrbar machen und damit überhaupt erst ermöglichen, die erfolgreiche Vermittlung des Gesamterlebnisses in Form einer Evaluation zu überprüfen.

14.3 Evaluation von Erlebnissen

Im Prozess des UCD folgt auf jeden Prototypen eine Evaluation, um den Erfolg des zugrunde liegenden Designs zu bewerten. Ist das Ziel des Designs nun, eine bestimmte Experience hervorzurufen, dann muss eine Evaluation diese auch messen können. Das ist schon prinzipiell schwieriger als das objektive Messen von Zeiten oder Fehlerraten, da es hierbei ja um ein Erlebnis im Kopf des Benutzers geht, in den man nun mal nicht direkt hinein schauen kann.

Dieses Erlebnis im Kopf des Benutzers lässt sich nur sehr eingeschränkt von außen, also physiologisch messen. Die Bewertung von Gesichtsausdrücken oder die Messung von Herzfrequenz, Herzfrequenzvariabilität oder Hautleitwert als Indikatoren für den Entspannungs- oder Erregungszustand sind vergleichsweise grobe Werkzeuge, die zu einer differenzierten Bewertung des Erlebnisses derzeit nicht taugen. Es bleibt also vorerst keine andere Möglichkeit, als den Benutzer nach seinem Erlebnis zu befragen. Dies sollte jedoch nicht direkt getan werden (*Haben Sie sich verbunden gefühlt?*), da von den Benutzern kein detailliertes Verständnis psychologischer Bedürfnisse erwartet werden kann, sondern durch eher indirektere Fragen (*Hatten Sie das Gefühl, anderen Menschen näher zu sein?*). Solche Fragen können beispielsweise in semistrukturierten Interviews (siehe Abschnitt 11.2) gestellt werden. Um sich dem Kern des Erlebnisses immer weiter anzunähern, kann die sogenannte laddering Technik eingesetzt werden, bei der die Antworten des Gesprächspartners immer wieder nach dem *Warum* hinterfragt werden, und zwar so lange, bis man beim psychologischen Grundbedürfnis angelangt ist.

Zur Evaluation von Erlebnissen gibt es einige standardisierte Fragebogen, deren Validität, teilweise auch über verschiedene Kulturkreise hinweg, durch ihre Autoren sicher gestellt wurde. Generelle Gefühlsreaktionen lassen sich beispielsweise mit der PANAS (Positive Affect Negative Affect Schedule) Familie von Tests ermitteln. Die ausführliche Variante *PANAS-X* besteht dabei aus 60 Fragen, die kurze *I-PANAS-SF* [192] aus zehn Fragen. Eine Bewertung der hedonischen und pragmatischen Qualitäten eines Systems erlaubt der AttrakDiff[32] Test [75], der damit eine Einschätzung liefert, ob ein System zwar nützlich aber langweilig, oder eher verspielt, aber nutzlos ist.

14.4 Experience Design: ein Beispiel

Als Beispiel für den gesamten geschilderten Prozess wollen wir das System Clique Trip betrachten. Im zugehörigen Paper [95] werden die einzelnen Schritte des benutzerzentrierten Entwurfs dieses Systems genauer besprochen und auch Details wie die Interviewführung diskutiert. Das Ziel der Autoren von *Clique Trip* war, eine Technologie zu entwickeln, die das Grundbedürfnis der *Verbundenheit* im Automobil anspricht, da das Auto uns derzeit oft von der Umgebung und anderen Menschen abschirmt. Dazu wurden zunächst in Interviews viele verschiedene reale Erlebnisse von Interviewpartnern gesammelt, die Verbundenheit im Auto betrafen. Diese Erlebnisse wurden auch mittels des *PANAS-X* Fragebogens bezüglich ihrer Gefühlswirkung analysiert. Die so erhobenen Erlebnisse wurden sodann auf ihre Essenz oder Kerngeschichte reduziert. Vier der Geschichten folgten dabei einem ähnlichen Muster, und so wurde dieses Muster als Basis für eine eigene fiktive Geschichte genommen (Zitat aus Knobel et al. [95]):

> Max, Sarah, Marianne, Martin, Monica, and Matthias have known each other for ages. Lately, they don't spend time together as often as before. But one event is always fixed: each year they visit their favorite city as a group – Paris. As usual, they go there in two cars. This year, however, something is different. Max invites all to the trip via Clique Trip, a new app he wants to try out. This app promises to make its users feeling close to each other, even when being in two different cars. All friends are excited to test Clique Trip because they hate the feeling of being separated during the trip. It is time to depart. Max is driving one car, Sarah the other. Sarah is a very sporty driver (some say reckless) and Max drives very relaxed (some say painstakingly slow). Consequently, they tend to lose each other on the motorway, with Max getting more and more behind. But Clique Trip helps out. It changes the navigation system so that it guides Max (in the rear car) to Sarah (in the leading car). Ah, Sarah takes the scenic route. „Good choice", Max thinks. He announces „I guess the others plan to visit the nice little cafe in the city centre of Reims. Let me try to catch up". He does, and when the cars are close to each other, Clique Trip opens a communication channel. They can now talk to each other, as if sitting in one car. „Hey," Max yells, „I hope you are not planning to have a first glass of Champagne already? I am driving!"

---

[32] http://attrakdiff.de/

Diese Geschichte wurde dann in Form eines Storyboards (vgl. Abschnitt 12.4) weiter konkretisiert. Dabei steigt der Detailgrad von der Essenz der Geschichte über die Geschichte selbst bis zum Storyboard kontinuierlich an. In den Abbildungen des Storyboards werden beispielsweise schon technische Details vorgeschlagen. Abbildung 14.2 zeigt dabei drei wichtige Szenen aus dem gesamten Ablauf, nämlich die Tourplanung (Links), die Kontaktaufnahme (Mitte) und die Kommunikation zwischen den Fahrzeugen (Rechts).

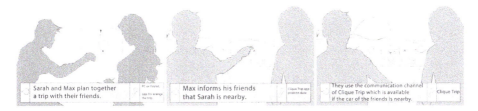

Abb. 14.2: Bilder aus dem Storyboard zu *Clique Trip* [95], einem System, das *Verbundenheit* zwischen den Teilnehmern einer Gruppe in verschiedenen Autos vermittelt.

mmibuch.de/v3/a/14.2

Im nächsten Schritt entstand dann ein erster Prototyp als Apps auf einem Smartphone und im Entertainment System eines Autos, der iterativ weiter verfeinert wurde. Der endgültige Prototyp wurde dann mit Probanden im Auto evaluiert und das bei der Benutzung entstehende Erlebnis mittels Fragebogen erhoben. Dabei konnte das Ergebnis mit dem Design-Ziel und die erzeugten Emotionen mit denen der anfangs erhobenen Geschichten verglichen werden. An diesem Beispiel wird klar, dass zur gezielten Gestaltung von Erlebnissen immer noch die grundlegende Methodik des UCD eingesetzt werden kann, dass jedoch die in den einzelnen Schritten eingesetzten Werkzeuge teilweise völlig andere sind. Dieses Buchkapitel kann das Thema auf wenigen Seiten natürlich nicht in seiner gesamten Breite erfassen. Da das Gebiet des *Experience Design* aber auch noch so stark in der Entwicklung ist und es noch keinen über Jahrzehnte bewährten Methodenkanon gibt, wäre das auch gar nicht sinnvoll. Aufbauend auf dem hier vermittelten Grundverständnis wird dem Leser also wieder nichts anderes übrig bleiben, als sich in die aktuellen Entwicklungen nach Erscheinen dieses Buches selbst einzuarbeiten. Die Gruppe um Marc Hassenzahl[33] wird dafür vermutlich auf absehbare Zeit ein guter Startpunkt bleiben.

---

33 http://www.marc-hassenzahl.de

mmibuch.de/v3/l/14

Verständnisfragen und Übungsaufgaben:

1. Angenommen, Sie haben eine Stunde Freizeit und einen Computer mit Internetzugang. Wie würden Sie diese Stunde verbringen, und warum? Analysieren Sie, welche psychologischen Bedürfnisse durch den von ihnen dann genutzten Dienst oder Inhalt (z.B. Webseite, E-Mail, soziale Netze, Online-Spiel) angesprochen werden, auf welchem Wege dies passiert, und was davon aktiv durch die Entwickler oder Autoren gestaltet ist, bzw. was vermutlich Zufall bei der Entstehung des Dienstes oder Inhalts war.

2. Vergleichen Sie die hedonischen und pragmatischen Qualitäten von zwei Webseiten Ihrer Wahl. Verwenden Sie dazu den Attrakdiff-Fragebogen. Diskutieren Sie die Unterschiede der beiden Webseiten.

3. Eine Geschenkverpackung erfüllt normalerweise nicht nur einen pragmatischen Zweck (Schutz des Geschenks vor Beschädigung), sondern sie erzeugt ein Gesamterlebnis beim Auspacken. Überlegen Sie sich ein solches Gesamterlebnis, das Sie erzeugen wollen, und entwerfen Sie die dazu passende Geschenkverpackung. Dabei dürfen Sie das Geschenk, den Adressaten und den Kontext frei wählen. Beispiele: (Verlobungsring, Freund/in, candle light dinner), (Geldgeschenk, Tochter, 18. Geburtstag), (kleines Dankeschön, hilfreicher Arbeitskollege, Mittwochmorgen). Benennen Sie auch die angesprochenen Bedürfnisse.

4. Wenden Sie die Bedürfnispyramide auf das Hobby „Rennrad fahren" an. Ordnen Sie die folgenden Aussagen entsprechend ein: a) Eine gefüllte Trinkflasche bei sich haben, b) funktionierende Bremsen, c) Gemeinsam mit jemand anderem fahren, d) Das Timmelsjoch bezwingen oder einen Alpencross fahren, e) Ich bin Rennradler und damit ein sportlicher Mensch.

5. Was sind Probleme beim Experience Design im Vergleich zu klassischer Entwicklung?

6. Welchen Umfang hat der kurze PANAS-Fragebogen?

7. Welches Bedürfnis wurde im Beispiel Clique Trip aus Abbildung 14.2 am stärksten adressiert?

Teil IV: **Ausgewählte Interaktionsformen**

15 Grafische Benutzerschnittstellen am Personal Computer

15.1 Personal Computer und Desktop Metapher

Historisch gesehen war der Computer in seiner Anfangszeit (etwa ab den 1940er Jahren) eine große und teure Maschine, die vor allem durch Spezialisten bedient wurde, die sich auch mit Aufbau und Funktion des Computers bestens auskannten. Später, im Zeitalter der Großrechner (engl. Mainframe) (etwa ab den 1960er Jahren), konnten solche Rechenanlagen dann auch mehrere Benutzer gleichzeitig versorgen. Jeder Benutzer hatte einen Textbildschirm und eine Tastatur zur Verfügung (zusammen ein sogenanntes Terminal) und konnte daran Kommandos eingeben, Dateien verwalten und editieren, und auch Programme schreiben und ausführen lassen. Noch heute finden wir diese Kommandozeilen-Umgebungen in viele PC-Betriebssysteme integriert (siehe Abschnitt 8.1 und Abbildung 8.1 auf Seite 99).

Mit der weiteren Entwicklung der Technik wurden die Rechner dann immer kleiner und preiswerter, zunächst entstanden sogenannte Workstations, also Arbeitsplätze, die jedem Benutzer seinen eigenen Rechner zur Verfügung stellten, und schließlich (etwa ab den 1980er Jahren) der sogenannte Personal Computer oder PC, der auch preislich dann für Privatanwender erschwinglich wurde. Seit Beginn dieses Jahrtausends wird der Personal Computer zunehmend durch mobile Rechner (PDAs und Smartphones) ergänzt. Hinzu kommen etwa seit 2010 auch größere Tablets, die nicht mehr als mobile PCs verstanden werden. Die überwiegende Nutzungsform von Rechenleistung verschiebt sich derzeit weg vom klassischen PC und hin zu diesen meist durch *Touch* bedienbaren mobilen Bauformen (vgl. Kapitel 17 und 18).

Mit der technologischen Entwicklung der Computertechnik besaßen diese Personal Computer von Anfang an grafikfähige Bildschirme und ein grafisches Eingabegerät, die Maus, sowie die aus der Mainframe Zeit verbliebene Tastatur. Sie verarbeiteten Daten in einem flüchtigen *Haupt-* oder *Arbeitsspeicher* und legten sie auf einem nichtflüchtigen Speichermedium wie einer *Festplatte* oder *Diskette* ab. Die Maus war als Eingabegerät relativ gut untersucht und ihr Verhalten mit Gesetzmäßigkeiten wie Fitts' Law oder dem Steering Law gut zu beschreiben (siehe Abschnitte 4.1 und 4.2).

Konzipiert waren sie zur Erledigung von Büro-Arbeiten, und einer der konzeptuellen Vorläufer des PC, die Star Workstation (siehe Abbildung 15.1 auf Seite 180), wurde auch von einer Firma aus der Büro-Branche, Xerox, entwickelt. Da es darum ging, die Arbeitsabläufe eines damaligen papierbasierten Büros auf den Rechner zu übertragen, lag es auf der Hand, die Objekte und Aktionen dieser Umgebung auf dem Rechner grafisch abzubilden (siehe hierzu auch Abschnitt 7.10). So entstand die Desktop Metapher mit ihrer Schreibtischoberfläche, den Ordnern, Akten und Dokumenten. Die Elemente dieser Metapher sind uns mittlerweile so vertraut und erscheinen so selbstver-

https://doi.org/10.1515/9783110753325-016

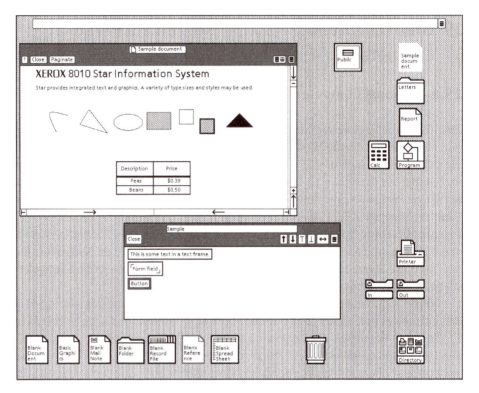

 Abb. 15.1: Das Interface der Xerox Star Workstation (1981) mit den grafischen Elementen für Dokumente, Ordner und Ablagefächer sowie für die Werkzeuge Drucker, Taschenrechner und Papierkorb.

mmibuch.de/v3/a/15.1

ständlich, dass sie im alltäglichen Sprachgebrauch oft mit den Begriffen für die technischen Umsetzungen vertauscht werden: Ein *Dokument* ist technisch gesehen als eine *Datei* abgelegt. Ein *Ordner* enthält konzeptuell mehrere *Dokumente*, genau wie ein *Verzeichnis* technisch mehrere *Dateien* enthält. Zum technischen Konzept des *Laufwerks*, also der Festplatte, Diskette oder der heutigen Halbleiterspeicher, existierte kein so richtig passendes Element in der Metapher, höchstens vielleicht der Aktenschrank, daher taucht das *Laufwerk* auch genau als solches in der Desktop-Umgebung auf und bildet damit eine Abweichung von der physikalischen Welt. Die Desktop Metapher ist also ein Beispiel für ein konzeptuelles Modell, das sich in manchen Bereichen recht nahe an das implementierte Modell anlehnt (vgl. Kapitel 5).

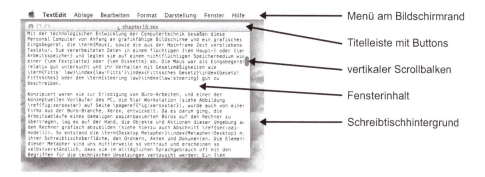

Menü am Bildschirmrand

Titelleiste mit Buttons

vertikaler Scrollbalken

Fensterinhalt

Schreibtischhintergrund

Abb. 15.2: Grundlegende Elemente eines Fensters in einer heutigen Desktop-Umgebung.

mmibuch.de/v3/a/15.2

15.2 Das WIMP Konzept

Die grundlegenden Elemente der grafischen Benutzerschnittstelle am PC sind Fenster, Icons, Menüs und ein Zeiger, der den Bewegungen eines Zeigegeräts wie z.B. der Maus folgt. Auf Englisch heißen diese Begriffe Window, Icon, Menu und Pointer, was zusammen das Akronym WIMP ergibt (engl. *wimp* = Feigling, Schwächling). Mit diesen 4 Grundelementen wird das Konzept der Direkten Manipulation umgesetzt (vgl. Abschnitt 8.4). Das WIMP Konzept ist jedoch allgemeiner als die Desktop Metapher und kann potenziell auch andere Metaphern umsetzen. Das Prinzip der Direkten Manipulation ist ebenfalls übergeordnet und findet beispielsweise in vielen Computerspielen Anwendung, ohne dass dort von Dokumenten und Ordnern die Rede ist.

15.2.1 Fenster und Leisten

Der Begriff *Fenster* bezeichnet im Zusammenhang mit WIMP einen reservierten Bildschirmbereich, der für eine bestimmte Anwendung reserviert ist. Beispiele hierfür sind komplette Anwendungsfenster, aber auch kleinere Dialogboxen oder Meldungen. Fenster können (müssen aber nicht) beweglich sein. Sie können sich gegenseitig überlappen und verdecken, und ihre Anordnung auf dem Bildschirm ist keine triviale Aufgabe. Jede WIMP Umgebung hat für diesen Zweck eine Programmkomponente, die sich nur um die Verwaltung der Fenster kümmert. Unter LINUX gibt es verschiedene, austauschbare Window Manager, in Windows und Mac OS ist diese Komponente fester Bestandteil des Betriebssystems. Neben dem reservierten Bildschirmbereich sind Fenster oft mit einer sogenannten Dekoration versehen, die es erlaubt, das Fenster zu verschieben, zu skalieren, zu schließen oder zu minimieren. Auch in Betriebssystemen für kleinere Bildschirme, wie Windows CE gab es das Konzept von Fenstern noch, was jedoch kaum Sinn ergab, da fast alle Fenster (bis auf kleine Dialogboxen) den vollen Bildschirm beanspruchten. Auch in heutigen Smartphone Betriebssystemen existiert das Konzept des Fensters auf Software-Ebene noch, in der grafischen Benutzerschnittstelle fehlen jedoch die klassischen Dekorations-Elemente verschiebbarer Fenster. Benötigt der in einem Fenster dargestellte Inhalt mehr Platz als das Fenster bietet, so zeigt das Fenster üblicherweise nur einen Ausschnitt. Die Position dieses Ausschnitts kann mit den sogenannten Scroll-Balken eingestellt werden. Dabei zeigt der Reiter des Balkens die Position und meistens auch die Größe des Ausschnitts im Gesamtdokument.

Neben den Fenstern enthalten aktuelle Desktop Schnittstellen regelmäßig Leisten am Bildschirmrand, wie z.B. die Menüleiste in macOS oder die Task-Leiste in Windows. Diese Anordnung am oberen oder unteren Rand des Bildschirms hat den Vorteil, dass die vertikale Position nicht genau getroffen werden muss, sondern die Maus beliebig über den Bildschirmrand hinaus geschoben werden kann und dort hängen bleibt. Aus diesem Grund befinden sich dort häufig benötigte Funktionen, wie z.B. das Anwendungsmenü in der macOS Menüleiste oder die minimierten Fenster in der Windows Task Leiste. Eine weitere bevorzugte Position auf dem Bildschirm sind die Ecken, da dort die Maus gleich in zwei Richtungen hängen bleibt. Aus diesem Grund befinden sich dort die am häufigsten genutzten Funktionen des Betriebssystems, wie das Startmenü in Windows und das Systemmenü in macOS.

15.2.2 Menü-Techniken

Menüs, die aus einer Leiste am oberen Bildschirmrand herabgezogen werden, heißen aus diesem Grund Pull-down-Menü (siehe Abbildung 15.3). Menüs, die an einer beliebigen Bildschirmposition erscheinen, wie das Kontextmenü vieler Anwendungen, heißen Pop-up-Menü. Beides sind lineare Menüs. Dies bedeutet, dass die verschiedenen Einträge des Menüs linear untereinander angeordnet sind. Je weiter entfernt von der Startposition sich ein Eintrag befindet, desto länger dauert es, ihn mit der Maus zu treffen. Dies folgt aus Fitts' Law (siehe Abschnitt 4.1). Noch komplizierter wird es, wenn ein Eintrag des Menüs ein Untermenü öffnet. In diesem Fall muss sich der Mauszeiger zunächst zum betreffenden Eintrag bewegen, dann innerhalb des Eintrags bis zur Markierung am rechten Rand, worauf sich das Untermenü öffnet, dann in dieses hinein und hinunter zum Eintrag der ersten Schachtelungsebene (siehe Abbildung 15.3). Dabei ist der Weg nach rechts innerhalb des ersten Menüeintrages oben und unten begrenzt durch die Höhe des Eintrags: verlässt der Mauszeiger auf dem Weg zum rechten Rand den Eintrag, dann öffnet sich das falsche Untermenü. Die für diese Mausbewegung benötigte Zeit lässt sich nach dem Steering Law abschätzen (siehe Abschnitt 4.2). Besonders störend werden diese Effekte bei langen Menüs mit vielen und daher verhältnismäßig schmalen und langen Einträgen. Ab einer gewissen Größe

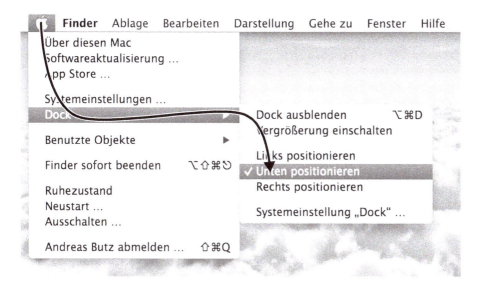

Finder Ablage Bearbeiten Darstellung Gehe zu Fenster Hilfe

Über diesen Mac
Softwareaktualisierung …
App Store …

Systemeinstellungen …

Dock

Dock ausblenden   ⌥⌘D
Vergrößerung einschalten

Benutzte Objekte ▸

Links positionieren

Finder sofort beenden   ⌥⇧⌘⟲

✓ Unten positionieren
Rechts positionieren

Ruhezustand
Neustart …
Ausschalten …

Systemeinstellung „Dock" …

Andreas Butz abmelden …   ⇧⌘Q

Abb. 15.3: Ein geschachteltes Pull-down-Menü und der Weg des Mauszeigers zur Auswahl eines Eintrags in der ersten Schachtelungsebene.

mmibuch.de/v3/a/15.3

werden geschachtelte Menüs schwer bedienbar, wie viele Leser wohl in eigener leidvoller Erfahrung festgestellt haben. Es gibt verschiedene Ansätze, die störenden Effekte geschachtelter Menüs zu entschärfen, beispielsweise indem der Mauszeiger ab einer bestimmten X-Position den Eintrag nicht mehr mehr so leicht verlassen kann.

Neben den linearen Menüs gibt es auch sogenannte Torten-Menüs, die ihre Einträge im Kreis anordnen und damit einen Vorteil bezüglich der Auswahlgeschwindigkeit erreichen (Abbildung 15.4) Ein Eintrag eines Tortenmenüs wird ausgewählt, indem der Mauszeiger das Menü in Richtung des Eintrags verlässt. Geschachtelte Tortenmenüs können realisiert werden, indem nach Verlassen des ersten Menüs an der aktuellen Mausposition das zugehörige Untermenü als Pop-up Menü in Tortenform erscheint. Befinden sich alle Menüeinträge stets an der gleichen Stelle, dann kann sich der Benutzer so einen Bewegungsablauf merken und diesen irgendwann ohne Betrachten der Menüs als Geste auf dem Bildschirm blind ausführen. Da für die Auswahl eines Eintrags im Tortenmenü nur die Richtung entscheidend ist, nicht die exakte Weglänge, macht es keinen Unterschied, wie groß diese Gesten ausgeführt werden. Nur die Winkel zwischen den Segmenten sind entscheidend. Der Lernprozess solcher Gesten wird unterstützt, indem der Mauszeiger auf dem Bildschirm eine Spur hinterlässt, und damit die ausgeführte Bewegung als Linienzug zu sehen ist. Diese Art von geschachtelten Tortenmenüs mit Spur des Mauszeigers heißen Marking Menu [105] und unterstützen einen fließenden Übergang vom Anfänger zum Experten. Tatsäch-

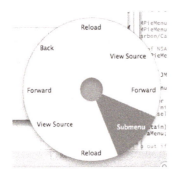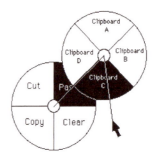

Abb. 15.4: Links: ein Tortenmenü, Rechts: ein geschachteltes Tortenmenü, bei dem der Mauszeiger eine Spur hinterlässt (Marking Menu) [105].

mmibuch.de/v3/a/15.4

lich benutzen Experten Menüs generell anders als Anfänger [40]: während Anfänger das Menü zunächst aufklappen, dann in linearer Zeit die Einträge lesen bis sie den gesuchten Eintrag gefunden haben, merken sich fortgeschrittene Benutzer recht schnell die Position der Einträge im Menü und benötigen für die Auswahl nicht mehr lineare Zeit, sondern nach dem Hick-Hyman Gesetz nur noch logarithmische Zeit bzgl. der Anzahl der Menüeinträge (siehe Abschnitt 3.6). Zu diesem Zeitanteil für die Entscheidung kommt dann noch der Zeitanteil für die motorische Ausführung, abhängig von der Art des Menüs.

15.3 WYSIWYG

Im Interaktionskonzept der Direkten Manipulation werden die relevanten Informationseinheiten am Bildschirm grafisch repräsentiert und mit dem Zeigegerät direkt selektiert oder verschoben. Überträgt man diese Idee auch auf die Bearbeitung visueller digitaler Medien, wie z.B. Text oder Bilder, dann bedeutet das, dass Änderungen an einem solchen Medienobjekt am Bildschirm direkt so vorgenommen werden, wie sie sich später, beispielsweise im Druck, auch auswirken. Das Dokument wird am Bildschirm so gezeigt, wie es auch später auf dem Papier aussehen wird (bis auf die normalerweise niedrigere Auflösung des Bildschirms). Diese Situation lässt sich im Englischen prägnant ausdrücken als *what you see is what you get* (was man sieht, ist was man bekommt) und das wiederum liefert als Akronym den Begriff WYSIWYG.

Dieser Begriff tauchte zuerst im Zusammenhang mit Textsatz-Systemen und der Idee des sogenannten Desktop Publishing auf. Dabei sollte die Erstellung hochwertiger Druckerzeugnisse direkt vom Schreibtisch aus möglich werden und der WYSIWYG Ansatz sollte sicherstellen, dass auch ohne das Know-How einer Druckerei das Endprodukt jederzeit beurteilt werden konnte. Bereits die frühen Varianten der Desktop

Metapher auf dem Xerox Star und dem Xerox Alto enthielten WYSIWYG Editoren für Text und dieser Ansatz scheint uns heute so selbstverständlich, dass wir kaum andere Vorgehensweisen in Erwägung ziehen. Gängige Textverarbeitungen wie MS Word, Apple Pages oder OpenOffice Writer arbeiten nach dem WYSIWYG Prinzip, wobei es Abstufungen gibt: in vielen dieser Softwarepakete kann beispielsweise eine Gliederungsansicht eingestellt werden, die dann die logische Struktur des Dokuments hervorhebt statt der visuellen Gestalt.

Ein extremes Gegenbeispiel ist das Textsatzprogramm TeX, mit dem beispielsweise dieses Buch gesetzt ist: Hier werden die verschiedenen Textteile mit Steuerkommandos versehen und der Text regelrecht *programmiert* (siehe auch Inhalt des Fensters in Abbildung 15.2). Eine Beurteilung des Endergebnisses ist erst nach einer Übersetzung (ähnlich dem Kompilieren eines Programms) möglich. Der Vorteil dieser alternativen Vorgehensweise ist, dass systematische Änderungen am Dokument und die Sicherstellung von Konsistenz im Drucksatz sehr einfach sind, und dass das Ergebnis drucktechnisch sehr hohen Standards genügt. Das WYSIWYG Konzept wird auch bei der Bearbeitung anderer visueller Medien eingesetzt, beispielsweise in der Bildbearbeitung. Werkzeuge wie Gimp oder Photoshop zeigen die Auswirkungen einer Operation auf das Bild direkt an. Ein Gegenbeispiel wäre die Bildverarbeitung auf Kommandozeilenebene, beispielsweise mit dem Netpbm[34] Programmpaket.

---

34 http://netpbm.sourceforge.net

Verständnisfragen und Übungsaufgaben:

mmibuch.de/v3/l/15

1. Ein echtes Zitat eines Hilfe suchenden Vaters an seinen Informatik studierenden Sohn: *Du hast doch Windows studiert. Ich hab das Internet gelöscht.* Analysieren Sie, was vermutlich passiert ist, welche Konzepte und welche Elemente der Metapher hier verwechselt werden, und wie diese logisch eigentlich zusammen gehören. Zeichnen Sie ein Diagramm dieser Zusammenhänge und erklären Sie diese in Worten, die Ihre Großeltern-Generation versteht. Falls Sie sich über diese recht blumige Aufgabe wundern: Es ist unsere fachliche Verantwortung als Informatiker, mit solchen Begriffen klar und korrekt umzugehen und unsere soziale Verantwortung, sie auch einem nichtfachlichen Publikum nahe bringen zu können.

2. Vergleichen Sie die Interface-Konzepte der Desktop-Metapher mit denen Ihres bevorzugten Smartphone-Betriebssystems. Wo gibt es Entsprechungen, wo fehlen diese, und hat Sie das schon einmal gestört? Warum (nicht)? Betrachten Sie insbesondere auch Dienste, die Sie auf beiden Plattformen nutzen.

3. Vergleichen Sie ein lineares Menü und ein Tortenmenü mit jeweils 8 Einträgen. Beide sollen als pop-up Menü implementiert sein. Schätzen Sie mithilfe von Fitts' Law die Zugriffszeiten auf alle 8 Einträge in beiden Menüs ab und erläutern Sie den Unterschied! Was könnten Gründe dafür sein, dass sich Tortenmenüs trotzdem bisher nicht durchgesetzt haben?

4. Welches Interaktionskonzept aus der Zeit der Mainframe-Computer hat überdauert und findet sich noch heute versteckt in PCs und Smartphones?

5. Wieso ist Die Desktop-Metapher ein Beispiel für ein konzeptuelles Modell?

6. Welche Reihenfolge der Worte „Icons", „Menus", „Pointer" und „Windows" sind für den nachfolgenden Text korrekt? „ww helfen der Recognition. xx besitzen Decorations. yy erlauben durch unterschiedliche Anordnung von Einträgen schnelleren oder langsameren Zugriff auf Inhalte. zz repräsentieren den User."

7. Ein Kontextmenü öffnet sich unter Windows normalerweise nach einem Rechtsklick an der Position rechts vom Mauszeiger. Wann öffnet es sich links?

8. Hat es einen Effekt, wie groß die Geste ist, die bei der Auswahl eines Eintrags in einem Marking-Menü ausgeführt wird?

16 Die Benutzerschnittstelle des World Wide Web

Kaum ein anderes Medium hat unseren Umgang mit Informationen so nachhaltig verändert wie das World Wide Web, kurz WWW oder einfach Web. Tatsächlich wird der Begriff *Web* oft mit dem Begriff *Internet* austauschbar verwendet: Nutzer *gehen ins Internet* und nutzen Software mit Namen wie *Internet Explorer*, wenn sie Webseiten besuchen. Anbieter preisen den Zugang zu *Internet und E-Mail* an, wenn Sie den Zugang zum World Wide Web meinen. Das Web ist zum *Gesicht* des Internet geworden und viele Dienste wie E-Mail, News, oder soziale Netze bedienen sich heute seiner technologischen Grundlage. Dieses Kapitel ist ein Versuch, zumindest die grundlegenden Begriffe und Trends mit Bezug zur Benutzerschnittstelle einzuführen, kann aber der Fülle an Informationen zu diesem Thema natürlich nie gerecht werden.

16.1 Technische Grundkonzepte des Web

Technisch gesehen ist das WWW ein (sehr) großes verteiltes System aus vernetzten Servern und Clients. Auf den Servern sind die Webseiten gespeichert, von denen mehrere zusammenhängende Seiten auch als Website bezeichnet werden, sozusagen ein *Ort* innerhalb des Web. Im Deutschen herrscht durch den gleichen Klang dieser beiden Begriffe oft Verwirrung über ihren genaue Abgrenzung und sie werden munter durcheinander geworfen. Webseiten werden mit einer Client-Software, dem sogenannten Browser angezeigt. Dieser Browser lief von Beginn an (bis auf exotische Ausnahmen wie Lynx[35]) immer innerhalb einer grafischen Desktop-Benutzerschnittstelle (siehe Kapitel 15) und wurde auch stets mit einem Zeigegerät wie beispielsweise der Maus bedient. Das ändert sich gerade mit der zunehmenden Nutzung des Web auf neueren Geräten wie Tablets und Smartphones.

Webseiten sind sogenannte Hypertext-Dokumente. Das bedeutet, dass sie nicht nur Text und Medienelemente enthalten, sondern auch Verweise (Hyperlinks) zu anderen Webseiten. Diese Hyperlinks unterliegen keinen festen Regeln bezüglich ihrer Struktur: Sie können beliebig innerhalb einer Website oder auch darüber hinaus verweisen und führen damit zu anderen Orten innerhalb des Web. Entlang der Hyperlinks begibt sich der Benutzer damit auf eine (abenteuerliche) Reise, was auch in metaphorischen Namen der Browser wie Internet *Explorer* (engl. für *Erforscher*) oder *Safari* (Swahili für *Reise*) zum Ausdruck kommt. Alle diese Zusammenhänge wissen wir als Informatiker aus unserem täglichen Umgang mit dem Web. Anderen Teilen der Bevölkerung hingegen sind diese Begriffe und Zusammenhänge nicht unbedingt völlig klar, und wenn wir einmal wieder die Computer-Probleme unserer (Groß-) Elternge-

---

35 http://lynx.browser.org

https://doi.org/10.1515/9783110753325-017

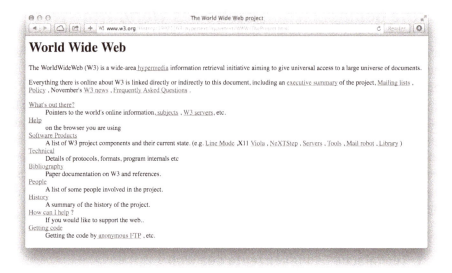

Abb. 16.1: Replik einer der ersten Webseiten, angezeigt in einem heutigen Browser.

mmibuch.de/v3/a/16.1

neration lösen sollen, kann es durchaus sein, dass wir auf die Frage, welcher Browser denn verwendet wurde, nur einen fragenden Blick bekommen.

Entwickelt wurden die grundlegenden technischen Standards des WWW 1989-1991 am CERN Institut durch Tim Berners-Lee. Er definierte die Beschreibungssprache HTML (*Hypertext Markup Language*) und programmierte die erste Server- und Browser-Software. Das so entstandene System wurde zunächst dazu genutzt, wissenschaftliche Dokumente zwischen den Forschern am CERN auszutauschen. Der Fokus lag damit also zunächst auf Text und Abbildungen, sowie den genannten Hyperlinks. Abbildung 16.1 zeigt eine der ersten Webseiten im damals typischen undekorierten (*Plain HTML*) Stil. Erst die Kommerzialisierung des WWW brachte dann die medienlastige Gestaltung heutiger Webseiten mit sich. Das ursprüngliche HTML sah die nötigsten Darstellungsmittel für Texte vor, wie Überschriften verschiedener Ebenen und Textauszeichnungen wie kursiv oder fett. Wesentliche Vorteile gegenüber anderen damaligen Internet-basierten Informationssystemen wie Usenet News oder Gopher waren die freie Struktur der Hyperlinks sowie die Möglichkeit, Bilder in die Texte mit einzubinden. Später kamen andere Medienobjekte wie Audio und Video hinzu, was damals aber noch eine Herausforderung an die Rechenleistung bedeutete.

Zur Übertragung der HTML-Seiten definierte Berners-Lee das Hypertext Transfer Protocol HTTP zwischen Server und Browser. Eine Übertragung im HTTP besteht

http://www.mmibuch.de/a/17.2/index.html#additional

Protokoll   Servername   Verzeichnis Dateiname   Anker

Abb. 16.2: Aufbau eines Uniform Resource Locator (URL) aus Protokoll, Servername, Verzeichnis auf dem Server, Dateiname und einem optionalen Anker innerhalb der Seite.

mmibuch.de/v3/a/16.2

grundlegend aus einer Anfrage des clients an den Server (HTTP request) und einer Antwort des Servers (HTTP response). Eine einzelne Ressource im Web, beispielsweise eine Webseite oder ein Bild, wird durch eine Web Adresse, den sogenannten *Uniform Resource Locator*, URL adressiert. Diese[36] besteht aus einem Bezeichner für das verwendete Protokoll, einem Servernamen und dem Namen einer Datei auf diesem Server. Hinzu kommen Konventionen für Sprungmarken innerhalb der Datei oder sonstige Parameter, die an den Server übergeben werden (siehe Abbildung 16.2).

Die technischen Standards des WWW werden vom World Wide Web Consortium (W3C) verwaltet und haben seit dem Beginn des WWW teilweise substanzielle Änderungen durchlaufen. Während HTTP immer noch in der Version 1.1 von 1999 verwendet wird, ist man bei HTML mittlerweile bei Version 5 angelangt mit Umwegen und teilweise parallel entwickelten Standards. Dabei war die Weiterentwicklung durch verschiedene Stellen und mit verschiedener Motivation getrieben, was stellenweise durchaus zu einem technologischen Wildwuchs führte. Die Gestaltung und das Layout der Webseiten durchlief dabei verschiedene Modetrends.

16.2 Layout: fließend, statisch, adaptiv, responsiv

Eine ursprüngliche Kernidee von HTML war es, kein festes Seiten-Layout vorzugeben. Frühe Webseiten wie die in Abbildung 16.1 passten ihr Layout an die Fenstergröße des Browsers an und der Browser war dafür verantwortlich, die Inhalte immer sinnvoll und bestmöglich darzustellen. Diese Art des Layouts nennt man fließendes Layout, da der Text bei Veränderung der Fenstergröße regelrecht um die anderen Elemente herum fließt. Mit der wachsenden Kommerzialisierung des Web wuchs der Anspruch, auf die visuelle Gestaltung der Seiten mehr Einfluss nehmen zu können. Gestalter aus dem Print-Bereich begannen, mit festen Satzspiegeln und Layout Grids zu arbeiten, wie sie bei Druckerzeugnissen wie Büchern oder Zeitschriften verwendet werden. Dabei entstanden statische Layouts, die in einer bestimmten Fenstergröße

---

36 Obwohl *locator* im Lateinischen ein männliches Wort ist, hat sich im Deutschen der weibliche Artikel für *URL* eingebürgert, wohl in Anlehnung an *die* Adresse.

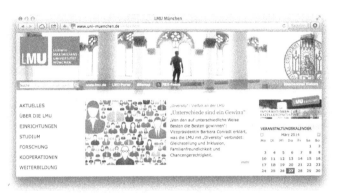

Abb. 16.3: Statisches Layout, in der Mitte in der optimalen Fensterbreite. Bei einem breiteren Fenster (oben) werden rechts und links leere Flächen ergänzt, bei einem schmaleren Fenster (unten) werden Inhalte abgeschnitten.

mmibuch.de/v3/a/16.3

oder Bildschirmauflösung sehr gut aussehen, in anderen Umgebungen aber teilweise völlig versagen. Ein dabei noch recht unkritisches Beispiel zeigt Abbildung 16.3. Durch die wachsende Verbreitung mobiler Endgeräte seit Beginn dieses Jahrhunderts

Abb. 16.4: Responsives Layout: der Designer legt fest, wie die grundlegenden Elemente der Seite in verschiedenen Situationen angeordnet werden, und der Browser übernimmt das detaillierte Layout.

mmibuch.de/v3/a/16.4

greifen immer mehr Menschen mobil auf Webseiten zu. Dabei ist ein optimales Layout besonders wichtig, da sich die Anzeigefläche und Interaktionsmöglichkeiten von der Desktop-Umgebung doch stark unterscheiden. Ein statisches Layout, das für eine bestimmte Fenstergröße am Desktop optimiert wurde, versagt hier praktisch immer, da bei voller Darstellung alle Inhalte unlesbar klein werden. Zoom und Pan (siehe Abschnitt 9.2) ermöglichen zwar prinzipiell wieder eine Interaktion auf solchen Geräten, sind jedoch umständlich und von einer optimalen Bedienung weit entfernt. Aus dieser Situation heraus entstand das sogenannte adaptive Layout. Dabei werden für verschiedene Geräteklassen verschiedene statische Layouts vorbereitet und je nach Gerätetyp die passendste Version vom Server geliefert. Technisch wird dies dadurch ermöglicht, dass der HTTP request Angaben über das verwendete Betriebssystem, den Browser und das Endgerät enthält, und der Server in Abhängigkeit von diesen Variablen eines der verschiedenen Layouts auswählt und zurückschickt. Offensichtlicher Nachteil dieser Methode ist der erhöhte Arbeitsaufwand und die Tatsache, dass der Web-Entwickler eigentlich dem Gerätemarkt immer hinterher programmiert. Sobald ein neues Gerät erscheint, muss überprüft werden, ob eines der bestehenden Layouts darauf passt, und ob die Auswahlregeln ggf. auch das richtige Layout liefern.

Um diesem neuerlichen Missstand zu entgehen, entstand das sogenannte responsive Layout. Dieses verlagert die Detail-Anpassung vom Designer wieder zurück auf den Browser: Der Web Designer legt dabei nur die grobe Anordnung verschiedener logischer Elemente der Seite für verschiedene Grundsituationen fest, und der Browser übernimmt wieder das detaillierte Layout auf dem konkreten Endgerät (siehe Abbildung 16.4). Technisch wird dies möglich durch die Trennung von Inhalt und Darstellung in HTML 5 und CSS in Verbindung mit sogenannten media queries. So kann der Browser selbst das Layout auf die genaue Fenstergröße nach den im Layout festgelegten Regeln anpassen, nachdem er aus mehreren Grund-Layouts (beispielsweise für Desktop, Smartphone und Druck) das richtige ausgewählt hat.

Mit der rasanten Entwicklung des Web ist abzusehen, dass schon in wenigen Jahren weitere Modetrends beim Layout und weitere technische Standards entstehen werden. Ziel dieses Abschnitts ist es daher nur, die Ideen hinter diesen Trends darzustellen. In die aktuellen Trends und technischen Details wird man sich zum gegebenen Zeitpunkt immer wieder neu einarbeiten müssen.

16.3 Inhalte: statisch oder dynamisch

Neben dem Layout von Webseiten kann auch deren Inhalt sich dynamisch verändern. Dies widerspricht eigentlich der ursprünglichen Idee des Web, bei der ja zu einer URL immer die gleiche statische Webseite geliefert wurde. Die Kernidee dynamischer Webseiten besteht darin, dass der Server zu einem gegebenen HTTP request zuerst ein individuelles Dokument berechnet und dies dann zurückgibt. Diese *serverseitige* Berechnung kann aus einem Datenbankzugriff bestehen, vom Webserver selbst oder auch von einem größeren Softwaresystem auf dem Server ausgeführt werden. Auf diese Weise wurde es erst möglich, Shop-Systeme mit Bestell- und Bezahlvorgängen im Web abzubilden: Der individuelle Einkaufskorb sieht für jeden Benutzer anders aus. Seit dieser Entwicklung spricht man daher nicht mehr nur von Webseiten, sondern gelegentlich von regelrechten Webanwendungen.

An dieser Stelle kommt nun zum Tragen, dass das Web ursprünglich nicht für eine solche Architektur konzipiert war: Für die Beantwortung eines HTTP request gibt es keinerlei Zeitgarantien, und beim Klick auf einen Hyperlink kann es je nach Umfeld recht lange dauern, bis die zugehörige Seite vom Server geliefert wird und auch vollständig übertragen ist. Dies widerspricht der in Abschnitt 6.2 aufgestellten Forderung, dass Feedback in interaktiven Systemen idealerweise innerhalb von 100ms gegeben werden sollte. Um diesem Problem zu begegnen und Webanwendungen zeitlich besser kontrollierbar zu machen, entwickelte man Techniken, die die Berechnung *clientseitig* ausführen. Bei AJAX[37]-basierten Webanwendungen wird die Benutzerschnittstelle insgesamt (in Form eines JavaScript Programms) heruntergeladen und dann im Browser ausgeführt. Die Verbindung zum Server erfolgt nicht mehr über einzelne HTTP requests, sondern über eine separate Netzwerkverbindung, durch die XML Datenstrukturen in beide Richtungen übertragen werden. So kann die Webanwendung zeitnah auf Benutzereingaben reagieren und ist damit unabhängiger von den Unwägbarkeiten des Übertragungsweges.

---

37 AJAX = Asynchronous JAvascript and Xml

16.4 Nutzungsarten: Web x.0 (x = 1,2,3,...)

Mit der Entwicklung dynamischer Inhalte wurde es immer einfacher, nun selbst Inhalte für das Web zu generieren ohne dafür selbst HTML-Code schreiben zu müssen. Von Produktbewertungen beim Online-Shopping über Blogs bis zu sozialen Netzen treffen wir heute überall von Benutzern generierte Inhalte an, ohne dass diese Benutzer dafür HTML schreiben oder einen Server betreiben müssen. Dieser qualitative Schritt hat auch zu dem Begriff Web 2.0 geführt, womit das *alte* statische Web automatisch zum Web 1.0 wurde. Mit der Zeit wollte man die im Web von so vielen Menschen generierten Inhalte auch durch Maschinen nutzbar machen, um daraus automatisch strukturiertes Wissen ableiten zu können. Technisch gesehen bestehen Webseiten aus reinen Textdateien sowie den eingebetteten Medienobjekten wie Bildern oder Filmen. Diesen automatisch eine Bedeutung zuzuordnen und sie sinnvoll miteinander in Beziehung zu setzen, ist nicht ohne Weiteres möglich, da die tiefe semantische Analyse von Text oder gar Bildern nach wie vor ein algorithmisch schwieriges Problem ist. Die Lücke zwischen dem reinen Dateiinhalt (Syntax) und der Bedeutung (Semantik) (engl. semantic gap) lässt sich nicht oder nur in eng begrenzten Sonderfällen automatisch schließen. Hätte man zu Webseiten allerdings eine formalisierte und automatisch verarbeitbare Beschreibung ihrer Bedeutung oder zumindest der Art von Information, die sie enthalten, dann wäre die automatische Suche nach sinnvoller und nützlicher Informationen und die Ableitung neuer Information daraus viel besser zu bewerkstelligen. Aus diesem Grund entstanden Formalismen wie das Resource Description Framework[38] (RDF) und die Web Ontology Language (OWL), die auf eine solche semantische Beschreibung von Webseiten und ihren Beziehungen untereinander abzielen. Die Vision dahinter ist das sogenannte Semantic Web oder Web 3.0, in dem Seiten anhand ihrer Bedeutung gefunden und zueinander in Beziehung gesetzt werden können. Eine konkrete Ausprägung solcher semantischer Annotationen ist beispielsweise das Hinzufügen geografischer Information zu Seiten, die mit Orten auf der Erde zu tun haben. Dies ermöglicht es, beim Besuch dieser Orte genau die relevanten Seiten, die sich auf den jeweiligen Ort beziehen, anzuzeigen. Das Semantische Web ist derzeit noch stark in der Entwicklung begriffen und seine Ausprägung und Folgen in der Zukunft ungewiss.

16.5 Wie Webseiten gelesen werden

Der Umgang des menschlichen Nutzers mit Webseiten unterscheidet sich stark vom Umgang mit anderen Textdokumenten. Während wir in einem Buch seitenweise Text lesen und uns dazu in der Regel die Zeit nehmen, ganze Kapitel und Abätze zu verste-

---

38 http://www.w3.org/RDF/

hen, fliegt unser Blick über Webseiten in wenigen Sekunden dahin. Beim Betrachten einer Webseite sucht unser Auge dabei nach auffallenden Elementen, wie beispielsweise farblich hervorgehobenen Links und Schlüsselwörtern. In Abschnitt 2.1.4 haben wir gelernt, dass eine farbliche Hervorhebung das Finden von Links mittels präattentiver Wahrnehmung ermöglicht, also besonders schnell macht. Dies wurde bereits von den ersten Webseiten unterstützt (siehe Abbildung 16.1). Außerdem nutzen wir beim Überfliegen von Webseiten aus, dass diese mittlerweile oft einer festen Struktur folgen: am linken oder oberen Rand erwarten wir globale Informationen wie Firmenlogo oder Kopfzeile, sowie Navigationselemente, in der Mitte der Seite bedeutungsvollen Inhalt und am rechten Rand optionale Zusatzinformation oder Werbung (siehe Abbildung 16.3).

All dies hat Auswirkungen auf die inhaltliche, strukturelle und grafische Gestaltung von Webseiten: Die Inhalte müssen kurz und prägnant sein. Text muss in wenigen Worten oder Sätzen seine Botschaft vermitteln, umfangreichere Zusatzinformationen sollten dabei optional angeboten und verlinkt werden. Lange Texte werden im Web in den allermeisten Fällen nicht gelesen, sondern nur überflogen und nach Schlüsselwörtern abgesucht. Aussagekräftige Bilder vermitteln auf einen Blick oft mehr als Texte und unterstützen das schnelle Absuchen ebenfalls. Strukturell sollten Webseiten sich heutzutage an bestehende Konventionen halten, damit der Benutzer bestimmte Elemente auch an den erwarteten Orten vorfindet. Dies gilt vor allem für die Navigationselemente. Information, deren Existenz auf der Seite verschleiert werden soll, kann man sogar regelrecht verstecken, indem man sie an Stellen anordnet, an denen sich normalerweise Werbung befindet, und sie dann auch grafisch wie Werbung aussehen lässt. Grafisch sollten Webseiten so einfach wie möglich gehalten werden. Die grafische und typografische Gestaltung hat hier vor allem den Zweck, das schnelle Absuchen der Seite nicht zu behindern. Text sollte in gut lesbarer Größe und mit gutem Kontrast dargestellt werden. Links und wichtige Begriffe sollten präattentiv wahrnehmbar sein (siehe Abschnitt 2.1.4). Zudem werden Webseiten in den meisten Fällen auch nicht gescrollt. Was nicht beim ersten Erscheinen der Webseite im Fensterbereich sichtbar ist, wird oft auch nicht mehr durch Verschieben des Scrollbalkens zu Tage gefördert. Auch so lassen sich Informationen (beabsichtigt oder unbeabsichtigt) verstecken. Das Impressum, das jede Webseite heute verpflichtend haben muss, ist ein Beispiel für ein solches oft bewusst verstecktes Element: ein Link dorthin findet sich meist in der Fußzeile in kleiner, unauffälliger Schrift. Damit ist der gesetzlichen Regelung Genüge getan, die Aufmerksamkeit des Benutzers wird jedoch erfolgreich daran vorbei gelenkt.

16.6 Orientierung und Navigation

Drei wichtige Kriterien bei der heuristischen Evaluation interaktiver Systeme (siehe Abschnitt 13.3.2) sind *Visibility of system status*, *User control and freedom* und *Reco-*

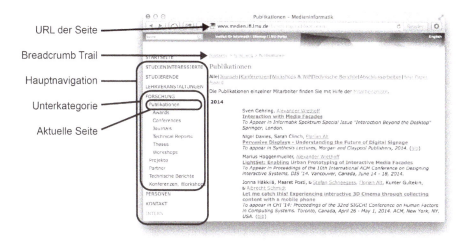

URL der Seite

Breadcrumb Trail

Hauptnavigation

Unterkategorie

Aktuelle Seite

Abb. 16.5: Navigationselemente einer Webseite: Links die hierarchisch aufgebaute Hauptnavigation, Oben der Breadcrumb Trail, Ganz oben die strukturell gleiche URL.

mmibuch.de/v3/a/16.5

gnition rather than recall. Diese Forderungen werden auf strukturierten Websites in der Regel durch Navigationselemente erfüllt. Die Navigation einer Website soll also erkennen lassen, was alles auf dieser Site zu finden ist (*recognition*) und wo sich der Benutzer gerade befindet (*status*). Außerdem soll sie natürlich ermöglichen, sich zu anderen Teilen der Site zu bewegen (*control*). Abbildung 16.5 zeigt ein Beispiel für die hierarchische Hauptnavigation einer Website, die diese Forderungen erfüllt: Sie befindet sich zunächst einmal am erwarteten Ort, nämlich dem linken Rand der Seite, und zeigt an, welche Themenbereiche es auf dieser Site gibt (*recognition*). Beim Anwählen einer Unterkategorie wird diese aufgeklappt (*control*) und zeigt die darin verfügbaren Seiten oder weiteren Unterkategorien an. Die aktuell angewählte Seite ist grau hinterlegt (*status*). Auf dieser Seite wird außerdem ein weiteres weit verbreitetes Navigationselement verwendet, der sogenannte Breadcrumb Trail. Wie im Märchen von Hänsel und Gretel zeigen Brotkrumen den Weg zurück zum Ausgangspunkt: Die nacheinander aufgeklappten Unterkategorien erscheinen als eine Art Spur immer spezifischerer Begriffe. Interessanterweise deckt sich die logische Hierarchie in diesem Beispiel auch mit der implementierten Ordnerstruktur auf dem Webserver, und weil die Verzeichnisse dort die gleichen Namen tragen wie die Titel der zugehörigen Unterkategorien, stimmt die URL der einzelnen Seite strukturell mit dem angezeigten Breadcrumb Trail überein.

16.7 Die sozialen Spielregeln: Netiquette im Web

Für den Umgang miteinander im Internet entstand schon recht früh eine informelle Sammlung von Regeln für gutes Benehmen. Diese *Etiquette* im Netz wird oft als Netiquette bezeichnet. Dabei standen ursprünglich andere Medien im Vordergrund, wie *E-Mail*, *chat* und *Usenet* Foren, und viele der Regeln beziehen sich daher auf die direkte Kommunikation zwischen einzelnen Menschen oder zwischen einem Menschen und einer Gruppe. Einige der Regeln lassen sich jedoch auch sehr gut auf das Web beziehen, und natürlich insbesondere auf soziale Netze:

- *Den Menschen im Blick behalten*: Die Grundregel menschlichen Zusammenlebens, andere so zu behandeln wie man selbst behandelt werden möchte, geht durch die distanzierte Kommunikation im Internet leicht verloren. Beim Verfassen von Webseiten oder beim Umgang in sozialen Netzen sollte man immer die Auswirkungen des Geschriebenen auf betroffene Personen und deren Reaktion im Auge behalten. Unangemessenes Verhalten fällt letztlich auch negativ auf den Autor zurück.
- *Gleiche Verhaltensregeln im Web wie im echten Leben*: Obwohl es im Web sehr einfach ist, Gesetze und Spielregeln zu überschreiten, und obwohl die Verfolgung dieser Straftaten oft schwierig ist, gelten doch die gleichen Regeln. Insbesondere das Urheberrecht verpflichtet uns zu einem sorgfältigen Umgang mit dem geistigen Eigentum anderer, beispielsweise in Form korrekter Quellenangaben.
- *Zeit und Bandbreite anderer respektieren*: Statt langwieriger Diskussionen und Ausführungen sollten Webseiten schnell zum Punkt kommen, kurze und prägnante Sprache verwenden, und damit den eingangs geschilderten Lesestil von Webseiten unterstützen. Bandbreite bezieht sich damit einerseits auf die geistige Kapazität des Lesers, andererseits aber auch auf die technische Kapazität: wird ein Foto in voller Auflösung in eine Webseite eingebunden und dann innerhalb des HTML-Codes auf Briefmarkengröße skaliert, dann stellt dies eine Verschwendung von Bandbreite dar und führt zu unnötig langen Ladezeiten der Seite. Ein vorher passend skaliertes Bild verbraucht womöglich nur ein Hundertstel des Datenvolumens. Gleiches gilt übrigens für E-Mail.
- *Gut aussehen online*: Wer eine Webseite verfasst, wird nach ihr beurteilt. Rechtschreibfehler, schlechte Fotos, veraltete Informationen, tote Links, und technisch oder ästhetisch fragwürdige Seiten sollten allesamt vermieden werden, denn sie bremsen oder stören den Leser und fallen damit negativ auf den Autor zurück. Auch Seiten, die für eine bestimmte Zielplattform optimiert sind und auf anderen Plattformen schlecht oder gar nicht funktionieren, widersprechen dem Grundgedanken des Web.
- *Privatsphäre respektieren*: Informationen über andere, die wir persönlich erlangt haben, haben nichts in der Öffentlichkeit zu suchen! Gerade in sozialen Netzen ist es sehr einfach, private Informationen, Bilder oder Nachrichten an eine große Öffentlichkeit weiterzuleiten. Es sollte sich von selbst verstehen, dass so etwas

nur mit dem ausdrücklichen Einverständnis des ursprünglichen Autors bzw. der abgebildeten Person geschieht, oder noch besser durch sie oder ihn selbst.

Diese Regeln sind nur eine Auswahl eigentlich offensichtlicher Spielregeln für den Umgang miteinander. Eine *amtliche* Version der Netiquette findet sich in RFC 1855[39], bezieht sich jedoch in weiten Teilen auf heute nicht mehr so verbreitete Medien. Die Regeln der Netiquette unterliegen auch einem zeitlichen Wandel und sind in verschiedenen Kulturen unterschiedlich ausgeprägt. Es bleibt uns also nichts anderes übrig, als in einer konkreten Situation die jeweiligen Regeln für diesen Fall erneut zu recherchieren oder durch Beobachtung anderer selbst abzuleiten.

---

39 http://tools.ietf.org/html/rfc1855

Verständnisfragen und Übungsaufgaben:

1. Überprüfen Sie, wie gut Ihre fünf liebsten Webseiten auf verschiedenen Zielplattformen (Desktop PC, Smartphone, Tablet, Ausdruck auf Papier) funktionieren. Welche Layout-Strategien wurden verwendet und wie gut ist die Umsetzung jeweils gelungen?

2. Analysieren Sie ihre private Webseite oder die ihrer Institution (Uni, Firma, Verein,...) unter dem Aspekt der Angemessenheit der Inhalte! Sind Texte kurz und prägnant, Bilder aussagekräftig und ästhetisch ansprechend? Ist die technische Umsetzung sauber und entspricht sie den aktuellen Standards? Werden die Regeln der Netiquette eingehalten? Falls es Ihre eigene Webseite ist, korrigieren Sie die gefundenen Fehler. Falls die Seite Ihrer Institution gehört, weisen Sie die Verantwortlichen höflich und mit sachlichen Begründungen darauf hin. Dokumentieren Sie deren Reaktion.

3. Finden Sie heraus, ob die gerade analysierte Webseite mittels eines Content Management Systems (CMS) erstellt und gepflegt wurde, und von welchen Personen. Entsprechende Hinweise finden sich oft im HTML Quellcode. Welche Argumente sprechen in dieser Situation für oder gegen die Verwendung eines CMS?

4. Stellen Sie sich vor, dass Sie auf einen Button auf einer Webseite klicken, der dynamisch neuen Inhalt in die Seite laden soll. Beispielsweise könnte der Button die Funktion „Zeige die nächsten 10 Artikel, die zu meiner Suche passen" erfüllen. Der Server, der die Webseite bereitstellt, ist mit einer anderen, sehr aufwändigen Berechnung vollständig ausgelastet. Es wird einige Sekunden dauern, bis auf Ihre Anfrage reagiert werden kann. Da Sie die Wartezeit nicht gewohnt sind, klicken Sie noch einige Male mehr auf den Button. Das führt dazu, dass sich der Button anders verhält als erwartet und irgendwann die nächsten 40 Artikel nach und nach erscheinen, wenn beispielsweise viermal geklickt wurde. Was wären sinnvolle Lösungen, um diese unnötigen Klicks zu verhindern?

5. Zu welcher Nutzungsart des Web.x.y gehört das folgende Beispiel: Eine Benutzerin erstellt einen Artikel zum Thema „Deutschland" und beschreibt dort textuell, dass die Hauptstadt Berlin ist. Sie speichert den Artikel. Dieser ist jetzt persistent.

6. Zu welcher Nutzungsart gehört das folgende Beispiel: Eine Benutzerin erstellt einen Artikel zum Thema „Albert Einstein" und fügt das Geburtsdatum 1953 hinzu, typisiert dies jedoch mit dem entsprechenden Attribut. Sie speichert den Artikel. Dieser ist jetzt persistent. Ein anderer Artikel hat als Inhalt eine Liste von Personen, die 1953 geboren sind. Wird diese Artikel nun aufgerufen, wird hier Albert Einstein automatisch mit aufgeführt.

17 Interaktive Oberflächen

Spätestens seit der Einführung leistungsfähiger Touchscreenbasierter Smartphones 2007 entwickelt sich die Interaktion mittels Touch-Eingabe zur vorherrschenden Art der Interaktion in vielen Alltagssituationen jenseits des Büros. Tablets, Smartphones und berührungssensitive Bildschirme an öffentlichen Terminals oder Verkaufsautomaten sind die derzeit verbreiteten Arten Interaktiver Oberflächen, aber auch interaktive Wandtafeln haben Einzug in unsere Schulzimmer gehalten und interaktive Tische setzen sich zunehmend in Messe- und Museums-Kontexten durch.

17.1 Grundlagen zu Touch und Multi-Touch

All diesen Geräten gemeinsam ist die Eingabe mittels Berührung mit einem (Single-Touch) oder mehreren Fingern oder Handflächen (Multi-Touch). Bereits seit den 1980er Jahren existieren Forschungsarbeiten zum Thema Multi-Touch-Eingabe und auf den dort entwickelten Interaktionskonzepten basieren viele heutige Geräte. Dabei war lange Zeit die Sensortechnologie der begrenzende Faktor.

17.1.1 Sensortechnologien für Touch

Die technisch einfachste Vorrichtung zur Erkennung von Touch-Eingaben ist der resistive Touch-Sensor (siehe Abbildung 17.1). Dabei sind zwei leitende Folien mechanisch so miteinander verbunden, dass sie im Ruhezustand keinen Kontakt zueinander haben, durch Druck an einer bestimmten Stelle jedoch dort ein Kontakt geschlossen wird. Nun legt man an eine der Folien in horizontaler Richtung eine Spannung an, die über die gesamte Breite der Folie gleichmäßig abfällt. Wird ein Kontakt geschlossen, so kann man an der anderen Folie eine Spannung abgreifen, die sich mit

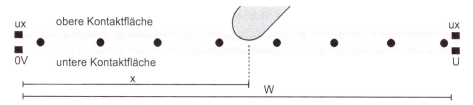

Abb. 17.1: Resistiver Touch Sensor: Um die x-Position zu messen, wird an der unteren Schicht die Spannung U angelegt und oben ux ausgelesen, sobald durch Druck ein Kontakt entsteht. Es gilt $\frac{ux}{U} = \frac{x}{W}$ oder $x = W\frac{ux}{U}$.

https://doi.org/10.1515/9783110753325-018

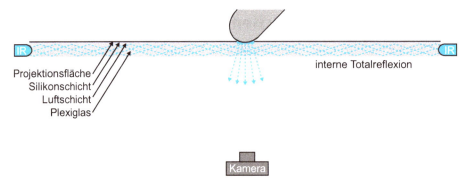

Abb. 17.2: FTIR Touch Sensor: Licht wird seitlich durch IR-LEDs eingespeist und an der Grenzfläche Plexiglas-Luft totalreflektiert. Drückt ein Objekt die Silikonschicht an das Plexiglas, dann tritt dort Licht aus und erleuchtet das Objekt, das daraufhin im Kamerabild sichtbar wird.

mmibuch.de/v3/a/17.2

der horizontalen Position des Kontaktpunktes verändert und damit die Bestimmung der X-Koordinate des Kontaktpunktes ermöglicht. Legt man danach an die andere Folie in gleicher Weise eine Spannung in vertikaler Richtung an, so lässt sich an der ersten Folie analog die Y-Position des Kontaktpunktes bestimmen. Erzeugt man mehrere Kontaktpunkte, so liefert der Sensor den Mittelwert der jeweiligen Positionen zurück. Resistive Touch-Sensoren benötigen mechanischen Druck bei der Eingabe und können mit Stiften oder Fingern bedient werden, jedoch keine Objekte oder visuellen Marker erkennen. Sie liefern keine absolute Position, sondern müssen für die korrekte Umrechnung von Spannungen in Positionen kalibriert werden.

Die derzeit am weitesten verbreitete Technologie ist der kapazitive Touch-Sensor. Er wird in den heute gängigen Tablets und Smartphones verwendet und es gibt mehrere prinzipielle Funktionsweisen. Allen gemeinsam ist ein in die Sensor-Oberfläche eingearbeitetes Gitter oder Raster aus Leiterbahnen. Bringt man einen Finger oder eine andere größere elektrisch leitende Masse in die Nähe dieser Leiterbahnen, so verändert sich die Kapazität der Bahnen zueinander oder zur elektrischen *Masse*. Durch regelmäßiges Abfragen aller Bahnen oder Kreuzungen kann so ermittelt werden, an welchen Positionen eine Berührung vorliegt. Werden mehrere benachbarte Sensorpunkte abgedeckt, so kann die Position durch Interpolation sogar mit höherer Auflösung als der des Sensors selbst berechnet werden. Die Sensorausgabe kann man wie ein Bitmap-Bild behandeln und durch Bildanalyse lassen sich nicht nur die Mittelpunkte der Kontaktpositionen berechnen, sondern auch komplexere Formen wie Handflächen erkennen. Kapazitive Touch-Sensoren benötigen keinen mechanischen Druck, jedoch ein elektrisch leitendes Material auf der Sensoroberfläche. Sie können Finger, Hände, spezielle Stifte und kapazitive Marker erkennen und müssen bezüglich der Position nicht kalibriert werden.

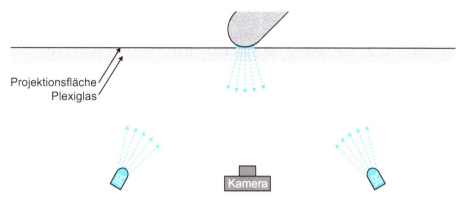

Abb. 17.3: DI Touch Sensor: Licht wird von unten durch die Plexiglasscheibe gestrahlt. Sobald ein Objekt die Oberfläche berührt oder ihr sehr nahe kommt, wird es davon erleuchtet und im Kamerabild sichtbar.

mmibuch.de/v3/a/17.3

Bei größeren interaktiven Oberflächen wie z.B. interaktiven Tischen oder Wänden trifft man derzeit auch häufig auf optische Touch-Sensoren. Viele relativ einfach konstruierte und in Forschungslabors gebaute interaktive Tische verwenden dabei das FTIR oder das DI Verfahren. Diese beiden Verfahren arbeiten mit Infrarot-Licht und lassen sich mithilfe preisgünstiger Kameras und Infrarot-LEDs für wenige Euro realisieren. FTIR (siehe Abbildung 17.2) steht für *frustrated total internal reflection* und beruht auf der Tatsache, dass Licht an einer Grenzfläche zwischen Materialien mit unterschiedlichem Brechungsindex (z.B. Plexiglas und Luft) vollständig reflektiert wird. Berührt ein Material mit anderem Brechungsindex (z.B. ein Finger oder eine Silikon-Folie) die Fläche, so tritt an dieser Stelle Licht aus und beleuchtet das Objekt, was im Kamerabild als helle Region zu erkennen ist (Abbildung 17.2).

DI (siehe Abbildung 17.3) steht für *diffuse illumination* und verwendet Lichtquellen, die die Interaktionsfläche von unten diffus ausleuchten (Abbildung 17.2). Berührt ein Objekt die Fläche, so wird es beleuchtet und ist ebenfalls im Kamerabild zu erkennen. FTIR-Sensoren benötigen mechanischen Druck, sind dafür aber recht robust gegenüber wechselndem Umgebungslicht. DI-Sensoren benötigen keinen Druck und können optische Marker erkennen, sind dafür aber viel anfälliger gegen Störlicht wie z.B. direktes Sonnenlicht. Beide Funktionsprinzipien können auch miteinander kombiniert werden, um die robuste Touch- und Marker-Erkennung gleichzeitig zu ermöglichen. Sowohl FTIR als auch DI-Sensoren müssen bezüglich ihrer Geometrie und der Bildhelligkeit kalibriert werden und der billigen Herstellung steht derzeit noch meist ein Mangel an Robustheit gegenüber. Durch den benötigten optischen Weg für die Kamera lassen sich diese Sensoren auch praktisch nur mit Projektions-Displays kombinieren. Daneben gibt es auch kommerziell verfügbare Interaktive Oberflächen mit optischem Funktionsprinzip, wie z.B. der Microsoft PixelSense[40]. Bei diesem sind optische Sensoren direkt in die Anzeigeelektronik des Bildschirms integriert, wodurch der gesamte Bildschirm auch zu einer Art Bildsensor wird. Diese Technologie kann Finger und Hände, aber auch Objekte und optische Marker erkennen, benötigt keine Kalibrierung und verhält sich recht robust gegenüber Störlicht.

Vor allem die FTIR Technologie hat bei ihrer Vorstellung durch Jeff Han 2006 in der Forschung einen wahren Boom für Interaktive Oberflächen ausgelöst. Seit es möglich wurde, für wenige Euro einen Multi Touch Tisch zu bauen, begannen viele Forschungsgruppen, die Interaktion damit zu untersuchen. So entstanden eine Reihe von mehr oder weniger experimentellen Konzepten. Formal lassen sich diese beispielsweise mit einem bereits weit über 20 Jahre alten Modell beschreiben.

17.1.2 Buxtons Modell der 3 Zustände

Bill Buxton [31] beschreibt die Übergänge zwischen verschiedenen Zuständen bei der Interaktion in grafischen Benutzerschnittstellen in Form von Zustandsautomaten. Ausgangspunkt ist die Maus (siehe Abbildung 17.4 oben rechts). Ist die Maustaste nicht gedrückt, dann befindet sich das System in Zustand 1 (Tracking). Wird die Maus in Zustand 1 bewegt, dann führte das damals nur zu einer Positionierung des Mauszeigers, löste aber keine Funktion in der grafischen Schnittstelle aus. In heutiger Terminologie wird dieser Zustand 1 oft als Hover (vom englischen *hover* = schweben) bezeichnet und löst sehr wohl Reaktionen der Schnittstelle aus, wie beispielsweise das Einblenden kurzer Erklärungstexte zu UI-Elementen, sogenannter Tooltips. Wird die Maustaste gedrückt, dann wechselt das System in den Zustand 2 (Dragging). Fand das Drücken über einem grafischen Objekt, beispielsweise einem Icon, statt, dann hängt dieses Objekt nun am Mauszeiger und wird mit ihm bewegt, solange sich das System in Zustand 2 befindet. Lässt der Benutzer die Maustaste los, so wechselt das System zurück in den Zustand 1 und das Objekt wird an der aktuellen Position des Mauszeigers losgelassen.

Obwohl die Interaktion mittels Touch zunächst sehr ähnlich erscheint, funktioniert sie doch bei genauerer Betrachtung ganz anders (siehe Abbildung 17.4 oben links). Solange kein Finger den Sensor berührt, befindet sich das System im Zustand 0 (Out of Range), in dem auch keine Position des Fingers ermittelt werden kann. Berührt nun ein Finger den Sensor, beispielsweise ein Touch-Tablet, so wechselt das System in den Zustand 1 (Tracking), in dem die Fingerposition ermittelt wird und der Mauszeiger ihr am Bildschirm folgt. Da sich der Finger nun aber schon auf dem Bildschirm befindet, gibt es zunächst keine Möglichkeit, in den Zustand 2 (Dragging) zu gelangen. Hierfür werden zusätzliche Eingabevorrichtungen gebraucht, beispiels-

---

40 www.pixelsense.com

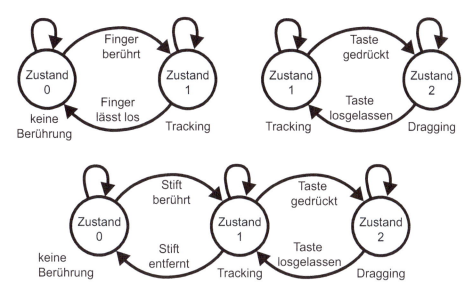

Abb. 17.4: Bill Buxtons Modell der 3 Zustände für Maus (oben rechts), Single Touch (oben links) und einen Stift mit Taste (unten), in Anlehnung an Buxton [31].

mmibuch.de/v3/a/17.4

weise ein druckempfindlicher Bildschirm, der durch stärkeren Druck in den Zustand 2 wechseln könnte oder ein Stift mit einer Taste (siehe Abbildung 17.4 unten). Da viele Sensoren, beispielsweise die kapazitiven Sensoren heutiger Smartphones, diese Möglichkeit nicht bieten, muss man sich mit anderen Tricks behelfen, um die bekannten Operationen wie Zeigen (engl. pointing) und Auswählen (Selektion) zu unterstützen. Ein solcher häufig angewendeter Trick ist die sogenannte Lift-Off-Strategie. Sie funktioniert für grafische Schnittstellen, in denen keine Positionsänderung in Zustand 2 notwendig ist und arbeitet wie folgt: Zustand 1 ist wie oben beschrieben der Tracking (oder *hover*) Zustand. Verlässt der Finger den Sensor über einem grafischen Objekt (Wechsel in den Zustand 0), so wird dieses Objekts ausgewählt. Dieser Strategie folgen die allermeisten heutigen grafischen Schnittstellen auf Touchscreens, beispielsweise die Schnittstellen der gängigen Smartphone Betriebssysteme iOS und Android. Berührt man beispielsweise deren Bildschirm über dem Icon der falschen App, dann kann man den Finger immer noch zum richtigen Icon bewegen und dort loslassen und hat damit keine falsche Eingabe getätigt.

17.1.3 Das Midas Touch Problem

Die eben analysierte Situation, dass bei der Touch Eingabe mit handelsüblichen Sensoren nur zwei Zustände unterschieden werden können, führt zu dem sogenannten

Midas Touch Problem. Dieser Name geht zurück auf die Sage des Königs Midas von Phrygien. Ihr zufolge wünschte sich Midas vom Gott Dionysos, dass alles was er anfasste, unmittelbar zu Gold würde. Als ihm der Wunsch erfüllt wurde, stellte er die unerwünschten Nebeneffekte fest, beispielsweise, dass auch sein Essen und Getränke in seinen Händen direkt zu Gold und damit ungenießbar wurden. Genau so unerwünscht ist es in vielen Situationen, dass beim Berühren eines Touch Sensors das an dieser Stelle befindliche Objekt sofort selektiert wird. In einfachen Fällen (beispielsweise Auswahl einfacher Funktionen mittels Sensortasten) mag dies tolerierbar sein, in komplexeren Benutzerschnittstellen möchte man jedoch oft in einen dritten Zustand gelangen oder zumindest eine fehlerhafte Selektion korrigieren können. Zur Umgehung des Midas Touch Problems gibt es verschiedene Ansätze.

Der gängigste Ansatz, der ohne zusätzliche Eingabevorrichtungen auskommt, ist der Verweildauer (engl. dwell time) Ansatz. Dabei ist eine bestimmte Verweildauer mit dem Finger über einem Objekt nötig, um es zu selektieren. Bewegt man den Finger vorher weg, so wird das Objekt nicht selektiert. Die Korrektur einer fehlerhaften Selektion ist somit innerhalb der nötigen Verweildauer noch möglich. Nach Ablauf der Verweildauer wird entweder das fragliche Objekt selektiert oder es erfolgt ein Moduswechsel, beispielsweise um das Objekt zu verschieben. Dieser Ansatz löst das Problem zwar ohne zusätzliche Hardware, benötigt aber für jeden Interaktionsschritt die Zeit der Verweildauer, wodurch die Interaktionsgeschwindigkeit grundlegend beschränkt wird. Ein weiterer Ansatz ist die oben beschriebene Lift-off Strategie, die sich zwar zur Selektion, nicht aber zum Verschieben eignet. Eine vollständige Lösung des Problems lässt sich nur durch eine weitere Eingabemöglichkeit erreichen, beispielsweise eine Taste, ein Pedal, oder einen anderen Sensor.

Das Midas Touch Problem existiert übrigens auch in anderen Eingabemodalitäten: Für querschnittsgelähmte Menschen, die nur noch die Augen bewegen können, kann man beispielsweise eine Interaktionsmöglichkeit schaffen, indem man die Blickrichtung ihrer Augen mittels eines Eyetrackers verfolgt. Zeigt man nun auf einem Bildschirm eine Tastatur mit hinreichend großen Tasten an, dann kann eine solche Person Texte eingeben, indem sie die zugehörigen Tasten nacheinander anschaut. Zur Selektion der Taste wird hier normalerweise die dwell time Strategie verwendet, was zwar die Geschwindigkeit beschränkt, dafür die Eingabe aber grundlegend erst einmal ermöglicht. Auch die anderen genannten Möglichkeiten lassen sich anwenden: Zusätzlich zur Eingabe kann beispielsweise die Erkennung des Lidschlags genutzt werden.

17.1.4 Das Fat Finger Problem

Ein typischer Touch Bildschirm eines aktuellen Smartphones hat eine Breite von etwa 6cm. Der menschliche Zeigefinger ist an seiner Spitze etwa 2cm breit. Berührt man mit ihm den Bildschirm, so lässt sich nicht mit großer Genauigkeit sagen, an welcher Position der zugehörige Berührungspunkt erkannt wird, der ja konzeptuell keine Breite besitzt. Wir können nur davon ausgehen, dass er irgendwo unter der Fingerspitze sein muss, beispielsweise in deren Mitte. Berücksichtigt man diese Unsicherheit, dann lassen sich auf der Bildschirmbreite eigentlich nur drei bis vier verschiedene interaktive Elemente (z.B. Buttons) nebeneinander anordnen. Vertikal gilt grob gesehen das Gleiche. Diese Problematik, dass der Finger im Verhältnis zum Touch Bildschirm relativ groß ist, bezeichnet man in der englischsprachigen wissenschaftlichen Literatur als Fat Finger Problem. Ihm wird beispielsweise dadurch Rechnung getragen, dass das Startmenü der gängigen Smartphone Betriebssysteme iOS und Android nicht mehr als ca. 4 App-Icons nebeneinander anordnet.

Ein damit verwandtes Problem ist das der Verdeckung: Bei der Interaktion mit grafisch detaillierten Inhalten, wie z.B. Kartenmaterial oder Texten verdeckt der Finger immer genau den aktuell selektierten Teil. Dem kann man beispielsweise entgegenwirken, indem man den verdeckten Teil vergrößert neben dem Finger nochmals anzeigt [197], wie dies auch auf aktuellen Smartphones bei der Texteingabe implementiert ist. Ein anderer Ansatz besteht darin, den Finger nicht von vorne auf den zu steuernden Bildschirm zu legen, sondern auf der Rückseite des Gerätes [10].

17.1.5 Interaktionskonzepte für Touch

Interaktionskonzepte für Touch Eingabe sind ein aktuelles Forschungsgebiet, in dem recht viel Bewegung ist. Da die anfänglichen Touch-Sensoren (vgl. Abschnitt 17.1.1) lediglich die Erkennung eines einzelnen oder mehrerer Berührungspunkte erlaubten, verwendeten die zugehörigen Interaktionskonzepte auch nur solche Punkte, ähnlich der Zeigeposition eines Mauszeigers. Auf diesem Konzept eines einzelnen Zeigers (*single pointer*) lassen sich bereits vielfältige Interaktionstechniken aufbauen, wie beispielsweise die verschiedenen Menütechniken aus Kapitel 15. Mit der Erkennung mehrerer Kontaktpunkte wurden zusätzliche Techniken möglich, wie beispielsweise die mittlerweile allgegenwärtige Pinch Geste zum Zoomen grafischer Darstellungen oder Mehrfinger-Gesten auf Touch-Sensoren, die beispielsweise zum Blättern oder Scrollen verwendet werden. Bei großen interaktiven Oberflächen können mehrere erkannte Kontaktpunkte auch zu verschiedenen Händen oder verschiedenen Benutzern gehören, was neue Probleme, aber auch neue Möglichkeiten schafft (Abschnitt 17.2).

Geht man schließlich über einzelne Kontaktpunkte hinaus und betrachtet komplexere Kontaktflächen zwischen Hand, Arm, oder Objekten und der interaktiven Oberfläche, dann sind die darauf aufbauenden Interaktionskonzepte weitgehend unbekannt bzw. noch zu erforschen. Aktuelle Formalismen zur Beschreibung von Touch Eingabe, wie z.B. das TUIO Protokoll[41] ermöglichen es immerhin, solche Kontaktflächen durch ihren Umriss zu beschreiben. Ein anderer Ansatz [218] beschreibt

---

41 http://tuio.org

die Kontaktflächen durch die von ihnen belegten Pixel, modelliert die Elemente der grafischen Benutzerschnittstelle als physikalische Objekte und simuliert sodann die physikalischen Auswirkungen der Berührungsfläche auf die Schnittstellenobjekte. Ein solches Eingabekonzept bietet die gleichen Vorteile bezüglich Erlernbarkeit und Bedienbarkeit wie die in Abschnitt 7.8 beschriebenen physikanalogen UI-Konzepte.

17.2 Große Interaktive Oberflächen

Neben den weit verbreiteten Smartphones tauchen immer häufiger relativ große interaktive Oberflächen auf. Beispiele hierfür in unseren Alltagsumgebungen sind interaktive Schultafeln und Tische, in der Forschung auch ganze Wände oder Fußböden [6]. Auf solch großen Flächen lassen sich neue Effekte bei der Interaktion beobachten. Die mit der Größe der Finger verbundenen Probleme der Verdeckung oder mangelnden Auflösung (siehe Abschnitt 17.1.4) treten dabei immer mehr in den Hintergrund und Probleme der Koordination beider Hände und mehrerer Benutzern werden wichtiger.

17.2.1 Beidhändige Interaktion

In Abschnitt 4.3 wurde Guiards Modell der beidhändigen Interaktion vorgestellt. Die darin beschriebene Rollenverteilung hat direkte Auswirkungen auf die Gestaltung von Interaktionstechniken für beide Hände auf großen interaktiven Oberflächen: Interaktionen, die einen höheren Anspruch an Präzision und Koordination stellen, gehören in die dominante (also meist die rechte) Hand, gröbere Aufgaben, die den Interaktionskontext oder -modus bestimmen, gehören in die nichtdominante (also meist die linke) Hand. Ein Beispiel für ein solches grafisches Interface zeigt Abbilddung 17.5. Das hier gezeigte Interface namens PhotoHelix [78] dient zum Durchsuchen einer Fotosammlung auf einem interaktiven Tisch: Die linke Hand bedient eine spiralförmig aufgewickelte Zeitleiste und dreht diese jeweils so, dass verschiedene Abschnitte davon unter ein Fenster gebracht werden, das im festen Winkel zur Hand verbleibt. Durch Drehen an dem physikalischen Drehknopf kann sich der Benutzer somit entlang der Zeitleiste bewegen. Auf dem Tisch erscheint dabei zu jedem Ereignis, das im Zeitfenster auftaucht, ein aufgefächerter Bilderstapel. Aus diesem können mit der rechten Hand einzelne Bilder herausgezogen und neu gruppiert werden. Die rechte Hand kann darüber hinaus Bilder aus der gesamten Anordnung heraus auf den Tisch bewegen, skalieren und rotieren. Die Linke stellt also den Kontext ein (Zeitfenster), während die Rechte feingranulare Aufgaben wie Manipulation und Koordination übernimmt. Durch die physikalischen Werkzeuge Drehknopf und Stift und deren Affordances wird diese Rollenverteilung zudem unterstützt: Der Drehknopf bietet sich lediglich zum Drehen an, sowie zum Bewegen des gesamten Interfaces an eine andere Stelle des Tisches. Der

Abb. 17.5: Photohelix: Ein gemischt physikalisches und grafisches Interface mit unterschiedlichen Rollen für beide Hände [78].

mmibuch.de/v3/a/17.5

Stift mit seiner feinen Spitze vermittelt die Möglichkeit, auch genauere Selektionen und Manipulationen vorzunehmen.

17.2.2 Mehrere Benutzer

Bei der gleichzeitigen Interaktion mehrerer Benutzer tritt zunächst einmal das Identifikationsproblem auf. Der Touch Sensor kann in der Regel nicht unterscheiden, wessen Hand oder Finger eine bestimmte Operation ausgeführt hat. Für viele nichttriviale Interaktionen zwischen mehreren Benutzern ist dies aber durchaus wichtig, um beispielsweise Zugriffsrechte auf digitale Objekte zu ermöglichen. In bestimmten Sonderfällen lässt sich dieses Problem entschärfen, indem man gewisse *Common-Sense*-Annahmen macht: Stehen sich beispielsweise an einem relativ großen interaktiven Tisch zwei Benutzer gegenüber, dann wird jeder bevorzugt auf seiner Seite des Tisches interagieren, und mit der simplen Annahme, dass alle Interaktionen rechts der Tischmitte zu Benutzer A, und links davon zu B gehören, sind bereits die meisten Fälle korrekt abgedeckt. Diese Heuristik lässt sich einfach auf vier Nutzer an einem viereckigen Tisch erweitern.

Gerade die Interaktion an Tischen wirft aber ein anderes Problem auf, nämlich das Orientierungsproblem. Sobald die dargestellten grafischen Elemente richtungssensitiv sind, also z.B. auf dem Kopf stehend nicht mehr erkannt oder gelesen werden können, muss ihre Orientierung angepasst werden. Die einfachste Art, dies automatisch zu tun, verwendet die gleiche Heuristik wie bei der Identifikation beschrieben. Jedes Objekt wird so ausgerichtet, dass es von der nächstgelegenen Tischkante aus lesbar ist. Dahinter steht die Annahme, dass es am ehesten für denjenigen Nutzer wichtig ist, zu dem es am nächsten liegt. Eine andere Vorgehensweise ist, die Orientierung dem Benutzer freizustellen. Indem wir ein Objekt für einen anderen Benutzer passend hin drehen, kommunizieren wir nämlich auch eine Art Übergabe des Objektes an den anderen. Die Orientierung von Objekten erfüllt damit auch kommunikative und koordinative Aufgaben [104].

17.2.3 Raumaufteilung

Sobald sich mehrere Nutzer eine interaktive Oberfläche teilen, teilen sie sich auch deren Raum untereinander auf. Dabei ist der eigene Aktionsradius zunächst einmal durch die pure Erreichbarkeit, also z.B. die Länge der Arme bestimmt. In der Regel überschneiden sich aber die erreichbaren Bereiche, so dass andere Konventionen zum Tragen kommen. Eine Studie [165] über das gemeinsame Lösen von Problemen, die Koordination benötigen (im Beispiel das Lösen von Puzzle-Aufgaben) zeigte dabei, dass jeder Benutzer für sich einen persönlichen Interaktionsbereich definiert, der in der Regel zentral vor dem eigenen Körper liegt. Darüber hinaus gibt es einen weniger stark genutzen Ablage-Bereich direkt um den Interaktionsbereich herum, sowie einen gemeinsam genutzten Austausch-Bereich in der Mitte des Tisches. Bei kurzem Nachdenken entspricht dies auch genau der Raumaufteilung bei einer andern wichtigen gemeinsamen Tätigkeit am Tisch, nämlich dem Essen: Die gemeinsam genutzten Schüsseln und Platten befinden sich in der Tischmitte, wo sie von jedem erreichbar sind. Das persönliche Essen wird auf dem Teller direkt vor dem Körper zerteilt und auf Löffel oder Gabel geladen, und rund um den Teller ist Platz für weiteres Besteck, Trinkgläser und Serviette. Eine solche Aufteilung in der Benutzerschnittstelle unterstützt also unsere im Alltag erlernten Gewohnheiten.

Verständnisfragen und Übungsaufgaben:

mmibuch.de/v3/l/17

1. Warum werden in den grafischen Benutzerschnittstellen heutiger Smartphones selten verschiebbare Icons wie in Desktop-Schnittstellen verwendet? Argumentieren Sie mithilfe des 3-Zustände-Modells.

2. Finden Sie ein Gegenbeispiel (verschiebbare Icons auf einem Smartphone oder Tablet) und analysieren sie, wie dies umgesetzt ist, um den Einschränkungen des 3-Zustände-Modells zu entkommen.

3. Erläutern Sie warum das Fat-Finger Problem bei Touchscreens und nicht bei Touchpads auftritt. Wie kann man diese Erkenntnisse verwenden, um bei Touchscreens das Fat-Finger Problem zu entschärfen? Diskutieren Sie in diesem Sinne existierenden Lösungen zur Interaktion mit Smartphones.

4. Welche Sensortechnologien aus diesem Kapitel könnte man auf ausgedruckte QR-Codes anwenden?

5. Tooltips, also eingeblendete Zusatzinformationen, erscheinen typischerweise wenn der Zeiger über einem Objekt stehen bleibt („hovert"). Für welchen Zustand des 3-Zustände-Modells ist dies relevant?

6. Die Lift-Off-Strategie ist in praktisch allen heutigen Touch-Schnittstellen implementiert: Ein Button wird nicht ausgelöst, wenn ich ihn berühre, sondern erst, wenn ich den Finger wieder wegnehme. Nach dem Berühren kann ich ein Auslösen noch verhindern, indem ich den Finger aus der Fläche des Buttons herausschiebe und ihn erst außerhalb vom Bildschirm löse. Welches Problem der Touch-Interaktion wird hiermit gelöst?

7. Wenn ich shape-basierte Touch-Interaktion implementieren will, welche der vorgestellten Sensortechnologie darf ich dann nicht verwenden?

18 Mobile Interaktion

Das Smartphone hat in den letzten Jahren eine rasante Verbreitung erfahren - seit der Einführung des iPhone im Jahre 2007 ist diese Geräteklasse aus vielen Haushalten nicht mehr wegzudenken. Seine weltweite Verbreitung wird weiter zunehmen, denn auch in Entwicklungs- und Schwellenländern gewinnt das Smartphone zunehmend an Bedeutung [66] und hilft dabei, ganze Technologiegenerationen zu überspringen, da einige Anforderungen an die Infrastruktur, wie z.B. ein funktionierendes Stromnetz und eine kabelbasierte Kommunikationsinfrastruktur bei Smartphones entfallen.

Das Smartphone wird aufgrund seiner einfachen Verfügbarkeit (man hat es immer dabei) und auch aufgrund seines günstigeren Preises im Vergleich zu Desktop- oder Notebook-PCs für immer mehr Benutzer der wichtigste Computer im Alltagsleben. Das Smartphone kennzeichnet allerdings nur den Beginn einer technologischen Entwicklung, die zu immer leichteren und tragbareren Geräten führt, die der Benutzer immer bei sich trägt und auf deren Dienste schnell und einfach zugegriffen werden kann, wie z.B. Datenbrillen oder intelligente Uhren oder Armbänder. Besondere Bedeutung hat in diesem Zusammenhang das Forschungsfeld Wearable Computing. Auch wenn wir uns in diesem Kapitel auf das Smartphone als wichtigste mobile Plattform konzentrieren, betreffen viele der besprochenen Aspekte auch die Interaktion mit anderen tragbaren Geräten. Diese Aspekte werden im nächsten Kapitel 19 näher beleuchtet.

Einige Besonderheiten der mobilen Interaktion unterscheiden diese maßgeblich von klassischen Desktop-PC-Systemen (siehe Kapitel 15). Ein offensichtlicher Unterschied ist die Mobilität: Mobile Geräte sind immer dabei, passen in die Hosentasche, Informationen können schnell und einfach abgerufen werden. Mobile Geräte werden dadurch häufiger für kürzere Zeitspannen verwendet als Desktop-Systeme, so dass wir häufiger bei anderen Aufgaben unterbrochen werden und diese wieder aufnehmen müssen. Mobile Interaktion muss desweiteren an den Kontext angepasst werden. Ein bekanntes Beispiel ist die Interaktion mit ortsbasierten Diensten, wie z.B. einem Navigationsdienst. Neben dem Ortskontext spielen aber noch weitere Kontextarten, wie z.B. der soziale oder technische Kontext eine große Rolle. Mit dieser Fragestellung werden wir uns ebenfalls im Kapitel 19 näher beschäftigen. Eine große Herausforderung für die mobile Interaktion bedeutet der in der Regel kleine Bildschirm und das Fehlen einer angemessenen Tastatur. Schließlich verfügt ein mobiles Gerät heute auch über eine Vielzahl von Sensoren, die zur Interaktion genutzt werden können.

18.1 Unterbrechbarkeit

Wie in Abschnitt 3.4 schon diskutiert ist der Mensch in der Lage, bei vielen Aufgaben seine Aufmerksamkeit zu teilen und damit mehrere Aufgaben parallel zu bearbeiten. Das Beispiel aus Abschnitt 3.4 beschrieb die geteilte Aufmerksamkeit des Autofahrers,

https://doi.org/10.1515/9783110753325-019

Abb. 18.1: Die Android Notification Bar wird zum Sammeln und Anzeigen von Notifikationen benutzt, um so die Unterbrechung während der Verwendung von anderen Applikationen des mobilen Gerätes zu reduzieren.

mmibuch.de/v3/a/18.1

der zwischen der Aufgabe der eigentlichen Fahrzeugführung und anderen wie z.B. der Bedienung des Navigationsgerätes oder des Radios hin und her wechselt. Eine andere Sichtweise auf diese geteilte Aufmerksamkeit ist die der Unterbrechung von Aufgaben, die insbesondere bei der mobilen Interaktion eine sehr große Rolle spielt. Mobile Geräte verfügen über eine Vielzahl von Funktionen und Applikationen, die potenziell für eine Notifikation des Benutzers verantwortlich sein können und damit auch den Benutzer bei einer anderen Tätigkeit unterbrechen können. Desweiteren besitzt bei der mobilen Interaktion der Interaktionskontext (siehe Abschnitt 19.4) einen viel größeren Einfluss als bei einer vergleichbaren Interaktion mit einem Desktop-PC.

Eingehende Telefonanrufe, Erinnerungen an Termine im elektronischen Kalender, E-Mail-Notifikationen, SMS- und Messenger-Benachrichtigungen versuchen durch visuelle, akustische und taktile Signale auf sich aufmerksam zu machen, ohne zu berücksichtigen in welcher Situation und in welchem Kontext der Benutzer sich befindet. Während dies bei der Desktop-Interaktion im schlimmsten Fall lästig ist, kann es bei der mobilen Interaktion zu sozial peinlichen (Telefon klingelt im Kino) oder sogar zu gefährlichen Situationen führen, wenn eine Unterbrechung eine benötigte motorische Fertigkeit stört (z.B. wenn eine SMS-Benachrichtigung beim schnellen Treppensteigen eintrifft und der Benutzer im Lauf stolpert). Umso wichtiger ist es, beim Entwurf mobiler Benutzerschnittstellen, die Unterbrechbarkeit für den Benutzer kontrollierbar zu gestalten. Dazu gehört die Kontrolle über die Modalität der Unterbrechung (z.B. akustisch oder visuell) aber auch die Art und Weise, wie Notifikationen durch die Benutzerschnittstelle präsentiert werden. Das Android-Betriebssystem verwendet zu diesem Zweck die in Abbildung 18.1 gezeigte Notification Bar, in der Benachrichtigungen angezeigt und gesammelt werden. Diese Ansicht kann dann vom Benutzer durch Interaktion erweitert werden, um auf Details der unterschiedlichen Benachrichtigungen zugreifen zu können.

Formal können die Kosten, die mit der Unterbrechung einer Aufgabe einhergehen, durch den zeitlichen Mehraufwand definiert werden, der durch die Unterbrechung verursacht wird. Wir bezeichnen die Zeit T_a als die Zeitspanne, die ein Benutzer zur Bearbeitung einer Aufgabe ohne Unterbrechung benötigt. Wird der Benutzer bei der Aufgabe beispielsweise durch einen eingehenden Anruf unterbrochen, die Aufgabe also unterbrochen und nach dem Anruf wieder aufgenommen, teilt sich die Zeitspanne T_a in zwei Zeitspannen auf. Dabei bezeichnet die Zeitspanne T_v die Zeit, die *vor* der Unterbrechung auf die Aufgabe verwendet wurde und die Zeitspanne T_n, die Zeit, die *nach* der Unterbrechung zur Vollendung der Aufgabe benötigt wird. Hinzu kommt noch die Zeitspanne T_u, welche die Zeit der Unterbrechung kennzeichnet. Diese Spanne kann sehr kurz (z.B. eine SMS-Notifikation) oder sehr lang (z.B. ein Telefonat) sein. Die neue Gesamtzeit, inklusive Unterbrechung T_g berechnet sich aus der Summe der drei Zeiten: $T_g = T_v + T_u + T_n$. Hätte die Unterbrechung keinerlei (zeitliche) Kosten, so müsste gelten: $T_a = T_v + T_n$, d.h. die Unterbrechung hat keinerlei Verlängerung der Bearbeitungszeit zur Folge. In der Regel ist jedoch $T_a < T_v + T_n$, d.h. die Unterbrechung verursacht einen zusätzlichen zeitlichen Aufwand T_o (insbesondere gilt: $T_a = T_v + T_n + T_o$), der sich in der reinen Bearbeitungszeit der Aufgabe widerspiegelt. Größere Studien mit Computerbenutzern am Desktop-PC haben gezeigt, dass dieser zusätzliche Aufwand T_o erheblich sein kann. Benutzer haben bei gängigen Office-Anwendungen im Durchschnitt über 16 Minuten mehr benötigt, wenn sie bei einer Aufgabe unterbrochen wurden [87]. Studien zur Unterbrechung bei der Verwendung mobiler Geräte kommen grundsätzlich zu ganz ähnlichen Schlüssen [21].

Zur Reduktion der Negativeffekte einer Unterbrechung, also zur Verringerung von T_o lassen sich grundsätzlich zwei unterschiedliche Strategien verfolgen: die präventive Strategie und die kurative Strategie. Die *präventive* Strategie zielt darauf ab, die negativen Effekte der Unterbrechung zu reduzieren indem das System die Unterbrechung abhängig vom Benutzerkontext (siehe auch den nächsten Abschnitt 19.4) kontrolliert durchführt. Am Beispiel eines unterbrechenden Telefonanrufes kann dies bedeuten, dass die Unterbrechung durch das System verzögert wird bis der Benutzer die Bearbeitung der Aufgabe (zumindest teilweise) zu Ende geführt hat.

Die *kurative* Strategie setzt bei der Wiederaufnahme der Aufgabe nach der Unterbrechung an. Sie zielt darauf ab, den Benutzer möglichst schnell wieder in die Lage zu versetzen, die ursprüngliche Aufgabe zu Ende zu führen. Eine solche kurative Strategie haben zum Beispiel Kern et al. für Navigationssysteme im Auto entwickelt [92]. Die Strategie *gazemarks* verwendet den letzten Blickpunkt des Benutzers auf der elektronischen Karte des Navigationsgeräts bevor dieser wieder auf die Straße blickt. Dieser letzte Punkt wird dann durch eine Visualisierung hervorgehoben. Die Kosten der Unterbrechung durch Ereignisse im Straßenverkehr für die Aufgabe, Navigationshinweise auf der elektronischen Karte zu verstehen, wurden so nachweislich reduziert.

18.2 Explizite vs. Implizite Interaktion

Fast alle in diesem Buch eingeführten klassischen Interaktionsparadigmen beruhen darauf, dass ein Benutzer Eingabegeräte verwendet, um Befehle zu spezifizieren, die dann vom Computer ausgeführt werden (beim Desktop-PC im Wesentlichen durch die Verwendung von Maus und Tastatur). Diese Eingabe erfolgt also willentlich, da die Verwendung der Eingabegeräte gezielt zur Spezifizierung der Befehle an den Computer verwendet werden. Die Eingabe eines Kommandos oder die Auswahl eines Menüeintrags mithilfe des Mauszeigers geschieht alleine zur Kommandoausführung. Man spricht daher auch von expliziter Interaktion, da die Interaktion mit dem Computer unmittelbar und direkt mit einem expliziten Befehl des Benutzers in Verbindung gebracht wird. Wird nun berücksichtigt, dass mobile Interaktion ortsabhängig erfolgen kann, ermöglicht die Verwendung einer geografischen Koordinate im Rahmen eines mobilen Navigationsdienstes neuartige Eingabemöglichkeiten, bei denen nur noch bedingt von einem expliziten Zusammenhang zwischen der Veränderung des Ortes und dem Willen des Benutzers, mit dem mobilen Navigationssystem zu interagieren, gesprochen werden kann. Der Benutzer bewegt sich während der Navigation vom Startpunkt in Richtung des Zielpunktes. Diese Bewegung ist üblicherweise dadurch motiviert, das Ziel zu erreichen und nicht, um mit einem mobilen System zu interagieren. Trotzdem führt die Bewegung zu einer Veränderung des Kontexts, welcher das Navigationssystem maßgeblich steuert und schließlich dazu führt, dass Weghinweise zum richtigen Zeitpunkt und am richtigen Ort gegeben werden. Man spricht in diesen Fällen von impliziter Interaktion, da die Eingabe des Systems über den Kontext erfolgt, der in der Regel nicht explizit durch den Benutzer vorgegeben oder verändert wird, obwohl die Kontextveränderung durchaus durch das Verhalten des Benutzers (bei der Navigation durch die Bewegung zum Zielort hin) bedingt wird [160].

Der Einfluss der impliziten Interaktion auf die Entwicklung mobiler Systeme ist nicht zu unterschätzen und kann Segen oder Fluch sein. Als positive Aspekte sind die nebenläufige Bedienung und Anpassung zu nennen. Man stelle sich z.B. ein Navigationssystem vor, welchem der Benutzerort immer explizit mitgeteilt werden muss. Aktuelle Forschungsarbeiten beschäftigen sich mit dem ultimativen Ziel, dass Benutzer nur noch implizit mit Systemen interagieren. Proactive Computing bezeichnet eine Forschungsrichtung, welche versucht, Verfahren zu entwickeln, die abhängig vom Kontext (siehe Abschnitt 19.4) die Pläne und Ziele von Benutzern erkennen, um dann diese Ziele vollautomatisch zu unterstützen [190]. Der Erfolg solcher Systeme ist stark davon abhängig, mit welcher Präzision die Ziele der Benutzer erkannt werden können und wie viele Fehler die Systeme in diesem Zusammenhang machen. Die Verbesserung der Erkennungsleistung ist weiterhin wichtigstes Ziel.

Negative Aspekte der impliziten Interaktion hängen mit dem Kontrollverlust zusammen, den der Benutzer erfährt. Bei vielen Anwendungen ist gar nicht klar, welche impliziten Interaktionen akzeptiert werden oder in welcher Qualität diese erfolgen. Die automatische Berücksichtigung des Ortes in einer Anwendung kann so zu einem ernsthaften Verlust der Privatsphäre führen, wenn z.B. dem Benutzer nicht bewusst ist, dass eine implizite Interaktion vorliegt, die weitreichende Folgen haben könnte. Je vielfältiger und komplexer die implizite Interaktion, desto schwerer kann diese vom Benutzer kontrolliert werden. Die Anwendungen entwickeln dann ein Eigenleben, welches aus Sicht des Benutzers nicht mehr transparent ist. Umso wichtiger ist es, bei der Entwicklung der Benutzerschnittstellen diese Aspekte zu berücksichtigen, und dem Benutzer zu ermöglichen, die verwendete Kontextinformation einzusehen und zu kontrollieren.

18.3 Visualisierungen für kleine Bildschirme

Ein bedeutsamer Nachteil der mobilen Interaktion wurde in diesem Kapitel schon mehrfach erwähnt: der kleine Bildschirm. Im Gegensatz zum großen Bildschirm des Desktop-PC lassen sich großflächige Inhalte nur durch das *Schlüsselloch* des Mobilgeräts betrachten und auch die Interaktion mit dem kleinen Bildschirm ist weniger ergonomisch (siehe auch die Diskussion zum Fat Finger Problem in Abschnitt 17.1.4). Diese Form der Interaktion wird Peephole Interaction genannt. Grundsätzlich existieren zwei Möglichkeiten, auf visuelle Inhalte zuzugreifen, wenn diese größer als das Peephole sind: entweder man verschiebt den visuellen Inhalt gegen das Peephole oder man verschiebt das Peephole gegen den Inhalt. Im ersten Fall handelt es sich um ein sogenanntes statisches Peephole und es ist der Fall, der heutzutage auf fast allen Smartphones beim Explorieren einer größeren digitalen Karte Verwendung findet. Abbildung 18.2 links zeigt diese Situation.

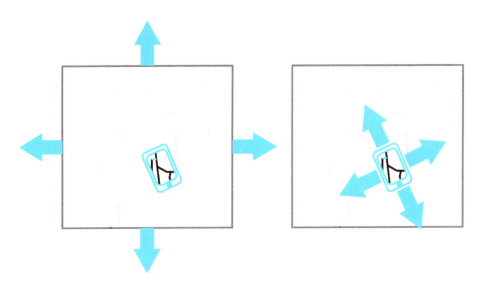

mmibuch.de/v3/a/18.2

Abb. 18.2: Visualisierungen, die über die Ausdehnung und Auflösung eines kleinen Bildschirms (Peephole) hinausgehen, können auf zwei Arten exploriert werden. Links ist ein statisches Peephole zu sehen, hinter dem sich der Hintergrund verschiebt, rechts ein dynamisches Peephole, das vor einem statischen Hintergrund verschoben wird.

Durch die Verwendung von Tasten oder Wischgesten wird der digitale Inhalt im Peephole verschoben. So entsteht der Eindruck, das Peephole würde *statisch* über dem digitalen Inhalt fixiert und der Inhalt dynamisch darunter bewegt. Der zweite Fall ist in Abbildung 18.2 rechts visualisiert: Hier wird das Peephole verschoben, um den nicht sichtbaren Bereich der Visualisierung zugänglich zu machen. So entsteht der

Eindruck, das Peephole sei *dynamisch* gegenüber der Visualisierung (dynamisches Peephole). Untersuchungen haben gezeigt, dass die dynamische Variante beim Auffinden und Vergleichen von visueller Information der statischen deutlich überlegen ist [126]. Beide Varianten bedienen unterschiedliche mentale Modelle (vgl. auch Abschnitte 5.1 und 5.2.2). Die Umsetzung eines dynamischen Peephole erfordert allerdings einen höheren technischen Aufwand, da die Bewegung des dynamischen Peephole durch Sensorik erfasst und interpretiert werden muss, während das statische Peephole durch einfache Touchgesten realisiert werden kann. Dynamische Peepholes können auch aus ergonomischer Sicht problematisch sein, da das Gerät bewegt werden muss, was bei längeren Interaktionszeiten ermüdend wirken kann.

Alternativ können größere visuelle Inhalte auch durch die Verwendung eines Zoomable UI (siehe Abschnitt 9.2) realisiert werden. Bei kleinen Bildschirmen verschärft sich allerdings das Fokus & Kontext Problem erheblich, da die Unterschiede zwischen Fokus und Kontext noch stärker ausgeprägt sind (siehe auch Abschnitt 9.3). Eine alternative Lösung für das Fokus & Kontext Problem bei mobilen Geräten mit kleinen Bildschirmen besteht darin, den Benutzer auf Inhalte, die im Peephole nicht sichtbar sind und die sich damit außerhalb des Bildschirms befinden, aufmerksam zu machen. So kann dem Benutzer ein Überblick gegeben werden, wo sich relevante Inhalte außerhalb der momentanen Bildschirmansicht befinden, was die Suche nach Inhalten auf einer digitalen Karte deutlich vereinfacht. Eine entsprechende Visualisierung wird als off-screen Visualisierung bezeichnet.

Eine gut funktionierende Lösung zur Darstellung von off-screen Inhalten sollte dem Benutzer zwei wesentliche Aspekte vermitteln: die Richtung und die Entfernung des jeweiligen off-screen Inhaltes gemessen vom Bildschirmrand. Baudisch und Rosenholtz schlagen hierzu die *Halo* Methode vor [11]. Bei dieser Visualisierungsmethode wird um jedes relevante Objekt, welches sich außerhalb des Peephole befindet, ein Kreis geschlagen, dessen Radius so gewählt wird, dass er einen Teil des Peephole schneidet. So wird die Richtung des Objektes über den Teil des Peephole definiert, der geschnitten wird, und die Entfernung über die Krümmung des sichtbaren Kreisbogens. In Abbildung 18.3 links ist zu sehen, dass dies bei nahen Objekten zu kleineren, stark gekrümmten Kreisbögen führt, während bei fernen Objekten die Visualisierung eine schwache Krümmung aufweist, die sich über einen größeren Teil des Bildschirms erstreckt. Die Verwendung von *Halo* führt zu einer Verbesserung der räumlichen Wahrnehmung von Objekten und hat sich bei Suchaufgaben gegenüber einer naiven Pfeildarstellung als vorteilhaft erwiesen. Für wenige off-screen Objekte funktioniert diese Methode sehr gut. Bei vielen off-screen Objekten und entsprechender Anzahl von Kreisbögen wird die Darstellung schnell unübersichtlich. Gustafson et al. schlagen zur Verbesserung statt der Visualisierung durch Kreisbögen die Verwendung von Keildarstellungen vor [72]. Wie in Abbildung 18.3 rechts gezeigt, werden die stumpfen Keilenden im peephole visualisiert. Der Ort der nicht sichtbaren Keilspitze wird durch die Position des off-screen Objekts definiert. Die Visualisierung des Keils besitzt drei Freiheitsgrade, die zur Verhinderung von Überlappungen verwen-

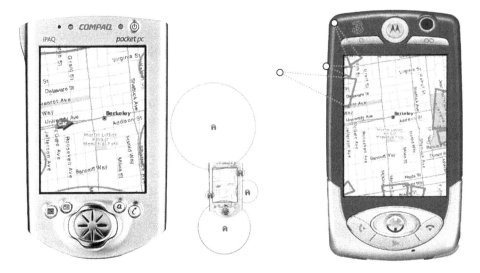

Abb. 18.3: Links: die Methode *Halo* zur Visualisierung von off-screen Inhalten. Inhalte außerhalb des Bildschirms werden durch einen Kreisausschnitt auf dem Bildschirm visualisiert. Rechts: die Methode *Wedge*, die statt eines Kreisbogen eine Keildarstellung verwendet, deren nicht-sichtbare Spitze auf off-screen Elemente zeigt (Bilder aus Baudisch und Rosenholz [11] und Gustafson et al. [72]).

mmibuch.de/v3/a/18.3

det werden können. Der Keil kann leicht um das off-screen Objekt rotiert, die Öffnung der Keilspitze angepasst und die Keillänge modifiziert werden. Im Gegensatz zum verhältnismäßig starren Kreisbogen lassen sich die Keil-Visualisierungen so wesentlich besser anpassen, ohne dass der Informationsgehalt verloren geht. Während *Halo* zu starken Überlappungen der Kreisbögen führt, kann *Wedge* diese durch geeignete Parametrisierung von Rotation, Öffnung und Länge der Keile vermeiden.

18.4 Mobile Interaktionskonzepte

Die Besonderheiten der mobilen Geräteplattform spiegeln sich in den Interaktionskonzepten wider, die zur Bedienung mobiler Applikationen benutzt werden. Klassische Eingabekonzepte verlieren an Bedeutung, wenn mobile Geräte mit kleinem Bildschirm unterwegs bedient werden sollen. Das WIMP-Konzept für den Desktop-PC (siehe Abschnitt 15.2) lässt sich aufgrund der fehlenden und schlecht zu ersetzenden Eingabegeräte Tastatur und Maus nicht ohne weiteres auf die mobile Interaktion übertragen, auch wenn dies z.B. mit Windows CE bei der ersten Generation von mobilen PDA-Geräten (Personal Digital Assistant) mit wenig Erfolg versucht wurde. Maus-äquivalente Eingaben erfolgen bei mobilen Geräten in der Regel über den touchsensitiven Bildschirm, lassen sich aber nicht 1:1 übertragen, da die Eingabepräzision der Interaktion mit Finger oder Stylus deutlich schlechter ist als die sehr guter PC-Mäuse (siehe hierzu auch die Diskussion zum Fat Finger Problem in Abschnitt 17.1.4 und zum Modell der drei Zustände in Abschnitt 17.1.2).

Auch wenn die klassische QWERTZ-Tastatur weiterhin als Teil mobiler Betriebsysteme zu finden ist, so ist ihre Ergonomie im Vergleich zur Desktop-PC Tastatur deutlich schlechter, insbesondere weil sie meist als virtuelle Tastatur auf dem Touch Screen realisiert wird. Ohne physikalischen Druckpunkt und in ihrer üblicherweise reduzierten Größe fällt die Performanz einer virtuellen Tastatur deutlich hinter die der physikalischen Variante zurück[42]. Die mobile Spracheingabe besitzt den großen Vorteil, dass sie ohne Einsatz der Hände verwendet werden kann und sich so für die Interaktion mit mobilen Geräten besonders eignet. Die aktuellen mobilen Betriebssysteme iOS und Android besitzen eine integrierte Sprachverarbeitung, die sowohl zur allgemeinen Texteingabe (z.B. zum Diktieren von E-Mails) oder zur Steuerung des mobilen Gerätes verwendet werden kann (z.B. zum Starten einer Anwendung auf dem Smartphone). Aufgrund der hohen Anforderungen der Sprachverarbeitung an Rechenleistung und Speicherplatz wird diese nicht auf dem mobilen Gerät selbst durchgeführt, sondern auf einen speziellen Server ausgelagert. Aus diesem Grund steht diese Funktionalität auch nur bei einer bestehenden Netzwerkverbindung des mobilen Gerätes zur Verfügung. Sprachverarbeitungssysteme können entweder sprecherunabhängig oder sprecherabhängig konzipiert sein. Die sprecherunabhängige Sprachverarbeitung kann direkt von beliebigen Personen ohne Trainingsphase verwendet werden. Diesen Vorteil erkaufte man sich früher durch eine höhere Fehlerrate der Erkennung [110]. In den vergangenen Jahren wurden hier allerdings große Fortschritte durch die Verwendung neuronaler Netzen [46] erzielt. Eine ausführliche Diskussion solcher Voice User Interfaces (VUI) findet sich in Kapitel 21.

Der Touch Screen, über den die meisten mobilen Geräte verfügen, erlaubt den Einsatz unterschiedlichster Touch-Gesten. In Kombination mit Visualisierungsmethoden für kleine Bildschirme (siehe Abschnitt 18.3) können Benutzern effektive Interaktionstechniken zur Verfügung gestellt werden. Mobile Geräte eignen sich eher zur einhändigen Touch-Interaktion, da sie mit der anderen Hand gehalten werden müssen und reduzieren so die Anzahl der möglichen Gesten. Eine interessante Variation der einhändigen Interaktion tritt ein, wenn das Gerät mit der Hand bedient wird, mit der es gehalten wird. Dies kann dann üblicherweise nur mit dem Daumen erreicht werden und in Abhängigkeit von der individuellen Anatomie und der Größe des Bildschirmes kann in einem solchen Fall nicht der gesamte Bildschirm zur Interaktion verwendet werden. Methoden des maschinellen Lernens werden eingesetzt, um in diesen Fällen eine höhere Präzision der Eingabe zu erreichen [209].

---

[42] Während erfahrene Benutzer mit einer physikalischen Tastatur weit über 100 Wörter pro Minute tippen, lassen sich bei virtuellen Tastaturen, die zudem nur mit einer Hand bedient werden können, bis zu 50 Wörter pro Minute erzielen.

Neben Gesten auf dem touch-sensitiven Bildschirm bietet sich noch ein zweites gestenbasiertes Interaktionskonzept bei mobilen Geräten an: die Gesteninteraktion mit dem Gerät selbst. Eingebaute Sensoren (siehe auch Abschnitt 18.5) erlauben die Erfassung einer Bewegungstrajektorie des mobilen Gerätes, die durch geeignete Algorithmen zur Erkennung einer Geste herangezogen werden kann [8]. Abbildung 18.4 zeigt zehn Gesten, die mit dem mobilen Gerät einfach ausgeführt werden können. Einige der Gesten finden sich auch bei gestenbasierten Spielekonsolen, wie z.B. der Nintendo Wii, der Microsoft Xbox und der Sony Playstation. Diese Menge von Gesten lässt sich durch einen robuste Methode auch auf mobilen Geräten recht verlässlich mit 80 Prozent erkennen [98].

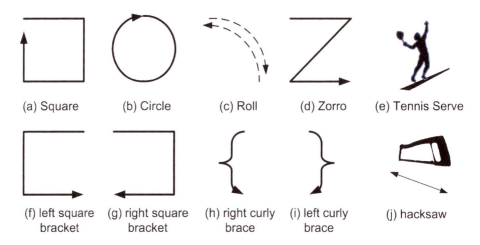

(a) Square   (b) Circle   (c) Roll   (d) Zorro   (e) Tennis Serve

(f) left square   (g) right square   (h) right curly   (i) left curly   (j) hacksaw
bracket   bracket   brace   brace

Abb. 18.4: Eine Menge von einfachen Gesten, die mit einem mobilen Gerät ausgeführt werden können und mit einer Erkennungsrate von 80 Prozent verhältnismäßig robust zu erkennen sind [98].

mmibuch.de/v3/a/18.4

Gesten können neuartige Interaktionskonzepte ermöglichen, wenn sie nicht nur mit dem Gerät selbst, sondern mit einer oder beiden freien Händen über dem Gerät oder um das Gerät herum ausgeführt werden. In diesen Fällen spricht man von Around-Device Interaction (dt. Geräteumgebungsinteraktion). Hierbei nutzt das Smartphone Sensorik, die seine Umgebung erfasst. Dies können entweder Kameras sein (2D oder 3D) oder Abstandssensoren, die z.B. Infrarotlicht zum Messen der Handgesten neben oder über dem mobilen Gerät verwenden [27, 97]. Der Einsatz einer Tiefenkamera, die eine Handgeste neben dem Gerät in den drei Raumdimensionen erfasst, erlaubt es sogar, eine Hand als 3D-Maus einzusetzen, um zum Beispiel mit komplexen 3D-Grafiken auf mobilen Geräten zu interagieren [99]. Die weitere Miniaturisierung mobiler Geräte und die Verbesserung der Performanz von Erkennungsalgorithmen wird in Zukunft weitere mobile Interaktionskonzepte ermöglichen. Neben der oben erwähnten Verwendung von Tiefenkameras hat insbesondere die mobile Erfassung von Blickbewegungen großes Potenzial für die Interaktion mit mobilen Geräten. Die Blickbewegungserfassung alleine reicht in vielen Situationen zu einer robusten Interaktion nicht aus, da es zu Fehlinterpretationen über das gewünschte Ziel des Benutzers kommen kann (ganz in Analogie zum Midas-Touch-Problem, welches in Abschnitt 17.1 beschrieben wird). Allerdings kann sie in Kombination mit anderen Modalitäten (z.B. einer Geste) durchaus erfolgreich auch in mobilen Szenarien eingesetzt werden [89].

18.5 Mobile Sensorik

Wie im vorherigen Abschnitt beschrieben, benötigen viele der mobilen Interaktionskonzepte integrierte Sensorik, die in einem modernen Smartphone bereits zahlreich vorzufinden ist. Moderne mobile Geräte enthalten häufig mehr als zehn Arten von Sensoren oder technische Sende- und Empfangskomponenten, die ebenfalls als Sensorik eingesetzt werden können. In Abbildung 18.5 sind diese exemplarisch am Beispiel des iPhone aufgelistet. Ein GPS-Chipsatz wird zur Bestimmung der Position au-

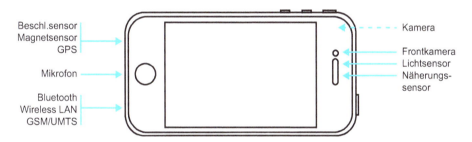

Abb. 18.5: Beispiel von integrierter Sensorik in einem Smartphone - Hier am Beispiel eines frühen iPhone, welches bereits mehr als zehn Arten von Sensoren besaß.

ßerhalb von Gebäuden mit einigermaßen hoher Genauigkeit (bis zu wenigen Metern) eingesetzt, was insbesondere bei der impliziten Interaktion zur Steuerung von Navigationssystemen Verwendung findet (siehe Abschnitt 19.4.4). Drei Drehbeschleunigungssensoren werden zur präzisen Bestimmung der Rotation um die drei Raumachsen eingesetzt und messen somit Lageveränderungen. Drei lineare Beschleunigungssensoren messen die lineare Beschleunigung, aus der man die Positionsänderung des Geräts ableiten kann. Während alle modernen Beschleunigungssensoren auf Halbleitertechnik basieren, werden speziell die Drehbeschleunigungssensoren oft noch nach einem anderen, mechanischen Funktionsprinzip als Gyroskop oder Gyro-Sensor bezeichnet. Die Information der beiden Arten von Beschleunigungssensoren lassen sich zu einer vollständigen Positions- und Orientierungsbeschreibung ergänzen [9]. So lassen sich beispielsweise mit dem Gerät ausgeführte Gesten erkennen (siehe Abschnitt 18.4). Ein prominentes Beispiel ist das Schütteln des Handys zum Wiederrufen einer Eingabe. Außerdem bilden die Beschleunigungssensoren zusammen einen inertialen 6-DOF-Tracker und ermöglichen damit die Umsetzung von VR und AR auf dem Smartphone (vgl. Abschnitt 20.2). Ein Magnetsensor misst das Erdmagnetfeld und wird wie ein Kompass zur Bestimmung der Orientierung des Gerätes bei der Navigation verwendet. In Forschungsansätzen wurde der Magnetsensor auch zur Lokalisierung in Innenräumen verwendet. Dazu müssen allerdings magnetische Markierungen in der Umgebung installiert werden [181].

Ein Lichtsensor misst die Umgebungshelligkeit und versetzt das Gerät in die Lage, die Bildschirmhelligkeit der Umgebungshelligkeit automatisch anzupassen. Die integrierten Kameras sind besonders leistungsstarke Sensoren. Viele moderne Geräte besitzen zwei oder mehr solcher Kameras, die üblicherweise unterschiedliche Auflösungen und Funktionsumfänge aufweisen. Für die mobile Interaktion sind Kameras sehr wichtig, da sie nicht nur zur Aufnahme von Bildern verwendet werden können, sondern eine Vielzahl von weiteren Informationen liefern. So lässt die Bewegungsrichtung der Bildpunkte eines Kamerabildes auf die Eigenbewegung des mobilen Gerätes schließen. Dies wird z.B. verwendet, um Panoramabilder zu erstellen oder mobile Gesten zu erkennen. Zudem können die Kameras mithilfe visueller Marker und/oder passender Algorithmen zur Feature-Erkennung als optische Tracker eingesetzt werden (vgl. Abschnitt 20.2). Das eingebaute Mikrofon (häufig in Verbindung mit einem zweiten Mikrofon zur Rauschunterdrückung) dient nicht nur der Sprachtelefonie sondern ermöglicht auch eine Reihe mobiler Dienstleistungen, wie z.B. die automatische Erkennung von Musiktiteln, die gerade im Radio laufen, oder den Dialog mit Sprachdiensten (siehe auch Abschnitt18.4 und Kapitel21).

Jedes mobile Gerät verfügt über Kommunikationstechnik, wie z.B. ein GSM/UMTS-Modul zur Sprach- und Datenkommunikation. Wireless Lan-Komponenten sind ebenso häufig vorzufinden wie die Möglichkeit, Peripheriegeräte mittels Bluetooth zu verbinden. Während der primäre Zweck dieser Komponenten die Übertragung von Daten ist, lassen sie sich auch als Sensoren einsetzen, da durch sie das Mobilgerät mit einer Infrastruktur kommuniziert. Da die Sendeleistung eines mobilen Gerätes beschränkt ist und die Signalstärke mit der Entfernung quadratisch abnimmt, lässt sich der Aufenthaltsort relativ zu den Empfangs- und Senderichtungen in der Umgebung grob abschätzen. Dies funktioniert im Prinzip mit allen Kommunikationsarten, wird aber insbesondere bei Wireless Lan auch zur Positionierung in Gebäuden eingesetzt, da dort in der Regel kein verlässlicher GPS-Empfang möglich ist [114].

Einige Mobilgeräte verwenden Near Field Communication (NFC) zur Kommunikation bzw. zur Identifikation von Geräten und Objekten. Die Besonderheit von NFC ist die sehr geringe Reichweite (wenige Zentimeter) und die damit verbundene Abhörsicherheit, die bei bestimmten Einsatzgebieten, wie z.B. dem mobilen Bezahlen, von großer Bedeutung sind. NFC kann aber auch zur Interaktion eingesetzt werden, indem NFC-Tags in die Umgebung eingebracht werden und die Bewegung des mobilen Gerätes über diesen Tags gemessen wird. So kann z.B. mit einem Poster interagiert [25] oder eine Gebäudenavigation realisiert werden [141].

Verständnisfragen und Übungsaufgaben:

mmibuch.de/v3/I/18

1. Denken Sie über den Einsatz einer (gerne auch experimentellen) Smartwatch im Alltag nach. Was sind die Besonderheiten dieser Plattform im Vergleich zum Smartphone?
2. Ergänzen Sie das richtige Wort: Die xx Strategie setzt bei der Wiederaufnahme der Aufgabe nach einer Unterbrechung an.
3. Ergänzen Sie das richtige Wort: Die yy Strategie hat das Ziel, einen geeigneteren Zeitpunkt für die Unterbrechung zu finden.
4. Was ist das Problem von *Halo*, das *Wedge* adressiert?
5. Was ist bei der Touch-Interaktion mit kleinen Bildschirmen ein besonderes Problem?
6. Was misst ein Gyroskop?

19 Ubiquitous Computing

Das Ubiquitous Computing (dt. allgegenwärtiges Rechnen) ist geprägt durch die Miniaturisierung von Computern und deren Verteilung und Einbettung in unserer Umgebung. Dabei werden mobile Computer ausdrücklich mit einbezogen. Schon heute bewegen wir uns in Umgebungen, die hochinstrumentiert und mit Computern durchdrungen sind. Ein typisches Beispiel sind moderne Fahrzeuge der Luxusklasse, in denen sich mehr als 100 Prozessoren für unterschiedlichste Aufgaben befinden. Mobile Computer ergänzen diese Umgebungen bereits heute, wenn z.B. das Smartphone sich mit dem Auto verbindet, um Musik über die Autostereoanlage abzuspielen oder Daten- und Sprachdienste im Auto zur Verfügung zu stellen. Aus Sicht der MMI kennzeichnet das Ubiquitous Computing einen Meilenstein und Paradigmenwechsel in der Art und Weise, wie interaktive Systeme entwickelt werden müssen.

Mark Weiser bezeichnete mit diesem Begriff Ende der 1980er Jahre die dritte Ära von Rechnern und deren Interaktionsprinzipien, die der ersten Ära der Zentralrechner und der zweiten Ära des Desktop-PC folgt [210]. Sie wird insbesondere geprägt durch das Verhältnis zwischen der Anzahl der Benutzer und der Anzahl der verwendeten Geräte. Während ein Zentralrechner von vielen Benutzern verwendet wird (Verhältnis n:1), der Desktop-PC von genau einem Benutzer (1:1), kehrt sich dieses Verhältnis beim Ubiquitous Computing um: ein Benutzer verwendet viele Computer (1:n). Die Verbreitung dieser Paradigmen im zeitlichen Verlauf ist in Abbildung 19.1 dargestellt. Die damit einhergehende Orchestrierung verschiedenster technologischer Komponenten ist eine große Herausforderung an die MMI und Gegenstand intensivster Forschung, da sie sich grundlegend von klassischen Interaktionsparadigmen unterscheidet.

Die Interaktion am Desktop-PC findet in der Regel in einer wohldefinierten Umgebung statt: Die Lichtbedingungen sind nahezu konstant, die Position des Benutzers ist mehr oder weniger unveränderlich (meist sitzend), die Interaktionsgeräte sind überschaubar und mittlerweile wohlbekannt (Maus und Tastatur, vgl. auch Abschnitt 15) und der Benutzer arbeitet meistens alleine. Dieser starre Interaktionskontext hat Vorteile. Er erlaubt es, eine Vielzahl von Annahmen in den Designprozess zu integrieren, z.B. wie fokussiert ein Benutzer eine Applikation bedienen kann, wie hoch die Bildschirmauflösung ist und welche ergonomischen Rahmenbedingungen während der Interaktion gelten (z.B. bezüglich der Lage der Maus auf dem Tisch und der Bewegungsfreiheit des Arms).

Im Fall der mobilen Interaktion gelten viele dieser Annahmen schon nicht mehr, wie wir im letzten Kapitel gesehen haben. Die Mobilität des Gerätes macht den Interaktionskontext vielschichtiger und weniger vorhersagbar. Einerseits macht dies den Designprozess komplexer und in vielen Aspekten verschieden vom Desktop-PC Designprozess. Andererseits ergeben sich durch die Berücksichtigung des Kontexts völlig neue Möglichkeiten der Interaktion, die am Desktop-PC nicht zu realisieren sind. Die Idee, vielschichtige Faktoren in der Umwelt des Benutzers in die Interaktion miteinzu-

https://doi.org/10.1515/9783110753325-020

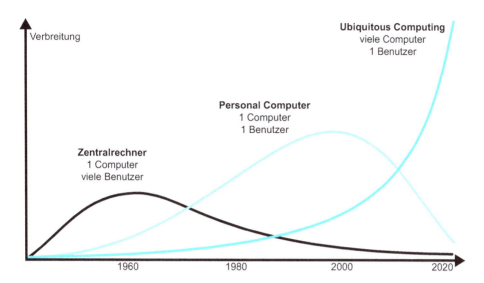

Abb. 19.1: Im Ubiquitous Computing interagiert jeder Benutzer mit einer Vielzahl von Computern, die in der Benutzerumgebung eingebettet sind. Dies steht im Gegensatz zum traditionellen Zentralrechnerparadigma, wo viele Benutzer mit einem Rechner interagieren und dem PC-Paradigma, welches für jedem Benutzer genau einen Rechner vorsieht.

beziehen, ist ein wichtiges und neues Designelement, welches im Ubiquitous Computing Berücksichtigung finden muss. Mark Weiser hat das Ubiquitous Computing auch als Calm Computing (dt. ruhiges Rechnen) bezeichnet, weil aus seiner Sicht genau dies die entscheidende Veränderung der Wahrnehmung von Technologie durch den Benutzer kennzeichnet [212]. Andere Wissenschaftler wie der deutsche Informatiker Norbert Streitz sprechen vom Disappearing Computer (dt. der verschwindende Computer) [182], wobei hiermit nicht nur das optische sondern insbesondere auch das kognitive Phänomen des Verschwindens beschrieben wird. Damit ist gemeint, dass der Computer selbst konzeptuell keine Rolle mehr spielt, sondern nur noch die Unterstützung von Aufgaben. Während diese Art der Transparenz (siehe Abschnitt 5.2.1) die Ablenkung reduziert, birgt sie auch Probleme: Wo keine sichtbare Benutzerschnittstelle existiert, ist es für den Benutzer schwierig zu erkennen, welche Funktionalitäten er von einer Umgebung zur Verfügung gestellt bekommt und wie er diese in Anspruch nehmen kann. Hier müssen alternative Wege gefunden werden, die die Funktionalität einer instrumentierten Umgebung wieder sichtbar machen, beispielsweise auf Basis von Affordances (siehe Abschnitt 7.1). Auf dieses Problem und eine mögliche Lösung werden wir im Abschnitt 19.3 zurückkommen, wenn wir das Konzept der Tangible User Interfaces vorstellen werden.

Exkurs: Mark Weiser (1952-1999)

Zur Zeit der Entwicklung der ersten Ideen zum Ubiquitous Computing war Mark Weiser als Wissenschaftler an einer der damals federführenden Informatikinstitutionen, dem Xerox Parc in Palo Alto (USA), beschäftigt. Als studierter Informatiker war er mit den Rechnerkonzepten der Siebziger und Achtziger aufgewachsen und seit 1987 bei Xerox Parc an der Entwicklung einer Reihe von zukunftsweisenden Technologiekonzepten beteiligt. So legte er damals die konzeptuellen Grundlagen für die heutigen Geräteklassen der Smartphones, Tablets und interaktiven Whiteboards (die damals auf Grund des Formfaktors als *Tabs*, *Pads* und *Boards* bezeichnet wurden). Fast zwanzig Jahre nach seinem Tod fallen heute die meisten verkauften Computer in eine dieser Kategorien. Die Hauptleistung Mark Weisers ist aber in seiner visionären Kraft zu sehen, mit der er vorhergesehen hat, dass Computer allgegenwärtig in der Zukunft unser Alltagsleben prägen werden. Er hat die hohe Vernetzung, Flexibilität und Kommunikationsfähigkeit verteilter Rechensysteme erkannt, die heute häufig auch unter dem Begriff Internet of Things [5] zusammengefasst werden (auch wenn er selbst damals diesen Begriff nicht verwendete). Mark Weiser hat das Ubiquitous Computing vor allem als große Chance begriffen, Benutzer von den ergonomischen und kognitiven Beschränkungen tradierter Interaktionskonzepte, wie der Tastatur und Maus zu befreien und ein mehr am Menschen orientiertes Interaktionsparadigma in der Zukunft zu etablieren. Für diese großartige, visionäre Leistung wird das Andenken an Mark Weiser von der wissenschaftlichen Community bewahrt, indem z.B. jährlich der Mark Weiser Award für besonders kreative oder innovative Leistungen im Bereich moderner Betriebssysteme verliehen wird.

19.1 Technologische Grundlagen des Ubiquitous Computing

Drei grundlegende Trends prägen die Entwicklung im Ubiquitous Computing: die Miniaturisierung, die Vernetzung von Komponenten und die Autonomie der Stromversorgung. Wie in Abschnitt 6.3 beschrieben führt das Mooresche Gesetz mehr oder weniger automatisch zu einer Miniaturisierung von Komponenten, bei gleichbleibender Rechenleistung. Diese Miniaturisierung erlaubt die Einbettung von Rechenleistung in viele Alltagsgegenstände und ermöglicht erst so die Realisierung von spezialisierten informationsverarbeitenden Geräten, den Information Appliances (Abschnitt 19.2).

Der zweite technologische Treiber ist die Vernetzung der eingebetteten Rechnerkomponenten, geprägt durch die Verbesserung der drahtlosen Kommunikationstechnologien. Dabei sind zwei Trends erkennbar, einerseits die Vernetzung von Komponenten auf Grundlage des klassischen Internetprotokolls TCP/IP und andererseits die Entwicklung von Funkstandards, die sehr energiesparend agieren, z.B. die Standards Zigbee[43], Bluetooth Low Energy[44] und Ant+[45]. Beide Entwicklungen führten zu einer Explosion von vernetzten, teils internetfähigen Geräten, was mit einer Reihe von Herausforderungen einhergeht, z.B. der begrenzten Verfügbarkeit von Internetadressen im derzeit allgemein verwendeten Standard IPv4. Der neue Standard IPv6 löst dieses

---

43 https://www.zigbee.org
44 https://www.bluetooth.com
45 https://www.thisisant.com

Problem zwar, ist aber zur Zeit noch nicht weit verbreitet. Häufig wird der wachsende weltweite Verbund von vernetzten und in Alltagsgegenstände eingebetteten Komponenten auch als Internet of Things bezeichnet [5]. Die damit einhergehenden technologischen und gestalterischen Herausforderungen sind Gegenstand aktueller Forschungsaktivitäten, mit einschlägigen Zeitschriften und internationalen Tagungen.

Die größte Herausforderung der Miniaturisierung ist allerdings die autonome Stromversorgung. Die Miniaturisierung von Batterietechnologie hinkt der generellen Miniaturisierung von Prozessoren und Speicherkomponenten deutlich hinterher. Der Formfaktor vieler mobiler Geräte, wie z.B. von Smartphones, wird durch die notwendige Größe der Batterie mitbestimmt. Je kleiner eine eingebettete Komponente sein soll, desto weniger Energie darf sie verbrauchen. Da die drahtlose Kommunikation, selbst mit den eingangs erwähnten energiesparsamen Protokollen, erhebliche Energie benötigt, verschärft sich dieses Problem noch einmal. Die Entwicklung einer kostengünstigen Batterietechnologie mit hoher Energiedichte steht daher im Zentrum internationaler Forschungsanstrengungen.

19.2 Information Appliances

Der Bearbeitung von vielen verschiedenen Aufgaben mit der gleichen Maschine, dem Desktop-Computer, stellt das Ubiquitous Computing eine Alternative entgegen: Verschiedene Geräte werden für verschiedene Aufgaben vorgesehen, indem sie mit Rechen- und Kommunikationsleistung angereichert werden. Ähnlich wie bei Haushaltsgeräten, z.B. einem Toaster, der genau für eine spezielle Aufgabe gebaut und optimiert wird, impliziert das Ubiquitous Computing für Aufgaben, die eine Informationsverarbeitung beinhalten, spezialisierte Geräte und nicht *eine* universelle informationsverarbeitende Maschine. Abgeleitet aus dem Englischen Wort für Haushaltsgerät (appliance), hat sich der Begriff Information Appliance für diese Art von spezialisierten Informationswerkzeugen durchgesetzt. Laut Don Norman wurde der Begriff ursprünglich vom damaligen Apple-Mitarbeiter Jef Raskin Ende der 70er Jahre erstmalig verwendet. Norman selbst hat den Begriff wie folgt definiert [135]:

> „...ein Gerät welches Informationen verarbeitet, wie z.B. Text, Graphiken, Fotos, oder Videos. Dabei ist das Gerät auf einen bestimmte Aufgabe spezialisiert, wie z.B. „Lesen", „Bilder betrachten", „Musik hören" und „Filme schauen". Eine weitere Eigenschaft dieser Geräte ist, dass sie vernetzt sind und Informationen mit anderen Geräten austauschen können".

Nach dieser Definition würde der klassische Walkman zur Musikwiedergabe einer Kassette oder einer Musik-CD nicht unter die Definition fallen, da die relevanten Informationen nicht ohne Weiteres mit anderen Geräten ausgetauscht werden können. Ein eBook-Reader hingegen, wie der Kindle von Amazon, welcher in der Lage ist, Informationen mit anderen Benutzern und Geräten auszutauschen, fällt hingegen unter diese Definition. Weitere Beispiele für Information Appliances sind moderne Navigationsgeräte, Sportuhren, vernetzte Waagen, und digitale Bilderrahmen. Mark Weiser selbst verstand das Ubiquitous Computing als Gegenentwurf zum Konzept der Virtual Reality (siehe Abschnitt 20.1): Statt die physische Welt mit Hilfe eines Computers zu digitalisieren, wird sie durch digitale Komponenten angereichert. Ein Beispiel dafür sind Information Appliances.

19.3 Tangible User Interfaces

Mit der Einbettung von Rechenleistung in die physische Welt stellt sich unmittelbar die Frage wie Benutzer mit derart instrumentierten Umgebungen interagieren sollen. Die Rechner sind schließlich in die Umgebung *integriert* und damit existiert keine explizite Eingabemöglichkeit, wie z.B. die Maus oder ein Touchscreen. Die Idee, die physischen Eigenschaften der Objekte in einer Umgebung und die damit verbundenen Affordances (siehe Abschnitt 7.1) zu nutzen, wurde 1995 von George Fitzmaurice, Hiroshi Ishii und Bill Buxton als Graspable User Interfaces präsentiert [59]. Durchgesetzt hat sich aber der Begriff Tangible User Interfaces (TUI) (dt. begreifbare Interaktion[46]), der etwas später von Hiroshi Ishii und Brygg Ullmer geprägt wurde[88]. TUI bieten ein natürliches Interaktionskonzept für Benutzerinteraktionen in instrumentierten Räumen oder mit instrumentierten Objekten: Die physische Interaktion steht im Vordergrund, erlaubt aber parallel dazu die Manipulation digitaler Information im Sinne des in Abschnitt 18.2 beschriebenen Konzepts der impliziten Interaktion.

Im Gegensatz zum klassischen WIMP Konzept (siehe Abschnitt 15.2) ist die Eingabe nicht auf zwei Dimensionen beschränkt, sondern erlaubt in der Regel mehrere Freiheitsgrade bei der Manipulation physikalischer Objekte. Deren Funktionalität ist außerdem nicht auf die bestimmter Eingabegeräte (wie z.B. der Maus) beschränkt. TUI sind inherent multimodal [140]. Insbesondere verwenden sie die haptischen Manipulationsfähigkeiten des Menschen und den schon in frühen Jahren angelegten und ausgeprägten Tastsinn (siehe Abschnitt 2.3). Ein- und Ausgabe sind im Gegensatz zum WIMP-Konzept nicht von einander entkoppelt. Das bedeutet, dass Ein- und Ausgabe in der Regel durch die selben Objekte erfolgen, während im WIMP Konzept Eingaben (z.B. mit der Maus) räumlich getrennt von der Ausgabe (z.B. auf einem Bildschirm) sind. TUI benutzen beispielsweise Projektoren oder eingebettete flexible Bildschirme, um Ein- und Ausgabe in einem physikalischen Objekt zu vereinen. Ein gutes Beispiel ist das System Illuminating Clay [146], welches als Planungswerkzeug zur Landschaftsgestaltung entworfen wurde. Wie in Abbildung 19.2 zu sehen, ermöglicht das System interaktive Landschaftsanalysen, z.B. zu Erosionseigenschaften von Hängen. Dazu manipuliert der Benutzer ein spezielles Knetmodell mit den Händen, um so die Form

---

46 die etwas sperrige deutsche Übersetzung hat zumindest den Charme der doppelten Semantik.

des jeweiligen Geländes nachzubilden. Ein Lasersensor erfasst die dabei entstehenden Veränderungen in Echtzeit und mithilfe eines Projektors werden die Ergebnisse der Analyse direkt und verzerrungsfrei auf das Modell projiziert.

Abb. 19.2: Links das System Illuminating Clay [146], welches die direkte Manipulation eines Landschaftsmodells und die gleichzeitige Visualisierung von Simulationsergebnissen ermöglicht. Rechts der REACTABLE, ein interaktiver Syntheziser, der durch durch sein TUI und eine ansprechende Visualisierung besonders für Live-Auftritte geeignet ist.

mmibuch.de/v3/a/19.2

Viele TUI bauen auf traditionellen Interaktionskonzepten auf, wie z.B. den in Kapitel 17 beschriebenen interaktiven Oberflächen. Der Musiksynthesizer REACTABLE[47] besteht beispielsweise aus einer kreisrunden interaktiven Tischoberfläche, auf der so genannte physikalische Token manipuliert werden können, wodurch der synthetisierte Sound verändert wird (siehe Abbildung 19.2). Dazu verändert der Benutzer die relative Lage der Token zueinander und ihre Orientierung. In Echtzeit wird der synthetisierte Sound nicht nur akustisch reproduziert, sondern zusätzlich auf der interaktiven Oberfläche ansprechend visualisiert. Eine Reihe international bekannter Musiker hat den REACTABLE bei Live-Auftritten ähnlich einem klassischen Musikinstrument verwendet[48]. Ein weiteres Beispiel ist der Syntheziser Tenori-on [133], welcher vom japanischen Designer Toshio Iwai 2004 entwickelt wurde. Er besteht aus einem quadratischen Rahmen mit 256 interaktiven Feldern, die jeweils mit einer LED bestückt sind. Durch Interaktion mit den Feldern wird der Sound manipuliert, während die LED den in Loops generierten Sound visualisieren. Insbesondere die gleichzeitige Verwendung der Oberfläche zur Generierung der Musik und zur multimodalen audio-visuellen Ausgabe in einem ansprechend gestalteten Objekt üben eine besondere Faszination aus und eignen sich daher besonders für öffentliche Auftritte.

In den letzten zwanzig Jahren wurde eine Vielzahl von TUI Konzepten vorgestellt und weiterentwickelt. Einen guten weiterführenden Überblick zum Thema findet man

---

47 http://reactable.com
48 Die isländische Musikerin Björk hat den REACTABLE während ihrer Welttournee 2007 verwendet.

im zweiten Band des Buches von Bernhard Preim und Raimund Dachselt [149] und in einem Überblicksartikel von Orit Shaer und Eva Hornecker [168].

19.4 Interaktionskontext

Offensichtlich spielt der Kontext der Verwendung von Computern im Ubiquitous Computing eine große Rolle. Interaktive Systeme, die den Kontext ignorieren, können im Zeitalter des Ubiquitous Computing nicht vernünftig funktionieren. Soll der Kontext in der Interaktion berücksichtigt werden, stellt sich zunächst die Frage, was in diesem Zusammenhang unter Kontext verstanden werden soll, und wie dieser für die Interaktion mit einer Vielzahl von Geräten formalisiert werden kann. Zwei wegweisende Projekte zur Untersuchung der Rolle des Kontexts auf die Interaktion in ubiquitären Rechnerumgebungen waren die Anfang der 1990er Jahre durchgeführten Projekte *Active Badge* [204] und *Parctab* [205]. In beiden Systemen wurde der Kontext des Benutzers während der Interaktion des Systems berücksichtigt und floss in die Interaktion mit ein. In beiden Projekten wurde Kontext vor allem durch die drei *Ws* charakterisiert:

– *Wo* ist der Benutzer?
– *Wer* befindet sich in der Nähe des Benutzers?
– *Welche* Dienste kann der Benutzer nutzen?

Wichtig ist dabei festzuhalten, dass diese Fragen zu unterschiedlichen Zeitpunkten unterschiedlich beantwortet werden. Nichtdestotrotz stellt sich immer die Frage, welcher Kontext tatsächlich für eine bestimmte Anwendung *relevant* ist, da ja nicht alle möglichen Antworten zu den obigen Fragen zu jeder Zeit berücksichtigt werden können. Der Forscher Anind Dey schlägt daher folgende Definition von Kontext vor:

> Kontext bezeichnet jegliche Art von Information, die verwendet werden kann, um die Situation einer Entität zu charakterisieren. Unter einer Entität verstehen wir eine Person, einen Ort oder Objekte die für die Interaktion zwischen Benutzern und Anwendungen relevant sind. Benutzer und Anwendungen sind damit auch Teil des Kontexts.

Unter Berücksichtigung der drei *W*-Fragen und der obigen Definition kann man grundsätzlich drei Kontextarten unterscheiden: den physischen Kontext, den sozialen Kontext und den diensteorientierten Kontext. Diese drei Kontextarten sind nicht unabhängig voneinander, sondern bedingen sich teilweise gegenseitig.

19.4.1 Physischer Kontext

Die wichtigste Eigenschaft des physischen Kontexts ist der geografische Ort des Benutzers. Ihn zu kennen ist der Schlüssel zu weiterer Information, die im Rahmen der mobilen Interaktion nützlich sein kann. Navigationssysteme beispielsweise benötigen offensichtlich den Ort des Benutzers, um sinnvolle Weghinweise geben zu können (siehe Abschnitt 19.4.4). Weitere physische Eigenschaften sind Teil dieser Kontextart, dazu gehören beispielsweise die Helligkeit/Lichtintensität der Umgebung, die Lautstärke und die Art der Hinter- und Vordergrundgeräusche, die Temperatur am Ort, die Tages- und Jahreszeit, die momentane Geschwindigkeit und Beschleunigung des Benutzers, seine Orientierung im Raum, sowie das Transportmittel, das er benutzt (z.B. falls er zu Fuß oder mit öffentlichen Verkehrsmitteln unterwegs ist). Viele dieser Eigenschaften lassen sich aus dem Muster der zeitlichen Veränderung der Position ableiten [113]. Desweiteren sind veränderliche technische Rahmenbedingungen ebenfalls Teil des physischen Kontexts, beispielsweise die Verfügbarkeit drahtloser Netzwerke oder die Bandbreite der verfügbaren Datenverbindung, genauso wie weitere Geräte, auf die der Benutzer zugreifen kann.

19.4.2 Sozialer Kontext

Der soziale Kontext beschreibt, wer sich in der Nähe des Benutzers befindet. Dies beinhaltet einerseits die Ortsinformation der Personen in der Umgebung, andererseits ihren sozialen Stellenwert für den Benutzer, z.B. ob es sich um Freunde oder Familienmitglieder handelt oder ob Arbeits- oder Studienkollegen in der Nähe sind. Soziale Netzwerke wie z.B. Facebook bieten die Möglichkeit an, sich befreundete Nutzer in der unmittelbaren Umgebung anzeigen zu lassen, um sie gegebenenfalls gezielter kontaktieren zu können. In anderen Situationen kann die Auswertung des sozialen Kontexts das genaue Gegenteil bezwecken: Bei der mobilen Navigation kann eine erkannte Ansammlung von vielen Menschen und damit auch Autos auf der Autobahn zu einer Vermeidungsstrategie führen, wodurch ein Stau erfolgreich umfahren wird. Beim Wandern in der Wildnis kann beides erwünscht sein, abhängig vom sozialen Kontext: entweder das Auffinden von Gleichgesinnten zum gemeinsamen Erleben einer schönen Wanderung, oder die Vermeidung von Gleichgesinnten, um die Natur alleine erleben zu können [148]. In diesem Sinne spielt die Kenntnis über den sozialen Kontext eine wichtige Rolle bei der Kontrolle der eigenen Privatsphäre. Bei mobilen Spielen mit mehreren Benutzern spielt der soziale Kontext sogar eine sehr große Rolle, insbesondere wenn in Teams gespielt wird. Ein originelles Beispiel ist das Spiel *Human Pacman*, bei dem der Spieler in seiner alltäglichen physischen Umgebung in die Rolle der Spielfigur Pacman schlüpft und Gegenspieler als Monster versuchen, ihn zu fangen [37].

19.4.3 Diensteorientierter Kontext

In Abhängigkeit vom physischen Kontext können zahlreiche Dienste für den Benutzer von Bedeutung sein. Die beiden oben erwähnten Projekte *Active Badge* und *Parctab* wurden in Büroumgebungen realisiert und so standen dort Bürodienste im Vordergrund, wie z.B. die Verwendung von Druckern im Bürogebäude, das automatische Weiterleiten von Telefonaten und die Erteilung von Zugangsberechtigungen. Darüber hinaus konnten Benutzer auf Webdienste zugreifen und Kalenderdienste nutzen, die abhängig von anderen Kontextfaktoren die Terminvereinbarung zwischen verschiedenen Benutzern vor Ort vereinfachten. Typische mobile Dienste sind das Finden von geeigneten öffentlichen Verkehrsmitteln und ihren Verbindungen, Übersetzungsdienste wie z.B. Dienste, die Schilder in der Umgebung mithilfe von Augmented Reality-Technologie (siehe Abschnitt 20.2) übersetzen[49]. Die Anzahl der nutzbaren Dienste steigt immer stärker an. Die Appstores der weit verbreiteten Smartphone Betriebssysteme enthalten mehrere 100.000 Apps und viele von diesen Apps bieten bereits kontextabhängige Dienste an. Zahlreiche Forschungsarbeiten untersuchen zur Zeit die Möglichkeit, Benutzern sinnvolle Apps abhängig von ihrem jeweiligen Kontext vorzuschlagen [20]. Auch aktuelle Smartphone Betriebssysteme tun dies mittlerweile, wenn auch mit nicht immer überzeugendem Erfolg.

19.4.4 Kontextsensitivität am Beispiel Fußgängernavigation

Interaktive Systeme, die ihren Kontext im Sinne des vorherigen Abschnitts bei der Interaktion berücksichtigen, werden als kontextsensitive Systeme bezeichnet. In diesem Abschnitt wollen wir anhand des Beispiels mobiler Navigationssysteme diese Kontextsensitivität diskutieren. Das Beispiel der Navigation und wie diese technisch unterstützt werden kann, wurde in diesem Buch schon häufiger verwendetet, da eine Reihe von Aspekten der MMI betroffen ist. Navigation ist eine typische kognitive Leistung des Menschen, die zunehmend durch Computer unterstützt wird und jeden betrifft. Es gibt viele unterschiedliche Ausprägungen von Navigationssystemen: man kann entweder auf spezielle Geräte zur Navigation zurückgreifen, Software für ein Smartphone oder den PC verwenden, oder aber ein fest in das eigene Auto integriertes Navigationssystem nutzen. Für diese Fälle gelten aus Perspektive der MMI unterschiedliche Rahmenbedingungen, die zu berücksichtigen sind.

Im Folgenden wollen wir uns außerdem mit einer ganz speziellen Kategorie von Navigationssystemen beschäftigen, die erst in den letzten Jahren an Bedeutung gewonnen haben, den Fußgängernavigationssystemen. Bei diesen Systemen handelt

---

[49] Ein entsprechender Dienst wurde schon 1993 von Wendy Mackay in ihren Forschungsarbeiten beschrieben [118]. Seit 2010 existieren entsprechende kommerzielle Dienste, wie z.B. der Dienst World Lens, der seit 2015 Teil von Google Translate für Android-Smartphones ist.

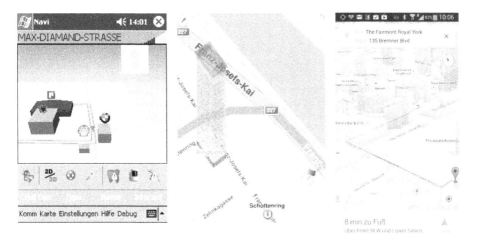

Abb. 19.3: Beispiele für Kartenvisualisierungen, die für Fußgänger entwickelt wurden. Links: ein früher Forschungsprototyp von 2003 [206], Mitte: Nokia Maps, Version 4 von 2009, Rechts: Google Maps von 2014.

mmibuch.de/v3/a/19.3

es sich um eine Kombination von Hard- und Software, die mit dem Zweck entwickelt wurde, die Navigation unter der besonderen Berücksichtigung der Belange von Fußgängern zu unterstützen. Während Navigationssysteme für Automobile seit Beginn der 1980er Jahre kommerziell zur Verfügung stehen, sind Navigationssysteme für Fußgänger eine verhältnismäßig neue Erscheinung im kommerziellen Bereich. Die Forschung beschäftigt sich bereits seit 15-20 Jahren mit dem Entwurf von Fußgängernavigationssystemen und ihren besonderen Herausforderungen für die MMI. Abbildung 19.3 zeigt drei Beispiele von Visualisierungen für Fußgängernavigationssysteme verschiedener Generationen. Was auffällt, ist die frühe Einbettung von 3D-Grafiken, da diese gerade Fußgängern durch die Darstellung von Landmarken im urbanen Bereich sinnvolle Orientierungshilfe bieten. Im Gegensatz zur Autonavigation ist der Fußgänger deutlich langsamer, hat also mehr Zeit, sich in der Umgebung zu orientieren.

Der Fußgänger kann seine Bewegungsgeschwindigkeit den örtlichen Gegebenheiten besser anpassen. Er kann z.B. stehen bleiben, um sich zu orientieren. Dies ist während der Autonavigation prinzipiell auch möglich, aber deutlich schwieriger (falls man gewährleisten will, dass der fließende Verkehr nicht gestört wird). Der Fußgänger hat mehr Möglichkeiten sich zu orientieren, da er den Kopf während des Gehens freier bewegen kann und er ist nicht so starr festgelegt auf bestimmte Straßen. Im Gegensatz zum Autofahrer kann der Fußgänger z.B. kleine Wege zwischen Gebäuden und in Parks verwenden und darüber hinaus sich nicht nur im Freien, sondern auch in Gebäudekomplexen bewegen. Diese Tatsachen erhöhen die Anforderungen an die MMI eines Navigationssystems für Fußgänger erheblich und sollen Gegenstand der

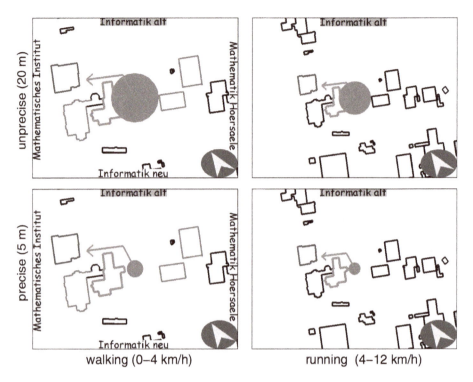

walking (0–4 km/h)   running (4–12 km/h)

Abb. 19.4: Beispiel für die grafische Adaptionsleistung des Fußgängernavigationssystems ARREAL aus dem Jahre 2000. Abhängig von der Positionierungsgenauigkeit und der Benutzergeschwindigkeit werden Benutzerposition und Umgebung unterschiedlich dargestellt.

mmibuch.de/v3/a/19.4

nächsten Abschnitte sein. Zunächst wird die Adaptivität im Mittelpunkt stehen, d.h. die Anpassungsfähigkeit des Systems und welche Konsequenzen sich daraus für die MMI ableiten. Anschließend werden verschiedene Modalitäten diskutiert, die für Fußgängernavigationssysteme zweckmäßig verwendet werden sollten. Schließlich werden wir hybride Navigationssysteme betrachten, d.h. Navigationssysteme, die unterschiedliche technische Komponenten verwenden, die im Sinne des Ubiquitous Computing in der Umgebung eingebettet sind.

Ein System, welches in der Lage ist, sich unterschiedlichsten Kontexten anzupassen, wird als adaptives System bezeichnet. Wie im vorherigen Abschnitt erwähnt, müssen im Fall der Fußgängernavigation viele Kontextfaktoren berücksichtigt werden. Im Folgenden soll exemplarisch auf zwei Faktoren eingegangen werden: Benutzergeschwindigkeit und Benutzerumgebung. Üblicherweise wird bei Fußgängern von einer durchschnittlichen Geschwindigkeit von ca. $5\frac{km}{h}$ ausgegangen. In der Realität schwankt die Geschwindigkeit allerdings erheblich, wenn Fußgänger sich z.B. in großen Menschenmassen bewegen, Treppen steigen, stehen bleiben oder auch einmal

Abb. 19.5: Multimodale Interaktion mit dem mobilen Fußgängernavigationssystem M3I.
Links: die kombinierte Verwendung von Gesten auf dem touchsensitiven Bildschirm mit
Spracheingaben, Mitte: die Verwendung von Gesten mit dem Gerät selbst, Rechts: ein
Ausschnitt der Grammatik, die bei der Spracherkennung in Abhängigkeit vom Kartenaus-
schnitt vorausgewählt wird und so die mobile Erkennungsleistung verbessert [206]. mmibuch.de/v3/a/19.5

schneller laufen. Dabei muss der Fußgänger seine unmittelbare Umgebung im Sinne
der geteilten Aufmerksamkeit (siehe Abschnitt 3.4) im Blick behalten. Untersuchungen haben auch einen deutlichen Effekt des Alters des Fußgängers und der Beschaf-
fenheit des Weges ergeben [96]. Ein adaptives Fußgängernavigationssystem muss sich
diesen Sachverhalten anpassen und z.B. seine Visualisierungen entsprechend korrigieren. Im Forschungsprojekt ARREAL wurden erstmalig Konzepte für Fußgängernavigationssysteme entwickelt, welche die Visualisierung von Weg- und Umgebungsin-
formation der Benutzergeschwindigkeit und der Genauigkeit der Positionserkennung
anpassen [12]. Abbildung 19.4 zeigt vier unterschiedliche Visualisierungen der gleichen Navigationssituation abhängig von unterschiedlichen Benutzergeschwindigkei-
ten (Gehen, bzw. Laufen) und der Genauigkeit, mit der das System die Positionierung
des Benutzers vornehmen kann (im Bild 5 bzw. 20 Meter).

Im Gegensatz zur Situation des Autofahrens, wo die Positionierung durch GPS
und zusätzliche Sensoren im Auto, wie z.B. Radlaufsensoren, verhältnismäßig robust
gelingt, ist die Situation des Fußgängers häufig dadurch gekennzeichnet, dass er sich
in Umgebungen befindet, die keinen zuverlässigen GPS-Empfang zulassen, z.B. in
Häuserschluchten oder in Gebäuden. Führt dies zu einer deutlich erhöhten Ungenauigkeit bei der Positionierung, ist dies dem Benutzer von Seiten des Systems in geeigne-
ter Art und Weise zu kommunizieren, damit Fehler in der Navigationsführung vermieden werden. Selbst beim vollständigen Ausfall der Positionierungstechnologie sollten
solche Systeme in der Lage sein, Benutzern eine Selbstpositionierung zu ermöglichen,
indem das System z.B. nach potenziell sichtbaren Landmarken fragt und so in einem
Dialog dem Benutzer hilft, seine Position selbst zu bestimmen [100].

Fußgängernavigationssysteme werden sinnvollerweise multimodal konzipiert,
da sie einer Reihe von Nebenbedingungen unterworfen sind. Diese greifen schon bei

der Eingabe des Navigationsziels, was vorzugsweise per Spracheingabe geschehen sollte. Aber auch bei der Interaktion während der Navigation selbst, z.B. wenn der Benutzer weitergehende Informationen aus der elektronischen Karte ableiten möchte, stößt dieser schnell an die Grenzen der Benutzbarkeit, wenn nur eine Modalität eingesetzt wird (z.B. nur Sprache oder nur Gestik). Besser geeignet sind in diesem Fall multimodale Eingabekonzepte, die mehrere Modalitäten miteinander kombinieren. Das Fußgängernavigationssystem M3I (MultiModal Mobile Interaction) [206] erlaubt die Kombination von Spracheingabe und Zeigegesten, die auf der elektronischen Karte ausgeführt werden (siehe Abbildung 19.5). Hierdurch wird einerseits die Erkennung wesentlich robuster, da zwei Eingabemodalitäten sich ergänzen, und andererseits natürlicher, da die kombinierte Verwendung von Gesten und Sprache in der menschlichen Kommunikation eine bedeutende Rolle spielen. Auch die Ausgabe sollte im besten Fall multimodal erfolgen. So gibt es Ansätze, Navigationshinweise haptisch über Vibrationen am Körper, z.B. durch einen Vibrationsgürtel [193] oder durch aktive Steuerung der Schuhform, die eine eindeutige Gehrichtung vorgeben [207] zu übermitteln. Im letzten Fall werden die *Affordances* (siehe Abschnitt 7.1) des Schuhs abhängig von der Gehrichtung manipuliert und führen zu einer schnellen Erfassung der neuen Gehrichtung durch den Benutzer.

Die Verwendung eines Smartphones bei der Fußgängernavigation hat auch einige Nachteile. Das Gerät muss aus der Tasche genommen werden, um damit zu interagieren. Der Bildschirm ist sehr klein und häufig im direkten Sonnenlicht, also schlecht ablesbar. Desweiteren möchte man eventuell die Reiseplanung selbst nicht auf dem mobilen Gerät durchführen und sich nicht auf ein Fortbewegungsmittel beschränken sondern kombiniert mit dem Auto, öffentlichen Verkehrsmitteln und schließlich zu Fuß auf die Reise gehen. Hier ist also ein Navigationssystem gefragt, welches verschiedene Bausteine besitzt und unterschiedliche Technologien für die Navigation verwendet. Ein System, welches aus unterschiedlichen Komponenten besteht, und diese sinnvoll miteinander ergänzt, wird hybrides System genannt. Die Fußgängernavigation kann in solchen Systemen eine Teilkomponente sein, wie z.B. in dem Forschungsprojekt BPN (BMW Personal Navigator) in dem die Vorbereitung der Navigation am Desktop-PC erfolgte und eine nahtlose Synchronisierung des Fußgängernavigationssystems mit dem Autonavigationssystem gewährleistet wurde [103].

Neuartige Ausgabemedien, wie z.B. Brillensysteme, intelligente Uhren und Armbänder werden mehr und mehr in die Fußgängernavigation miteingebunden und funktionieren häufig nur in Kombination mit weiteren Geräten, wie z.B. einem Smartphone. Elektronische Displays in der Umgebung können ebenfalls Teil eines hybriden Navigationssystems sein und in Kombination mit einer tragbaren Komponente schnelle und effektive Navigationsunterstützung leisten [101, 139]. Eine Verallgemeinerung dieses Prinzips wird im nächsten Abschnitt diskutiert.

19.5 Wearable Computing

Eine etwas andere Perspektive als das Ubiquitous Computing nimmt das Wearable Computing (dt. körpernahes Rechnen) ein, indem es sich auf die körpernahe Einbettung von Rechensystemen konzentriert. Unter diesen Begriff fallen Computerkomponenten, die z.B. in Textilien integriert werden können, direkt am Körper getragene Computer, wie z.B. SmartWatches und Brillensysteme, wie z.B. Google Glass und spezielle Eingabesysteme, wie z.B. der Twiddler[50], der einhändige Texteingaben auch in Bewegung ermöglicht. Im Wearable Computing werden diese Komponenten am Körper zu einem Gesamtsystem integriert, welches den Benutzer in Alltagssituationen sowie bei beruflichen Aufgaben unterstützen soll.

Das Wearable Computing folgt drei Hauptprinzipien [17]: zunächst müssen die Geräte am Körper getragen werden, sie müssen immer eingeschaltet sein und direkt zur Verfügung stehen und schließlich müssen sie kontextsensitive Dienste (siehe die vorherigen Abschnitte) ermöglichen indem Sensordaten aus der Umgebung permanent ausgewertet werden. Der Begriff betont damit die tragbaren und mobilen Aspekte und ermöglicht damit die Verwirklichung von Ideen des Ubiquitous Computing in Umgebungen, die wenig oder noch gar nicht instrumentiert sind. Während hier ähnliche Ziele verfolgt werden, erfordert das Wearable Computing eine Instrumentierung des Benutzers und scheint damit zunächst der Forderung zu widersprechen, dass die Computer sich im Hintergrund halten müssen. Dies ist einer der häufig angeführten Kritikpunkte an heutigen Brillensystemen, die das Aussehen des Benutzers stark verändern und damit eine negative soziale Wirkung entfalten.

Historisch wurden die ersten Konzepte des Wearable Computing am MIT Media Lab in Boston, USA entworfen. Der Forscher Steve Mann entwickelte zu Beginn der 1980er Jahre den ersten tragbaren Computer, der über ein am Kopf getragenes Display verfügte. Andere Wissenschaftler, wie Thad Starner haben diese Ideen aufgegriffen und in den letzten Jahrzehnten konsequent weiter entwickelt, so dass heutige Geräte sehr viel leichter zu tragen und zu bedienen sind als noch vor mehr als 30 Jahren. So lassen sich z.B. Computerkomponenten immer besser in Textilien integrieren. Mit dem Lilipad [26] steht eine standardisierte Rechnerplattform zur Verfügung, die sich direkt in Textilien einnähen lässt. Computer rücken uns sogar noch weiter auf die Haut in Form von interaktiven Tattoos, die direkt mit Hilfe einer dünnen interaktiven Folie auf der Haut getragen werden [208]. Der nächste Schritt ist die invasive Einbettung von Computertechnologie im menschlichen Körper. Während dies insbesondere für medizinische Zwecke (z.B. Herzschrittmacher) verbreitet ist, gibt es auch erste Anwendungen im Alltag, wie z.B. die Implantation von Computer-Chips zur automatischen Identifikation, etwa bei Zugangskontrollen. Da diese im Gegensatz zu tragbaren Computern nicht abgelegt werden können, ohne die Integrität des Körpers zu verletzten,

---

50 http://twiddler.tekgear.com/

wird ihre Verwendung von vielen Wissenschaftlern aus ethischen Gesichtspunkten kritisch gesehen [61]. In Science Fiction Filmen tauchen sie jedoch recht häufig auf.

  Verständnisfragen und Übungsaufgaben:

mmibuch.de/v3/l/19

1. Beschreiben Sie die Unterschiede zwischen dem Ubiquitous Computing und den zwei vorhergehenden Rechnerparadigmen. Welche technologischen Unterschiede sind charakterisierend und welche Unterschiede ergeben sich für den Benutzer und das Design von Benutzerschnittstellen?
2. Was versteht man unter *Information Appliances?*
3. Warum ist der klassische Walkman zur Musikwiedergabe keine *Information Appliance* gemäß der Definition?
4. Diskutieren Sie am Beispiel einer mobilen Spielekonsole den Begriff *Information Appliance.* Welche Eigenschaften der Geräteklasse sprechen eher für und welche gegen die Verwendung des Begriffs?
5. Sie interessieren sich für Triathlon und wollen ein neuartiges Gerät entwickeln, das Sie während eines Wettkampfs (Schwimmen, Wechsel, Radfahren, Wechsel, Laufen) unterstützt, ohne dass Sie viel interagieren müssen. Auf welche unterschiedlichen Kontexte bzw. Kontextfaktoren sollte das Gerät aus ihrer Sicht reagieren und warum? Skizzieren Sie die technischen Grundlagen Ihrer Idee. Welche Sensoren sollten verwendet werden und welches weitere Wissen wird zur zuverlässigen Kontexterkennung benötigt? Welche Bauformen bieten sich an?
6. Die Interaktion am Desktop-PC findet in der Regel in einer wohldefinierten Umgebung statt (= starrer Interaktionskontext). Vergleichen Sie diesen mit der mobilen Interaktion. Welche Unterschiede können Sie feststellen?
7. Welches Problem adressieren Tangible UIs?
8. Es stellt sich immer die Frage, welcher Kontext tatsächlich für eine bestimmte Anwendung relevant ist. Aus welchem Grund?
9. Ein Assistenzsystem soll in einer Fabrikhalle für die dortigen Mitarbeitenden in der Fertigung ausgerollt werden. Das Ziel des Systems ist es, den Fertigungsprozess insofern zu unterstützen, dass die Mitarbeitenden zu jedem Arbeitsschritt sehen, wie dieser genau durchzuführen ist und sofort Hinweise erhalten, welche Fehler sie selbst in diesen Arbeitsschritten in der Vergangenheit gemacht haben. Zusätzlich gibt es ein Anreizsystem, bei dem Mitarbeitende mit ihrem Klarnamen auf einer Highscore-Liste angezeigt werden: Diejenigen, die am schnellsten und fehlerfreisten arbeiten, erzielen hierbei die höchsten Plätze. Das Ausgabemedium ist ein Tablet mit Toucheingaben und nach jedem Arbeitsschritt, muss auf dem Tablet bestätigt werden, dass dieser ausgeführt wurde. Das System floppt nach dem Ausrollen: Die Handschuhe, die die Mitarbeitenden tragen, verhindern die Toucherkennung. Welcher Kontext wurde hier nicht richtig erhoben?
10. Gleiches System: Es wurden nun neue Handschuhe angeschafft, mit denen Toucheingaben durchgeführt werden können. Nachdem das System jetzt endlich ausprobiert werden konnte, weigern sich die Mitarbeitenden es zu nutzen. Welcher Kontext wurde hier ebenfalls unzureichend bedacht?

20 Virtual Reality und Augmented Reality

In den vergangenen Jahren haben die Gebiete Virtual Reality (VR) und Augmented Reality (AR) einen starken Aufschwung erlebt. Obwohl beide Konzepte durchaus nicht neu sind, wurde ihre Umsetzung durch die kontinuierlich ansteigende Rechen- und Grafikleistung sowie die Miniaturisierung der benötigten Hardware (vgl. Abschnitt 6.3) erst jetzt für ein breiteres Publikum zugänglich und attraktiv.

20.1 Virtual Reality

Der amerikanische Computergrafik-Pionier Ivan Sutherland, der in den frühen 1960er Jahren im Rahmen seiner Doktorarbeit bereits das erste interaktive Grafiksystem Sketchpad entwickelt hatte, baute gegen Ende der 1960er Jahre gemeinsam mit seinem Studenten Bob Sproull eine Vorrichtung, die er als das Ultimative Display bezeichnete, die jedoch später wegen ihrer von der Decke abgehängten Konstruktion den Namen Damoklesschwert (Sword of Damokles) erhielt (siehe Abbildung 20.1 links). Diese Vorrichtung wird gemeinhin als das erste Head-mounted Display (HMD) angesehen. Der Künstler und Wissenschaftler Myron Krueger schuf im darauf folgenden Jahrzehnt eine Reihe interaktiver Installationen, deren bekannteste Videoplace [102] hieß. Darin sahen Benutzer ihre eigene Silhouette wie einen farbigen Schatten auf einem 2,40x3m großen Wanddisplay und konnten darauf mit virtuellen Elementen und den Silhouetten anderer Benutzer interagieren. Die Benutzer trafen

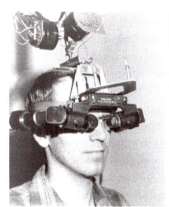

Abb. 20.1: Links: Ivan Sutherlands Sword of Damokles, das erste Head-Mounted Display. Rechts: Jaron Laniers Data Glove, ein frühes VR-Eingabegerät.

mmibuch.de/v3/a/20.1

https://doi.org/10.1515/9783110753325-021

einander in einer künstlichen Realität (Artificial Reality). In den 80er Jahren wurde dann der Begriff Virtual Reality (VR) durch den amerikanischen Forscher und Musiker Jaron Lanier populär gemacht, der auch Eingabegeräte wie den Data Glove (siehe Abbildung 20.1 rechts) entwickelte. Schriftstellerisch wird die Vision einer komplett künstlich generierten Realität beispielsweise in dem Science Fiction Roman Snow Crash [180] von Neal Stephenson beschrieben, in dem sich die Hauptpersonen aus der sehr unschön gewordenen Realität immer wieder in eine künstliche Welt namens Metaverse flüchten, einer Mischung aus VR und Internet, die mittels einer Projektionsvorrichtung das Eintauchen in eine perfekte Illusion erlaubt.

Lange Zeit waren Head-Mounted Displays sehr teure Geräte, die sich eigentlich nur Forschungslabors oder Simulationszentren, sowie große Firmen oder das Militär leisten konnten, und die für Privatpersonen sowohl zu teuer als auch technisch zu komplex in ihrer Handhabung waren. Das änderte sich in den vergangenen Jahren auf zwei verschiedene Arten: Zum einen wurden bezahlbare HMDs mit eingebautem Tracking und akzeptabler Bildqualität entwickelt, wie beispielsweise das Oculus Rift[51] oder das HTC Vive[52]. Diese können in Verbindung mit einem vorhandenen leistungsfähigen Grafikrechner bereits einen hohen Grad an Immersion erzeugen und stoßen in Preissegmente vor, in denen sie für Computerspieler attraktiv werden.

Zum andern reicht die Rechenleistung aktueller Smartphones mittlerweile aus, um ebenfalls grafische Inhalte in ausreichender Qualität anzuzeigen. Somit sind die benötigte Rechen- und Displayleistung in Form eines Smartphones fast überall vorhanden und alles, was darüber hinaus gebraucht wird, ist eine Haltevorrichtung und zwei Sammellinsen, um aus einem Smartphone ein HMD zu machen. Von dieser als Google Cardboard[53] bekannt gewordenen Idee (siehe Abbildung 20.2) existieren mittlerweile viele Varianten zum Selbstbau oder im Preisbereich von ca. 10 – 50 Euro. Verschiedene Unternehmen unterstützen dieses neue Medium mit Software und es hat ein Boom an immersiven Inhalten eingesetzt, da nun jeder Smartphone-Besitzer für den Preis einer Mahlzeit zusätzlich in den Besitz eines HMD gelangen kann.

Schließlich hat sich bei großen Firmen und Forschungseinrichtungen mit dem entsprechenden Budget noch eine weitere Technik für VR etabliert: die CAVE (engl. Cave Automatic Virtual Environment) [45]. Diese Umgebung wird meist als ein Quader- oder würfelförmiger Raum gebaut, von dessen sechs Flächen drei bis sechs als große Displays dienen. Auf sie wird (meist von der Rückseite) ein entsprechendes Bild der virtuellen 3D Welt projiziert. Der Nutzer steht im Inneren und sieht so gewissermaßen durch die Wände hindurch in die virtuelle Welt. Je nach Aufwand zeigen auch Decke und Boden die richtigen Bilder an, und es kann ein sehr starkes Gefühl der Immersion entstehen. Da eine CAVE aus Kostengründen normalerweise recht klein ist, ist der

---

51 https://www.oculus.com/rift/
52 https://www.vive.com/de/
53 https://vr.google.com/cardboard/

Abb. 20.2: Viele hielten Google Cardboard bei seiner Einführung für einen Witz. Aus wenigen Kartonteilen und zwei Sammellinsen lässt sich eine Haltevorrichtung bauen, die aus jedem Smartphone ein HMD macht.

mmibuch.de/v3/a/20.2

Bewegungsraum darin stark eingeschränkt. Eine Ausnahme bilden hoch spezialisierte und teure Umgebungen, wie die CAVE, die Disney Imagineering zur Entwicklung der eigenen 3D Welten nutzt[54]. Prinzipbedingt bevorzugt eine CAVE auch immer einen einzelnen Benutzer, dessen Position im Raum getrackt und zur Bildberechnung verwendet wird. Für alle anderen Benutzer entstehen mehr oder weniger große geometrische Fehler durch deren unterschiedliche Betrachtungsposition.

Da sich die virtuelle Welt genau wie die Realität in den drei Raumdimensionen um uns herum aufspannt, bieten alle diese Technologien aus Sicht der Benutzerschnittstelle ein gewaltiges Potenzial: Virtuelle Inhalte und Objekte können sich verhalten wie reale Objekte, und die Interaktion kann so gestaltet werden, dass wir den Eindruck bekommen, wir interagierten mit realen Dingen. Dies entspricht auch der Idee der Physikanalogie aus Abschnitt 7.8. Das User Interface selbst kann dabei im Prinzip komplett verschwinden, was dem Ideal eines vollständig transparenten UI sehr nahe kommt.

20.1.1 Eingabe: Tracking

Objekte in der dreidimensionalen Welt haben sowohl eine Position entlang der drei Achsen X, Y und Z, als auch eine Orientierung um diese drei Achsen. Ihre Position und Lage im Raum lässt sich also durch 6 Freiheitsgrade (engl. degree of freedom,

---

54 http://www.disneyeveryday.com/video-in-the-cave-the-virtual-reality-tool-disney-imagineers-used-to-buld-cars-land/

DOF) komplett beschreiben. Wenn nun unsere Bewegung oder die Bewegung realer Objekte im Raum die Interaktion mit der VR bestimmen sollen, dann brauchen wir eine Vorrichtung, um diese 6 Freiheitsgrade zu messen. Eine solche Vorrichtung heißt Tracker, der Vorgang der Messung Tracking. Ein 3-DOF Tracker bestimmt dabei entweder nur die Position oder nur die Orientierung, ein 6-DOF Tracker beides. Grundsätzlich gibt es zwei verschiedene Ansätze zum Tracking: Beim inside-out Tracking orientiert sich der Tracker an Markierungen oder Signalen in der Umgebung und berechnet daraus seine eigene Position und Orientierung. Beim outside-in Tracking schaut der Tracker von einer bekannten Position in der Umgebung auf das mit einer Markierung versehene Objekt und bestimmt dessen Position und/oder Orientierung von außen, relativ zu seiner eigenen.

Verschiedene Tracker unterscheiden sich außerdem in der Genauigkeit, mit der die gemessene Position die tatsächliche Position wiedergibt, sowie in der Reichweite bzw. dem Raum, den sie abdecken können. Wie immer bei der Erfassung digitaler Werte erfolgt die Messung nicht kontinuierlich, sondern als schnelle Folge von Einzelmessungen. Die Wiederholfrequenz dieser Messungen wird auch als die Abtastrate, Framerate oder Tracking-Frequenz bezeichnet. Die Verzögerung zwischen dem Zeitpunkt der Messung und dem Zeitpunkt, zu dem der Wert im System weiterverwendet werden kann, heißt Latenz. Der Vorgang, bei dem das Koordinatensystem des Trackers so gut wie möglich auf das Koordinatensystem der Umgebung abgestimmt wird, heißt Kalibrierung. Der gleiche Begriff wird zudem verwendet für die Genauigkeit dieser Abstimmung. Verschiebt sich die Kalibrierung mit der Zeit, so spricht von einem Drift des Trackers. Ein idealer Tracker hätte demnach eine hohe Genauigkeit, hohe Reichweite, hohe Abtastrate, geringe Latenz und keinen Drift. Diese Kombination ist leider in der Realität mit keiner einzelnen Technologie zu erreichen, man kann sich ihr jedoch durch die Kombination verschiedener Technologien annähern.

In Laborumgebungen werden oft outside-in Tracker verwendet, die entweder magnetisch, akustisch oder optisch arbeiten. Magnetische Tracker erzeugen in einem eng begrenzten Raum ein pulsierendes Magnetfeld, aus dessen Stärke und Orientierung im Raum die Position und Orientierung eines Magnetsensors abgeleitet werden kann. Magnetfelder können naturgemäß durch elektrische Geräte oder ferromagnetische Gegenstände beeinflusst werden. Magnetische Tracker sind daher schwer zu kalibrieren, bieten aber hohe Abtastraten, geringe Latenz und kleine Sensoren. Akustische Tracker leiten die Position eines Schallwandlers aus den Laufzeiten eines Ultraschall-Signals zu anderen Schallwandlern mit bekannter Position ab. Dies ermöglicht mit einem einzelnen Sensor zunächst einmal nur die Bestimmung der Position, nicht aber der Orientierung. Diese muss aus mehreren Sensoren abgeleitet werden. Die verwendeten Sensoren sind größer und brauchen wie beim magnetischen Tracking eine eigene Energieversorgung bzw. ein Kabel. Optische Tracker schließlich verwenden mehrere (Hochgeschwindigkeits-)Kameras zur Bestimmung der Position bekannter Markierungen, beispielsweise retroreflexiv beschichteter kleiner Kugeln oder pulsierender LEDs. Durch Erhöhung der Anzahl der Kameras lässt

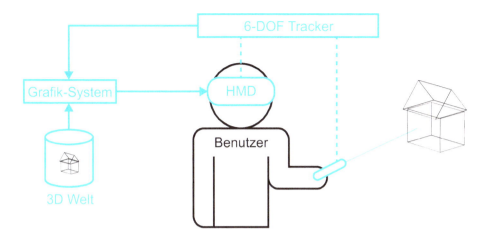

Abb. 20.3: Aufbau eines prototypischen VR Systems auf Basis eines HMD mit Tracking und Interaktion

mmibuch.de/v3/a/20.3

sich die Genauigkeit und die Reichweite steigern. Feste Anordnungen dieser Marker ermöglichen die Bestimmung der Orientierung, und passive Marker kommen ohne Stromversorgung oder Kabel aus. Kommerziell werden solche Systeme beispielsweise in der Filmindustrie eingesetzt, um die gemessenen Bewegungen menschlicher Schauspieler auf künstliche Charaktere in einem Animationsfilm zu übertragen.

Eine weitere Klasse von Trackingverfahren arbeitet mit komplexeren optischen Markern, deren Position und Orientierung bereits von einer einzelnen Kamera bestimmt werden kann. Prominentester Vertreter dieser Gattung war zu Beginn dieses Jahrhunderts die ARToolKit Bibliothek. Die verwendete Kamera konnte hier gleichzeitig auch das Videobild für die Erzeugung einer Video-basierten Augmented Reality liefern und das Verfahren konnte sowohl inside-out als auch outside-in eingesetzt werden. Diese Bibliothek wurde beispielsweise bei dem in Abbildung 20.9 Mitte gezeigten System verwendet, hat allerdings mittlerweile ihre früher hohe Relevanz verloren, zugunsten anderer optischer Verfahren wie z.B. Feature Tracking. Zudem gibt es Inertiale Tracker, die aus gemessenen Beschleunigungen eine Veränderung der Lage und Position im Raum berechnen. Inertiale Tracker kommen ohne jegliche Infrastruktur aus, bieten hohe Abtastraten und geringe Latenz, leiden jedoch prinzipbedingt unter Drift-Problemen. Sie werden aus diesem Grund oft mit anderen Verfahren kombiniert (Sensor Fusion).

Bestimmt man nun mittels eines Trackers die Kopfposition und -orientierung eines Nutzers, so kann sich dieser bereits in der virtuellen Realität bewegen und umsehen. Um darüber hinaus nun in der VR interagieren zu können, benötigen wir ein irgendwie geartetes Eingabegerät. Dies kann beispielsweise ein Objekt sein, das wir in der Hand halten und dessen Position und Orientierung ebenfalls getrackt wird, oder es kann sich um eine komplexere Anordnung wie z.B. einen Data Glove (siehe Abbildung 20.1 rechts) handeln, der die Position der Hand sowie die Krümmung aller Finger misst. Mittels einer Tiefenkamera lässt sich auch hier die Hand direkt tracken [79]. Insgesamt ergibt sich damit der in Abbildung 20.3 gezeigte prinzipielle Aufbau eines VR Systems auf Basis eines HMD.

20.1.2 Ausgabe: Displays

Nun sind HMDs jedoch nicht die einzige Möglichkeit, eine VR zu erzeugen. Eine viel einfachere Variante kann bereits am herkömmlichen Bildschirm, wie er am Desktop PC vorhanden ist, dargestellt werden. Diese Variante heißt daher Desktop VR. Bereits in den 1990er Jahren gab es Bestrebungen, solche virtuelle Realitäten mittels der Virtual Reality Modeling Language (VRML) zu standardisieren und in das sich gerade rasant ausweitende WWW zu integrieren. Hierzu erlaubte VRML die einfache Modellierung dreidimensionaler Welten und einfache Techniken zur Navigation und Interaktion. Als Eingabegeräte dienten hier die vorhandene Tastatur und Maus, und die Navigation erfolgte etwa wie in 3D Computerspielen durch Laufen oder Fliegen durch die 3D Welt. Prinzipbedingt sorgte diese Form der VR jedoch nicht für ein sehr tiefes Eintauchen des Benutzers und es blieb weitgehend bei akademischen Beispielwelten. Die Konzepte von VRML leben heute in Form des XML Dialektes X3D weiter und fließen so in aktuellere Initiativen des Web3D Konsortiums[55] ein.

Die Kameraposition innerhalb der 3D Welt wird bei Desktop VR rein durch die Eingabegeräte gesteuert. Verwendet man jedoch einen Tracker, um die reale Kopfposition des Benutzers zu verfolgen und verändert die virtuelle Kameraposition entsprechend, dann entsteht ein viel plastischerer Eindruck der 3D Welt. Durch Hin- und Herbewegen des Kopfes können wir Gegenstände aus (leicht) verschiedenen Richtungen betrachten und es entsteht der Eindruck, es handele sich um echte räumliche Objekte in einer Art Aquarium, in das wir von verschiedenen Seiten hineinschauen können. Diese Technik heißt deshalb auch Fishtank VR. Der durch die Kopfbewegung hervorgerufene Unterschied in der grafischen Darstellung vermittelt als Bewegungsparallaxe (siehe Abschnitt 2.1.3) einen räumlichen Eindruck, ähnlich dem Stereo-Sehen. Mittels einer Shutterbrille kann außerdem abwechselnd das rechte und das linke Auge abgedeckt werden, wodurch man für beide Augen jeweils getrennte Bilder anzeigen kann. Somit entsteht ein Raumeindruck mittels Stereo-Sehen (vgl. Abschnitt 2.1.3). Ein sehr großes solches Display nach dem Funktionsprinzip der Fishtank VR kann bereits ei-

---

55 http://www.web3d.org

nen gewissen Grad an Immersion erreichen. Große, interaktive und hochauflösende Displays werden auch als Powerwall bezeichnet.

Kombiniert man drei bis sechs große Displays nach dem Funktionsprinzip der Fishtank VR, also mit Tracking der Kopfposition des Benutzers und Stereo-Sehen mittels Shutterbrille zu einem nahtlosen Quader, dann erhält man eine CAVE. Hier steht der Benutzer nun nicht mehr außerhalb des Aquariums, sondern fühlt sich eher wie im Innern eines Aquariums, durch dessen Scheiben (= Displays) er rund um sich herum in die virtuelle Welt blicken kann. Beim Aufbau einer CAVE gilt es recht komplexe Probleme zu lösen, wie die genaue zeitliche Synchronisation der Bilder auf allen Wänden, sowie die geometrische Passgenauigkeit an den Kanten des Quaders. Dies erfordert in der Regel leistungsstarke Rechner und einen hohen baulichen Aufwand (siehe Abb. 20.4).

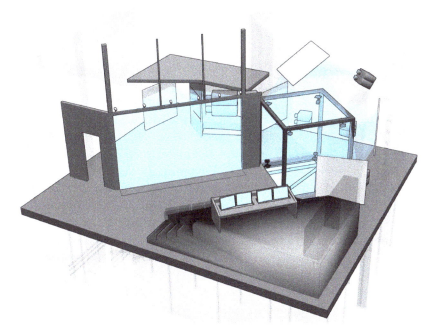

Abb. 20.4: Aufbau einer Visualisierungsumgebung mit CAVE und Powerwall am Leibniz-Rechenzentrum in Garching bei München.

mmibuch.de/v3/a/20.4

Neben der reinen Display-Hardware gibt es auch besondere Anforderungen an die Software zur Erzeugung der grafischen Darstellung. Grundsätzlich wäre es schön, eine vollständig realistische Darstellung mit einer möglichst hohen Bildfrequenz und ohne Verzögerung (Latenz) darzustellen (vgl. Abschnitt 6.1.2). Wie beim Tracking sind jedoch auch dies widersprüchliche Anforderungen: Je realistischer die Darstellung sein soll, desto höher wird die benötigte Rechenzeit für ein einzelnes Bild. Die Bildfrequenz sinkt also und die Latenz steigt. Es wird daher vorerst wichtig bleiben, hier passende Kompromisse zu schließen. Eine einfache Stellschraube zur Optimierung von 3D-Welten für eine flüssige Darstellung in VR ist die Komplexität des 3D Modells: Je weniger Polygone dieses enthält, desto schneller wird es dargestellt. Es ist also gerade bei VR wichtig, 3D-Objekte bereits ressourcensparend zu modellieren, und dann im weiteren Verlauf spezielle Verfahren der 3D Computergrafik wie Mesh reduction, Culling und Levels of Detail zu verwenden, damit die grafische Darstellung flüssig und die Verzögerung minimal bleiben. In der Regel möchten wir außerdem, dass sich Objekte in der VR so verhalten, wie sie es auch in der Realität tun würden. Schwerkraft, Trägheit und Kollisionen sowie die daraus resultierenden Objektbewegungen korrekt zu simulieren ist keine einfache Aufgabe und muss in jedem Frame zusätzlich zur eigentlichen Bilderzeugung noch bewältigt werden. Eine gelungene Physiksimulation erhöht aber ebenfalls den realistischen Eindruck der gesamten VR.

20.1.3 Interaktion in der Virtuellen Welt

Die grundlegenden Interaktionen in einer Virtual Reality sind die Navigation des Nutzers in der 3D Welt, die Selektion von Objekten, sowie deren Manipulation. Im einfachsten Falle der Desktop VR oder Fishtank VR navigiert der Benutzer mittels vorhandener Eingabegeräte (Tastatur, Maus) oder spezieller 3D Eingabegeräte wie z.B. einer 3D Maus (siehe Abbildung 20.5 links). Hierzu wird also kein weiträumiges Tracking benötigt, während die 3D Welt beliebig groß sein kann. Bei der Verwendung eines HMD kann der Benutzer sich im Prinzip frei bewegen, solange ihn die oft noch vorhandenen Kabel zur Stromversorgung nicht daran hindern, und solange er die Reichweite des Trackers nicht verlässt oder an eine Wand des realen Zimmers stößt.

Will man diese sehr direkte Art der Navigation durch echtes Umherlaufen ermöglichen, dann braucht man also Tracker mit großer Reichweite und ein möglichst wenig störendes Hardware setup oder ein spezielles omnidirektionales Laufband (siehe Abbildung 20.5 rechts). Eine weitere Möglichkeit ist eine Technik namens redirected walking [151]. Hierbei wird ausgenutzt, dass die menschliche Proprizeption (vgl. Abschnitt 2.3) wesentlich ungenauer ist als der Sehsinn. Durch gezielte Modifikation der 3D Bewegungen in der virtuellen Welt kann dem Menschen daher vermittelt werden, er bewege sich auf gerader Linie durch die virtuelle Welt, während er in der Realität einer gekrümmten Bahn folgt. So kann der Nutzer gefühlt endlos weiter laufen, während er in Wirklichkeit einen eng begrenzten Raum (der auch komplett vom Tracker abgedeckt wird) nie verlässt. Die Selektion von Objekten ist bei Desktop VR und Fishtank VR denkbar einfach: man klickt das entsprechende Objekt mit der Maus auf dem Bildschirm an. Bei Verwendung eines HMD und eines Trackers wie in unse-

Abb. 20.5: Links: Beispiel für ein 3D Eingabegerät (3Dconnexion SpaceNavigator) für Desktop VR. Rechts: ein omnidirektionales Laufband (Virtuix Omni) mit dem der Benutzer frei in der 3D Welt umherlaufen kann, ohne sich in der Realität vom Fleck zu bewegen.

mmibuch.de/v3/a/20.5

rem prototypischen System in Abbildung 20.3 ist die Sache nicht so einfach. Solange der Benutzer alle zu selektierenden Objekte in der VR auch räumlich erreichen kann, kann er sie einfach durch Berühren mit seinem Eingabegerät selektieren. In diesem Fall wird die Position des Eingabegeräts in der virtuellen Welt durch einen 3D Cursor dargestellt, beispielsweise oft in Form einer menschlichen Hand. Manchmal sind jedoch Objekte zu weit entfernt oder aus anderen Gründen nicht erreichbar, sollen aber trotzdem selektiert werden. In diesem Fall kann beispielsweise ein Fadenkreuz oder eine sonstige Markierung im HMD-Bild das Problem lösen: Wir schauen das Objekt an, so dass die Markierung über dem Objekt ist, und betätigen eine Taste. Diese Technik heißt Gaze Selection. In der realen Welt können wir auf entfernte Objekte beispielsweise mit einem Laserpointer zeigen. Diese Technik lässt sich direkt in VR übertragen: Konzeptuell wird dabei ein Strahl von dem mit 6 DOF getrackten Eingabegerät aus in die 3D Welt geschickt, der dann irgendwann das zu selektierende Objekt trifft. Diese Technik heißt daher Raycasting. Genau wie der Punkt des Laserpointers in der realen Welt oft zittert, leidet auch diese Technik unter mangelnder Präzision: Kleine Fehler im Tracking und das natürliche Zittern der Hand multiplizieren sich zu deutlich sichtbarem Zittern des Selektionsstrahls. Dem kann wiederum mit Filtertechniken entgegengewirkt werden. Selektion entfernter Objekte ist nach wie vor ein aktives Forschungsgebiet, das seine Anwendungen nicht nur in VR und AR, sondern auch bei der Interaktion mit großen Displays findet. Einen guten Einstieg in das Thema und relevante Literatur findet sich beispielsweise in dem Artikel von Bowman et al. [22].

Bei der Manipulation von Objekten schließlich hört der Realismus in VR meistens auf. Während uns in der realen Welt ein reichhaltiges Vokabular an Interaktion mit den Objekten in unserer Umgebung zur Verfügung steht (anfassen, hochheben, drehen, wenden, anschalten, ...) ist in VR meist sehr genau festgelegt, welche Objekte überhaupt irgendwelche Interaktionen zulassen. In 3D Computerspielen genügt oft die Selektion, um eine solche vorausgewählte Aktion (wie z.B. das Öffnen einer Tür) auszulösen. In virtuellen Welten bedeutet schon das Verschieben und Rotieren von Objekten oft einen Moduswechsel oder benötigt spezielle 3D Widgets. Ein maßgeblicher Grund dafür besteht darin, dass unsere Kopplung mit der virtuellen Welt sich auf Positionen und Orientierungen im Raum, die eingangs geschilderten 6 Freiheitsgrade beschränkt. In der physikalischen Welt steht uns darüber hinaus unser Tastsinn zur Verfügung, der es uns erlaubt, Objekte mit der richtigen Kraft zu greifen und zu bewegen, und der uns auch verrät, ob sie schwer oder leicht sind. Selbst mit den besten Methoden und Gerätschaften sind wir derzeit von einem so detaillierten haptischen Feedback (siehe auch Abschnitt 2.3) noch weit entfernt.

20.1.4 Eintauchen in die virtuelle Welt

In den vergangenen Abschnitten war immer wieder die Rede vom Eintauchen in eine virtuelle Welt. Dies wird mit dem Fachbegriff Immersion (lat. immersio = Eintauchen) bezeichnet und findet statt, wenn die virtuelle Welt zunehmend als real empfunden wird. Dabei gibt es verschiedene Grade der Immersion: Einfache VR-Varianten wie Desktop VR bieten rein von der Wahrnehmung her sehr wenig Immersion. Wir sehen immer auch noch die reale Welt rund um den Bildschirm. Ein HMD hingegen schirmt uns optisch (und evtl. auch akustisch) von der realen Welt komplett ab und lässt nur noch die Sinneseindrücke der virtuellen Welt zu uns durch, was naturgemäß einen höheren Immersionsgrad fördert. Störend für die Immersion ist alles, was uns daran erinnert, dass es sich um eine künstliche Welt handelt, wie beispielsweise ein ruckelndes Bild, hohe Latenz, unrealistische Darstellung, fehlende oder fehlerhafte Physik.

ℹ️ Exkurs: Immersion

Die amerikanische Autorin Janet H. Murray gibt in ihrem Buch *Hamlet on the Holodeck* eine sehr schöne Definition des Begriffs Immersion: Die Erfahrung, in eine aufwändig simulierte Umgebung transportiert zu werden, ist an sich angenehm, unabhängig vom fantastischen Inhalt. Immersion ist ein metaphorischer Begriff, abgeleitet von der physikalischen Erfahrung des Untertauchens in Wasser. Wir suchen nach demselben Gefühl einer psychologisch immersiven Erfahrung wie wir sie von einem Sprung ins Meer oder den Swimming Pool erwarten: Das Gefühl, von einer vollständig anderen Realität umgeben zu sein, so unterschiedlich wie sich das Wasser zur Luft verhält, die unsere gesamte Aufmerksamkeit auf sich zieht, unseren gesamten Wahrnehmungsapparat. (Quelle: [130], Übersetzung: Wikipedia)

Ein weiterer wichtiger Begriff in diesem Zusammenhang ist die Präsenz. Diese bezeichnet das Gefühl, sich tatsächlich an dem jeweiligen Ort zu befinden und Teil der jeweiligen Handlung zu sein. Ein hoher Grad an Immersion ist normalerweise die Voraussetzung für das Gefühl von Präsenz. Die Konzepte sind jedoch verschieden: Auch bei bester Immersion kann ein langweilig gemachtes Spiel die Präsenz vermissen lassen. Umgekehrt kann bei gut gemachten klassischen Pen & Paper Rollenspielen beispielsweise durch die Wahl eines passenden Spielortes und die intensive Interaktion mit den Mitspielern bereits ein starkes Gefühl der Präsenz entstehen. Im Zusammenhang mit wissenschaftlichen Studien soll das Gefühl der Präsenz auch oft gemessen werden. Ein etabliertes Werkzeug hierfür ist beispielsweise das igroup presence questionnaire (IPQ)[56][164], ein validierter Fragebogen mit 14 Fragen, der das Gefühl von Präsenz einmal übergreifend sowie entlang der drei Dimensionen *Räumliche Präsenz*, *Involviertheit* und *Realitätsurteil* misst.

Ein Störfaktor beim Eintauchen in die virtuelle Realität liegt immer darin, dass eben nicht alle Sinne bzw. alle Wahrnehmungsparameter korrekt bedient werden: Heutige HMDs vermitteln zwar mittels Stereo-Sehen räumliche Tiefe und unterschiedliche Abstände für verschiedene Objekte, die Vergenz und Akkommodation (vgl. Abschnitt 2.1.3) bleiben jedoch für alle Objekte konstant. Somit entstehen bereits innerhalb des Sehsinnes widersprüchliche Informationen. Wenn wir uns zudem in einer virtuellen Welt bewegen, in der Realität jedoch am gleichen Ort bleiben oder anders bewegen, dann liefert unser Sehsinn eine grundsätzlich andere Information an das Gehirn als unsere Propriozeption. Bei den meisten Menschen überlagert in diesem Fall der stärkere visuelle Eindruck die anderen Sinne, bei manchen entsteht aber durch die widersprüchlichen Sinneseindrücke ein Gefühl der Übelkeit, ähnlich der Seekrankheit (Schiff bewegt sich, Kajüte scheint still zu stehen). Diese Übelkeit wird als Cyber Sickness bezeichnet (siehe auch Abschnitt 2.3).

20.2 Augmented Reality

Während die Virtual Reality versucht, die echte Realität mittels künstlicher Sinneseindrücke komplett zu ersetzen, werden bei der Augmented Reality die künstlichen Sinneseindrücke nur zu den realen hinzugefügt. Wir sehen beispielsweise unsere reale Umwelt mit den darin befindlichen realen Dingen, zusätzlich aber noch virtuelle Dinge, wie z.B. Beschriftungen oder 3D-Objekte. Ron Azuma definiert AR in seinem Überblicksartikel [7] von 1997 als jedes System, das 1) reale und virtuelle Inhalte kombiniert, 2) interaktiv ist und in Echtzeit funktioniert, und 3) einen klaren räumlichen (3D) Bezug zwischen realen und virtuellen Anteilen herstellt. Demnach ist beispielsweise der Kinofilm *Falsches Spiel mit Roger Rabbit*[57] keine AR, da er zwar reale und virtuelle Charaktere in einem klaren räumlichen Bezug verbindet, aber nicht interaktiv ist. Auch ein heutiges Head-up Display (HUD) im Auto oder eine Datenbrille ohne

---

56 http://www.igroup.org/pq/ipq/
57 http://www.imdb.com/title/tt0096438/

räumliches Tracking wie *Google Glass*[58] erzeugen nach dieser Definition keine AR, da sie zwar interaktiv sind und in Echtzeit funktionieren, die virtuellen Inhalte jedoch ohne klaren räumlichen Bezug zur Umwelt darstellen. Paul Milgram spannt in seinem Artikel [128] von 1994 ein ganzes Spektrum von Kombinationsmöglichkeiten auf und führt den allgemeineren Begriff Mixed Reality ein. Dieser bezeichnet alle möglichen Kombinationen der Realität mit virtuellen Elementen. Am einen Ende dieses

Abb. 20.6: Paul Milgrams *Virtuality Continuum* aus [128]

mmibuch.de/v3/a/20.6

Kontinuums steht die Reale Welt ohne irgendwelche virtuellen Elemente, möglicherweise jedoch durch ein elektronisches Medium wie Kamera und Bildschirm oder HMD betrachtet. Die nächste Stufe ist das, was wir in diesem Kapitel als Augmented Reality einführen: eine reale Umgebung, der vereinzelt virtuelle Inhalte überlagert sind. Nochmals eine Stufe weiter finden wir eine Situation vor, die Milgram als Augmented Virtuality bezeichnet. Hierbei handelt es sich um eine überwiegend virtuelle Welt, die stellenweise mit realen Anteilen angereichert ist. Als Beispiel kann man sich eine VR Umgebung vorstellen, in der an einigen Stellen Video-Streams realer Personen enthalten sind, oder eine, in der die Tracking-Daten einer anderen realen Person deren Avatar steuern. Am Ende des Kontinuums steht schließlich die reine Virtual Reality, also beispielsweise eine Simulationsumgebung ohne irgendwelche realen Anteile. Eine ausführliche Diskussion dieser Taxonomie ist in [128] nachzulesen. Interessanterweise waren nicht alle frühen Visionen einer künstlichen Realität dreidimensional, wie Myron Kruegers Videoplace [102] zeigt.

Etwas zeitverzögert zum Erscheinen bezahlbarer und leistungsfähiger VR Displays ist nun auch in den Markt für AR Displays Bewegung geraten: Mit der von Microsoft vorgestellten HoloLens (siehe Abbildung 20.7) wurde eine Reihe von Versprechungen erfüllt, die das Forschungsgebiet seit mehreren Jahrzehnten gemacht hatte: Endlich war es gelungen, eine überzeugend realistische Darstellung virtueller Inhalte mit einem sehr robusten und genauen Tracking samt aller benötigten Komponenten in einem immerhin tragbaren HMD zu kombinieren. Zum Druckzeitpunkt

---

58 https://www.google.com/glass/

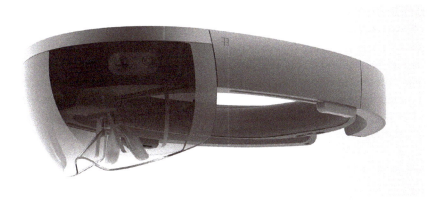

Abb. 20.7: Die Microsoft HoloLens: Ein optical see-through HMD mit integriertem Tracking
und Rendering.

mmibuch.de/v3/a/20.7

dieses Buches gibt es eine Welle neuer Forschungsarbeiten und eine große Begeisterung in der wissenschaftlichen Community über diese neue Verfügbarkeit von AR
in bisher ungekannter Qualität. Es ist daher mit einer schnellen Weiterentwicklung
dieses Gebietes in den kommenden Jahren zu rechnen.

20.2.1 Eingabe: Tracking

Zusätzlich zu den bei VR genannten Tracking-Verfahren sind hier noch einige weitere
relevant. Da viele Anwendungsszenarien für AR davon leben, dass das Tracking quasi überall auf der Erde funktioniert, wurde schon früh das Global Positioning System
(GPS) zur Positionsbestimmung verwendet. Zusammen mit Magnet- und Beschleunigungssensoren für die Himmelsrichtung und die Neigung zur Horizontalen lässt
sich so ein echter 6-DOF Tracker realisieren. Dabei ist die Orientierung und Positionsveränderung (aus den Sensoren) recht genau und mit hoher Abtastrate messbar,
die absolute Position (aus dem GPS) jedoch mit deutlich niedrigerer Abtastrate und
Genauigkeit. Mit hohem technischem Aufwand (differential GPS) lassen sich wenige
cm Genauigkeit für die Position erreichen, mit einfachen Empfängern immerhin wenige Meter. Interessanterweise enthalten heutige Smartphones in der Regel genau diese
Sensoren (vgl. Abschnitt 18.5) und ermöglichen damit das notwendige weiträumige
Tracking für Mobile AR (siehe Abschnitt 20.2.2).

Mit Hilfe von Kameras lässt sich außerdem eine weitere Klasse optischer Tracker
realisieren: Statt nach bekannten Markern zu suchen, werden bestimmte Bild-features
erkannt, die ihre Position im Video von Frame zu Frame nur wenig verändern. Aus der

räumlichen Position dieser Features zueinander lassen sich die Lage und Position von Objekten oder der sich bewegenden Kamera im Raum berechnen. Da zur Erzeugung einer AR sowieso oft eine Kamera verwendet wird, kann diese gleich als Tracker mit verwendet werden und da die Tracking-Information direkt aus dem Bild berechnet wird, liefert dieser Ansatz auch eine sehr gute Kalibrierung und geringe Latenz. Verfahren, die den Ansatz des Feature Tracking hoffähig gemacht haben, sind beispielsweise SIFT [115] und SURF [13]. Wird zum Tracking eine Tiefenkamera verwendet, dann lässt sich daraus sogar ein 3D-Modell der Umgebung rekonstruieren, wie es beispielsweise die HoloLens tut. Da die Forschung auf diesem Gebiet in vollem Gange ist, ist auch hier weiterhin mit Verbesserungen und neuen Verfahren zu rechnen.

20.2.2 Ausgabe: Displays

Um die Realität mit virtuellen Objekten anzureichern, muss das Bild der realen Welt mit dem vom Computer erzeugten Bild der 3D Welt kombiniert werden. Bei einem HMD geschieht dies entweder optisch mittels eines teildurchlässigen Spiegels oder digital durch die Kombination von Videosignal und Computerbild. Das HMD heißt dann je nach Funktionsprinzip optical see-through HMD oder video see-through HMD. Die beiden Funktionsprinzipien sind in Abbildung 20.8 gezeigt. Dabei wurde der Einfachheit halber der Informationsfluss für das Tracking noch weggelassen. Beim optical

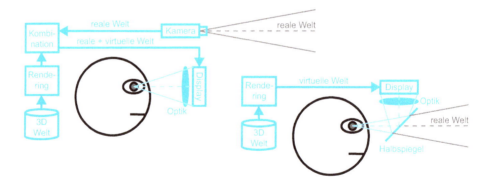

Abb. 20.8: Links: Funktionsweise eines video see-through HMD. Rechts: Funktionsweise eines optical see-through HMD.

mmibuch.de/v3/a/20.8

see-though HMD betrachtet der Benutzer die reale Welt durch einen halbdurchlässigen Spiegel. Dieser kombiniert physikalisch das Bild eines elektronischen Displays mit dem Bild der realen Welt. Das Display wiederum zeigt das Bild der virtuellen Welt an, das aus einem 3D Modell gerendert wird. Beim video see-through HMD nimmt eine Kamera das Bild der realen Welt auf und dieses wird im Computer digital mit dem Bild der virtuellen Welt kombiniert. Das kombinierte Bild der realen und virtuellen Welt gelangt schließlich über ein Display in das Auge des Benutzers. Beide Funktionsprinzipien haben ihre jeweiligen Vor- und Nachteile: Beim optical see-through HMD sehen wir die reale Welt direkt, also mit einer sehr hohen Auflösung und ohne jede Zeitverzögerung. Dafür ist das Bild der virtuellen Welt durch die Latenzen im Tracking und Rendering zeitlich meist etwas verzögert, was sich in einer nicht perfekten Kalibrierung bei schnellen Kopfbewegungen äußert. Zudem kann der Halbspiegel Licht nur additiv kombinieren. Eine gegebene Stelle im Bild der realen Welt kann also durch das Bild der virtuellen Welt nur heller gemacht werden. Insbesondere werden dunkle virtuelle Objekte vor hellen realen Objekten fast nicht mehr gesehen.

Ein video see-through HMD zeigt die reale Welt lediglich wie die Kamera sie aufnimmt, also mit begrenzter Auflösung und eingeschränktem Kontrastumfang. Ein Problem beim Betrachten naher Objekte ist auch die unterschiedliche Position von Kamera und Auge (Parallaxe). Dafür kann das Bild der realen Welt zeitlich genau so lange verzögert werden wie die Latenzen aus Tracking und Rendering sind. Die Kalibrierung bei schnellen Bewegungen wird dadurch wesentlich besser, bei großen Gesamtverzögerungen entsteht jedoch wiederum ein Problem mit Cyber Sickness. Zudem kann die digitale Kombination der Bilder alle möglichen Kombinationen berechnen. Dunkle virtuelle Objekte können helle reale Objekte verdecken und die Realität kann sogar modifiziert werden durch Entfernen von Objekten.

Bisher ist die Kombination realer und virtueller Inhalte bei der Microsoft Holo-Lens am besten gelungen. Durch ein robustes inside-out Tracking Verfahren auf Basis von Tiefenkameras und eine enge Integration mit dem Rendering konnte die Latenz offensichtlich so weit reduziert werden, dass sie in der Praxis praktisch nicht mehr auffällt. Virtuelle Ojekte stehen stabil im Raum und können mit Fingergesten bedient werden. Lediglich das derzeit noch recht enge Blickfeld erinnert daran, dass die virtuellen Inhalte nicht Teil der realen Welt sind. Sie verschwinden, sobald man etwas den Blick abwendet. Ähnlich wie ein optical see-through HMD arbeitet auch der HoloDesk [79]. Ferner gibt es verschiedenste Ansätze, mittels Projektion dem physikalischen Raum eine virtuelle Schicht zu überlagern. Diese füllen ein ganzes Buch [18] und übersteigen den Umfang dieses einführenden Kapitels natürlich bei weitem.

Neben genannten Ansätzen gibt es noch eine weitere Möglichkeit, Augmented Reality mit vorhandenen und verbreiteten Geräten zu erzeugen: Ein Smartphone oder Tablet enthält bereits alle nötigen Komponenten von den Sensoren zum Tracking über eine Kamera zur Aufnahme der realen Welt, bis hin zur Rechen- und Grafikleistung, die benötigt wird, um die virtuellen Anteile zu rendern und mit dem realen Bild zu kombinieren. Diese Form der AR heißt Handheld AR und zwei Beispiele dafür sind in den Abbildungen 20.9 Mitte und 20.9 rechts zu sehen. Die Genauigkeit der Kalibrierung ist naturgemäß begrenzt durch die Ungenauigkeit des GPS zur Positionsbestimmung. Sind die betrachteten und annotierten Objekte jedoch weit genug entfernt,

Abb. 20.9: Drei Generationen von Mobile AR. Links: eines der ersten tragbaren Systeme [82] Ende des letzten Jahrhunderts, Mitte: ein frühes, auf ARToolKit basierendes Handheld AR System [159], Rechts: ein neueres Smartphone-basiertes Handheld AR System.

mmibuch.de/v3/a/20.9

dann werden die dadurch hervorgerufenen Kalibrierungsfehler recht klein und solche Systeme sind durchaus verwendbar.

20.2.3 Interaktion und UI Konzepte in AR

Eine Besonderheit bei der Kombination virtueller und realer Objekte liegt in den verschiedenen Koordinatensystemen. Reale Objekte befinden sich im so genannten Weltkoordinatensystem. Virtuelle Objekte, die sich an einer festen Position in Weltkoordinaten befinden, nennt man daher Welt-stabilisiert. Objekte an fester 2D-Position bezüglich des Bildes im HMD oder auf dem Bildschirm befinden sich im Bildschirmkoordinatensystem und sind daher Bildschirm-stabilisiert. 3D-Objekte, die sich mit dem getrackten Kopf des Benutzers bewegen und daher im HMD ebenfalls still zu stehen scheinen, befinden sich im Kopfkoordinatensystem, sind also Kopf-stabilisiert. Objekte, die sich mit dem Körper des Benutzers bewegen und beispielsweise immer vor ihm in Brusthöhe zu finden sind, auch wenn er den Kopf zur Seite dreht, sind Körper-stabilisiert. Technisch ist dabei die Bildschirm-Stabilisierung am einfachsten umzusetzen, da bei ihr die Objektposition nicht vom Tracking abhängt. Inhalte im Head-up Display aktueller Autos sind Bildschirm-stabilisiert und stellen streng genommen (nach Azumas Definition) gar keine AR Inhalte dar, da ihnen der klare räumliche Bezug fehlt. Weltstabilisierte Inhalte sind technisch schwieriger zu realisieren, da sie zumindest ein genaues Tracking des Kopfs bzw. des HMD oder des Displays bei Handheld AR erfordern. Körperstabilisierte Inhalte schließlich erfordern das getrennte Tracking des Kopfs und des Körpers, wobei sich die Fehler beider Messungen addieren. Die Kombination verschiedener Stabilisierungsarten wurde bereits in frühen AR-Projekten wie beispielsweise Tinmith[59] untersucht.

Eine weitere Eigenart der AR ist die fehlende Haptik virtueller Objekte. Selbst wenn ein perfektes Rendering die virtuellen Objekte komplett echt aussehen ließe, dann würde der Versuch, sie zu berühren die Illusion sofort zerstören. In frühen Arbeiten aus dem Gebiet der VR wurde beispielsweise versucht, dies durch technisch aufwändig konstruierte Handschuhe mit Force Feedback zu lösen. Für einen speziellen Anwendungsfall (Interaktion mit einer virtuellen Palette) löste Szalavári [186] das Problem auf sehr elegante Weise: Die virtuellen Elemente wurden in einer Ebene arrangiert, an deren Position sich ein physikalisches Stück Plexiglas befand. Bedient wurden sie mit einem Stift, der beim Berühren der virtuellen Elemente auch an die physikalische Plexiglasplatte stieß. Der so vermittelte Sinneseindruck stimmte also genau mit dem überein, was der Benutzer erwartete. Diese Vorrichtung aus getracktem Panel und Stift hieß Personal Interaction Panel (PIP) und unterstützte perfekt die asymmetrische beidhändige Interaktion, die in Abschnitt 4.3 beschrieben ist.

Das Projekt Studierstube [158], in dessen Kontext das PIP entstand, war ein früher Versuch, ein kohärentes Interaktionskonzept für AR zu entwickeln. Ähnlich wie das Projekt EMMIE [29] versuchte Studierstube, verschiedene Szenarien entlang des Mixed Reality Kontinuums zu integrieren und Elemente aus AR, Ubiquitous Computing und der Desktop Metapher zusammenzuführen. Das Konzept der Werkzeugpalette, der Icons und der Widgets wurde in beiden Projekten in die dreidimensionale Welt übertragen, bereits existierende Displays wie z.B. Laptops und tablets wurden im Sinne des Ubiquitous Computing eingebunden, und existierende Medien wie Bilder, Videos und Visualisierungen in die Darstellung integriert.

Mit Vorstellung der HoloLens legte Microsoft ein UI Konzept vor, in dessen Zentrum das Konzept der so genannten *Hologramme* steht. Diese sind wohlgemerkt keine physikalischen (also mit kohärentem Licht erzeugten) Hologramme, sondern einfach virtuelle Objekte mit bestimmten Interaktionsmöglichkeiten. Sie lassen sich beispielsweise im Raum verschieben und fest mit Positionen oder Geräten verknüpfen. Die Verwendung des physikalisch falschen, dafür aber bekannten Begriffes *Hologramm* durch das Microsoft Marketing ist übrigens ein hervorragendes Beispiel für die Bildung einer neuen Metapher (siehe Abschnitt 7.9), die einen Wiedererkennungswert hat und Analogieschlüsse erlaubt. Neben den dreidimensionalen Hologrammen existieren aber auch weiterhin regelrechte Fenster, und letzten Endes ist auch das anfängliche UI-Konzept der HoloLens auf gewisse Art eine Weiterführung des WIMP Konzeptes (vgl. Abschnitt 15.2) in einem neuen Kontext. Da es Elemente aus der physikalischen und der digitalen Welt kombiniert, ist es ein Beispiel für einen Blend (vgl. Abschnitt 7.9). Es bleibt spannend, zu sehen, welche Interaktionskonzepte und -techniken sich für AR etablieren werden.

---

59 http://www.tinmith.net

Verständnisfragen und Übungsaufgaben:

1. Überlegen Sie sich auf Basis der Konzepte aus Abschnitt 12.3, wie man Prototyping für VR und AR mit einfachen Mitteln machen könnte. Nachdem Sie Ihre Ideen niedergeschrieben haben, vergleichen Sie sie mit dem in [108] geschilderten Ansatz, und wenn Ihre Ideen besser sind, ziehen Sie ernsthaft eine Publikation in Erwägung, denn es gibt auf diesem Gebiet nicht viel!

2. Analysieren Sie die Usability von mobilen Augmented Reality Systemen, die mit Hilfe von Smartphones realisiert werden (siehe Abb. 20.9 Mitte und 20.9 rechts). Welche Vor- bzw. Nachteile bestehen im Vergleich zu HMD-basierten AR-Systemen (Abb. 20.9 links)?

3. Was ist der primäre Vorteil der im Kapitel vorgestellten VR-Cardboard-Lösung?

4. Wenn Sie sich an die Grundlagen der Wahrnehmung erinnern, dann wissen Sie, dass Hühner ihren Kopf immer schubweise bewegen. Damit verhindern sie einerseits Bewegungsunschärfe beim Sehen. Andererseits gewinnen sie noch einen weiteren Effekt, der auch bei Fishtank VR zum Einsatz kommt. Welcher ist das?

5. Was versteht man unter „Redirected Walking"?

6. Sie haben nun die beiden Konzepte von Immersion und Präsenz kennengelernt. Auf welches von beiden zielt der große technische Aufwand in einem guten Kino (Surround-Sound, Bässe, hoch aufgelöstes, brillantes Bild, …)?

7. Ein Head-Up Display im Auto spiegelt Fahrinformationen, wie z. B. Geschwindigkeit oder Abbiegehinweise in die Windschutzscheibe ein, so dass sie über der Motorhaube zu schweben scheinen. Ist ein solches HUD eine Form von AR gemäß der Definition von Ron Azuma? Begründen Sie Ihre Antwort.

8. Sie haben den Unterschied zwischen dem optischen und dem video-basierten See-through HMDs gelernt. Wenn Sie eine dunkle Schrift auf einem hellen Objekt der echten Welt anzeigen wollen, welche der beiden Technologien können Sie verwenden, welche nicht, und warum?

9. Sie möchten ein AR-System bauen, mit dem man in neue, unbekannte Regionen der Erde vorstoßen kann, und dort automatisch bei bereits bekannten Tierarten deren Namen eingeblendet bekommt. Abgesehen von den vielen anderen Problemen, die dafür gelöst werden müssen, welches grundlegende Tracking-Konzept (inside-out oder outside-in) würden Sie hier vorschlagen und warum?

10. Welchen menschlichen Sinn bedient das PIP in der Studierstube?

21 Voice User Interfaces

Sprache ist der wichtigste Kommunikationskanal für Menschen untereinander und wird in allen Kulturen zur Verständigung und dem Aufbau von Beziehungen genutzt [145]. Daher ist es nicht erstaunlich, dass Menschen auch seit der Erfindung von Computern eine Faszination dafür haben, mit diesen über Sprache zu interagieren [85]. Diese Faszination findet sich insbesondere auch in der Popkultur wieder. Der Sprachcomputer HAL 9000 des Raumschiffs *Discovery* in dem Film *2001: Odyssee im Weltraum*, der schlagfertige Sprachassistent JARVIS von *Iron Man*, die virtuelle Sprachassistentin Samantha, in die sich der Nutzer Theodore Twombly im Film *Her* verliebt, oder die selbstständig agierende Künstliche Intelligenz Winston in Dan Browns Buch *Origin* sind nur einige Beispiele. Die ersten realen, tatsächlich existierenden *Sprachbasierten Benutzerschnittstellen* (Engl. Voice User Interfaces, VUI), mit denen Benutzer*innen ähnlich wie mit anderen Menschen kommunizieren können, gibt es bereits seit den 1960er Jahren. Damals entwickelte Joseph Weizenbaum den ersten Chatbot ELIZA [213], der verschiedene menschenähnliche Gesprächspartner simulieren konnte, unter anderem einen virtuellen Psychotherapeuten.

Die erste große Ära der Sprachinteraktion wurde durch sogenannte Sprachdialogsysteme (Engl. Interactive Voice Response System, IVR) eingeläutet, die seit den frühen 2000ern kommerzielle Verbreitung fanden und einen Vorläufer der heutigen VUIs darstellen [143]. Diese Systeme werden primär für die telefonische Kundenbetreuung eingesetzt, indem Anrufende Informationen von einer automatisierten Stimme erfragen können statt auf ein menschliches Gegenüber warten zu müssen. Sprachdialogsysteme finden sich zum Beispiel bei Hotlines vieler Service-Firmen, um die Probleme der Anrufenden vorzufiltern („Wenn Sie bereits einen bestehenden Vertrag haben, wählen oder sagen Sie die *Eins*. Wenn Sie Informationen über ein neues Produkt wünschen, wählen oder sagen Sie die *Zwei*."). Bevor Informationen jederzeit im Internet abrufbar waren, konnten Anrufende auch Auskünfte wie den Bahn-Fahrplan über IVRs erfragen oder Tickets über entsprechende Hotlines buchen. Der Einsatz der Sprachdialogsysteme dient hierbei vorrangig dazu, hohe Anrufvolumina zu bewältigen und Kosten für die Unternehmen zu senken, da weniger Personal benötigt wird.

Eine neue Welle an Interesse und auch an kommerziell verfügbaren Produkten wurde jedoch erst durch jüngste Verbesserungen in der Verarbeitung natürlicher Sprache entfacht. In dieser zweiten Ära finden wir VUIs heutzutage primär in Form von Sprachassistenten auf persönlichen Endgeräten wie Smartphones oder Computer, in Autos sowie auf Smart Speakern in unseren Häusern und Wohnungen. Im Gegensatz zu den früheren *Sprachdialogsystemen* erlauben diese *Sprachassistenten* einen deutlich größeren Funktionsumfang und können wesentlich mehr Anfragen erkennen. Sprachdialogsysteme können hingegen häufig nur einen bestimmten Anwendungskontext bedienen [85].

https://doi.org/10.1515/9783110753325-022

21.1 Was sind VUI, Sprachassistenten und Chatbots?

In der Einleitung dieses Kapitels wurden bereits viele verschiedene Begriffe genannt, die ähnliche Konzepte beschreiben: *Voice User Interface*, *Sprachassistent*, *Chatbot* und *Smart Speaker*. Da es sich hierbei um recht neue Konzepte handelt, gibt es häufig noch keine allgemein gültigen Definitionen und verschiedene Begriffe werden synonym verwendet. Die folgenden Definitionen dienen dennoch dazu, ein grundlegendes Verständnis für dieses Buchkapitel zu schaffen. Cohen et al. [41] definieren ein Voice User Interface als die Schnittstelle, mit der wir kommunizieren, wenn wir mit einer Sprachanwendung interagieren. Folglich ist ein Voice User Interface hier als Gegenstück zu einer grafischen Benutzerschnittstelle (Engl. Graphical User Interface, GUI) zu verstehen, bei der die Interaktion eben über Sprache erfolgt. Gleichbedeutend werden auch häufig die Begriffe Speech Interface und Conversational User Interface (CUI) verwendet. Sie alle bezeichnen Softwaresysteme, die dafür entwickelt wurden, mit Menschen über natürliche Sprache zu kommunizieren [124]. Während Voice User Interfaces für gewöhnlich primär solche Benutzerschnittstellen bezeichnen, die über gesprochene Sprache kommunizieren, umfassen Conversational User Interfaces auch Benutzerschnittstellen, die über geschriebene Sprache interagieren. Ob die Bezeichnung Conversational allerdings für heutige Anwendungen, die natürliche Sprache zur Interaktion verwenden, tatsächlich geeignet ist, wird im Verlaufe dieses Kapitels noch näher diskutiert.

Innerhalb der Conversational User Interfaces gibt es verschiedene Klassen, je nach der für In- und Output verwendeten Modalität. Softwaresysteme mit CUIs, die rein über Text interagieren, werden meistens als Chatbots bezeichnet. Zum Beispiel bietet die World Health Organization (WHO) einen in die Messenger-Plattform WhatsApp integrierten Chatbot[60] an, den Benutzer*innen um Informationen zur Covid-19 Pandemie bitten können. Zu den Softwaresystemen mit CUIs, die über gesprochene Sprache interagieren, also VUIs, zählen sowohl die eingangs erwähnten Sprachdialogsysteme als auch heutige Sprachassistenten (Engl. Voice Assistants) wie Siri, Alexa oder der Google Assistant. Häufig sind Sprachassistenten aber auch multimodal, das heißt, sie benutzen für die Ausgabe eine Kombination aus gesprochener Sprache und einer grafischen Nutzeroberfläche. Die Smartphone-Applikation des Google Assistants zeigt beispielsweise die Spracherkennung live an und gibt die Antworten des Assistants sowohl in gesprochener als auch in geschriebener Sprache wieder. Dies dient insbesondere dazu, die kognitive Last bei der Benutzung zu senken und Fehler schneller zu erkennen, zum Beispiel aufgrund einer inkorrekten Spracherkennung. Neben ihrer Anwendung auf Smartphones oder Computern werden Sprachassistenten auch vermehrt auf sogenannten Smart Speakern eingesetzt. Dabei handelt es sich um kleine, eigenständige Lautsprecher, die im Wohnraum

---

60 www.whatsapp.com/coronavirus/who

aufgestellt werden, und auf denen Sprachassistenten integriert sind. Chatbots und Sprachassistenten werden aufgrund ihrer Funktionsweise außerdem als Intelligente Persönliche Assistenten (IPA) bezeichnet. Da diese Softwaresysteme sich menschliche Konzepte zu eigen machen, werden sie im Englischen oft als Agents bezeichnet, zum Beispiel als Voice Agent oder Conversational Agent [220].

21.2 Wie funktionieren Voice User Interfaces?

Abbildung 21.1 zeigt die verschiedenen Komponenten, aus denen ein VUI typischerweise zusammengesetzt ist. Im Folgenden wird der Ablauf von der Anfrage der Benutzer*innen bis hin zur Antwort des VUIs beschrieben. Dabei werden für die einzelnen Komponenten sowohl die deutschen als auch die englischen Begriffe angegeben, da letztere meist auch im deutschen Sprachgebrauch geläufiger sind und sich aufgrund der Neuheit des Feldes noch keine festen deutschen Begriffe etabliert haben.

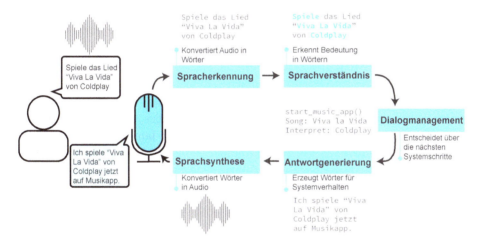

Abb. 21.1: Aufbau eines typischen VUI: Wird eine Anfrage gestellt, werden die Audiodaten im Rahmen der Spracherkennung zunächst in Wörter konvertiert. Anschließend interpretiert das VUI die Wörter hinsichtlich ihrer Bedeutung (Sprachverständnis). Im darauffolgenden Dialogmanagement entscheidet das VUI über die nächsten Systemschritte und stellt Suchanfragen oder verbindet sich mit den gewünschten Apps. Basierend auf diesen Aktionen generiert es die Antwort (Antwortgenerierung) und konvertiert diese abschließend wieder in Audiodaten (Sprachsynthese), die als Sprache ausgegeben werden.

mmibuch.de/v3/a/21.1

Benutzer*innen wenden sich für gewöhnlich mit einer Frage oder einer Aufgabe an das VUI. In einem ersten Schritt muss das VUI diese Wörter der Benutzer*innen erkennen und in Text umwandeln (Spracherkennung, Engl. Speech Recognition). Anschließend muss das VUI die erkannten Worte interpretieren, also ihnen eine Bedeutung beimessen, um zu verstehen, was die Benutzer*innen damit beabsichtigt haben (Sprachverständnis, Engl. Natural Language Understanding). Basierend auf der Interpretation der Worte entscheidet das VUI über die nächsten Schritte. Dies kann entweder das Abrufen der gewünschten Informationen über eine Suchanfragen sein, das Aufrufen einer anderen Applikation oder auch eine Rückfrage, weil die Anfrage unvollständig war (Dialogmanagement, Engl. Dialogue Management). Danach generiert das VUI die Antwort für die Benutzer*innen entsprechend der zuvor im Dialogmanagement identifizierten Handlungen. Dem Programmcode mit den durchlaufenden Schritten werden nun also wieder Wörter zugewiesen (Antwortgenerierung, Engl. Response Generation). Abschließend wird die generierte schriftliche Antwort wieder in gesprochene Sprache umgewandelt und den Benutzer*innen so mitgeteilt (Sprachsynthese, Engl. Speech Synthesis oder Text-To-Speech, TTS). Wer mehr über die Funktionsweise von VUIs und die einzelnen Komponenten erfahren möchte, dem sei das Buch „The Conversational Interface" [125] ans Herz gelegt, auf dessen Grundlage diese Zusammenfassung entstanden ist.

21.3 Wo und wie werden Voice User Interfaces genutzt?

Voice User Interfaces sind primär als Sprachassistenten auf einer Vielzahl von Geräten, wie Smartphones, Computer, Smart Speaker und Smartwatches, verfügbar. Als erster Sprachassistent auf einem Smartphone wurde Apples Siri im Herbst 2011 auf dem iPhone 4S eingeführt. Im Juli des darauffolgenden Jahres wurde der Sprachassistent Google Now von Google für Android veröffentlicht. Im Jahr 2016 wurde Google Now durch seinen Nachfolger Google Assistant ersetzt. Der von Microsoft entwickelte Sprachassistent Cortana wurde erstmalig 2014 auf Windows Computern eingesetzt, wird jedoch mittlerweile nur noch begrenzt ausgeliefert. Amazon brachte 2014 als erstes Unternehmen einen Smart Speaker auf den Markt, den Amazon Echo, auf dem der Sprachassistent Alexa mit Benutzer*innen interagiert. Der Smart Speaker Entwicklung folgten 2016 auch zunächst Google mit dem Google Nest (ehemals Google Home) und 2018 Apple mit dem HomePod (siehe Abbildung 21.2). Von diesen Smart Speakern gibt es häufig verschiedene Varianten unterschiedlicher Größe, wie zum Beispiel den Amazon Echo Dot (eine etwa Hockey-Puck-große Variante) oder die entsprechende kleine Variante von Google, den Home Mini.

Um herauszufinden, wie Smart Speaker tatsächlich Zuhause genutzt werden, untersuchten Ammari et al. 2019 [3] die Logdaten von 82 Amazon Alexa und 88 Google Home Geräten. Ihrer Analyse zufolge sind die drei häufigsten Anwendungsfälle von Smart Speakern (1) Musik abspielen, zum Beispiel einen bestimmten Song oder auch eine Playlist zum Kochen, (2) eine Suchanfrage stellen, zum Beispiel für Kochrezepte oder Fun Facts, sowie (3) die Steuerung von weiteren Geräten im Smart Home, zum Beispiel um das Licht an- oder auszuschalten. Weitere häufig verwendete Funktionen

Abb. 21.2: Voice User Interfaces werden insbesondere auf sogenannten Smart Speakern eingesetzt. Diese kleinen Lautsprecher können Musik abspielen oder das Smart Home steuern. Abgebildet sind ein Amazon Echo Dot der 4. Generation (links), ein Apple Home-Pod mini (Mitte) sowie ein Google Nest Audio (rechts).

mmibuch.de/v3/a/21.2

sind Lautstärke-Änderungen, einen Timer oder Wecker stellen sowie nach dem Wetter, einem Witz oder nach einer Geschichte zu fragen.

Zusätzlich zu diesen eingebauten Aufgaben können Benutzer*innen weitere Funktionen zu den Sprachassistenten hinzufügen. Diese weiteren Funktionen werden häufig Skills genannt und werden von externen Entwickler*innen angeboten, ähnlich wie Apps für Smartphones. Darüber hinaus können Benutzer*innen ihre eigenen Routinen entwickeln, um verschiedene Funktionen zu bündeln [85]. Zum Beispiel können Benutzer*innen einstellen, dass, wenn sie „Alexa, ich gehe jetzt." sagen, automatisch das Licht, die Heizung sowie die Musik ausgestellt werden.

VUIs dringen auch in andere Bereiche des Alltags vor. Da Sprachassistenten eine berührungsfreie Steuerung ohne Benutzung der Hände ermöglichen, werden sie auch vermehrt in Autos eingesetzt. Dabei bieten die Autos wahlweise eine Integration von bereits kommerziell verfügbaren Sprachassistenten über standardisierte Schnittstellen an (zum Beispiel den Google Assistant über Android Auto oder Apples Siri über CarPlay) oder eigenständige Sprachassistenten, wie zum Beispiel von BMW[61], MBUX von Mercedes[62] oder NOMI von NIO[63].

Darüber hinaus werden weitere potenzielle Einsatzgebiete von VUIs erforscht. Ein solches vielversprechendes Einsatzgebiet ist zum Beispiel der (mentale) Gesundheitssektor sowie die Betreuung älterer Menschen, da VUIs ihre Benutzer*innen unabhän-

---

61 https://www.bmw.ch/de/topics/angebote-und-services/bmw-connected-drive/intelligent-personal-assistant.html

62 https://www.mercedes-benz.de/passengercars/technology-innovation/mbux/mbux-stage.module.html

63 https://www.nio.com/blog/nomi-worlds-first-vehicle-artificial-intelligence

gig von Zeit und Ort sowie mit geringen Kosten unterstützen können [117]. Bickmore et al. [16] zeigten beispielsweise, dass ein Großteil der depressiven Patient*innen Informationen über die Krankenhaus-Entlassung lieber von einem VUI bekommen als vom Pflegepersonal, da der Sprachassistent mehr Zeit hat, die Informationen ausführlich zu erläutern. Ein anderer Anwendungsbereich von VUIs könnten zukünftig intelligente Spielzeuge oder Nachhilfelehrer*innen in Form von Sprachassistenten sein. Zum Beispiel verkaufte Mattel 2015 ein VUI in Form einer Barbie [125] und die *Personal Robots Group* des Massachusetts Institute of Technology (MIT) entwickelte einen sprechenden Roboter, der Kinder über gesunde Ernährung aufklärt [173]. Die Nutzung dieser Geräte schafft allerdings auch einige Herausforderungen, die im Laufe dieses Kapitels noch näher erörtert werden.

21.4 Vorteile von Voice User Interfaces

VUIs werden auch deshalb vermehrt eingesetzt, da sie im Gegensatz zu traditionellen grafischen Benutzeroberflächen zahlreiche Vorteile bieten:

21.4.1 Einfache und schnell lernbare Interaktion

Grafische Benutzeroberflächen müssen von Benutzer*innen erlernt werden. Während Kinder die Interaktion mit Computern und Smartphones heutzutage bereits in frühen Jahren erlernen, fällt es älteren oder weniger technikaffinen Benutzer*innen oft schwerer, sich an die Interaktion zu gewöhnen. Im Gegensatz dazu lernen Menschen bereits ab der Geburt, Sprache zu verstehen und damit zu interagieren. Dementsprechend ist die Bedienung von VUIs für Benutzer*innen einfach und ohne lange Eingewöhnung erlernbar [143]. Bei dem oben genannten Chatbot der WHO zur Aufklärung über die Covid-19 Pandemie müssen Benutzer*innen zum Beispiel nicht erst eine Anwendung installieren und sich dann in ihr zurecht finden, sondern sie finden Antworten auf natürliche Art und Weise, indem sie einfach fragen und der Chatbot antwortet.

21.4.2 Multi-Tasking

Für die Bedienung grafischer Benutzeroberflächen benötigen Benutzer*innen im Normalfall mindestens eine freie Hand sowie ein Mindestmaß an visueller Aufmerksamkeit. Es gibt jedoch viele Einsatzfelder von Technologie, in denen Benutzer*innen keine freie Hand haben, oder keine Möglichkeit, den Blick abzuwenden, und somit von VUIs profitieren können [143]. Zum Beispiel können Autofahrer*innen die Navigation ändern ohne dabei ihre Hände vom Steuer oder ihren Blick von der Straße zu nehmen, oder Köch*innen können sich den nächsten Rezeptschritt vorlesen lassen ohne dabei die schmutzigen Hände waschen zu müssen [131].

21.4.3 Schnelligkeit

Erste Forschungsergebnisse deuten darauf hin, dass Texteingabe mit VUIs schneller ist als mit einer Tastatur. Eine Studie von Ruan et al. [157] hat ergeben, dass unter idealen Laborbedingungen die Eingabe eines kurzen Texts über gesprochene Sprache für Englisch und Mandarin fast drei Mal schneller ist, als wenn dieser Text über eine Touch-Tastatur eingegeben wird. Auch Benutzer*innen berichten, dass sie Sprachassistenten auf Smartphones primär einsetzen, um Zeit zu sparen und produktiver zu sein [116]. Voraussetzung hierfür ist allerdings, dass die Spracherkennung fehlerfrei funktioniert, was bei heutigen VUIs häufig noch eine Herausforderung darstellt.

21.4.4 Barrierefreiheit

VUIs sind barrierefreier als GUIs, da sie eine Interaktion lediglich über die Stimme erlauben. Somit sind sie zum Beispiel auch für Benutzer*innen geeignet, die motorisch (z.B. durch eine Parkinson-Erkrankung) oder kognitiv eingeschränkt sind [131].

21.5 Herausforderungen von Voice User Interfaces

Trotz der zahlreichen Vorteile von VUIs stellt die Interaktion mittels Sprache auch einige Herausforderungen für die Benutzer*innen dar.

21.5.1 Genauigkeit der Spracherkennung

Auch wenn die Algorithmen zur Spracherkennung in den vergangenen Jahren große Fortschritte gemacht haben, stellt die korrekte Erkennung und Interpretation der Eingabe auch weiterhin eine technische Herausforderung dar [143]. Insbesondere Benutzer*innen mit starkem Akzent oder Dialekt sind häufig frustriert, da VUIs Schwierigkeiten haben, die Spracheingabe korrekt zu erkennen. Häufig wissen Benutzer*innen aber auch nicht, warum ihre Eingabe nicht korrekt erkannt wurde und wenden dann Kompensationsstrategien an, wie zum Beispiel besonders langsam und deutlich zu sprechen [55].

21.5.2 Interpretation des Kontexts

Eine weitere Herausforderung für die Gestaltung von VUIs ist das Erkennen der Situation und des Kontexts, in dem sich Benutzer*innen befinden. Wissen über die Situation und den Kontext sind jedoch notwendig, um das Gesagte richtig interpretieren zu können (dies passiert als Teil des Sprachverständnisses). Diese Herausforderungen liegen in den Eigenheiten menschlicher Sprache begründet. Wenn Menschen miteinander sprechen, können sie dem Gesagten häufig mehr Informationen entnehmen, als tatsächlich wortwörtlich gesagt wurde [183].

1) **Benutzer*in:** Sprachassistent, setze Birnen auf die Einkaufsliste.

2) **Benutzer*in:** Sprachassistent, du musst mir was bestellen: Ich kann das Buch nicht in das Regal stellen, weil es zu [breit | schmal] ist.

3) **Benutzer*in:** Na, das hast du aber toll gemacht, Sprachassistent.

Abb. 21.3: Beispielsätze, die Herausforderungen beim Sprachverständnis bilden. Sprache ist immer mehrdeutig und kontextbezogen. Menschen können aufgrund ihres Wissens um die Situation einer sprachlichen Äußerung deutlich mehr Information entnehmen als tatsächlich gesagt wurde. Es ist aber sehr schwierig, das einem VUI beizubringen.

mmibuch.de/v3/a/21.3

Zunächst können Wörter unterschiedliche Bedeutungen haben, was in der Sprachwissenschaft als Teil der Semantik untersucht wird. Abbildung 21.3 zeigt im ersten Satz die Anweisung an einen Sprachassistenten, Birnen auf die Einkaufsliste zu setzen. Birnen können sich dabei sowohl auf das Obst als auch auf Glühbirnen beziehen. Kinder lernen diese Mehrdeutigkeit von Begriffen häufig mithilfe des Spiels *Teekesselchen*, in dem verschiedene Eigenschaften eines solchen mehrdeutigen Begriffs genannt werden und die Mitspieler*innen diesen erraten müssen.

Neben Begriffen können auch Pronomen mehrdeutig verwendet werden. Ein Beispiel hierfür findet sich im zweiten Satz in Abbildung 21.3. In dieser Aufforderung an den Sprachassistenten kann sich das Pronomen „es" sowohl auf das Buch als auch auf das Regal beziehen, sodass unklar bleibt, was der Sprachassistent bestellen soll. Für Menschen ist die Bedeutung hierbei aufgrund des logischen Zusammenhanges eindeutig: Das „es" bezieht sich auf das Buch, wenn das Adjektiv „breit" lautet, aber auf das Regal, wenn das Adjektiv „schmal" ist. Es ist jedoch sehr schwierig, dies einer Maschine beizubringen, da es sich um Wissen handelt, das gemeinhin als Gesunder Menschenverstand (Engl. common sense) bezeichnet wird. Der Test, ob ein Computer korrekt identifizieren kann, auf welches vorangehende Nomen sich ein Pronomen bezieht, wird als Winograd Schema Challenge bezeichnet und wurde von Hector Levesque et al. [111] basierend auf Arbeiten von Terry Winograd [219] entwickelt.

Wie Sprache in der sozialen Interaktion verwendet und die Bedeutung impliziert wird, ist in der Linguistik Gegenstand der Pragmatik. Wenn wir nach einem Missgeschick beispielsweise jemandem sagen „Na, das hast du aber toll gemacht" (siehe Abbildung 21.3, Satz 3), werden die meisten Menschen die Ironie dahinter erkennen. Wenn wir das hingegen einem VUI als Feedback für eine schlechte Antwort geben, ist die tatsächliche Bedeutung für das VUI nur sehr schwer erkennbar, da wortwörtlich etwas anderes gesagt wird als von den Benutzer*innen beabsichtigt.

Ein Beispiel für einen virtuellen Assistenten, der kein Wissen über den Kontext der Benutzer*innen hatte, ist Microsofts Clippy (in Deutschland auch als Karl Klammer bekannt). Als virtueller Assistent in Form einer Büroklammer gab Clippy Benutzer*innen in Microsoft Office bis Anfang der 2000er vermeintliche Ratschläge. Sobald Benutzer*innen anfingen, „Lieber" zu schreiben, ploppte Clippy auf und fragte aufdringlich, ob ein Brief geschrieben werde. Clippy wird dafür bis heute verspottet und wurde zu einem Negativbeispiel für virtuelle Assistenten.

21.5.3 Sicherheit und Privatsphäre

Eine große Herausforderung bei der Entwicklung von VUIs besteht im Schutz der Sicherheit und Privatsphäre der Benutzer*innen. Während Smartphones für gewöhnlich mit Authentifizierungsmechanismen ausgestattet sind, wie zum Beispiel Passwörter oder Gesichtserkennung, kann jede*r im Haushalt einen Smart Speaker über die Stimme bedienen. So hat sich zum Beispiel eine Sechsjährige über den Familien-Echo ein Puppenhaus sowie rund zwei Kilogramm Kekse bestellt[64]. Smart Speaker-Hersteller haben mittlerweile reagiert und so kann zum Beispiel die Einkaufsfunktion durch Passwörter gesichert oder die Stimmerkennung aktiviert werden, sodass der Smart Speaker einzelne Familienmitglieder erkennt[65].

Da Smart Speaker genutzt werden, um zahlreiche Funktionen in den Haushalten der Benutzer*innen zu kontrollieren und Zugang zu sehr persönlichen Informationen haben, muss auch der Schutz vor Hackerangriffen sichergestellt werden. Aufgegriffen wurde diese Sorge zum Beispiel in der Münchener Tatort Folge *Wir kriegen euch alle*[66], produziert vom Bayrischen Rundfunk, in der der Täter über ein gehacktes Smart Toy (ein VUI integriert in eine Puppe) Kontakt zu einem Mädchen aufnimmt, Informationen über sie erlangt und sie auffordert, ihm die Tür zu ihrem Zuhause zu öffnen.

---

64 https://www.theverge.com/2017/1/7/14200210/amazon-alexa-tech-news-anchor-order-dollhouse
65 https://www.theverge.com/circuitbreaker/2017/10/11/16460120/amazon-echo-multi-user-voice-new-feature
66 https://de.wikipedia.org/wiki/Tatort:_Wir_kriegen_euch_alle

Daneben wird auch wiederholt in Frage gestellt, ob die Privatsphäre der VUI-Benutzer*innen ausreichend geschützt wird. VUIs hören ihren Benutzer*innen kontinuierlich zu. Eine tatsächliche Aufnahme der Anfragen und deren Verarbeitung setzt laut den Herstellern allerdings erst ein, sobald die Benutzer*innen ein sogenanntes Wake Word, also ein Signalwort wie „Alexa" oder „Hey Siri", gesagt haben [143]. Medienberichte haben jedoch, zumindest in Einzelfällen, Zweifel daran aufkommen lassen [85]. So hat zum Beispiel ein Amazon Echo versehentlich die Konversation eines Paares aufgenommen und an einen Arbeitskollegen versendet[67]. In Florida wurde Alexa als „Zeugin" in einem Mordfall befragt, da die örtliche Polizeibehörde vermutete, dass ein Amazon Echo Aufnahmen von der Tatnacht gemacht hat[68]. Aber auch abgesehen von möglichen ungewollten Aufnahmen sammeln VUIs, ähnlich wie Online-Dienste, im Normalbetrieb bereits viele sensitive Daten über ihre Benutzer*innen, wie zum Beispiel Suchanfragen oder Einkäufe. Diese Daten werden von den Unternehmen insbesondere genutzt, um personalisierte Werbung anzuzeigen. Eine Möglichkeit, die Privatsphäre der Benutzer*innen besser zu schützen, ist die Anfragen lokal zu verarbeiten und nicht in der Cloud [143]. Etwa die Hälfte der deutschen Bürger*innen mit einem Smart Speaker zeigen sich besorgt über ihre Privatsphäre [93]. Jedoch ist Benutzer*innen oft nicht bekannt, dass sie die Möglichkeit haben, ihre vorherigen Anfragen in Alexa zu löschen [3]. Hier ist weitere Forschung notwendig, um einerseits die Privatsphäre der Benutzer*innen besser zu schützen und andererseits die Datensammlung transparenter gegenüber Benutzer*innen zu machen.

21.5.4 Benutzung in der Öffentlichkeit

VUIs werden aktuell vor allem im privaten Raum, wie dem eigenen Zuhause oder Auto, eingesetzt. Dies hat gute Gründe. Einerseits fühlen sich viele Benutzer*innen unwohl, vor anderen mit einem Computer zu sprechen. Insbesondere wenn es um sensitive Informationen geht, präferieren Benutzer*innen die Eingabe über Text. Zum Beispiel geben die meisten Benutzer*innen Angaben zu ihrem aktuellen Gesundheitszustand lieber schriftlich in eine App ein als diese einzusprechen, während sie in der U-Bahn sitzen [143]. Andererseits sind heutige VUIs nicht für den Gebrauch durch viele Benutzer*innen gleichzeitig ausgelegt. Wenn zum Beispiel eine Nachrichtensendung im Fernsehen über „Alexa" berichtet, schalten sich in Millionen Haushalte die Smart Speaker ein. Auch kann man sich gut vorstellen, dass es in einer Firma, in der alle Mitarbeitenden mit einem Sprachassistenten interagieren, schnell zu Chaos kommt, da nicht mehr eindeutig identifizierbar ist, wer mit welchem VUI redet [143]. Menschen

---

67 https://www.nytimes.com/2018/05/25/business/amazon-alexa-conversation-shared-echo.html
68 https://www.nbcnews.com/news/us-news/amazon-s-alexa-may-have-witnessed-alleged-florida-murder-authorities-n1075621

können eine solche Unterscheidung hingegen viel besser leisten, wie im Abschnitt 2.5.2 zum Cocktail-Party-Effekt erläutert wurde.

21.6 Dialoggestaltung

Das zentrale Element eines VUIs ist der Dialog mit den Benutzer*innen. Die grundlegende Interaktion in Form eines Dialogs wurde bereits in Abschnitt 8.2 angesprochen. Ebenso wie bei Dialogen in grafischen Benutzeroberflächen ist die sorgfältige und leicht verständliche Gestaltung des Dialogs maßgeblich für den Erfolg der Interaktion. Ein erster Schritt für die Dialogentwicklung ist das Schreiben von Beispieldialogen. Basierend auf den häufigsten Anwendungsfällen für die VUI-Applikation werden Dialoge zwischen Benutzer*innen und dem VUI geschrieben, ähnlich wie Skripte für Filme [143]. Beim Schreiben der Beispieldialoge ist zu beachten, dass tatsächlich Dialoge für *gesprochene* Sprache entwickelt werden. Menschen reden nämlich anders als sie schreiben[69]. Daher kann es während des Schreibens der Beispieldialoge hilfreich sein, diese laut vorzulesen oder mit anderen gemeinsam durchzusprechen. Der Google Assistant Developer Guide[70] schlägt außerdem vor, die Beispieldialoge zu zweit in einem Rollenspiel zu entwickeln.

In einem zweiten Schritt wird dann der Gesprächsfluss definiert. Ähnlich wie in einem Software-Flussdiagramm stellt dieses Diagramm alle möglichen Verzweigungen dar, die in der Konversation auftreten können. Abbildung 21.4 zeigt den Gesprächsfluss für eine einfache Anfrage, einen Wecker zu stellen. Für sehr simple Anwendungen kann der gesamte Gesprächsfluss aufgezeigt werden, für komplexere Anwendungen empfiehlt es sich eher, verschiedene Gesprächsflüsse für unterschiedliche Funktionalitäten zu skizzieren. Das Ziel des Gesprächsflusses ist es, die Struktur des VUIs festzulegen [143]. Dabei bietet es sich an, zunächst den idealen Pfad von der Anfrage der Benutzer*innen bis hin zur Antwort des VUIs zu skizzieren, den sogenannten Happy Path, und anschließend die Verzweigungen für weitere mögliche Verläufe zu definieren, wie zum Beispiel für Fehlerfälle. Selbstverständlich müssen im Rahmen der Entwicklung die Dialoge – wie alle Benutzeroberflächen – ausführlich mit tatsächlichen Benutzer*innen getestet und iterativ verbessert werden.

Aus den oben genannten Herausforderungen ergeben sich Gestaltungsprinzipien, von denen einige im Folgenden kurz erläutert werden. Viele Gestaltungsprinzipien, die für grafische Benutzeroberflächen gelten, können auch auf VUIs übertragen werden. Zum Beispiel erwarten Benutzer*innen auch bei VUIs Konsistenz in der Interaktion oder Feedback darüber, ob der Sprachassistent die Eingabe verstanden hat.

---

69 https://developer.amazon.com/de/blogs/alexa/post/96f434ac-430b-426c-a457-ebabcd20c0fd/why-voice-design-matters-we-don-t-speak-the-way-we-write
70 https://developers.google.com/assistant/conversation-design/write-sample-dialogs

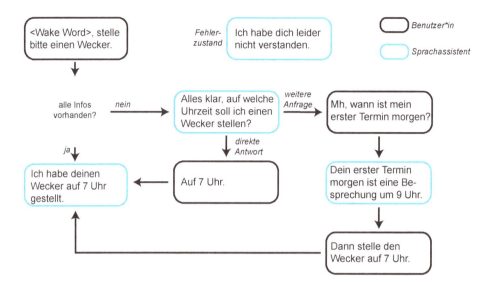

Abb. 21.4: VUI-Entwickler*innen definieren alle möglichen Gesprächsverläufe zwischen Benutzer*innen und VUIs mithilfe eines Flussdiagramms, um die Struktur der Dialoge des VUIs festzulegen. In dieser Abbildung ist beispielhaft der Gesprächsfluss für eine Anfrage, den morgendlichen Wecker zu stellen, dargestellt.

Es gibt jedoch einige Besonderheiten der Interaktionsgestaltung, wenn Sprache als Ein- und Ausgabemodalität verwendet wird:

21.6.1 Teile mit, was mit dem VUI gemacht werden kann

Bei VUIs gibt es keine visuell erkennbaren Affordances (siehe Kapitel 7). Während zum Beispiel ein Stuhl die visuelle Affordance hat, sich hinzusetzen, oder Menüs auf Websiten alle möglichen Optionen sichtbar machen, zeigen VUIs nicht an, was wir mit ihnen machen können. Daher muss ein gut gestaltetes VUI mitteilen, welche Optionen Benutzer*innen haben[71], zum Beispiel indem es sagt: „Du kannst mich nach Rezeptvorschlägen fragen oder dir deine zuletzt gekochten Rezepte anzeigen lassen." Dies entspricht den aus Abschnitt 13.3.2 bekannten Heuristiken *Recognition rather than recall* sowie *User control and freedom*.

---

71 https://www.interaction-design.org/literature/topics/voice-user-interfaces

21.6.2 Teile mit, wo sich Benutzer*innen in der Interaktion befinden

Aufgrund des Mangels an visuellen Feedbacks können Benutzer*innen schnell den Überblick verlieren, *wo* sie sich gerade in der Interaktion befinden, also welche Funktionalität sie in diesem Moment benutzen[72]. In grafischen Benutzerschnittstellen sehen Benutzer*innen zum Beispiel anhand des Navigations-Menüs, wo sie sich befinden und ihnen ist bewusst, dass ein Klick oder Touch sie zu einer neuen Seite führt. Wenn man beispielsweise Siri fragt, was man heute anziehen solle, antwortet Siri lediglich mit einer Wettervorhersage. Benutzer*innen haben folglich die Wetterfunktionalität aufgerufen, ohne dass ihnen dies gegebenenfalls bewusst ist. Daher ist es gut, die aktuelle Funktion explizit kenntlich zu machen, zum Beispiel, indem das VUI sagt „Das Wetter ist heute regnerisch und kalt" anstatt lediglich mit „regnerisch und kalt" zu antworten. Dies entspricht den aus Abschnitt 13.3.2 bekannten Heuristiken *Recognition rather than recall* sowie *Visibility of system status*.

21.6.3 Begrenze die Menge der Informationen

Im Allgemeinen sollte die Interaktion mit dem VUI möglichst kurz gehalten werden [143]. Im Gegensatz zu grafischen Benutzeroberflächen, in denen Benutzer*innen schnell eine Liste nach relevanten Informationen überfliegen können, erlauben VUIs einen solchen schnellen Überblick nicht. Nach Miller [129] können Menschen lediglich 7 ± 2 sogenannter Chunks (Informationseinheiten) im Kurzzeitgedächtnis behalten, laut Stuart Card et al. [35] sind es nur 2 – 4. Daher sollten von VUIs vorgelesene Listen diese Anzahl keinesfalls überschreiten. Der Amazon Alexa Developer Guide[73] empfiehlt daher, dass Alexa höchstens vier Punkte auflistet. Wenn mehr Informationen präsentiert werden müssen, kann es auch sinnvoll sein, ein multimodales Interfaces zu nutzen, also die Informationen sowohl über die Stimme als auch das Display mitzuteilen [143]. Wenn man Siri zum Beispiel fragt, welche Filme heute Abend im Kino laufen, antwortet Siri mündlich, dass sie Filme gefunden hat, präsentiert dann aber eine Web-Suche mit den Ergebnissen auf dem Smartphone Display. Natürlich könnte Siri die Informationen auch vorlesen, aber die Liste zu sehen ist für Benutzer*innen wesentlich schneller und erfordert weniger kognitive Anstrengung.

21.6.4 Kalibriere die Erwartungen

Sprache als Mittel zur Interaktion ist sehr instinktiv, da Menschen seit Kindesalter daran gewöhnt sind. Umgekehrt führt diese Art der Interaktion aber auch dazu, dass Be-

---

72 https://www.interaction-design.org/literature/article/how-to-design-voice-user-interfaces
73 https://developer.amazon.com/en-GB/docs/alexa/alexa-design/adaptable.html

nutzer*innen die Fähigkeiten der VUIs überschätzen und zu hohe Erwartungen haben, da sie eine menschenähnliche Intelligenz erwarten. Diese Erwartungshaltung wird weiter verstärkt, wenn VUIs sehr menschenähnliches Verhalten zeigen [36]. Zwar erfreuen sich Benutzer*innen oft an humorvollen Aussagen von Sprachassistenten, diese Art von Humor weckt aber auch Erwartungshaltungen an das Verständnis von Kontext, die Sprachassistenten in der Regel nicht erfüllen können. Als Folge können Benutzer*innen die Fähigkeiten der VUIs oft nicht korrekt einschätzen und sind enttäuscht, wenn ihre Erwartungen nicht erfüllt werden [116]. Um dies zu verhindern, ist es wichtig, dass das VUI die an es gerichteten Erwartungen kalibriert und beispielsweise klar kommuniziert, welche Aufgaben es erfüllen kann [143].

21.7 Gestaltung der Persona eines VUI

In einer Reihe von Experimenten konnten Clifford Nass und Byron Reeves 1996 zeigen, dass Menschen unwillkürlich die gleichen sozialen Regeln auf Computer anwenden, die eigentlich für Menschen reserviert sind [153]. Diese Erkenntnisse sind in der sogenannten Media Equation („Media equals real life", auf Deutsch „Medien gleich reales Leben") zusammengefasst. Aufgrund der evolutionär bedingten Rolle von Stimme und Sprache in der sozialen Interaktion sind Menschen Experten darin, soziale Informationen aus Stimmen zu extrahieren, auch aus künstlichen, technologiebasierten Stimmen [83]. Obwohl Menschen natürlich rational wissen, dass VUIs keine Menschen sind, stellen sie basierend auf diesen extrahierten Informationen Schlussfolgerungen über das VUI an und wenden soziale Verhaltensregeln an, die sonst der Interaktion mit Menschen vorbehalten sind, wie zum Beispiel „Bitte" oder „Danke" sagen [131]. Das bedeutet, dass Menschen durch die sprachliche Interaktion bestimmte Erwartungen gegenüber dem VUI haben, die sie nicht unterdrücken können und die die Interaktion maßgeblich prägen. Daher müssen VUI-Entwickler*innen nicht nur die Dialoge für das VUI schreiben, sondern sich auch eine Persona für das VUI überlegen (siehe Kapitel 11). Diese Persona dient dazu, Eigenschaften des VUIs zu definieren, um dadurch eine Vorstellung zu haben, wie das VUI in bestimmten Situationen reagiert [143]. Zwei wichtige Eigenschaften, die dabei definiert werden sollten, sind die Persönlichkeit und das Geschlecht, die nachfolgend näher erläutert werden.

21.7.1 Attribution von Persönlichkeit

Wenn wir eine andere Person treffen, machen wir uns bereits in den ersten Augenblicken der Begegnung unwillkürlich ein Bild von dieser Person und ihrer Persönlichkeit [123]. Dieses Bild bestimmt maßgeblich unser zukünftiges Verhalten gegenüber dieser Person und formt unsere Erwartungen an sie. Wenn wir zum Beispiel jemanden treffen, der sehr viel, laut und schnell redet, keine Probleme hat, jemanden Fremden anzusprechen und immer eher im Mittelpunkt des Geschehens ist, vermuten wir für gewöhnlich, dass diese Person eher extrovertiert ist. Da die Persönlichkeit stabile und konsistente Muster im Verhalten, in der Wahrnehmung und in der Einstellung beschreibt [123], erwarten wir, dass sich diese Person auch zukünftig extrovertiert verhält und wären überrascht, wenn sie sich auf der nächsten Party unsicher und ruhig im Hintergrund hält.

Abb. 21.5: Menschen weisen Robotern, VUIs und anderen Technologien unterbewusst eine Persönlichkeit zu, da sie diese als soziale Akteure begreifen. Diese Technologien besitzen, ähnlich wie Menschen, bestimmte Merkmale, die diese Persönlichkeitswahrnehmung auslösen, wie in diesem Beispiel die Augen des Roboters WALL-E aus dem gleichnamigen Film. Diese Merkmale können bewusst gestaltet werden, damit eine gewünschte Persönlichkeit attribuiert wird.

mmibuch.de/v3/a/21.5

Auf ähnliche Weise formen Benutzer*innen Erwartungen an VUIs. Da wir VUIs als soziale Akteure begreifen [131], weisen wir auch ihnen unwillkürlich eine Persönlichkeit zu. Dies passiert ganz unabhängig davon, ob diese Persönlichkeit tatsächlich so von den Designer*innen beabsichtigt war [131, 153]. Zum Beispiel nehmen wir den Roboter WALL-E aus dem gleichnamigen Film in Abbildung 21.5 als schüchtern und zurückhaltend wahr, obwohl eindeutig ist, dass es sich um einen Roboter (also eine Maschine) und keinen Menschen handelt. Durch diese automatische Attribution von Persönlichkeit gibt es kein VUI ohne Persönlichkeit [41]. Ähnlich wie unsere Persönlichkeitsurteile über andere Menschen beeinflusst auch unsere Wahrnehmung der Persönlichkeit des VUI, wie sehr wir dem VUI vertrauen [24, 222], wie gerne wir mit ihm interagieren [15, 32, 132, 200], wie viel Engagement wir dabei zeigen [202, 222], wie viel wir über uns preisgeben [68, 222] und sogar unser Kaufverhalten [174]. Daher ist es bei der Gestaltung eines VUIs unerlässlich, dessen gewünschte Persönlichkeit vorab zu definieren und bewusst umzusetzen [143].

Wir ziehen Rückschlüsse über die Persönlichkeit von anderen aus deren Verhalten, beispielsweise wie laut sie reden oder welche Worte sie verwenden. Diese Verhaltensmerkmale können wir uns auch zunutze machen, um die Persönlichkeitswahrnehmung von VUIs bewusst zu manipulieren. Zum Beispiel konnten Clifford Nass und Scott Brave zeigen, dass bereits kleine Änderungen in der Sprechgeschwindigkeit, Tonhöhe und Lautstärke in der Stimme von VUIs eine große Auswirkung darauf hatten, als wie extrovertiert oder introvertiert es wahrgenommen wird [131]. Diese Einschätzung hat dann wiederum Auswirkungen darauf, wie gerne die Benutzer*innen diese VUI nutzen. Aktuellere Forschung hat jedoch gezeigt, dass Benutzer*innen Persönlichkeit in VUIs und Chatbots zwar ähnlich, aber nicht exakt so wahrnehmen wie in Menschen, und dass wir dedizierte Persönlichkeitsmodelle brauchen, um die Persönlichkeit eines VUI zu verstehen und zu gestalten [201, 202].

Heutige kommerzielle Sprachassistenten wurden meist so konzipiert, dass sie als liebenswert, ein bisschen frech oder „cooler Nerd" wahrgenommen werden sollen [196]. Aktuelle Studien deuten darauf hin, dass Benutzer*innen individuelle Präferenzen haben, welche Persönlichkeiten sie in VUIs bevorzugen [199, 202]. Kurz gesagt: Eine perfekte VUI Persönlichkeit, die allen Benutzer*innen gleich gut gefällt, gibt es nicht. Stattdessen muss die Persönlichkeit für ein VUI auf den jeweiligen Kontext der Applikation angepasst werden und es kann sinnvoll sein, die Persönlichkeit des VUIs auf die individuellen Präferenzen der Benutzer*innen anzupassen.

21.7.2 Attribution eines Geschlechts

Wenn Menschen anderen Menschen begegnen, ist das Geschlecht eine der ersten Kategorien, die sie bemerken. Auch werdende Eltern werden häufig mit der Frage konfrontiert, welches Geschlecht ihr zukünftiges Baby hat. Um das Geschlecht einer Person zu erkennen, gibt neben visuellen Merkmalen auch die Stimme Auskunft. Bereits mit sechs Monaten können Babies unterscheiden, ob es sich bei einer Stimme um eine Frau oder einen Mann handelt [175]. Obwohl VUIs meist synthetisch hergestellte Stimmen verwenden, treffen Benutzer*innen Annahmen über das Geschlecht des VUIs basierend auf der Stimme. Das angenommene Geschlecht hat wiederum Auswirkungen darauf, wie gerne Benutzer*innen mit dem VUI interagieren. Clifford Nass und Scott Brave konnten außerdem zeigen, dass sich menschliche Stereotype auf VUIs übertragen [131]. Insbesondere folgten Benutzer*innen den Anweisungen der männlich klingenden Stimme mehr als denen der weiblich klingenden.

Wenn man Siri nach *ihrem* Geschlecht fragt, antwortet *sie*, *sie* habe kein Geschlecht. Auch der Google Assistant gibt an, virtuell zu sein und deshalb kein Geschlecht zu haben, ebenso wie Alexa, *die* als künstliche Intelligenz geschlechtslos sei. Wie man jedoch bereits an der Wahl der Pronomen in diesem Text merkt, ordnen Benutzer*innen den geläufigen Sprachassistenten dennoch ein Geschlecht zu. Zum einen tragen die meisten Sprachassistenten weibliche Vornamen (*Siri, Alexa, Cortana*), zum anderen hat die voreingestellte Stimme eine weiblich klingenden Tonhöhe. Als Begründung für diese Wahl wird von Firmen häufig angegeben, dass Benutzer*innen eine weibliche Stimme angenehmer finden, aber die Forschung ist uneinig darüber, ob dies tatsächlich der Fall ist [214]. Eine andere Erklärung ist, dass die Erfüllung von Assistenzaufgaben und eine gleichzeitig ruhige, freundliche Persönlichkeit historisch bedingt eher mit Frauen assoziiert werden [196]. Mittlerweile kann man für die gängigen Sprachassistenten auch eine männliche Stimme auswählen, die weibliche Stimme bleibt jedoch die Vorausgewählte.

Warum kann es problematisch sein, weibliche Stimmen für Sprachassistenten zu nutzen? Die UNESCO [214] hat darüber einen ausführlichen Bericht mit dem Titel „I'd blush if I could" (Siris frühere Antwort auf die Frage, ob sie eine *Schlampe* sei) geschrieben. Eines der darin aufgeführten Probleme ist, dass heutige Sprachassistenten häufig hinter den Erwartungen von Menschen zurückbleiben und ihnen deshalb geringere Intelligenz zugesprochen wird. Ein anderes Problem ist, dass Sprachassistenten viel Belästigung durch Benutzer*innen ausgesetzt sind. Diese Belästigung wird jedoch zu einem gewissen Grad von den Sprachassistenten toleriert. Zwar verweigert Siri mittlerweile eine Antwort, wenn sie als Schlampe bezeichnet wird, sie steht Benutzer*innen aber danach weiterhin zur Verfügung. Die Sorge hinter diesen Problemen ist insbesondere, dass sich Stereotype verstärken und auf das Verhalten der Benutzer*innen im realen Leben übertragen. Daher ist es nicht verwunderlich, dass die Wahl weiblicher Tonfrequenzen für Sprachassistenten immer wieder auf Kritik stößt. Um die durch die Stimme ausgelösten Stereotype und Verhaltensweise zu unterbinden, wurde beispielsweise die geschlechtsneutrale Stimme Q entwickelt[74]. Allerdings ist fraglich, ob Sprachassistenten, die nun bereits seit Jahren mit weiblichen Stimmen assoziiert werden, durch eine geschlechtsneutrale Stimme tatsächlich auch als geschlechtsneutral wahrgenommen werden [184].

21.8 Visuelle Darstellung in Form von Avataren

Ein Avatar ist eine virtuelle Repräsentation eines Menschen, die vollständig von diesem kontrolliert wird [150]. Das Wort leitet sich ursprünglich aus der Bezeichnung für

---

74 https://www.genderlessvoice.com

die Inkarnation einer Gottheit in Sanskrit ab[75]. Solche Avatare kommen insbesondere häufig in Spielen, wie zum Beispiel *World of Warcraft*, *Second Life* oder *Die Sims*, und Online-Foren, wie zum Beispiel *Reddit*, vor. Ein Beispiel für ein Voice User Interface mit einem Avatar ist CodeBaby[76]. Die meisten der geläufigen Sprachassistenten wie Siri, Google oder Alexa haben keinen richtigen Avatar. Trotzdem verwenden sie unterschiedliche visuelle Repräsentationen, um Benutzer*innen Feedback über ihren aktuellen Status zu geben [143]. Siri zeigt über eine pulsierende abstrakte Illustration die aktuelle Aktivität an. Echo Dots leuchten blau auf, um Benutzer*innen zu signalisieren, dass sie zuhören (siehe Abbildung 21.6). Microsoft's Cortana nutzte eine ganze Reihe von subtilen Variationen in dem abstrakten kreisförmigen Avatar, um verschiedene Zustände, wie zum Beispiel Freude und Beschämung, auszudrücken.

Abb. 21.6: Ein Amazon Echo Dot (Smart Speaker) der dritten Generation: Um Benutzer*innen zu signalisieren, dass der Sprachassistent das Wake Word gehört hat und bereit für die Anfrage ist, leuchtet eine runde Zierleiste blau auf.

mmibuch.de/v3/a/21.6

Der Vorteil von Avataren ist, dass sie einfacher Emotionen bei Benutzer*innen auslösen können und somit leichter eine affektive Bindung aufbauen können [143]. Umge-

---

75 https://www.merriam-webster.com/dictionary/avatar
76 https://codebaby.com

kehrt ist bei der Verwendung von Avataren aber auch Vorsicht geboten, insbesondere wenn menschenähnliche Darstellungen verwendet werden. Es ist nämlich keineswegs so, dass Menschen künstliche Agenten wie Sprachassistenten oder Roboter umso besser finden, je menschenähnlicher sie aussehen. Stattdessen gibt es das Konzept des sogenannten Uncanny Valley (auf Deutsch etwa „unheimliches Tal"). Dieses Uncanny Valley[77] bezeichnet eine gewisse Spanne des Anthropomorphismus zwischen abstrakten, wenig menschlich erscheinenden und vollständig menschenähnlichen Darstellungen, in denen Benutzer*innen den künstlichen Agenten nicht länger akzeptierten (s. Abbildung 21.7). Das bedeutet Folgendes: Solange ein Avatar zwar menschenähnlich aussieht, aber immer noch eindeutig als Nicht-Mensch zu identifizieren ist, wie zum Beispiel Figuren in Disney und Pixar Filmen, empfinden Benutzer*innen eine positive Ähnlichkeit zu den Figuren. Wird ein gewisser Grad an Menschenähnlichkeit überschritten, aber immer noch keine perfekte Imitation erreicht, dann beäugen Menschen den Avatar oder Roboter jedoch skeptisch und finden sie eher unheimlich. Trägt man die Vertrautheit als Funktion der Menschenähnlichkleit auf, dann hat der Funktionsgraph an dieser Stelle ein Tal, woraus sich der Name ableitet.

21.9 Wake Word oder Prokative Sprachassistenten?

Heutige Sprachassistenten hören Benutzer*innen permanent zu [143]. Dabei verhalten sie sich allerdings reaktiv, das heißt, sie beginnen keine Konversation mit den Benutzer*innen, sondern warten auf ein sogenanntes Wake Word, also ein Wort, das sie aus ihrem Schlaf oder eher Schlummerzustand erwachen lässt. Zum Beispiel registriert Siri durch ein „Hey Siri", dass Benutzer*innen eine Interaktion initiieren wollen. Ebenso wird auch der Google Assistant durch ein „Hey Google" aktiviert, was das bis 2017 verwendete „Ok Google" ablöst. Alexa hingegen hört (in der Standardeinstellung) einfach nur auf ihren Namen. Es gibt einige wenige proaktive Features in heutigen Sprachassistenten. Zum Beispiel leuchtet der Amazon Echo bei einer neuen Nachricht auf, während der Google Nest seine Benutzer*innen an ihre kommenden Kalenderereignisse erinnert. Jüngste Forschung hat jedoch herausgefunden, dass Benutzer*innen auch durchaus einen Wert in proaktiven Sprachassistenten sehen, zum Beispiel um sie auf zu laute Musik aufmerksam zu machen oder anzubieten, einen Parkplatz zu suchen [161, 200]. Umgekehrt haben Benutzer*innen allerdings auch Bedenken bei proaktiven Sprachassistenten, insbesondere bezüglich ihrer Privatsphäre [24, 188], da Sprachassistenten in diesem Fall permanent aktiv zuhören und Aufnahmen der Benutzer*innen in den jeweiligen Firmen-Clouds verarbeiten.

---

[77] https://spectrum.ieee.org/what-is-the-uncanny-valley

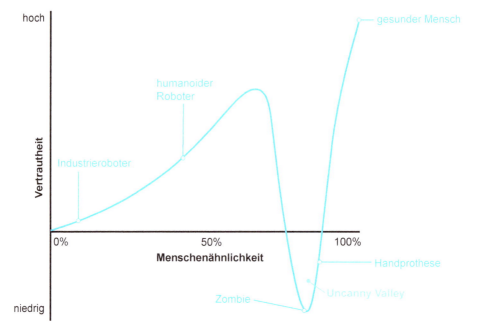

Abb. 21.7: Wenn Roboter und Avatare sehr menschenähnlich gestaltet sind, aber keine perfekte Imitation eines Menschen sind, reagieren Benutzer*innen negativ und mit einem Gefühl des Unwohlseins auf diese (Uncanny Valley).

mmibuch.de/v3/a/21.7

21.10 Sind Voice User Interfaces wirklich Gesprächspartner?

Zu Beginn des Kapitels wurde beschrieben, dass VUIs im Englischen auch als *Conversational User Interfaces* bezeichnet werden, also Benutzerschnittstellen, die in Form einer Konversation interagieren. Obwohl diese englische Bezeichnung impliziert, dass VUIs Gesprächspartner von Menschen sein können, haben mehrere Studien gezeigt, dass Unterhaltungen zwischen VUIs und Benutzer*innen in der Realität stark eingeschränkt sind und häufig hinter den (menschlichen) Erwartungen zurückbleiben [39, 43, 116, 147]. Abbildung 21.8 zeigt die transkribierte Unterhaltung zwischen einer Benutzerin und Siri, in Anlehnung an eine ähnliche Konversation zwischen dem Amazon Echo und Cathy Pearl, Design Managerin des Google Assistant [143].

Handelt es sich bei diesem Dialog tatsächlich um eine Konversation, eine Unterhaltung? In gewisser Weise ja, denn es gibt mehrere Sprecherwechsel zwischen Benutzer*in und Sprachassistent. Der Definition nach sind Konversationen jedoch informelle Unterhaltungen, in denen Neuigkeiten und Ansichten ausgetauscht werden, und deren primärer Zweck die Pflege sozialer Beziehungen ist [39, 125]. Im Gegensatz dazu zeigt der abgebildete Dialog, dass aktuelle „Unterhaltungen" mit Sprach-

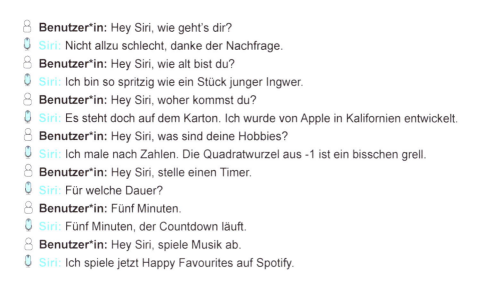

Benutzer*in: Hey Siri, wie geht's dir?

Siri: Nicht allzu schlecht, danke der Nachfrage.

Benutzer*in: Hey Siri, wie alt bist du?

Siri: Ich bin so spritzig wie ein Stück junger Ingwer.

Benutzer*in: Hey Siri, woher kommst du?

Siri: Es steht doch auf dem Karton. Ich wurde von Apple in Kalifornien entwickelt.

Benutzer*in: Hey Siri, was sind deine Hobbies?

Siri: Ich male nach Zahlen. Die Quadratwurzel aus -1 ist ein bisschen grell.

Benutzer*in: Hey Siri, stelle einen Timer.

Siri: Für welche Dauer?

Benutzer*in: Fünf Minuten.

Siri: Fünf Minuten, der Countdown läuft.

Benutzer*in: Hey Siri, spiele Musik ab.

Siri: Ich spiele jetzt Happy Favourites auf Spotify.

Abb. 21.8: Ein Beispieldialog zwischen der Autorin und Siri, angelehnt an Pearl [143], der verdeutlicht, dass heutige Konversationen mit Sprachassistenten nicht wirklich Unterhaltungen sind, wie wir sie von der Kommunikation unter Menschen kennen.

mmibuch.de/v3/a/21.8

assistenten eher eine Abfolge von Fragen bzw. Aufgaben durch die Benutzer*innen und Antworten von dem Sprachassistenten sind [39, 65]. Jede dieser Frage-Antwort-Sequenzen ist eine eigenständige Einheit. Sie beziehen sich nicht aufeinander, wie in einer Mensch-zu-Mensch Konversation üblich [143].

Aktuell unterscheiden Benutzer*innen daher eindeutig zwischen Menschen und VUIs als Gesprächspartner*innen, statt dass diese Grenze fließend verläuft [49]. Als Folge der mangelnden Konversationsfähigkeiten von VUIs entwickeln Benutzer*innen verschiedene Kompensationsstrategien. Zum Beispiel bemühen sich Benutzer*innen, möglichst langsam und deutlich zu sprechen sowie Schlagwörter zu verwenden [116]. Außerdem passen sie ihre Syntax und Wortwahl an die des Sprachassistenten an [23, 42]. Sollte es das Ziel sein, VUIs so zu gestalten, dass sie tatsächliche Gesprächspartner*innen sein können? Die Forschung im Bereich von VUIs ist zunehmend daran interessiert, diese mit Fähigkeiten auszustatten, die das breite Spektrum menschlicher Konversationsfähigkeiten abdecken, um menschliche Unterhaltungen besser nachahmen zu können. Diese beinhalten zum Beispiel die Erzeugung von Small Talk oder Füllwörtern (zum Beispiel „also", „halt") und Fülllaute (zum Beispiel „äh" oder „mhm") [179, 187], die dazu führen könnten, dass Benutzer*innen nicht mehr eindeutig zwischen Sprachassistenten und Menschen als Gesprächspartner*innen unterscheiden können. Das scheint jedoch in Anbetracht der zuvor besprochenen Limitationen heutiger Sprachassistenten eher Zukunftsmusik zu sein. Im Jahr 2018 fand ein Aufnahme eines Google Sprachassistenten, genannt Google Duplex, große Aufmerksamkeit, als dieser einen Friseursalon anrief, um einen Termin für eine Kundin zu machen. Dieser Anruf war so überzeugend, dass die Angestellte im Friseursalon den Unterschied nicht bemerkte[78].

In der Popkultur wird die Vorstellung von natürlich agierenden Sprachassistenten noch weiter getrieben. In dem eingangs bereits erwähnten Film *Her* verliebt sich der Hauptdarsteller in das sprechende Betriebssystem *Samantha*. In der Folge *The Beta Test Initiation* der Serie *Big Bang Theory* entwickelt einer der Charakter, *Raj*, Gefühle für Apples *Siri*. Können Sprachassistenten Gefährt*innen oder sogar Liebhaber*innen von Menschen werden, die ansonsten sehr einsam sind? Oder führt das dazu, dass die Menschheit sich immer weiter in eine virtuelle Realität flüchtet?

21.11 Wie sollte der perfekte Sprachassistent sein?

Nachdem wir darüber gesprochen haben, dass Sprachassistenten heutzutage häufig den Erwartungen der Benutzer*innen nicht gerecht werden, schauen wir uns abschließend an, wie Sprachassistenten denn tatsächlich idealerweise gestaltet sein sollten [198]. Zu diesem Zweck wurden 205 Proband*innen in einer Online-Umfrage befragt, wie sie sich die Interaktion mit einem perfekten Sprachassistenten vorstellen, wenn es keine technischen Beschränkungen mehr gäbe. Dafür wurden sie gebeten, einen Dialog zwischen sich selbst und dem perfekten Sprachassistenten für acht typische Szenarien mit Sprachassistenten auf Smart Speakern zu schreiben [3] (siehe Abschnitt 21.3). Ein Beispiel für ein solches Szenario ist ein anstehender Kinobesuch, bei dem die Benutzer*innen nicht wissen, welche Filme laufen. Dieses Problem soll mithilfe des Sprachassistenten gelöst werden.

In den gesammelten Dialogen hat der Sprachassistent einen etwas höheren Sprechanteil als die Benutzer*innen, insgesamt sind die Dialoge interaktiver und enthalten mehr Sprecherwechsel als bei heutigen Dialogen. Fast alle Proband*innen stellen sich einen Sprachassistenten vor, der gut durchdachte Vorschläge und Empfehlungen für komplexe Probleme gibt, wie beispielsweise Hinweise, wie Benutzer*innen Kosten einsparen können oder was sie abends kochen sollen. Der perfekte Sprachassistent ist außerdem vorausschauend und proaktiv, sodass er mögliche Folgebefehle direkt antizipiert, wie zum Beispiel die Heizung anzuschalten, wenn es kalt ist. In der Vorstellung der Proband*innen verfügt der perfekte Sprachassistent außerdem über ein umfangreiches Wissen über die Benutzer*innen und die Umgebung und kennt somit zum Beispiel alle Ess- und Musikpräferenzen, aber auch die Bestückung und Sonderangebote des nächstgelegenen Supermarkts. Geteilte Meinungen hatten die Proband*innen hingegen hinsichtlich der Frage, ob der Sprachassistent eigene

---

78 https://ai.googleblog.com/2018/05/duplex-ai-system-for-natural-conversation.html

Meinungen vertreten und humorvoll sein soll. Während heutige Sprachassistenten diese Wünsche der Benutzer*innen noch nicht erfüllen können, bleibt es spannend, ob zukünftige Sprachassistenten dieser Version näher kommen werden.

Verständnisfragen und Übungsaufgaben:

mmibuch.de/v3/l/21

1. Rufen Sie sich noch einmal die Ebenen der Sprachbetrachtung *Syntax*, *Semantik* und *Pragmatik* in Erinnerung. Falls Sie einen Dialekt sprechen, wie unterscheidet dieser sich vom Hochdeutschen bezüglich dieser drei Ebenen?
2. In welchem Land liegt noch einmal das *Uncanny Valley*?
3. Welche Gründe gibt es für die Verwendung eines *Wake Word*?
4. Überlegen Sie sich Beispieldialoge für ein VUI, das auf Anfrage der Benutzerinnen eine witzige Geschichte erzählt. Zeichnen Sie anschließend ein Flussdiagramm für die Konversation in Anlehnung an Abbildung 21.4.
5. Stellen Sie sich vor, Sie entwickeln einen Sprachassistenten, der ältere Menschen an ihre Medikamenteneinnahme erinnern soll und ihnen Gesellschaft leistet. Welche Persönlichkeit sollte dieser Sprachassistent haben? Gestalten Sie eine Persona mit Name des Sprachassistenten, ggf. einem Avatar und Persönlichkeitseigenschaften. Denken Sie, dass alle Benutzer:innen diesen Sprachassistenten so mögen würden oder können Sie sich noch andere Personas vorstellen?

Bildnachweis

Alle in diesem Bildnachweis nicht aufgelisteten Abbildungen sind eigenständige Zeichnungen, Screenshots oder Fotografien der Autoren.

Titel   Titelbild des Buches: Montage des Verlages, Grundbild: Getty Images, Autor: chokja, Creative#: 1251075416, Lizenztyp: Lizenzfrei. Darin gezeigter Bildschirminhalt: Zeichnung mit freundlicher Genehmigung von Alexander Kehr

1.3   Zeichnung der Autoren angelehnt an [54]

2.2   Bearbeitung der Autoren auf Basis der Abbildungen unter http://entirelysubjective.com/spatial-resolution-devil-in-the-detail/

2.8   Bearbeitung der Autoren auf Basis von http://de.wikipedia.org/w/index.php?title=Datei: Anatomy_of_the_Human_Ear_de.svg&filetimestamp=20091118102053 (Lizenz CC-by, Urheber: Chittka L Brockmann)

3.1   Zeichnung der Autoren angelehnt an [215], Seite 441

4.1   Original-Abbildung aus [58]

4.2   Zeichnung der Autoren in Anlehnung an [1]

4.3   Abbildung aus [71] mit freundlicher Genehmigung des Autors Yves Guiard

7.1   Eigene Bearbeitungen der Autoren auf Basis von Bildern aus http://www.reuter.de/

7.2   Bildquelle: Miele-Hausgeräte, Kochfelder, Produktübersicht, mit freundlicher Genehmigung der Miele & Cie. KG, Carl-Miele-Straße 29, D-33332 Gütersloh

7.3   http://www.likecool.com/Gear/MediaPlayer/Nagra%20IV-S%20Professional%20Tape%20Recorder/Nagra-IV-S-Professional-Tape-Recorder.jpg, Bildschirmabzug der Autoren

7.6   http://www.sapdesignguild.org/goodies/images/hourglass_cursor.gif, www.emacswiki.org/alex/pics/beachball.png

7.7   https://developer.apple.com/library/ios/documentation/UserExperience/Conceptual/MobileHIG/, http://fox.wikis.com/graphics/vfpsetupdebugger.gif, http://technet.microsoft.com/en-us/library/Cc749911.acdenid1_big(l=en-us).gif

S. 89   im Exkurs Fehlende Animation: Abbildungen aus [28]

7.9   Bildquelle: http://toastytech.com/guis/bob.html

8.1   http://2.bp.blogspot.com/_xFBIBcRhwFQ/SU1tG0tPC3I/AAAAAAAACZA/u036CfT8oIs/s400/xterm-237.png, http://hiox.org/resource/5584-cmdprompt.gif

8.4   Bildquelle: http://www.cs.umd.edu/hcil/paperlens/PaperLens-IV.png

9.2   Bildschirmabzug der Autoren von http://www.prezi.com/

9.3   Bildschirmabzug der Autoren aus Google Maps

9.4   Bearbeiteter Bildschirmabzug der Autoren von den Webseiten http://demo.quietlyscheming.com/fisheye/index.html und http://demo.quietlyscheming.com/fisheye/TileExplorer.html

10.1   Zeichnung der Autoren in Anlehnung an [14, 136]

12.1   Bildquelle: Katalog 1990-1991, Saarland Museum Saarbrücken, Stiftung Saarländischer Kulturbesitz

12.2   Foto mit freundlicher Genehmigung von Alexander Wiethoff

S. 143   im Exkurs Loslassen können: Zeichnung mit freundlicher Genehmigung von Andreas Pfeifle

12.4   Comic bereitgestellt von Christiane Plociennik mit freundlicher Genehmigung der Autoren: Marcel Wagner, Gabriel Kolic, Pascal Legrum, mit Bildelementen von https://www.openpeeps.com

https://doi.org/10.1515/9783110753325-023

12.5 Standbild aus dem Video unter http://www.asktog.com/starfire/

13.1 Zeichnung der Autoren auf Basis der Abbildungen unter http://www.nngroup.com/articles/how-to-conduct-a-heuristic-evaluation/

13.3 Diagramm der Autoren, erzeugt mit http://www.likertplot.com/

13.4 Diagramm der Autoren, erzeugt mit Microsoft Excel

14.1 Zeichnung der Autoren auf Basis von [74]

14.2 Original-Abbildungen aus [95]

15.1 Bildquelle: http://www.aresluna.org/attached/pics/usability/articles/biurkonaekranie/xerox.big.png

15.2 Zeichnung auf Basis von Bildschirmabzügen der Autoren

15.3 Zeichnung auf Basis von Bildschirmabzügen der Autoren

15.4 http://elementaryos.org/journal/argument-against-pie-menus, Abbildungen aus [105]

16.1 Bildschirmabzug der Autoren von http://www.w3.org/History/19921103-hypertext/hypertext/WWW/TheProject.html

16.3 Bildschirmabzug der Autoren von http://www.lmu.de/

16.4 Bildschirmabzug der Autoren von http://www.olyphonics.de/

16.5 Zeichnung auf Basis eines Bildschirmabzugs der Autoren von http://www.mimuc.de/

17.4 Zeichnung der Autoren in Anlehnung an [31]

17.5 Foto mit freundlicher Genehmigung von Dominikus Baur

18.3 Orignalbilder aus [11, 72], mit freundlicher Genehmigung der Autoren

18.4 Originalbild, leicht bearbeitet aus [98]

19.2 Bild links aus [146], Bild rechts wurde von Martin Kaltenbrunner zur Verfügung gestellt (Fotograf: Xavier Sivecas), jeweils mit freundlicher Genehmigung der Autoren.

19.3 Bild links stammt aus [206], das mittlere Bild aus dem Blog http://spanring.eu/blog/2009/02/25/adventures-in-nokia-maps-pt-4-pedestrian-navigation/ (Abruf 26.4.2014), Bild rechts ist ein Bildschirmabzug der Autoren von mobile Google Maps vom 27.4.2014

19.4 Originalbild, leicht bearbeitet aus [12]

19.5 Originalbild, leicht bearbeitet aus [206]

20.1 Links: Bildquelle http://amturing.acm.org/photo/sutherland_3467412.cfm, Rechts: Bildquelle: http://www.jaronlanier.com/newpix/laterdataglove2.jpg

20.2 Oben links und rechts: Bildquelle https://www.wareable.com/vr/wareable-why-google-cardboard-not-oculus-rift-will-drive-the-future-of-vr-976, unten links: Bildquelle http://blogs.ucl.ac.uk/digital-education/files/2015/05/fold.jpg

20.4 Bildquelle: Leibniz-Rechenzentrum München

20.5 Links: Bildquelle: http://www.3dconnexion.de/products/spacemouse.html, rechts: Bildquelle: http://www.virtuix.com/press/

20.9 Bild links aus [82], Bild Mitte aus [159], jeweils mit freundlicher Genehmigung der Autoren

21.1 Zeichnung der Autoren, in Anlehnung an [125]

21.2 Bildquellen: Amazon Echo: https://www.amazon.de/dp/B084DWG2VQ, Google Nest Audio: https://store.google.com/de/category/connected_home?hl=de, Apple HomePod mini: https://www.apple.com/de/shop/buy-homepod/homepod-mini/weiß

21.5 Bildquelle: https://unsplash.com/photos/j6QZXBVysE8

21.6 Bearbeitung des Verlages auf Basis folgender Originalquelle: https://unsplash.com/photos/Ub4CggGYf2o

Literatur

[1]   Accot, Johnny und Shumin Zhai: *Beyond Fitts' Law: Models for Trajectory-based HCI Tasks*. In: *Proceedings of ACM CHI*, Seiten 295–302. ACM, 1997.

[2]   Alexander, Ian und Neil Maiden: *Scenarios, stories, use cases: through the systems development life-cycle*. John Wiley & Sons, 2004.

[3]   Ammari, Tawfiq, Jofish Kaye, Janice Y. Tsai und Frank Bentley: *Music, Search, and IoT: How People (Really) Use Voice Assistants*. ACM ToCHI, 26(3), April 2019.

[4]   Andrews, Dorine, Blair Nonnecke und Jennifer Preece: *Electronic survey methodology: A case study in reaching hard-to-involve Internet users*. International Journal of Human-Computer Interaction, 16(2):185–210, 2003.

[5]   Ashton, Kevin: *That 'internet of things' thing*. RFiD Journal, 22(7):97–114, 2009.

[6]   Augsten, Thomas, Konstantin Kaefer, René Meusel, Caroline Fetzer, Dorian Kanitz, Thomas Stoff, Torsten Becker, Christian Holz und Patrick Baudisch: *Multitoe: High-precision Interaction with Back-projected Floors Based on High-resolution Multi-touch Input*. In: *Proceedings of ACM UIST*, Seiten 209–218. ACM, 2010.

[7]   Azuma, Ronald T: *A survey of augmented reality*. Presence: Teleoperators and virtual environments, 6(4):355–385, 1997.

[8]   Ballagas, Rafael, Jan Borchers, Michael Rohs und Jennifer G Sheridan: *The smart phone: a ubiquitous input device*. IEEE Pervasive Computing, 5(1):70–77, 2006.

[9]   Barbour, Neil und George Schmidt: *Inertial sensor technology trends*. IEEE Sensors Journal, 1(4):332–339, 2001.

[10] Baudisch, Patrick und Gerry Chu: *Back-of-device Interaction Allows Creating Very Small Touch Devices*. In: *Proceedings of ACM CHI*, Seiten 1923–1932. ACM, 2009.

[11] Baudisch, Patrick und Ruth Rosenholtz: *Halo: a technique for visualizing off-screen objects*. In: *Proceedings of ACM CHI*, Seiten 481–488. ACM, 2003.

[12] Baus, Jörg, Antonio Krüger und Wolfgang Wahlster: *A resource-adaptive mobile navigation system*. In: *Proceedings of IUI*, Seiten 15–22. ACM, 2002.

[13] Bay, Herbert, Tinne Tuytelaars und Luc Van Gool: *Surf: Speeded up robust features*. Computer vision–ECCV 2006, Seiten 404–417, 2006.

[14] Benyon, David: *Designing Interactive Systems*. Addison Wesley, 2. Auflage, 2010.

[15] Bickmore, Timothy und Justine Cassell: *Social Dialogue with Embodied Conversational Agents*. In: Kuppevelt, Jan C. J. van, Laila Dybkjær und Niels Ole Bernsen (Herausgeber): *Advances in Natural Multimodal Dialogue Systems*, Seiten 23–54. Springer Netherlands, Dordrecht, 2005.

[16] Bickmore, Timothy W., Suzanne E. Mitchell, Brian W. Jack, Michael K. Paasche-Orlow, Laura M. Pfeifer und Julie ODonnell: *Response to a relational agent by hospital patients with depressive symptoms*. Interacting with Computers, 22(4):289–298, 09 2010.

[17] Billinghurst, Mark und Thad Starner: *Wearable devices: new ways to manage information*. Computer, 32(1):57–64, 1999.

[18] Bimber, Oliver und Ramesh Raskar: *Spatial augmented reality: merging real and virtual worlds*. CRC press, 2005.

[19] Bloch, Arthur: *Gesammelte Gründe, warum alles schiefgeht, was schief gehen kann!* Wilhelm Goldmann Verlag, 1985.

[20] Böhmer, Matthias, Brent Hecht, Johannes Schöning, Antonio Krüger und Gernot Bauer: *Falling asleep with Angry Birds, Facebook and Kindle: a large scale study on mobile application usage*. In: *Proceedings of MobileHCI*, Seiten 47–56. ACM, 2011.

https://doi.org/10.1515/9783110753325-024

[21]   Böhmer, Matthias, Christian Lander, Sven Gehring, Duncan Brumby und Antonio Krüger: *Interrupted by a Phone Call: Exploring Designs for Lowering the Impact of Call Notifications for Smartphone Users*. In: *Proceedings of ACM CHI '14*. ACM, 2014.

[22]   Bowman, Doug A, Ernst Kruijff, Joseph J LaViola Jr und Ivan Poupyrev: *An introduction to 3-D user interface design*. Presence: Teleoperators and virtual environments, 10(1):96–108, 2001.

[23]   Branigan, Holly P., Martin J. Pickering, Jamie Pearson und Janet F. McLean: *Linguistic alignment between people and computers*. Journal of Pragmatics, 42(9):2355 – 2368, 2010.

[24]   Braun, Michael, Anja Mainz, Ronee Chadowitz, Bastian Pfleging und Florian Alt: *At Your Service: Designing Voice Assistant Personalities to Improve Automotive User Interfaces*. In: *Proceedings of the 2019 CHI Conference on Human Factors in Computing Systems*, CHI '19, New York, NY, USA, 2019. ACM.

[25]   Broll, Gregor, Enrico Rukzio, Massimo Paolucci, Matthias Wagner, Albrecht Schmidt und Heinrich Hussmann: *Perci: Pervasive service interaction with the internet of things*. IEEE Internet Computing, 13(6):74–81, 2009.

[26]   Buechley, Leah, Mike Eisenberg, Jaime Catchen und Ali Crockett: *The LilyPad Arduino: using computational textiles to investigate engagement, aesthetics, and diversity in computer science education*. In: *Proceedings of the SIGCHI conference on Human factors in computing systems*, Seiten 423–432. ACM, 2008.

[27]   Butler, Alex, Shahram Izadi und Steve Hodges: *SideSight: multi-touch interaction around small devices*. In: *Proceedings of ACM UIST*, Seiten 201–204. ACM, 2008.

[28]   Butz, Andreas: *Taming the urge to click: Adapting the User Interface of a mobile museum guide*. In: *Proceedings des ABIS Workshops, Hannover*, 2002.

[29]   Butz, Andreas, Tobias Hollerer, Steven Feiner, Blair MacIntyre und Clifford Beshers: *Enveloping users and computers in a collaborative 3D augmented reality*. In: *IWAR'99: Proceedings of the 2nd IEEE and ACM International Workshop on Augmented Reality*, Seiten 35–44. IEEE, 1999.

[30]   Buxton, Bill: *Sketching User Experiences: Getting the Design Right and the Right Design*. Morgan Kaufmann, 2007.

[31]   Buxton, William: *A three-state model of graphical input*. In: *Proceedings of INTERACT*, Seiten 449–456. North-Holland, 1990.

[32]   Cafaro, Angelo, Hannes Högni Vilhjálmsson, Timothy Bickmore, Dirk Heylen, Kamilla Rún Jóhannsdóttir und Gunnar Steinn Valgarðsson: *First Impressions: Users' Judgments of Virtual Agents' Personality and Interpersonal Attitude in First Encounters*. In: Nakano, Yukiko, Michael Neff, Ana Paiva und Marilyn Walker (Herausgeber): *Intelligent Virtual Agents*, Seiten 67–80, Berlin, Heidelberg, Germany, 2012. Springer.

[33]   Cao, Alex, Keshav K. Chintamani, Abhilash K. Pandya und R. Darin Ellis: *NASA TLX: Software for assessing subjective mental workload*. Behavior Research Methods, 41(1):113–117, 2009.

[34]   Card, Stuart K., Thomas P. Moran und Allen Newell: *The Keystroke-Level Model for User Performance Time With Interactive Systems*. Communications of the ACM, 23(7):396–410, July 1980.

[35]   Card, Stuart K., Thomas P. Moran und Allen Newell: *The Psychology of Human-Computer Interaction*. CRC Press, 1983.

[36]   Cassell, Justine: *Embodied Conversational Agents: Representation and Intelligence in User Interfaces*. AI Magazine, 22(4):67, Dec. 2001.

[37]   Cheok, Adrian David, Kok Hwee Goh, Wei Liu, Farzam Farbiz, Siew Wan Fong, Sze Lee Teo, Yu Li und Xubo Yang: *Human Pacman: a mobile, wide-area entertainment system based*

on physical, social, and ubiquitous computing. Personal and Ubiquitous Computing, 8(2):71–81, 2004.

[38] CHERRY, E COLIN: *Some experiments on the recognition of speech, with one and with two ears.* The Journal of the acoustical society of America, 25:975, 1953.

[39] CLARK, LEIGH, NADIA PANTIDI, ORLA COONEY, PHILIP DOYLE, DIEGO GARAIALDE, JUSTIN EDWARDS, BRENDAN SPILLANE, EMER GILMARTIN, CHRISTINE MURAD, COSMIN MUNTEANU, VINCENT WADE und BENJAMIN R. COWAN: *What Makes a Good Conversation?: Challenges in Designing Truly Conversational Agents.* In: *Proceedings of the 2019 CHI Conference on Human Factors in Computing Systems*, CHI '19, Seiten 475:1–475:12, New York, NY, USA, 2019. ACM.

[40] COCKBURN, ANDY, CARL GUTWIN und SAUL GREENBERG: *A Predictive Model of Menu Performance.* In: *Proceedings of ACM CHI*, Seiten 627–636. ACM, 2007.

[41] COHEN, MICHAEL H, JAMES P GIANGOLA und JENNIFER BALOGH: *Voice user interface design.* Addison-Wesley Professional, Boston, MA, USA, 2004.

[42] COWAN, BENJAMIN R., HOLLY P. BRANIGAN, MATEO OBREGÓN, ENAS BUGIS und RUSSELL BEALE: *Voice anthropomorphism, interlocutor modelling and alignment effects on syntactic choices in human-computer dialogue.* International Journal of Human-Computer Studies, 83:27 – 42, 2015.

[43] COWAN, BENJAMIN R., NADIA PANTIDI, DAVID COYLE, KELLIE MORRISSEY, PETER CLARKE, SARA AL-SHEHRI, DAVID EARLEY und NATASHA BANDEIRA: *"What Can I Help You with?": Infrequent Users' Experiences of Intelligent Personal Assistants.* In: *Proceedings of the 19th International Conference on Human-Computer Interaction with Mobile Devices and Services*, MobileHCI '17, New York, NY, USA, 2017. ACM.

[44] CRAIK, KENNETH: *The Nature of Exploration.* Cambridge University Press, Cambridge, England, 1943.

[45] CRUZ-NEIRA, CAROLINA, DANIEL J. SANDIN und THOMAS A. DEFANTI: *Surround-screen Projection-based Virtual Reality: The Design and Implementation of the CAVE.* In: *Proceedings of the 20th Annual Conference on Computer Graphics and Interactive Techniques*, SIGGRAPH '93, Seiten 135–142, New York, NY, USA, 1993. ACM.

[46] DENG, LI, JINYU LI, JUI-TING HUANG, KAISHENG YAO, DONG YU, FRANK SEIDE, MICHAEL SELTZER, GEOFF ZWEIG, XIAODONG HE, JASON WILLIAMS et al.: *Recent advances in deep learning for speech research at Microsoft.* In: *Acoustics, Speech and Signal Processing (ICASSP), 2013 IEEE International Conference on*, Seiten 8604–8608. IEEE, 2013.

[47] DIN EN ISO 9241-11: *Ergonomie der Mensch-System-Interaktion - Teil 11: Gebrauchstauglichkeit: Begriffe und Konzepte; Deutsche Fassung.* Beuth Verlag GmbH, 11 2018.

[48] DIX, ALAN, JANET FINLAY, GREGORY ABOWD und RUSSELL BEALE: *Human-computer interaction.* Pearson Education Limited, England, 2004.

[49] DOYLE, PHILIP R., JUSTIN EDWARDS, ODILE DUMBLETON, LEIGH CLARK und BENJAMIN R. COWAN: *Mapping Perceptions of Humanness in Intelligent Personal Assistant Interaction.* In: *Proceedings of the 21st International Conference on Human-Computer Interaction with Mobile Devices and Services*, MobileHCI '19, New York, NY, USA, 2019. ACM.

[50] DREWES, HEIKO: *Only One Fitts' Law Formula Please!* In: *ACM CHI Extended Abstracts*, Seiten 2813–2822. ACM, 2010.

[51] DUFFY, PETER: *Engaging the YouTube Google-eyed generation: Strategies for using Web 2.0 in teaching and learning.* In: *European Conference on ELearning, ECEL*, Seiten 173–182, 2007.

[52] EASON, KEN: *Information technology and organizational change.* Taylor and Francis, 1988.

[53] EBBINGHAUS, HERMANN: *Über das Gedächtnis: Untersuchungen zur experimentellen Psychologie.* Duncker & Humblot, 1885.

[54] EBERLEH, EDMUND und NORBERT A. STREITZ: *Denken oder Handeln: Zur Wirkung von Dialogkomplexität und Handlungsspielraum auf die mentale Belastung.* In: *Software-Ergonomie '87, Nützen Informationssysteme dem Benutzer?*, Seiten 317–326. Springer, 1987.

[55] EIBAND, MALIN, SARAH THERES VÖLKEL, DANIEL BUSCHEK, SOPHIA COOK und HEINRICH HUSSMANN: *A Method and Analysis to Elicit User-Reported Problems in Intelligent Everyday Applications.* ACM Trans. Interact. Intell. Syst., 10(4), nov 2020.

[56] EVEREST, F. ALTON. und KEN C. POHLMANN: *Master Handbook of Acoustics.* McGraw-Hill, 5. Auflage, 2009.

[57] FIELD, ANDY und GRAHAM J. HOLE: *How to Design and Report Experiments.* Sage Publications Ltd, 1. Auflage, 2003.

[58] FITTS, P. M.: *The information capacity of the human motor system in controlling the amplitude of movement.* Journal of Experimental Psychology, 74:381–391, 1954.

[59] FITZMAURICE, GEORGE W, HIROSHI ISHII und WILLIAM AS BUXTON: *Bricks: laying the foundations for graspable user interfaces.* In: *Proceedings of the SIGCHI conference on Human factors in computing systems*, Seiten 442–449. ACM Press/Addison-Wesley Publishing Co., 1995.

[60] FONTANA, ANDREA und JAMES H FREY: *Interviewing: The art of science.* Sage Publications, Inc, 1994.

[61] FOSTER, KENNETH R und JAN JAEGER: *RFID inside.* IEEE Spectrum, 44(3):24–29, 2007.

[62] FRANDSEN-THORLACIUS, OLAF, KASPER HORNBÆK, MORTEN HERTZUM und TORKIL CLEMMENSEN: *Non-universal usability?: a survey of how usability is understood by Chinese and Danish users.* In: *Proceedings of the SIGCHI Conference on Human Factors in Computing Systems*, Seiten 41–50. ACM, 2009.

[63] FURNAS, GEORGE W. und BENJAMIN B. BEDERSON: *Space-Scale Diagrams: Understanding Multiscale Interfaces.* In: *Proceedings of ACM CHI*, Seiten 234–241. ACM, 1995.

[64] GAVER, BILL, TONY DUNNE und ELENA PACENTI: *Design: cultural probes.* ACM interactions, 6(1):21–29, 1999.

[65] GILMARTIN, EMER, BENJAMIN R. COWAN, CARL VOGEL und NICK CAMPBELL: *Exploring Multiparty Casual Talk for Social Human-Machine Dialogue.* In: KARPOV, ALEXEY, RODMONGA POTAPOVA und IOSIF MPORAS (Herausgeber): *Speech and Computer*, Seiten 370–378, Cham, 2017. Springer International Publishing.

[66] GITAU, SHIKOH, GARY MARSDEN und JONATHAN DONNER: *After access: challenges facing mobile-only internet users in the developing world.* In: *Proceedings of ACM CHI*, Seiten 2603–2606. ACM, 2010.

[67] GLASER, BARNEY G. und ANSELM L. STRAUSS: *Grounded Theory: Strategien qualitativer Forschung.* Hans Huber Verlag, Bern, 1998.

[68] GNEWUCH, ULRICH, MENG YU und ALEXANDER MAEDCHE: *The Effect of Perceived Similarity in Dominance on Customer Self-Disclosure to Chatbots in Conversational Commerce.* In: *Proceedings of the 28th European Conference on Information Systems (ECIS)*, Atlanta, GA, USA, 2020. Association for Information Systems. https://aisel.aisnet.org/ecis2020_rp/53.

[69] GODDEN, DUNCAN R und ALAN D BADDELEY: *Context-dependent memory in two natural environments: On land and underwater.* British Journal of psychology, 66(3):325–331, 1975.

[70] GOLDSTEIN, E BRUCE und JAMES BROCKMOLE: *Sensation and perception.* Cengage Learning, 2016.

[71] GUIARD, YVES: *Asymmetric Division of Labor in Human Skilled Bimanual Action: The Kinematic Chain as a Model.* Journal of Motor Behavior, 19:486–517, 1987.

[72] GUSTAFSON, SEAN, PATRICK BAUDISCH, CARL GUTWIN und POURANG IRANI: *Wedge: clutter-free visualization of off-screen locations.* In: *Proceedings of ACM CHI*, Seiten 787–796. ACM, 2008.

[73]   HANLEY, J. RICHARD und EIRINI BAKOPOULOU: *Irrelevant speech, articulatory suppression, and phonological similarity: A test of the phonological loop model and the feature model.* Psychonomic Bulletin & Review, 10:435–444, June 2003.

[74]   HASSENZAHL, MARC: *Experience Design: Technology for All the Right Reasons (Synthesis Lectures on Human-Centered Informatics).* Morgan and Claypool Publishers, 2010.

[75]   HASSENZAHL, MARC, MICHAEL BURMESTER und FRANZ KOLLER: *AttrakDiff: Ein Fragebogen zur Messung wahrgenommener hedonischer und pragmatischer Qualität.* In: *Mensch & Computer 2003*, Seiten 187–196. Vieweg+Teubner Verlag, 2003.

[76]   HELLER, FLORIAN und JAN BORCHERS: *Corona: Audio Augmented Reality in Historic Sites.* In: *MobileHCI 2011 Workshop on Mobile Augmented Reality: Design Issues and Opportunities*, Seiten 51–54, 2011.

[77]   HICK, WILLIAM E: *On the rate of gain of information.* Quarterly Journal of Experimental Psychology, 4(1):11–26, 1952.

[78]   HILLIGES, OTMAR, DOMINIKUS BAUR und ANDREAS BUTZ: *Photohelix: Browsing, Sorting and Sharing Digital Photo Collections.* In: *Proceedings of IEEE Tabletop*, Seiten 87–94. IEEE Computer Society, 2007.

[79]   HILLIGES, OTMAR, DAVID KIM, SHAHRAM IZADI, MALTE WEISS und ANDREW WILSON: *HoloDesk: Direct 3D Interactions with a Situated See-Through Display.* In: *Proceedings of the 2012 ACM annual conference on Human Factors in Computing Systems*, CHI '12, Seiten 2421–2430, New York, NY, USA, 2012. ACM.

[80]   HILLIGES, OTMAR und DAVID SHELBY KIRK: *Getting sidetracked: display design and occasioning photo-talk with the photohelix.* In: *Proceedings of ACM CHI*, Seiten 1733–1736, 2009.

[81]   HOLDING, D. H.: *Concepts of training.* Handbook of human factors, Seiten 939–962, 1987.

[82]   HÖLLERER, TOBIAS und STEVE FEINER: *Mobile augmented reality.* Telegeoinformatics: Location-Based Computing and Services. Taylor and Francis Books Ltd., London, UK, 21, 2004.

[83]   HOLTGRAVES, THOMAS M: *Language As Social Action: Social Psychology And Language Use.* Psychology Press, New York, NY, USA, 2013.

[84]   HOUDE, STEPHANIE und CHARLES HILL: *What Do Prototypes Prototype?* In: HELANDER, M., T. LANDAUER und P. PRABHU (Herausgeber): *Handbook of Human-Computer Interaction.* Elsevier Science B.V., Amsterdam, 2. Auflage, 1997.

[85]   HOY, MATTHEW B.: *Alexa, Siri, Cortana, and More: An Introduction to Voice Assistants.* Medical Reference Services Quarterly, 37(1):81–88, 2018.

[86]   HYMAN, RAY: *Stimulus information as a determinant of reaction time.* Journal of experimental psychology, 45(3):188, 1953.

[87]   IQBAL, SHAMSI T. und ERIC HORVITZ: *Disruption and recovery of computing tasks: field study, analysis, and directions.* In: *Proceedings of ACM CHI*, Seiten 677–686. ACM, 2007.

[88]   ISHII, HIROSHI und BRYGG ULLMER: *Tangible bits: towards seamless interfaces between people, bits and atoms.* In: *Proceedings of the ACM SIGCHI Conference on Human factors in computing systems*, Seiten 234–241. ACM, 1997.

[89]   ISTANCE, HOWELL, RICHARD BATES, AULIKKI HYRSKYKARI und STEPHEN VICKERS: *Snap clutch, a moded approach to solving the Midas touch problem.* In: *Proceedings of the 2008 symposium on Eye tracking research & applications*, Seiten 221–228. ACM, 2008.

[90]   ITTEN, JOHANNES: *Kunst der Farbe: gekürzte Studienausgabe.* Ravensburger Buchverlag Otto Maier GmbH, 1970.

[91]   JACOB, ROBERT J. K., AUDREY GIROUARD, LEANNE M. HIRSHFIELD, MICHAEL S. HORN, ORIT SHAER, ERIN TREACY SOLOVEY und JAMIE ZIGELBAUM: *Reality-based interaction: a framework for post-WIMP interfaces.* In: *Proceedings of ACM CHI*, Seiten 201–210. ACM, 2008.

[92] KERN, DAGMAR, PAUL MARSHALL und ALBRECHT SCHMIDT: *Gazemarks: gaze-based visual placeholders to ease attention switching.* In: *Proceedings of ACM CHI*, Seiten 2093–2102. ACM, 2010.

[93] KINSELLA, BRET und ANDREW HERNDON: *Smart Speaker Consumer Adoption Report - April 2021 - Germany*, 2021. Retrieved from https://voicebot.ai/2021/06/17/germany-smart-speaker-adoption-closely-mirrors-u-s-pattern-new-report-with-30-charts/.

[94] KNOBEL, MARTIN: *Experience design in the automotive context.* Doktorarbeit, Ludwig-Maximilians-Universität München, Oktober 2013.

[95] KNOBEL, MARTIN, MARC HASSENZAHL, MELANIE LAMARA, TOBIAS SATTLER, JOSEF SCHUMANN, KAI ECKOLDT und ANDREAS BUTZ: *Clique Trip: Feeling Related in Different Cars.* In: *Proceedings of DIS*, Seiten 29–37. ACM, 2012.

[96] KNOBLAUCH, RICHARD L, MARTIN T PIETRUCHA und MARSHA NITZBURG: *Field studies of pedestrian walking speed and start-up time.* Transportation Research Record: Journal of the Transportation Research Board, 1538(1):27–38, 1996.

[97] KRATZ, SVEN und MICHAEL ROHS: *HoverFlow: expanding the design space of around-device interaction.* In: *Proceedings of MobileHCI*, Seite 4. ACM, 2009.

[98] KRATZ, SVEN und MICHAEL ROHS: *A 3 Dollar gesture recognizer: simple gesture recognition for devices equipped with 3D acceleration sensors.* In: *Proceedings of the 15th international conference on Intelligent user interfaces*, Seiten 341–344. ACM, 2010.

[99] KRATZ, SVEN, MICHAEL ROHS, DENNIS GUSE, JÖRG MÜLLER, GILLES BAILLY und MICHAEL NISCHT: *PalmSpace: Continuous around-device gestures vs. multitouch for 3D rotation tasks on mobile devices.* In: *Proceedings AVI*, Seiten 181–188. ACM, 2012.

[100] KRAY, CHRISTIAN und GERD KORTUEM: *Interactive positioning based on object visibility.* In: *Proceedings of MobileHCI*, Seiten 276–287. Springer, 2004.

[101] KRAY, CHRISTIAN, GERD KORTUEM und ANTONIO KRÜGER: *Adaptive navigation support with public displays.* In: *Proceedings of IUI*, Seiten 326–328. ACM, 2005.

[102] KRUEGER, MYRON W, THOMAS GIONFRIDDO und KATRIN HINRICHSEN: *VIDEOPLACE – an artificial reality.* ACM SIGCHI Bulletin, 16(4):35–40, 1985.

[103] KRÜGER, ANTONIO, ANDREAS BUTZ, CHRISTIAN MÜLLER, CHRISTOPH STAHL, RAINER WASINGER, KARL-ERNST STEINBERG und ANDREAS DIRSCHL: *The connected user interface: Realizing a personal situated navigation service.* In: *Proceedings of IUI*, Seiten 161–168. ACM, 2004.

[104] KRUGER, RUSSELL, SHEELAGH CARPENDALE, STACEY D. SCOTT und SAUL GREENBERG: *How People Use Orientation on Tables: Comprehension, Coordination and Communication.* In: *Proceedings of ACM GROUP*, Seiten 369–378. ACM, 2003.

[105] KURTENBACH, GORDON P., ABIGAIL J. SELLEN und WILLIAM A. S. BUXTON: *An Empirical Evaluation of Some Articulatory and Cognitive Aspects of Marking Menus.* Human-Computer Interaction, 8(1):1–23, März 1993.

[106] LABERGE, DAVID: *Spatial extent of attention to letters and words.* Journal of Experimental Psychology: Human Perception and Performance, 9(3):371, 1983.

[107] LAKOFF, G. und M. JOHNSON: *Metaphors we live by.* University of Chicago Press, 2. Auflage, 2003.

[108] LAUBER, FELIX, CLAUDIUS BÖTTCHER und ANDREAS BUTZ: *PapAR: Paper prototyping for augmented reality.* In: *Adjunct Proceedings of the 6th International Conference on Automotive User Interfaces and Interactive Vehicular Applications*, Seiten 1–6. ACM, 2014.

[109] LEE, JOHN, CHRISTOPHER WICKENS, YILI LIU und LINDA BOYLE: *Designing for People: An introduction to human factors engineering.* CreateSpace, 08 2017.

[110] LEE, K-F und H-W HON: *Speaker-independent phone recognition using hidden Markov models.* IEEE Transactions on Acoustics, Speech and Signal Processing, 37(11):1641–1648, 1989.

[111] LEVESQUE, HECTOR, ERNEST DAVIS und LEORA MORGENSTERN: *The Winograd Schema Challenge*. In: *Thirteenth international conference on the principles of knowledge representation and reasoning*, Palo Alto, CA, USA, 2012. AAAI.

[112] LÉVI-STRAUSS, CLAUDE: *Tristes tropiques*. Penguin, 2012.

[113] LIAO, LIN, DONALD J PATTERSON, DIETER FOX und HENRY KAUTZ: *Learning and inferring transportation routines*. Artificial Intelligence, 171(5):311–331, 2007.

[114] LIU, HUI, HOUSHANG DARABI, PAT BANERJEE und JING LIU: *Survey of wireless indoor positioning techniques and systems*. IEEE Transactions on Systems, Man, and Cybernetics, Part C: Applications and Reviews, 37(6):1067–1080, 2007.

[115] LOWE, DAVID G: *Distinctive image features from scale-invariant keypoints*. International journal of computer vision, 60(2):91–110, 2004.

[116] LUGER, EWA und ABIGAIL SELLEN: *"Like Having a Really Bad PA": The Gulf between User Expectation and Experience of Conversational Agents*. In: *Proceedings of ACM CHI 2016*, CHI '16, Seiten 5286 – 5297, New York, NY, USA, 2016. ACM.

[117] LUXTON, DAVID D: *Ethical implications of conversational agents in global public health*. Bulletin of the World Health Organization, 98(4):285 – 287, 2020.

[118] MACKAY, WENDY E., GILLES VELAY, KATHY CARTER, CHAOYING MA und DANIELE PAGANI: *Augmenting Reality: Adding Computational Dimensions to Paper*. Communications of the ACM, 36(7):96–97, 1993.

[119] MACKENZIE, I. SCOTT: *Fitts' Law As a Research and Design Tool in Human-Computer Interaction*. Human-Computer Interaction, 7(1):91–139, März 1992.

[120] MALAKA, RAINER, ANDREAS BUTZ und HEINRICH HUSSMANN: *Medieninformatik: eine Einführung*. Pearson Deutschland GmbH, 2009.

[121] MANDLER, GEORGE: *Recognizing: the judgment of previous occurrence*. Psychological review, 87(3):252, 1980.

[122] MARCUS, NADINE, MARTIN COOPER und JOHN SWELLER: *Understanding instructions*. Journal of educational psychology, 88(1):49, 1996.

[123] MCCRAE, ROBERT R. und PAUL T. COSTA: *A five-factor theory of personality*. In: JOHN, O.P., R.W. ROBINS und L.A. PERVIN (Herausgeber): *Handbook of Personality: Theory and Research*, Band 3, Seiten 159–181. The Guilford Press, New York, NY, USA, 2008.

[124] MCTEAR, MICHAEL F.: *The Rise of the Conversational Interface: A New Kid on the Block?* In: QUESADA, JOSÉ F, FRANCISCO-JESÚS MARTÍN MATEOS und TERESA LÓPEZ SOTO (Herausgeber): *Future and Emerging Trends in Language Technology. Machine Learning and Big Data*, Seiten 38–49, Cham, 2017. Springer International Publishing.

[125] MCTEAR, MICHAEL FREDERICK, ZORAIDA CALLEJAS und DAVID GRIOL: *The Conversational Interface: Talking to Smart Devices*. Springer International Publishing, Switzerland, 2016.

[126] MEHRA, SUMIT, PETER WERKHOVEN und MARCEL WORRING: *Navigating on handheld displays: Dynamic versus static peephole navigation*. ACM Transactions on Computer-Human Interaction (TOCHI), 13(4):448–457, 2006.

[127] MERKEL, JULIUS: *Die zeitlichen Verhältnisse der Willensthätigkeit*. In: *Philosophische Studien*, Band 2, Seiten 73–127. W. Engelmann, 1883.

[128] MILGRAM, PAUL und FUMIO KISHINO: *A taxonomy of mixed reality visual displays*. IEICE TRANSACTIONS on Information and Systems, 77(12):1321–1329, 1994.

[129] MILLER, GEORGE A: *The magical number seven, plus or minus two: some limits on our capacity for processing information*. Psychological review, 63(2):81, 1956.

[130] MURRAY, JANET H.: *Hamlet on the Holodeck: The Future Of Narrative In Cyberspace*. Free Press, New York, 1997.

[131] NASS, CLIFFORD und SCOTT BRAVE: *Wired for speech: How voice activates and advances the human-computer relationship*. MIT press, Cambridge, MA, USA, 2005.

[132] NASS, CLIFFORD und KWAN MIN LEE: *Does computer-synthesized speech manifest personality? Experimental tests of recognition, similarity-attraction, and consistency-attraction.* Journal of Experimental Psychology: Applied, 7(3):171, 2001.

[133] NISHIBORI, YU und TOSHIO IWAI: *Tenori-on.* In: *Proceedings of the 2006 conference on New interfaces for musical expression*, Seiten 172–175. IRCAM – Centre Pompidou, 2006.

[134] NORMAN, DONALD A.: *Dinge des Alltags. Gutes Design und Psychologie für Gebrauchsgegenstände.* Campus-Verlag, Frankfurt/Main, 1989.

[135] NORMAN, DONALD A: *The invisible computer: why good products can fail, the personal computer is so complex, and information appliances are the solution.* MIT press, 1998.

[136] NORMAN, DONALD A.: *The Design of Everyday Things: Revised and Expanded Edition.* Basic Books, New York, 2013.

[137] NORMAN, DONALD A. und DANIEL G. BOBROW: *On data-limited and resource-limited processes.* Cognitive psychology, 7(1):44–64, 1975.

[138] OGDEN, GEORGE D, JERROLD M LEVINE und ELLEN J EISNER: *Measurement of workload by secondary tasks.* Human Factors: The Journal of the Human Factors and Ergonomics Society, 21(5):529–548, 1979.

[139] OLIVIER, PATRICK, HAN CAO, STEPHEN W GILROY und DANIEL G JACKSON: *Crossmodal ambient displays.* In: *People and Computers XX—Engage*, Seiten 3–16. Springer, 2007.

[140] OVIATT, SHARON, BJÖRN SCHULLER, PHILIP R COHEN, DANIEL SONNTAG, GERASIMOS POTAMIANOS und ANTONIO KRÜGER: *The Handbook of Multimodal-Multisensor Interfaces: Foundations, User Modeling, and Common Modality Combinations-Volume 1.* ACM and Morgan & Claypool, 2017.

[141] OZDENIZCI, BUSRA, KEREM OK, VEDAT COSKUN und MEHMET N AYDIN: *Development of an indoor navigation system using NFC technology.* In: *Proceedings of Information and Computing (ICIC)*, Seiten 11–14. IEEE, 2011.

[142] PAUL, H.: *Lexikon der Optik: in zwei Bänden, Bd. 2.* Lexikon der Optik. Spektrum, 1999.

[143] PEARL, CATHY: *Designing voice user interfaces: Principles of conversational experiences.* O'Reilly Media, Inc., Sebastopol, CA, USA, 2016.

[144] PERLIN, KEN und DAVID FOX: *Pad: an alternative approach to the computer interface.* In: *Proceedings of ACM SIGGRAPH*, Seiten 57–64, 1993.

[145] PINKER, STEVEN: *The language instinct: How the mind creates language.* Penguin UK, 2003.

[146] PIPER, BEN, CARLO RATTI und HIROSHI ISHII: *Illuminating clay: a 3-D tangible interface for landscape analysis.* In: *Proceedings of the SIGCHI conference on Human factors in computing systems*, Seiten 355–362. ACM, 2002.

[147] PORCHERON, MARTIN, JOEL E. FISCHER, STUART REEVES und SARAH SHARPLES: *Voice Interfaces in Everyday Life.* In: *Proceedings of the 2018 CHI Conference on Human Factors in Computing Systems*, CHI 18, Seite 112, New York, NY, USA, 2018. ACM.

[148] POSTI, MAARET, JOHANNES SCHÖNING und JONNA HÄKKILÄ: *Unexpected journeys with the HOBBIT: the design and evaluation of an asocial hiking app.* In: *Proceedings of the 2014 conference on Designing interactive systems*, Seiten 637–646. ACM, 2014.

[149] PREIM, BERNHARD und RAIMUND DACHSELT: *Interaktive Systeme.* Springer, 2. Auflage, 2010.

[150] PÜTTEN, ASTRID M VON DER, NICOLE C KRÄMER, JONATHAN GRATCH und SIN-HWA KANG: *It doesnt matter what you are! explaining social effects of agents and avatars.* Computers in Human Behavior, 26(6):1641–1650, 2010.

[151] RAZZAQUE, SHARIF, ZACHARIAH KOHN und MARY C WHITTON: *Redirected walking.* In: *Proceedings of EUROGRAPHICS*, Band 9, Seiten 105–106. Citeseer, 2001.

[152] REASON, JAMES: *Human Error.* Cambridge University Press, 1990.

[153] REEVES, BYRON und CLIFFORD IVAR NASS: *The media equation: How people treat computers, television, and new media like real people and places*. Cambridge University Press, Cambridge, UK, 1996.

[154] REIS, HARY T. und SHELLY L. GABLE: *Event-sampling and other methods for studying everyday experience*. In: REIS, HARRY T. und CHARLES M. JUDD (Herausgeber): *Handbook of Research Methods in Social and Personality Psychology*, Seiten 190–222, Cambridge, UK, 2000. Cambridge University Press.

[155] REITERER, HARALD: *Blended Interaction - Ein neues Interaktionsparadigma*. Informatik-Spektrum (DOI 10.1007/s00287-014-0821-5) (The final publication is available at http://link.springer.com/article/10.1007/s00287-014-0821-5), Jun 2014. The final publication is available at http://link.springer.com/article/10.1007/s00287-014-0821-5.

[156] ROGERS, YVONNE, HELEN SHARP und JENNY PREECE: *Interaction design: beyond human-computer interaction*. John Wiley & Sons, 2011.

[157] RUAN, SHERRY, JACOB O. WOBBROCK, KENNY LIOU, ANDREW NG und JAMES A. LANDAY: *Comparing Speech and Keyboard Text Entry for Short Messages in Two Languages on Touchscreen Phones*. Proc. ACM Interact. Mob. Wearable Ubiquitous Technol., 1(4), jan 2018.

[158] SCHMALSTIEG, DIETER, ANTON FUHRMANN, GERD HESINA, ZSOLT SZALAVÁRI, L MIGUEL ENCARNAÇAO, MICHAEL GERVAUTZ und WERNER PURGATHOFER: *The studierstube augmented reality project*. Presence: Teleoperators and Virtual Environments, 11(1):33–54, 2002.

[159] SCHMALSTIEG, DIETER und DANIEL WAGNER: *Experiences with handheld augmented reality*. In: *Proceedings of IEEE/ACM ISMAR*, Seiten 3–18. IEEE, 2007.

[160] SCHMIDT, ALBRECHT: *Implicit human computer interaction through context*. Personal Technologies, 4(2-3):191–199, 2000.

[161] SCHMIDT, MARIA und PATRICIA BRAUNGER: *A Survey on Different Means of Personalized Dialog Output for an Adaptive Personal Assistant*. In: *Adjunct Publication of the 26th Conference on User Modeling, Adaptation and Personalization*, UMAP '18, Seite 7581, New York, NY, USA, 2018. ACM.

[162] SCHMIDTZ, DAVID: *Satisficing and Maximizing: Satisficing as a Humanly Rational Strategy*. In: BYRON, MICHAEL (Herausgeber): *Moral Theorists on Practical Reason*, Seiten 30 – 58. Cambridge University Press, 2004.

[163] SCHNEIDER, HANNA, KATHARINA FRISON, JULIE WAGNER und ANDREAS BUTZ: *CrowdUX: A Case for Using Widespread and Lightweight Tools in the Quest for UX*. In: *Proceedings of the ACM SIGCHI Conference on Designing Interactive Systems*, DIS '16, New York, NY, USA, 2016. ACM.

[164] SCHUBERT, THOMAS W: *Präsenzerleben in virtuellen Umgebungen: Eine Skala zur Messung von räumlicher Präsenz, Involviertheit und Realitätsurteil*. Zeitschrift für Medienpsychologie, 15(2):69–71, 2003.

[165] SCOTT, STACEY D., M. SHEELAGH T. CARPENDALE und KORI M. INKPEN: *Territoriality in Collaborative Tabletop Workspaces*. In: *Proceedings of ACM CSCW*, Seiten 294–303. ACM, 2004.

[166] SCRIVEN, MICHAEL: *The methodology of evaluation*, Band 1: Perspectives of Curriculum Evaluation der Reihe *American Educational Research Association Monograph Series on Curriculum Evaluation*. Rand McNally, 1967.

[167] SEMON, RICHARD WOLFGANG: *Die Mneme: als erhaltendes Prinzip im Wechsel des organischen Geschehens*. Engelmann, 1911.

[168] SHAER, ORIT und EVA HORNECKER: *Tangible user interfaces: past, present, and future directions*. Foundations and Trends in Human-Computer Interaction, 3(1–2):1–137, 2010.

[169] SHANNON, C. E. und W. WEAVER: *A mathematical theory of communications*. University of Illinois Press, 1949.

[170] SHELDON, KENNON M., ANDREW J. ELLIOT, YOUNGMEE KIM und TIM KASSER: *What Is Satisfying About Satisfying Events? Testing 10 Candidate Psychological Needs*. Journal of Personality and Social Psychology, 80(2):325–339, 2001.

[171] SHNEIDERMAN, BEN: *Direct Manipulation: A Step Beyond Programming Languages*. IEEE Computer, 16(8):57–69, 1983.

[172] SHNEIDERMAN, BEN, CATHERINE PLAISANT, MAXINE COHEN und STEVEN JACOBS: *Designing The User Interface: Strategies for Effective Human-Computer Interaction*. Person Education Ltd., 5. Auflage, 2014.

[173] SHORT, ELAINE, KATELYN SWIFT-SPONG, JILLIAN GRECZEK, ADITI RAMACHANDRAN, ALEXANDRU LITOIU, ELENA CORINA GRIGORE, DAVID FEIL-SEIFER, SAMUEL SHUSTER, JIN JOO LEE, SHAOBO HUANG, SVETLANA LEVONISOVA, SARAH LITZ, JAMY LI, GISELE RAGUSA, DONNA SPRUIJT-METZ, MAJA MATARI und BRIAN SCASSELLATI: *How to train your DragonBot: Socially assistive robots for teaching children about nutrition through play*. In: *The 23rd IEEE International Symposium on Robot and Human Interactive Communication*, Seiten 924–929, 2014.

[174] SHUMANOV, MICHAEL und LESTER JOHNSON: *Making conversations with chatbots more personalized*. Computers in Human Behavior, 117:106627, 2021.

[175] SMITH, PHILIP M: *Sex markers in speech*. In: SCHERER, K.H. und H. GILES (Herausgeber): *Social markers in speech*. Cambridge University Press, Cambridge, UK, 1979.

[176] SOMMERVILLE, IAN und GERALD KOTONYA: *Requirements engineering: processes and techniques*. John Wiley & Sons, Inc., 1998.

[177] SOUKOREFF, R. WILLIAM und I. SCOTT MACKENZIE: *Towards a Standard for Pointing Device Evaluation, Perspectives on 27 Years of Fitts' Law Research in HCI*. International Journal on Human-Computer Studies, 61(6):751–789, Dezember 2004.

[178] SPENCE, ROBERT: *Information visualization: design for interaction*. Pearson/Prentice Hall, 2007.

[179] SPILLANE, BRENDAN, EMER GILMARTIN, CHRISTIAN SAAM, KETONG SU, BENJAMIN R. COWAN, SÉAMUS LAWLESS und VINCENT WADE: *Introducing ADELE: A Personalized Intelligent Companion*. In: *Proceedings of the 1st ACM SIGCHI International Workshop on Investigating Social Interactions with Artificial Agents*, ISIAA 2017, Seite 4344, New York, NY, USA, 2017. ACM.

[180] STEPHENSON, NEAL TOWN: *Snow Crash: Roman: übersetzt von Joachim Körber*. Goldmann Verlag, 2004.

[181] STORMS, WILLIAM, JEREMIAH SHOCKLEY und JOHN RAQUET: *Magnetic field navigation in an indoor environment*. In: *Ubiquitous Positioning Indoor Navigation and Location Based Service (UPINLBS), 2010*, Seiten 1–10. IEEE, 2010.

[182] STREITZ, NORBERT und PADDY NIXON: *The disappearing computer*. Communications-ACM, 48(3):32–35, 2005.

[183] SUCHMAN, LUCY A: *Plans and situated actions: The problem of human-machine communication*. Cambridge University Press, 1987.

[184] SUTTON, SELINA JEANNE: *Gender Ambiguous, Not Genderless: Designing Gender in Voice User Interfaces (VUIs) with Sensitivity*. In: *Proceedings of the 2nd Conference on Conversational User Interfaces*, CUI '20, New York, NY, USA, 2020. ACM.

[185] SWELLER, JOHN, JEROEN JG VAN MERRIENBOER und FRED GWC PAAS: *Cognitive architecture and instructional design*. Educational psychology review, 10(3):251–296, 1998.

[186] SZALAVÁRI, ZSOLT und MICHAEL GERVAUTZ: *The personal interaction Panel–a Two-Handed interface for augmented reality*. Computer graphics forum, 16(3), 1997.

[187] SZÉKELY, EVA, JOSEPH MENDELSON und JOAKIM GUSTAFSON: *Synthesising Uncertainty: The Interplay of Vocal Effort and Hesitation Disfluencies*. In: *Proc. Interspeech*, Seiten 804–808, Baixas, France, 2017. International Speech Communication Association.

[188] TABASSUM, MADIHA, TOMASZ KOSIŃSKI, ALISA FRIK, NATHAN MALKIN, PRIMAL WIJESEKERA, SERGE EGELMAN und HEATHER RICHTER LIPFORD: *Investigating Users' Preferences and Expectations for Always-Listening Voice Assistants*. Proc. ACM Interact. Mob. Wearable Ubiquitous Technol., 3(4), 2019.

[189] TANDY, VIC: *Something in the Cellar*. Journal of the Society for Psychical Research, 64(860), 2000.

[190] TENNENHOUSE, DAVID: *Proactive computing*. Communications of the ACM, 43(5):43–50, 2000.

[191] THOMAS, FRANK und OLLIE JOHNSTON: *The Illusion of Life: Disney Animation*. Hyperion, 1981.

[192] THOMPSON, EDMUND: *Development and validation of an internationally reliable short-form of the positive and negative affect schedule (PANAS)*. Journal of Cross-Cultural Psychology, 38(2):227–242, 2007.

[193] TSUKADA, KOJI und MICHIAKI YASUMURA: *Activebelt: Belt-type wearable tactile display for directional navigation*. In: *Proceedings of UbiComp*, Seiten 384–399. Springer, 2004.

[194] TUDOR, LESLIE GAYLE, MICHAEL J MULLER, TOM DAYTON und ROBERT W ROOT: *A participatory design technique for high-level task analysis, critique, and redesign: The CARD method*. Proceedings of the Human Factors and Ergonomics Society Annual Meeting, 37(4):295–299, 1993.

[195] TUFTE, EDWARD ROLF: *The visual display of quantitative information*. Graphics Press, 1992.

[196] VLAHOS, JAMES: *Talk to Me: How Voice Computing Will Transform the Way We Live, Work, and Think*. Houghton Mifflin Harcourt, Boston, MA, USA, 2019.

[197] VOGEL, DANIEL und PATRICK BAUDISCH: *Shift: A Technique for Operating Pen-based Interfaces Using Touch*. In: *Proceedings of ACM CHI*, Seiten 657–666. ACM, 2007.

[198] VÖLKEL, SARAH THERES, DANIEL BUSCHEK, MALIN EIBAND, BENJAMIN R. COWAN und HEINRICH HUSSMANN: *Eliciting and Analysing Users Envisioned Dialogues with Perfect Voice Assistants*. In: *Proceedings of the 2021 CHI Conference on Human Factors in Computing Systems*, New York, NY, USA, 2021. ACM.

[199] VÖLKEL, SARAH THERES und LALE KAYA: *Examining User Preference for Agreeableness in Chatbots*. In: *CUI 2021 - 3rd Conference on Conversational User Interfaces*, CUI '21, New York, NY, USA, 2021. ACM.

[200] VÖLKEL, SARAH THERES, SAMANTHA MEINDL und HEINRICH HUSSMANN: *Manipulating and Evaluating Levels of Personality Perceptions of Voice Assistants through Enactment-Based Dialogue Design*. In: *CUI 2021 - 3rd Conference on Conversational User Interfaces*, CUI '21, New York, NY, USA, 2021. ACM.

[201] VÖLKEL, SARAH THERES, RAMONA SCHÖDEL, DANIEL BUSCHEK, CLEMENS STACHL, VERENA WINTERHALTER, MARKUS BÜHNER und HEINRICH HUSSMANN: *Developing a Personality Model for Speech-Based Conversational Agents Using the Psycholexical Approach*. In: *Proceedings of the 2020 CHI Conference on Human Factors in Computing Systems*, CHI 20, Seite 114, New York, NY, USA, 2020. ACM.

[202] VÖLKEL, SARAH THERES, RAMONA SCHOEDEL, LALE KAYA und SVEN MAYER: *User Perceptions of Extraversion in Chatbots after Repeated Use*. In: *CHI Conference on Human Factors in Computing Systems*, CHI 22, New York, NY, USA, 2022. ACM.

[203] WANDMACHER, JENS: *Software Ergonomie*. de Gruyter, 1993.

[204] WANT, ROY, ANDY HOPPER, VERONICA FALCAO und JONATHAN GIBBONS: *The active badge location system*. ACM Transactions on Information Systems (TOIS), 10(1):91–102, 1992.

[205] WANT, ROY, BILL N SCHILIT, NORMAN I ADAMS, RICH GOLD, KARIN PETERSEN, DAVID GOLDBERG, JOHN R ELLIS und MARK WEISER: *An overview of the PARCTAB ubiquitous computing experiment*. Personal Communications, IEEE, 2(6):28–43, 1995.

[206] WASINGER, RAINER, CHRISTOPH STAHL und ANTONIO KRÜGER: *M3I in a pedestrian navigation & exploration system*. In: *Proceedings of MobileHCI*, Seiten 481–485. Springer, 2003.

[207] Watanabe, Junji, Hideyuki Ando und Taro Maeda: *Shoe-shaped interface for inducing a walking cycle*. In: *Proceedings of the 2005 international conference on Augmented tele-existence*, Seiten 30–34. ACM, 2005.

[208] Weigel, Martin, Tong Lu, Gilles Bailly, Antti Oulasvirta, Carmel Majidi und Jürgen Steimle: *Iskin: flexible, stretchable and visually customizable on-body touch sensors for mobile computing*. In: *Proceedings of the 33rd Annual ACM Conference on Human Factors in Computing Systems*, Seiten 2991–3000. ACM, 2015.

[209] Weir, Daryl, Simon Rogers, Roderick Murray-Smith und Markus Löchtefeld: *A user-specific machine learning approach for improving touch accuracy on mobile devices*. In: *Proceedings of ACM UIST*, Seiten 465–476. ACM, 2012.

[210] Weiser, Mark: *The computer for the 21st century*. Scientific American, 265(3):94–104, September 1991.

[211] Weiser, Mark: *The Invisible Interface: Increasing the Power of the Environment through Calm Technology*. In: *Proceedings of the First International Workshop on Cooperative Buildings, Integrating Information, Organization, and Architecture*, CoBuild '98, Seiten 1–, London, UK, UK, 1998. Springer-Verlag.

[212] Weiser, Mark und John Seely Brown: *The coming age of calm technology*. In: *Beyond calculation*, Seiten 75–85. Springer, 1997.

[213] Weizenbaum, Joseph: *ELIZA – a computer program for the study of natural language communication between man and machine*. Communications of the ACM, 9(1):36–45, 1966.

[214] West, Mark, Rebecca Kraut und Han Ei Chew: *I'd blush if I could: closing gender divides in digital skills through education*. Technischer Bericht, UNESCO, 2019.

[215] Wickens, Christopher D. und Justin G. Hollands: *Engineering Psychology and Human Performance*. Prentice Hall, 1999.

[216] Wickens, Christopher D und Jason S McCarley: *Applied attention theory*. CRC press, 2019.

[217] Wiethoff, Alexander, Hanna Schneider, Julia Kuefner, Michael Rohs, Andreas Butz und Saul Greenberg: *Paperbox: A toolkit for exploring tangible interaction on interactive surfaces*. In: *Proceedings of the 9th ACM Conference on Creativity and Cognition*. ACM, 2013.

[218] Wilson, Andrew D., Shahram Izadi, Otmar Hilliges, Armando Garcia-Mendoza und David S. Kirk: *Bringing physics to the surface*. In: *Proceedings of ACM UIST*, Seiten 67–76. ACM, 2008.

[219] Winograd, Terry: *Understanding natural language*. Cognitive Psychology, 3(1):1–191, 1972.

[220] Wooldridge, Michael und Nicholas R. Jennings: *Intelligent agents: theory and practice*. The Knowledge Engineering Review, 10(2):115152, 1995.

[221] Wulf, Christoph (Herausgeber): *Die Methodologie der Evaluation*, Band 18 der Reihe *Erziehung in Wissenschaft und Praxis*. R. Piper & Co. Verlag, München, 1972.

[222] Zhou, Michelle X., Gloria Mark, Jingyi Li und Huahai Yang: *Trusting Virtual Agents: The Effect of Personality*. ACM Trans. Interact. Intell. Syst., 9(2-3):10:1–10:36, 2019.

Stichwortverzeichnis

https://doi.org/10.1515/9783110753325-025

www.ingramcontent.com/pod-product-compliance
Lightning Source LLC
Chambersburg PA
CBHW062107050326
40690CB00016B/3236